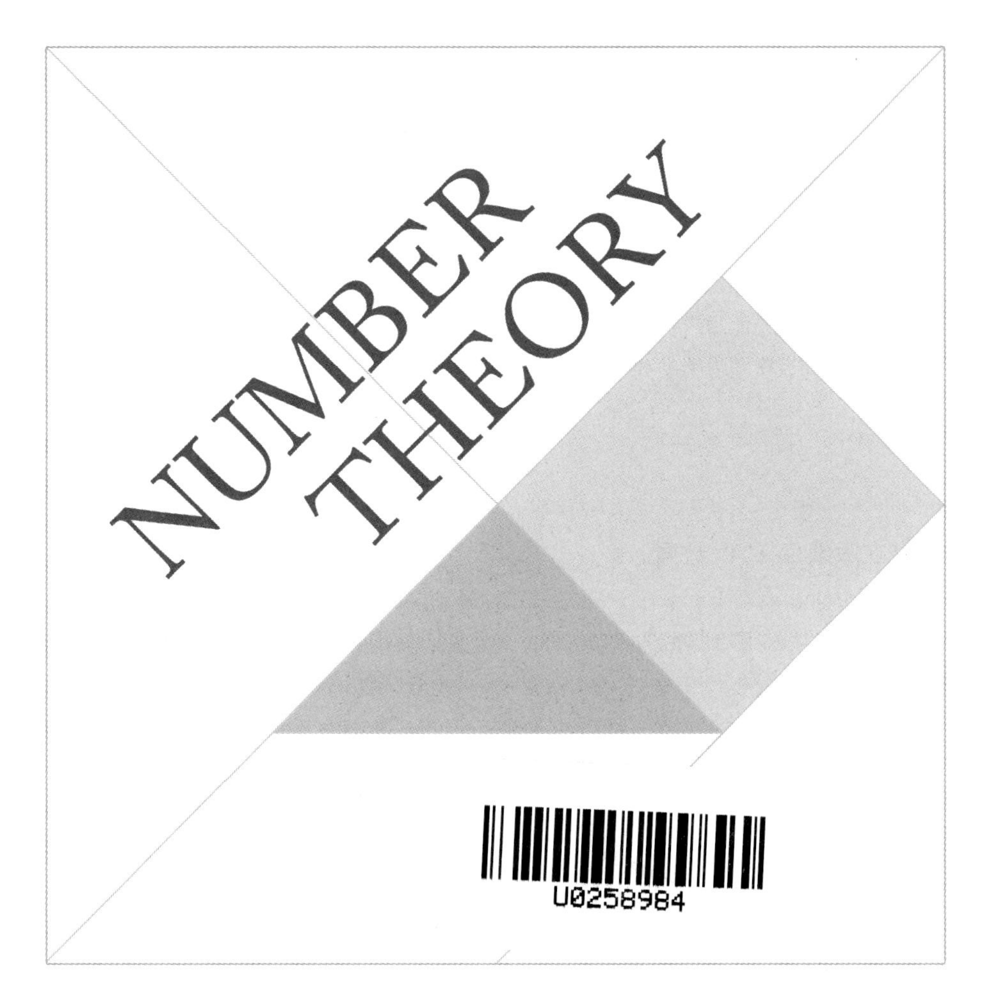

数论入门

从故事到理论

单墫 

中国科学技术大学出版社

内 容 简 介

本书是一本面向中学生的简明的数论辅导书，高屋建瓴地总结出了中学数论中的重要知识点（如数的整除性、同余、数论函数、不定方程、连分数等），对中学数论的定理、概念等结合例题和小故事进行了详细的讲解，并提炼、编创了一些特别能启发思维的练习题.通过这些练习，读者可在中学数论的知识和方法等方面有所收获和得到启发.

本书适合中学生学习，也可供中学数学教师参考.

图书在版编目(CIP)数据

数论入门：从故事到理论/单墫著.—合肥：中国科学技术大学出版社，2023.8(2025.1重印)

ISBN 978-7-312-05671-0

Ⅰ.数…　Ⅱ.单…　Ⅲ.数论　Ⅳ.O156

中国国家版本馆 CIP 数据核字(2023)第 090420 号

数论入门：从故事到理论

SHULUN RUMEN：CONG GUSHI DAO LILUN

出版　中国科学技术大学出版社
安徽省合肥市金寨路 96 号，230026
http://press.ustc.edu.cn
https://zgkxjsdxcbs.tmall.com

印刷　合肥华苑印刷包装有限公司

发行　中国科学技术大学出版社

开本　787 mm×1092 mm　1/16

印张　32.25

字数　824 千

版次　2023 年 8 月第 1 版

印次　2025 年 1 月第 4 次印刷

定价　88.00 元

前　　言

这本书写得很艰难,写了很长时间.

原因有三:

一是副书名定为"从故事到理论".故事,要浅,要有趣;理论,则较深,较严谨.不易兼顾.

二是数论的书近来出了不少.我自己也写过几种.如何写出特点,与已有的不同,也是不容易做到的.

三是我已年届八旬,去年重患肠癌,开刀,化疗,折腾一年多.待重提笔来写,思路、材料都乱了,写作效率又大不如前.

不过,这件事既已开始,就不应轻易放弃.虽然效率不高,但我仍每日坚持.又蒙中国科学技术大学出版社宽容,允许我延期交稿.拖了大半年,终于完成了.

写完一看,这本书还算是有特点的.

特点就是"四不像":

一不像数论教程.这是理所当然的.数论教程是大学生用的.而我这本书是写给中学生,特别是初中生看的.

二不像奥赛的习题集.奥赛的题难.这本书虽然也有一些奥赛级别的难题,但通常的、基础的题更多.我一向主张做好基础题.难题可以而且应该做一些,但不必太多.

三不像中学教材.这本书是课外读物,不是教材.读者可以按照自己的兴趣,随心所欲地读下去.一时看不懂的或不感兴趣的,可以跳过去.

四不像一些流行的科普读物.这本书有一个体系,由浅入深,较为系统地逐步介绍数论中的概念与定理.

这本书与我的另两本书——《平面几何的知识与问题》《代数的魅力与技巧》配成一套，都是为中学师生写的. 读这本书的困难可能多一些，因为本书涉及的知识较多，现行的中学教材中又没有专门讲数论的内容. 我尽可能写得通俗一点，努力增加可读性.

这本书既是拖沓篇，又是急就章. 当然想努力写好，但力不从心，不妥与错误之处在所难免，敬请批评指正.

单墫

2023 年 7 月

目　　录

第2章　乘　法

第3章　除　法

第 4 章　奇偶分析与幂

第 5 章　发现新天地

第 6 章　一次不定方程

第 7 章　同　　余

第 8 章　数论函数

第 9 章　原　根

第 10 章　高次不定方程

第 11 章　连分数与 Pell 方程

第 12 章　五 光 十 色

第 1 章 自 然 数

Die ganze hat Gott gemacht, alles andere ist Merschenwerk. (上帝创造了整数，其余的都是人的工作.)

——Kronecker(克罗内克，1823—1891)

1. 结绳记事

原始时期，洪荒年代.

一只黄羊在前面奔跑，小猎手天真在后面紧追不舍，他停下来，举起手中的标枪，用力投掷出去.标枪击中了黄羊，这是小天真第一次捕获猎物，他很高兴，他妈妈也很高兴，说：“记下来！”

用什么东西记呢？那时候没有笔，更没有纸，但已经有了绳子（最初是天然的藤，后来用植物的纤维搓成）.小天真取过一根绳子，在上面打了一个结.

过了几天，小天真又猎到两只黄羊.他在绳子上打了两个结.

日积月累，绳子上打了很多结.

两只羊，两个结；三只羊，三个结.如果是两只野猪，小天真还是打两个结，只是结大一些.

这样，猎物的个数与绳结的个数一一对应（每个猎物有一个结与它对应；每个结也都对应着一个猎物）.

一切与两个绳结相对应的猎物个数具有同样的特性.这个特性就是猎物的个数都是2.

于是，自然数

$$1,2,3,\cdots$$

就自然而然地产生了.

这种由对应来建立自然数的理论称为基数理论，其中对应、一一对应都是很重要的数学概念.

很多人认为自然数并不是人类的发明，它原来就存在于自然界，人只是发现了它，所以叫作自然数，名副其实.

自然数也就是正整数（本书不将0作为自然数）.

数学家克罗内克（L. Kronecker，1823—1891）说：“上帝创造了整数，其余的都是人的工作.”其实，上帝何尝不是人创造出来的呢？

2. 奶奶和树一样大

人类世界发展很快，日新月异．回顾过去，经常会发现一些有趣的事情．

20 世纪初，马来西亚还有些地方处于原始状态．

有位记者访问一个部落，问一位小女孩多大年龄．回答是：

“我七岁”

“你姐姐呢?”

“她八岁．”

“你妈妈呢?”

“九岁．”

“你的祖母呢?”

“她和这棵椰子树一样大．”

虽然她的回答不是很精确，但她已经有了自然数的概念．不仅知道 7,8,9，还知道它们的大小顺序，即

$$7<8<9.$$

三个数从小到大的排列是

$$7,8,9.$$

但她不知道比 9 更大的数，不知道自然数可以依照从小到大的顺序排成一个无穷的数列．

人有 1 双手、10 个手指．因此，很自然地会将眼前的事物(如黄羊、野猪)与手指头对应起来．

自然数的一个重要特征，就是它可以数(shǔ)：掰着手指头一个接一个数下去，按照大小排成一个数列

$$1,2,3,4,5,6,7,8,9,10.$$

有人认为数起源于数(shǔ)，但在人类发展史上，学会数(shǔ)数，尤其是突破 10 这个关口，恐怕需要亿万年．

据说南美的玛雅人从小就能数(shǔ)到 20．后来，世界各地盛行十进制，而玛雅人却

用二十进制.

原因是什么呢?

原来,他们是手脚并用,连同脚指头一起数的.

3. 大小有序

现代的小孩子聪明多了,很快就学会了数(shǔ)数.掰着手指头,从1数(shǔ)到10.接下去,突破10,能陆续往下数(shǔ),又是一大进步.

人类进化得很快,尤其在智力方面.

现在幼儿园的小朋友都能数到100,甚至更大的数也能说出来.

常有小朋友比赛,看谁说的数大.

甲说1,乙说2.甲说20,乙说30.如此继续下去,难分胜负.最后甲大喊一声:

“不管你说多少,我说的总比你说的多1.”

这一招很厉害.

在全体自然数中没有最大的.理由就是每个自然数 n 都“后继有数”,而且都有一个比它大1的数.

自然数是有序的,可以按照大小排列起来,从小到大形成一个递增的数列.

序的概念对于自然数是至关重要的.

数学家为了建立自然数的系统理论,除了上面说的基数理论(建立在对应基础之上)外,还有一种就是皮亚诺(G. Peano,1858—1932)的序数理论.我们稍后还会提及.

有限多个自然数中,当然有一个最大的.例如小于100的自然数中,最大的就是99.

全体自然数中,没有最大的.

全体自然数所构成的集合,通常用字母 $\mathbb{N}$ 或 $\mathbf{N}$ 表示.

4. 无 穷

六王毕,四海一.

公元前221年,秦国嬴政统一中国,建立了中央集权制的帝国,他自称始皇帝,即秦(帝国)一世,规定他下一任皇帝为秦二世,接下去,三世、四世……万世不绝.

秦始皇还想长生不死,万寿无疆.于是他派了很多人到各地(包括海外)寻找仙人,求不死药(后来的汉武帝也是如此).

其实,新陈代谢是宇宙间不可抗拒的规律,任何人都不可能永远不死.而且即便秦始皇不死,秦也只会有一世,不会有二世、三世乃至万世了.

但自然数集(自然数的全体)却是无穷集,即自然数的个数是无穷的.

理由就是上一节说过的,自然数集中没有最大,只有更大.

任一个自然数 n 后面都有一个比它大的 $n+1$.

同样地,正奇数集

$$1,3,5,7,9,11,13,\cdots$$

也是无穷集(每个数后面都有一个比它大2的数).

正偶数集

$$2,4,6,8,10,12,\cdots$$

也是无穷集.

数列

$$1,4,7,10,13,\cdots$$

中,每个数的后面一个比它大3(类似地,如果每个数的后面一个比它大一个固定的数 d,那么这种数列就叫作等差数列,d 称为公差.全体自然数依从小到大顺序排成的数列,就是公差为1的等差数列),它是无穷的.

数列

$$1,2,2^2,2^3,2^4,\cdots$$

也是无穷数列,每一个数是前一个的2倍,这称为等比数列.

5. 痴儿写万

古时候有一个大官，他的儿子即使不是傻子，资质也近乎平庸，却又自以为聪明.

大官给他找了一位老师，教他写数，第一天教一，第二天教二，第三天教三，都是一学就会，他很得意，对他爸说：

“太容易了.我三天全学会了.”

于是，大官解聘了老师.

一天，大官要请一位姓万的朋友来作客，叫儿子写一份请柬.没想到他儿子写了半天还未写好.原来他在那里画横杠，画了几百道横杠.

这当然只是一个笑话(可在百度上查到“痴儿写万”)，但也提出了一个重要的问题：

如何表示数？

首先是数字如何表示.

我国的一、二、三的确是画一横、二横、三横，四原先也是画四横.从五开始就不画横了.因为画横容易混淆，看不清(尤其在横多时)，而且也太没有个性了.

不少国家或地区有自己的数字.罗马帝国曾经非常强大，它采用的数字也颇有影响，下面是罗马数字的1～12：

Ⅰ　Ⅱ　Ⅲ　Ⅳ　Ⅴ　Ⅵ　Ⅶ　Ⅷ　Ⅸ　Ⅹ　Ⅺ　Ⅻ

其中1是一竖，2是二竖，3是三竖(中国是一横、二横、三横)，但5是一个专用符号Ⅴ.4是Ⅰ写在Ⅴ的左边，表示$5-1$；而6则是Ⅰ写在Ⅴ的右边，表示$5+1$.7，8分别是$5+2$，$5+3$.10又是另一个专用符号Ⅹ.9是Ⅰ写在Ⅹ的左边，表示$10-1$；11又是Ⅰ写在Ⅹ的右边，表示$10+1$.等等.

罗马数字除了在一些老式的钟面上出现外，现在已很少看到.

现在通行的十进制用10个数字$0,1,2,\cdots,9$表示.这些数字是印度人发明的，后来传到阿拉伯，再传到欧洲，乃至全世界.通常称为阿拉伯数字，其实应当称为印度数字，至少应当称为印度-阿拉伯数字.

显然，罗马的记数法不及印度-阿拉伯数字方便.

中国的记数法也不如印度-阿拉伯数字方便.1892年，邹立文与狄考文在其合译的

《笔算数学》中，首次将印度－阿拉伯数字引入中国，如图 1.1 所示. 该书的第一章第六款“数目字的样式”中指出：

“大概各国有各国的数目字，但于笔算上不能处处都合式，现在天下所行的笔算，大概都是用阿拉伯数目字……这种字容易写，于笔算也很合用，看大势是要通行天下万国的……”

但该书的书写却横、竖并用. 现在看来，竖写的算式颇为滑稽. 但当时仍有人坚持，不肯接受“要通行天下万国”的横写格式. 直到 1905 年以后，算式横写与印度－阿拉伯数字在中国才被普遍接受. 由此可见能认识“大势”，学习国际上普遍认同的价值并不是一件容易的事情.

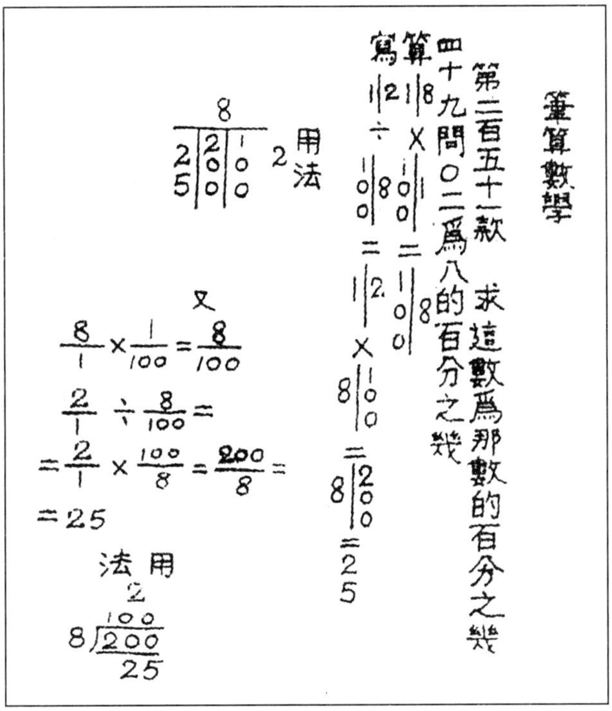

图 1.1

6. 零

印度有位数学家写过一首诗：

“这个数很奇妙，

有它不多，

无它不少.

不要去惹它，

你要想乘它，除它，

你就变成了它.”

这个数是什么？

当然是零了（注意：其中“除它”是指用零作被除数，而不是用零作除数.零是不能作除数的）.

0（零）真是一个很特别的数.

一方面，它表示没有.另一方面，它却时常出现在我们面前，并不表示“没有”.

它虽然表示没有，但它在任一个数的右边一站，这个数立即“身价十倍”.

著名数学家哈代（G. H. Hardy，1877—1947）有一句很俏皮的话：

“印度人对数学的贡献是零.”

如果将这句话理解为印度人对数学没有贡献，那当然大错特错了.这句话只能理解为印度人发明了0，这是他们对数学的贡献.

0（当然还有发明它的印度人）对数学的贡献极大.

平时我们习惯有0存在，不一定觉得它有多么重要.可以设想一下：“如果没有0，……”

0不是自然产生的.它的出现远远晚于自然数1，2，….恐怕也只有印度这样善于冥思的民族，才能对“空”“无”等概念进行深入思考，无中生有地想出一个0来.如果将0放到自然数里，那么后面将要说到的算术基本定理，也就是质因数唯一分解定理，就被破坏了.自然数的分类也被破坏了.所以本书不将0纳入自然数中.这样，0既不是正整数（自然数），也不是负整数，它是正数与负数的分界.

7. 进 位 制

前面说过，数(shǔ)数(shù)可以掰着手指头一个接一个进行下去.可是我们只有 10 个手指头，超过 10 的话，要想继续数下去就得掰脚指头了.但手指头、脚指头合在一起也只有 20 个，要想不断地数下去就得动脑筋想办法了.

对古代人来说，这并不是一件容易的事，前面那位女孩就不能数(shǔ)10 以上的数(shù).

过了很多很多年，人们想出进位的办法.在这方面，中国人是领先的，很早就有进位的概念，而且使用十进制，即十个一为十，十个十为百，十个百为千，十个千为万.接下去是十万、百万、千万、万万(亿)等等.这与现在国际通行的进位法则完全一致.只不过中国的数是竖写的，如十一、十二、十三等写成

十　十　十　十　十　十　十　十　十　二　二
一　二　三　四　五　六　七　八　九　十　十　……
　　　　　　　　　　　　　　　　　　　　一

除了十进制外，还有其他的进位制.玛雅人就用二十进制(大概他们喜欢手脚并用).英国有采用十二进制的，如 1 打 = 12 只.他们的度量衡中还有很多极为复杂的进制，但坚持不改，认为这是英国文化的一个组成部分.中国过去也有不用十进制的，如 1 斤 = 16 两，1 亩 = 60 平方丈，但后来大都废除了，通常使用十进制.

十进制的数，如 394，就是 $3\times10^2+9\times10+4$.五进制的数，如$(324)_5$(我们加一个脚标 5 表明是五进制，以免与普通十进制的数相混)，就是 $3\times5^2+2\times5+4$.所以其他进制的数化为十进制非常容易.例如

$$(324)_5=3\times5^2+2\times5+4=75+10+4=89.$$

反过来，十进制化为其他进制，需要用除法，通常用所谓的“短除法”.以 394 化为五进制为例，算式如下：

$$\begin{array}{rl} 5 & \underline{|\ 394\ \ } \\ 5 & \underline{|\ 78\ } \cdots 4 \\ 5 & \underline{|\ 15\ } \cdots 3 \\ & \ \ 3 \cdots 0 \end{array}$$

即从 394 开始除以 5，商写在下面，余数写在右面“…”的后面.再用商除以 5，继续这一过程，直至商小于 5.这时得出

$$394 = (3034)_5.$$

（注意上面的算式中不要漏去余数 0.）

如果采用 g 进制，而 $g>10$，那么就要补充几个“数字”.如 $g=12$ 时，12 进制中不仅有 0 到 9 这 10 个数字，还要补充表示 10 与 11 的字母，例如，用 t 表示 10，e 表示 11.

8. 天　才

印度数学家拉马努金（S. Ramanujan，1887—1920）是一位数学天才，他对数的性质有超强的直觉.

一天，他生病住院.英国数学家哈代乘车来看他，对他说：“我坐的出租车，号码是 1729.这实在是一个毫无意义的数.”

“不，”拉马努金说，“1729 可以用两种不同的方式表示为两个立方数的和，而且是具有这种性质的最小的数.”

的确，有

$$1729 = 10^3 + 9^3 = 1^3 + 12^3.$$

找到有两种这样表示的数，并不容易（一种表示很容易，例如 $9=1^3+2^3$，$35=2^3+3^3$）.而得出比 1729 小的数均不能用两种方式表示成两个立方数的和，更需要花费时间.拉马努金竟能一口说出，不得不承认他是天才！

9. 先令与便士

原先英国的货币换算公式是

$$1 \text{英镑} = 20 \text{先令}, \quad 1 \text{先令} = 12 \text{便士}.$$

1971年改革后,采取十进制,即

$$1 \text{英镑} = 10 \text{先令}, \quad 1 \text{先令} = 10 \text{便士}.$$

假如现在的1英镑与原先的1英镑等值,那么现在多少(新的)便士等于原来的1先令?

解 1英镑=原先的20先令.

1英镑=现在的10×10即100便士.

因此,现在的100便士等于原先的20先令.从而,原先的1先令等于现在的

$$100 \div 20 = 5$$

便士.

10. 数 字 和

甲先写一个两位数62.乙在62的右边写下这两位数的数字和8,得到628.甲再接着写下末两位数字之和10,得到62810.这样继续下去,得到3000位数

$$628101123\cdots.$$

这3000位数的数字和是多少?

解 继续写下去,得到

$$628101123581347 11\cdots$$

注意到11重复出现,因此后面又是

$$1123581347,$$

即每10个数字循环一次.因为

$$1+1+2+3+5+8+1+3+4+7=35,$$

所以3000位数的数字和为

$$\begin{aligned} & 6+2+8+1+0+35 \times 299+1+1+2+3+5 \\ = & \ 35 \times 300-6=10494. \end{aligned}$$

11. 箱子编号

五个装零件的箱子分别标上数 a,b,c,d,e，且

$$a+b+c+d+e=25.$$

如果要取个数在 1～25 范围内的零件，都可以直接取其中几只箱子，它们标的数的和正好是要取的个数，那么 a,b,c,d,e 应如何标？

解 不妨设 $a\leqslant b\leqslant c\leqslant d\leqslant e$.

有可能要取 1 个零件，所以 $a=1$.

必有 $a+b+c+d\geqslant 12$，否则 $a+b+c+d\leqslant 11$，$e=25-(a+b+c+d)\geqslant 25-11=14$，这时无法取到 12.

必有 $a+b+c\geqslant 6$，否则 $a+b+c\leqslant 5$，$d\geqslant 12-(a+b+c)\geqslant 12-5=7$，这时无法取到 6.

同样，$a+b\geqslant 3$. 因此 $b\geqslant 2$.

有可能要取 2 个零件，所以 $b=2$，从而 $c\geqslant 6-(1+2)=3$.

又有可能要取 4 个零件，所以 $c=3,4$.

分为以下 2 种情况：

（ⅰ）$c=3$，这时

$$d\geqslant 12-(a+b+c)=12-(1+2+3)=6,$$

$$d\leqslant a+b+c+1=7\text{（}d\geqslant 8\text{ 时，无法取到 7）}.$$

从而有 2 种：

$$a=1,\quad b=2,\quad c=3,\quad d=6,\quad e=13;$$

$$a=1,\quad b=2,\quad c=3,\quad d=7,\quad e=12.$$

（ⅱ）$c=4$，这时

$$d\geqslant 12-(1+2+4)=5,$$

$$d\leqslant 1+2+4+1=8.$$

从而有 4 种：

$$a=1,\quad b=2,\quad c=4,\quad d=5,\quad c=13;$$

$$a=1,\quad b=2,\quad c=4,\quad d=6,\quad e=12;$$
$$a=1,\quad b=2,\quad c=4,\quad d=7,\quad e=11;$$
$$a=1,\quad b=2,\quad c=4,\quad d=8,\quad e=10.$$

以上所用方法称为枚举法,也称为穷举法.即将一切可能的情况全部列举出来,无一遗漏(当然也尽量避免重复)

这是一种极简单,但极重要的方法.

这类箱子编号问题,如需尽可能少的箱子,通常采用二进制,即箱子的编号为1,2,2^2,2^3,….

12. 3的幂与幂的和

自本节起,我们常出一些需稍动脑筋的问题,需要的知识不多,最好自己先想一想,想不出来,再看下面的解答.

我们知道 $3^1=3,3^2=9,3^3=27,\cdots$.

在数学中,还规定了 $3^0=1$.

这样,1,3,9,27,…,1+3=4,1+9=10,3+9=12,…都是3的幂或若干个3的幂(每个幂至多出现1次)的和.

如果依从小到大的顺序,可排成数列

$$1,3,4,9,10,12,13,\cdots. \tag{1}$$

求数列(1)的第100项(即第100个数).

解 用二进制表示,(1)即

$$1,10,11,100,101,110,111,\cdots, \tag{2}$$

其中数字2不会出现.

在(2)中,第1个数是1,第2个数是10,第 2^2 个数是100……第 2^k 个数是1000…0(k 个0).也就是说,有 k 个位置,每个位置上的数字为0或1,但没有00…0,而代之以100…0(k 个0).这样一共 2^k 个数,最后一个是100…00(k 个0).

因为

$$100=64+32+4=2^6+2^5+2^2,$$

所以(2)中第100个数为

$$1100100,$$

即(1)中第100个数为

$$3^6+3^5+3^2=729+243+9=981.$$

13. 数排圆上

10个数排在圆周上,算出每个数两旁的两个数的平均数,将原来的10个数换成所得的平均数,得出的恰好是如图1.2所示排列的数字1～10.问现在数6的位置上,原来是什么数?

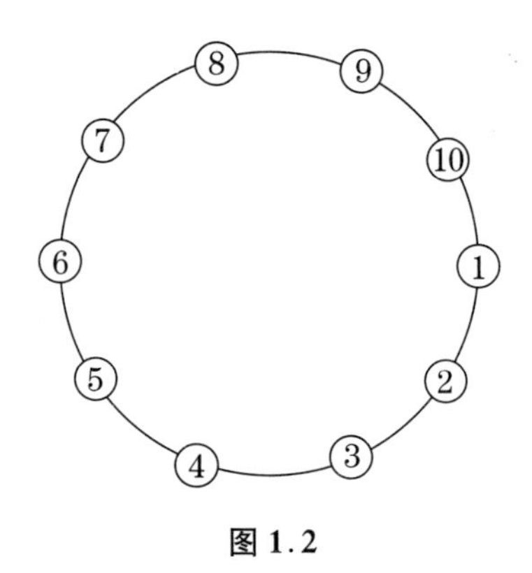

图1.2

解 设现在1～10的位置上,原来的数分别为a_1～a_{10},则

$$a_6+a_8=2\times7, \tag{1}$$

$$a_6+a_4=2\times5, \tag{2}$$

$$a_8+a_{10}=2\times9, \tag{3}$$

$$a_4+a_2=2\times3, \tag{4}$$

$$a_{10}+a_2=2\times1. \tag{5}$$

(1)+(2)−(3)−(4)+(5),得

$$2a_6=2(7+5-9-3+1)=2,$$

故

$$a_6 = 1.$$

进一步,问其他各数是多少?

由 $a_6=1$,得

$$a_8 = 13, \quad a_4 = 9, \quad a_{10} = 5, \quad a_2 = -3.$$

又同理可得

$$a_5 = 6 + 4 - 2 - 8 + 10 = 10,$$

从而

$$a_7 = 2, \quad a_3 = -2, \quad a_9 = 14, \quad a_1 = 6.$$

原来的 10 个数排列如图 1.3 所示.

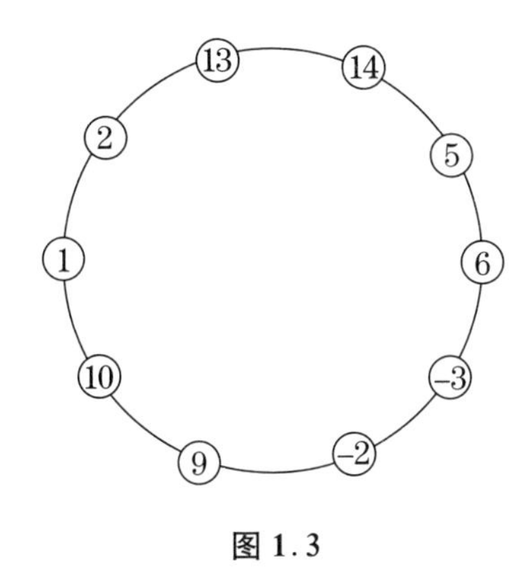

图 1.3

14. 低 保 数

一个自然数,如果除首尾两个数字外,每个数字均小于与它相邻的两个数字的平均数,那么就称这个数为低保数.例如,7213 就是低保数.求出最大的低保数.

解 先确定最大的低保数的位数.

如果位数$\geqslant 9$,设第 5 位数字为 a,则 a 两边至少各有 4 个数字.

不妨设 a 的左邻 $b > a$,则

$$b \geqslant a + 1, \quad a \leqslant b - 1.$$

又 b 的左邻 c 满足

$$c + a > 2b,$$

所以

$$c \geqslant (2b+1)-a \geqslant (2b+1)-(b-1)=b+2,$$

即 $b \leqslant c-2$.

同样，c 的左邻 d 满足

$$d \geqslant c+3, \quad c \leqslant d-3.$$

d 的左邻 e 满足

$$e \geqslant d+4 \geqslant c+7 \geqslant b+9 \geqslant a+10 \geqslant 10,$$

与数字 $e \leqslant 9$ 矛盾.矛盾表明最大的低保数的位数$\leqslant 8$.

设最大的低保数为 8 位数，左起第 5 位数字为 a，第 4 位数字为 a'，则根据上面所证可得

$$a' \leqslant a.$$

同理可得

$$a' \geqslant a.$$

所以

$$a' = a.$$

设 a'左边的 3 个数字(从右到左)依次为 b,c,d，则根据上面所证可得

$$d \geqslant c+3 \geqslant b+5 \geqslant a'+6.$$

从而 a'最大为 3，这时 $b=4,c=6,d=9$.

同理可知 c 右边的数字为 4,6,9.

因此最大的低保数为 8 位数 96433469.

本题并不难，但要用简洁的语言说清楚却并非易事.

15. 幸　运　票

六位数的车票(从 000000 到 999999，允许首位为 0)，如果前 3 个数字所成的数等于后 3 个数字所成的数，那么就称这张票为幸运票.例如，138138 就是幸运票.

为了保证获得幸运票，需要买多少张连号的票(其中第 1 张票的号码是事先不知道的)?

解　如果第1张票是000001，那么前3个数字始终为000，直到买到第1000张才变为001. 所以这种情况下需要买1001张连号的票.

下面证明1001张足够.

设所买第1张票前三位组成的数为A，后三位组成的数为B.

如果$A \geqslant B$，那么再买$A-B$张票，就得到幸运票，前三位为A，后三位也为A，共买

$$1+(A-B) \leqslant 1+999=1000$$

张票.

如果$A<B$，那么先再买$1000-B$张票，得到的票前三位为$A'=A+1$，后三位为000；后再买A'张票，得到前三位、后三位均为A'的幸运票. 共买

$$1+(1000-B)+A'=1001-B+A+1 \leqslant 1001$$

张票.

又解　开始的例子已说明有时必须购1001张票.

另一方面，1001张连续的票中必有一个号码（所成的六位数）能被1001整除，设这个数为

$$1000A+B$$

（A为前三位数字所成的数，B为后三位数字所成的数），则由

$$1000A+B=1001A-A+B,$$

知$B-A$能被1001整除，但

$$|B-A|<1000,$$

故$B=A$，即这张票为幸运票.

16. 两头蛇数

蛇只有一个头，两头蛇是畸形的怪胎.

在中国古代，传说见到两头蛇的人一定会死. 春秋时期，楚国的孙叔敖出去玩时，见到了一条两头蛇，他哭着回家告诉母亲："我见到两头蛇，恐怕要死了."

"蛇呢?"

"我怕别人也会看到它而死去，就把它打死，埋到土里了."

"好孩子，你有善心，不会死的！"

孙叔敖不但没有死，还做了楚国的令尹(相当于宰相)，治国有功，是著名的贤臣.

我们称首位与末位数字均为1的数为两头蛇数.

问题：如果一个两头蛇数去掉头、尾的两个1，再将得到的数 x 乘以27，就是原来的两头蛇数，求 x.

解 设 x 是 n 位数，则两头蛇数就是

$$10^{n+1}+10x+1.$$

根据题意，我们有

$$10^{n+1}+10x+1=27x,$$

即

$$10^{n+1}+1=17x,$$

所以

$$x=\frac{10^{n+1}+1}{17}.$$

因为 x 是自然数，所以 $10^{n+1}+1$ 应能被17整除.

直接做除法(亦可借助计算器)：

```
        588235
   17)10000000
       85
       150
       136
        140
        136
          40
          34
           60
           51
            90
            85
             5
```

由于 $51=17\times3$，所以 $n+1=8$，故

$$x=100000001\div17=5882353.$$

其实158823531只是这种两头蛇数中最短的一个，下一个是

$$15882352941176470588235 31,$$

它去掉头、尾的1后，等于$\frac{10^{16+8}+1}{17}=(10^{16}-10^{8}+1)\times 5882353$.

一般的结果是在$\frac{10^{16k+8}+1}{17}$(写成十进制后)的头、尾各添一个1.

当然，两头蛇数中的27也可以取为其他的数.例如：一个两头蛇数去掉头、尾的两个1，剩下的"身子"是自然数x，而x的99倍正好是原来的两头蛇数，求x.

仍设x的位数为n，同理可得

$$10^{n+1}+10x+1=99x,$$

即

$$10^{n+1}+1=89x,$$

解得

$$x=\frac{10^{22}+1}{89}=112359550561797752809.$$

当然这也只是最小的那个.

17. 123 黑洞

随手写下一串数字

320105194311010215

构成18位数，其中7个数字2,0,0,4,0,0,2是偶数，11个数字3,1,5,1,9,3,1,1,1,1,5是奇数.我们写下71118(18＝7＋11)，它是由7,11,18构成的5位数.

71118由5个数字组成，其中1个数字8是偶数，4个数字7,1,1,1是奇数.我们写下145(5＝1＋4).

145由3个数字组成，其中1个数字4是偶数，2个数字1,5是奇数.我们写下123(3＝1＋2).

123由3个数字组成，其中1个数字2是偶数，2个数字1,3是奇数.按照上面所说，我们又写下123.

任意一串数字，设其中有a个偶数数字(允许$a=0$)，b个奇数数字，我们写成新数$\overline{ab(a+b)}$，它表示开始的数字组成a，接下去的数字组成b，最后的数字组成$a+b$.

对新数$\overline{ab(a+b)}$采取同样的做法，这样继续下去，一定会出现 123，而且出现 123 后，用上面的做法不再产生新的数，永远是 123. 有人称这件事为 123 黑洞.

再举一个数 341095890410968 试试（"→"后面表示新得到的数）：

$$341095890410968 \to 8715 \to 134 \to 123.$$

果然，还是 123.

怎么证明呢？

首先，即使很大的数，经过一次操作，立即"缩水"很多.

设原来有 a 个偶数、b 个奇数，共 $a+b$ 位，所以原数$\geqslant 10^{a+b-1}$，所得新数为$\overline{ab(a+b)}$.

先设 $a \geqslant b$，a 是a_1 位数，b 是b_1 位数，则 $a_1 \geqslant b_1$，$a+b$ 至多a_1+1 位，$\overline{ab(a+b)}$ 至多 $3a_1+1$ 位.

在 $a_1 \geqslant 2$ 时，有

$$\begin{aligned} a-1 &\geqslant 10^{a_1-1}-1=(1+9)^{a_1-1}-1 \\ &\geqslant 1+9(a_1-1)-1=9a_1-9>3a_1+1, \end{aligned}$$

所以

$$10^{a+b-1} \geqslant 10^{a-1} > 10^{3a_1+1} > \overline{ab(a+b)},$$

即这时

$$\text{原数} > \text{新数}. \tag{1}$$

$b>a$ 的情况下，同样可证得(1)（只需将字母 a，b 互换）.

这样进行下去，所产生的新数不断减小，最后只剩下 a，b 都至多是一位数的情况：

（ⅰ）$a_1=b_1=1$.

这时新数 = 112，再操作一次变为 123.

（ⅱ）$a_1=1$，$b_1=0$.

这时新数 = 101，再操作一次变为 123.

（ⅲ）$a_1=0$，$b_1=1$.

这时新数 = 011，再操作一次变为 123.

注 1　我们使用的方法仍是枚举法（穷举法），即将要讨论的问题分为有限多种情况逐一讨论.

本题自然数 a_1 虽然有无穷多种，但 $a_1 \geqslant 2$（或 $b_1 \geqslant 2$）的情况可以统一作为一种情况处理. 这时只剩下 a_1，$b_1 \leqslant 1$ 的情况，又可分为上述（ⅰ）、（ⅱ）、（ⅲ）三种子情况逐一讨论.

注 2　前面约定 a 可以为 0，只是为了方便. 如不允许，也不影响结论，只需在（ⅲ）中

补充说明：这时新数为 11，再操作 3 次变为 21，112，123.

注 3 宇宙间存在黑洞，可以吞没一切（物质、能量……）. 在数学中，如果任一个数列按一定规律变化，最后都变为同一个数，那么就称这个数为黑洞数，上述 123 就是其中一个.

18. 众 生 平 等

某庙藏龙卧虎，一个和尚曾是奥数高手. 一天他拿出一批盘子，每个盘上有东、南、西、北四个位置，他说："请施主在每一个位置上各写一个整数，例如下面的 a，b，c，d：

$$\begin{matrix} & d & \\ c & & a \\ & b & \end{matrix}$$

然后将每个数改为这个数与它的右邻的差的绝对值，即变为

$$\begin{matrix} & |d-a| & \\ |c-d| & & |a-b| \\ & |b-c| & \end{matrix}$$

如此继续下去，最后四个数一定都变为相等的. 这就表明归根到底，众生平等."例如

$$\begin{matrix} & 2020 & \\ 1 & & 1989 \\ & 64 & \end{matrix}$$

逐步变为

$$\to \begin{matrix} & 31 & \\ 2019 & & 1925 \\ & 63 & \end{matrix} \to \begin{matrix} & 1894 & \\ 1988 & & 1862 \\ & 1956 & \end{matrix}$$

$$\to \begin{matrix} & 32 & \\ 94 & & 94 \\ & 32 & \end{matrix} \to \begin{matrix} & 62 & \\ 62 & & 62. \\ & 62 & \end{matrix}$$

果真出现了四个数全相等的情况(再进一步,就变为$\begin{array}{ccc} & 0 & \\ 0 & & 0 \\ & 0 & \end{array}$,4 个零,即四大皆空了).

为什么呢?

可以采用枚举法证明.枚举法的证明勿漏为要,即不可漏去一些需要讨论的情况.

设 a 最大.

首先考虑 4 个数中有相等的情况,这时又分为 6 种情况:

(ⅰ) $a=c$,这时

$$\begin{array}{ccc} & a & \\ d & & b \\ & a & \end{array} \to \begin{array}{ccc} & a-b & \\ a-d & & a-b \\ & a-d & \end{array} \to \begin{array}{ccc} & 0 & \\ |b-d| & & |b-d| \\ & 0 & \end{array}$$

$$\to \begin{array}{ccc} & |b-d| & \\ |b-d| & & |b-d| \\ & |b-d| & \end{array}.$$

(ⅱ) $b=d$,这时

$$\begin{array}{ccc} & a & \\ b & & b \\ & c & \end{array} \to \begin{array}{ccc} & a-b & \\ a-b & & |b-c| \\ & |b-c| & \end{array} \to \begin{array}{ccc} & A & \\ 0 & & 0 \\ & A & \end{array} \to \begin{array}{ccc} & A & \\ A & & A \\ & A & \end{array},$$

其中 $A=|a-b-|b-c||$.

(ⅲ) $b=c$,这时

$$\begin{array}{ccc} & a & \\ d & & b \\ & b & \end{array} \to \begin{array}{ccc} & a-b & \\ a-d & & 0 \\ & |b-d| & \end{array} \to \begin{array}{ccc} & a-b & \\ |b-d| & & |b-d| \\ & * & \end{array},$$

化为(ⅰ)或(ⅱ).

(ⅳ) $c=d$,这时

$$\begin{array}{ccc} & a & \\ c & & b \\ & c & \end{array} \to \begin{array}{ccc} & a-b & \\ a-c & & |b-c| \\ & 0 & \end{array} \to \begin{array}{ccc} & * & \\ |b-c| & & |b-c| \\ & a-c & \end{array},$$

化为(ⅰ)或(ⅱ).

(ⅴ) $a=b$,这时又分为 2 种情况:

$c\geqslant d$ 时,有

$$\begin{array}{ccc} & a & \\ d & & a \\ & c & \end{array} \to \begin{array}{ccc} & 0 & \\ a-d & & a-c \\ & c-d & \end{array} \to \begin{array}{ccc} & a-c & \\ a-d & & * \\ & a-c & \end{array},$$

化为(ⅰ)或(ⅱ).

$c<d$ 时,有

$$\begin{array}{ccc} & a & \\ d & & a \\ & c & \end{array} \to \begin{array}{ccc} & 0 & \\ a-d & & a-c \\ & d-c & \end{array} \to \begin{array}{ccc} & a-c & \\ a-d & & a-d \\ & * & \end{array},$$

化为(ⅰ)或(ⅱ).

(ⅵ) $a=d$,实际上就是(ⅴ)(旋转 90°).

以下假定 a,b,c,d 中没有相等的数.

我们证明经过操作,最大值一定会严格减少.

在 b 或 d 均非零时,经过一次操作,最大值 a 显然减少为小于 a 的 $a-b$ 或 $a-d$.

若 $d=0$(这时其他参数均非零),则

$$\begin{array}{ccc} & a & \\ 0 & & b \\ & c & \end{array} \to \begin{array}{ccc} & a-b & \\ a & & |b-c| \\ & c & \end{array}.$$

由于 $a-b,c$ 均非零,故再操作一次,四个数中的最大值必小于 a.

若 $b=0$,则

$$\begin{array}{ccc} & a & \\ d & & 0 \\ & c & \end{array} \to \begin{array}{ccc} & a & \\ a-d & & c \\ & |c-d| & \end{array}.$$

同样,再操作一次,四个数中的最大值必小于 a.

于是,不断操作下去,或者已有相等的数,或者最大值严格减少,直至出现相等的数,最后化为四个均相等的数.

枚举法是一种极为重要的方法,虽然有些繁琐,但在计算机的帮助下,利用良好的程序设计,可以使很多数论问题(关于数的问题)迎刃而解.

枚举法结合计算机,可谓如虎添翼.

19. 为什么 2+3=5

大家都知道

$$2+3=5,$$

但为什么呢?

这个问题看似极其简单,却不易回答.

首先,不仅应明确什么是2(什么是3,什么是5),还应明确什么是“+”.

在第1节“结绳记事”中,我们说过2就是打了2个结的绳子.当然,要点不在绳子上,而在2个结上,换个更确切的说法就是两个结的集(合).

集$\{a,b\}$中有两个元素a,b,可以与两个结一一对应(a对应一个结,b对应另一个结).集{张三,李四}中也有两个元素,可以与两个结一一对应.

一切可以与两个结一一对应的集,这个整体的共性就是2,也可以说这些集的全体就是2.两个结,$\{a,b\}$,{张三,李四}都可以作为2的代表.

2+3,就是将2个结与3个结合在一起(或者$\{a,b\}\cup\{c,d,e\}$,或者张、李再增加刘、王、赵等3个人).

2个结与3个结合在一起可与5个结(或任一5个元素的集)一一对应,所以

$$2+3=5.$$

自然数的基数理论就是用这种方法来研讨加法的.它与我们通常的经验相吻合,所以容易被接受.

但是,有经验的读者会想到更多的问题.

严格来说,利用基数理论,要想将许多问题说清楚,说精确,说严谨,还是很难的,不是三言两语就能解决的,需要大费口舌.

说来话长,我们也不可能用太多的篇幅来做这件事.对基数理论与数理哲学有兴趣的朋友,可先参看罗素(B. Russell,1872—1970)的《数理哲学导论》一书.

关于自然数的理论体系,更流行的办法是采用序数理论.德国数学家兰道(E. Landau,1877—1938)的一本著作《分析基础》对此做了详细论述.关于这部分的内容,我们将在下节做一些介绍.

注 以上两本书均有中译本.

20. 皮亚诺的五条公理

众所周知,平面几何中有一套由欧几里得(Euclid,约公元前330—前275)建立的公理体系.

自然数也有相应的公理体系,它是皮亚诺首先建立的,称为序数理论,由以下五条公理组成:

(ⅰ) 1是自然数.

(ⅱ) 对每个自然数 x,有且仅有一个后继的自然数 x'.

(ⅲ) $x' \neq 1$.

(ⅳ) 若 $x' = y'$,则 $x = y$.

(ⅴ) (归纳公理)设 M 是自然数的集合,且满足

① $1 \in M$,

② 若 $x \in M$,则 $x' \in M$,

则 M 包含所有的自然数.

自然数可以进行加法与乘法运算.因此,应定义什么是加法,什么是乘法,并研究这些运算有哪些性质.例如:

定义　设 x, y 为自然数,则有一个自然数 $x + y$,称为 x 与 y 的和,具有以下性质:

(ⅰ) 对任意的 x,有

$$x + 1 = x'.$$

(ⅱ) 对任意的 x, y,有

$$x + y' = (x + y)'.$$

这种定义中的性质也可以看作公理.

由这些公理与定义出发,可以推出自然数的种种性质.例如,证明 $2+3=5$.

当然,要证明这件事,先要明确2是什么,3是什么,5又是什么.

2是1的后继,即 $2 = 1'$.

同样,$3 = 2'$,$4 = 3'$,$5 = 4'$.

由上面加法定义中的性质(ⅰ)、(ⅱ)得

$$2+1=2'=3,$$
$$2+2=2+1'=(2+1)'=3'=4.$$

于是

$$2+3=2+2'=(2+2)'=4'=5.$$

自然数的其他性质的推导均可见于上述兰道的书(或类似的书).

第五条公理(归纳公理)尤为重要,我们将在下节加以说明.

21. 公鸡的智慧

某家买了一只公鸡.

第1天,主人打开鸡笼,撒了两把米.

第2天,主人打开鸡笼,撒了两把米.

……

第100天,主人打开鸡笼,撒了两把米.

公鸡以为每天主人打开鸡笼,都会撒两把米.

第101天,主人打开鸡笼,捉住公鸡,把它杀了!

公鸡采用归纳法,根据第1天到第100天的归纳,它以为主人打开鸡笼,一定会撒米给它吃,却不知道它的这个归纳法是不完全的归纳法.从前100天归纳出的结论未必适用于第101天.

皮亚诺的归纳公理与此不同,不仅要求

$$1\in M \quad (M\text{ 是鸡有米的天数的集合}),$$

而且要求 $x\in M$ 时,必有 $x'\in M$,这里 x 是任意自然数.从而保证了“第100天有米吃时,第101天必有米吃”,“第101天有米吃时,第102天必有米吃”……(如此以至无穷).

这种方法称为数学归纳法,极为重要.

如果要证明一个与自然数 n 有关的命题 $P(n)$,我们设公理中的 $M=\{n\mid P(n)$成立$\}$,那么只需证明“$P(1)$成立($1\in M$)并且在 $P(n)$成立($n\in M$)时,$P(n')$一定成立($n'\in M$)”,从而 $P(n)$对一切自然数 n 成立(一切自然数 $n\in M$).n 与 n'也常用 $k,k+1$ 代替.

例 1 设 n 为任一自然数,证明:

$$1+2+\cdots+n=\frac{n(n+1)}{2}. \tag{1}$$

证明 $n=1$ 时,(1)式左边为 1,右边 $=\frac{1\times(1+1)}{2}=1$,因此 $n=1$ 时命题成立.

假设对于 $n=k$,(1)成立,即有

$$1+2+\cdots+k=\frac{k(k+1)}{2}.$$

则在 $n=k+1$ 时,有

$$\begin{aligned}1+2+\cdots+(k+1)&=\frac{k(k+1)}{2}+(k+1)\\&=\frac{1}{2}(k+1)(k+2),\end{aligned}$$

即 $n=k+1$ 时,(1)依然成立.

所以,对于一切自然数 n,(1)成立.

注 $n=1$ 的验证,称为奠基."假设对于 $n=k$,(1)成立",称为归纳假设.有时省去 k,直接说"假设对于 n,(1)成立",然后证明将 n 换成 $n+1$,(1)仍成立,也无不可.

"归纳假设",是假设,不需证明.但奠基是它的基础,至少 $n=1$ 时,命题 $P(1)$ 是正确的.

重点是利用归纳假设,证明 $P(n+1)$ 成立.

这一类形如(1)的等式,利用归纳法来证明,往往是很容易的(也可以用其他方法,例如高斯(Gauss)的办法:

$$\begin{aligned}1+2+\cdots+n&=\frac{1}{2}((1+n)+(2+(n-1))+\cdots+(n+1))\\&=\frac{1}{2}(n+1)n).\end{aligned}$$

数学归纳法的证明,有各种变形(只是叙述不同,实质一样).例如,n 与 $n+1$ 也常换成 $n-1$ 与 n,或换成任意小于 n 的自然数与 n.

例 2 证明:任一非空的自然数集合 A 一定有最小数.

证明 设 $M=\{n\mid n\notin A\}$.

若 $1\in A$,则 1 为 A 中的最小数.

设 $1\notin A$,即 $1\in M$.

若对任意自然数 n,在 $1,2,\cdots,n-1\in M$ 时,必有 $n\in M$,则由归纳公理知 M 含有全体自然数.

但 A 不是空集，所以 M 不可能含有全体自然数，必有一个自然数 n，在 $1,2,\cdots,n-1\in M$ 时，仍有 $n\notin M$，即 $n\in A$.

这个 n 就是 A 中最小的数.

注 例 2 的结论称为最小数原理.

上面由归纳公理推出了最小数原理，反之，由最小数原理也可推出归纳公理.证明如下：

假设集 M 具有归纳公理中的①、②两条性质.

如果 M 不包含所有的自然数，设这些不在 M 中的自然数所构成的集为 A，则 A 不是空集.

由最小数原理知 A 中有一个最小的自然数 a，$a\notin M$.

因为 $1\in M$，所以 $a\neq 1$，故 $a-1$ 也是自然数.

这时，比 a 小的数 $a-1$ 不在 A 中（因为 a 是 A 中最小的数），即 $a-1\in M$.

但根据 M 的性质②，由 $a-1\in M$ 可得出 $a\in M$.

这与上面所说的 $a\notin M$ 矛盾，所以 M 一定包含所有的自然数.

数学归纳法是一种非常重要的方法（凡与自然数有关的问题都应想一想能否用归纳法解决），但其技巧性颇高，需要通过大量练习逐步掌握，才能运用自如.

在第 7 章中，专门有一节谈数学归纳法.

22. 为什么 5－3＝2

为什么 $5-3=2$?

这个问题比较容易.

减法是加法的逆运算.

因为

$$2+3=5,$$

所以

$$5-3=2.$$

一般地，若 a,b,c 为自然数，且

$$a + b = c,$$

则

$$a = c - b,$$

$$b = c - a,$$

即

被加数(加数) = 和 - 加数(被加数)

自然数的减法有一个限制,即被减数不能小于减数.

自然数的减法人人会做,但并非人人都做得好.高手做减法,应当从高位算起,这样有利于心算.

例 728954 - 716893.

解 心算也应将数位对齐,最高位相同都是 7,抵消了.万位为 $2-1=1$,千位为 $8-6=2$,百位为 $9-8$,但余光扫一扫十位,发现 5 比 9 小,需要从百位借 1,所以差的百位应为 0,十位为 $15-9=6$,个位为 $4-3=1$.因此

$$728954 - 716893 = 12061.$$

顺便提一下数的大小比较,这里用十进制非常方便,显然

$$10 > 9 > 8 > 7 > 6 > 5 > 4 > 3 > 2 > 1 > 0.$$

如果是多位数,首先应比较位数,位数多的显然大.位数相同时,从高位开始比较,首位大的数较大.如果首位相同,再比较次位,如此继续下去.

如果减数比被减数大,那么就产生了新的数——负整数.

23. 快把新人迎进来

设 a,b 为自然数,考虑有序数对(a,b)的全体.它们之间有的有下面所说的关系.

如果(a,b)与(c,d)为两个有序的自然数数对,在 $a+d=b+c$ 时,称(a,b)与(c,d)相似,记为

$$(a,b) \sim (c,d).$$

这个相似关系具有以下三个特点:

(i) 反身性:$(a,b) \sim (a,b)$.

证明 显然 $a+b=b+a$.

（ⅱ）对称性：若 $(a,b)\sim(c,d)$，则 $(c,d)\sim(a,b)$.

证明 因为 $(a,b)\sim(c,d)$，所以

$$a+d=b+c.$$

而上式即

$$c+b=d+a,$$

所以 $(c,d)\sim(a,b)$.

（ⅲ）传递性：若 $(a,b)\sim(c,d)$，$(c,d)\sim(e,f)$，则 $(a,b)\sim(e,f)$.

证明 因为 $(a,b)\sim(c,d)$，所以

$$a+d=b+c. \tag{1}$$

因为 $(c,d)\sim(e,f)$，所以

$$c+f=d+e. \tag{2}$$

(1)+(2)，得

$$a+d+c+f=b+c+d+e.$$

两边同时减去 $d+c$，得

$$a+f=b+e,$$

即

$$(a,b)\sim(e,f).$$

具有（ⅰ）、（ⅱ）、（ⅲ）三种性质的关系，称为等价关系.

等价关系的作用就是分类. 凡有等价关系的放在一类，没有等价关系的放在不同的类.

显然，每个 (a,b) 都在一个类（即含 (a,b) 的类）中，而且也只在一个类中（若在两个类中，由传递性知这两个类并为一个类）.

每个类可以选出一个（或几个）代表，例如：

$\{(a,a)\mid a\in\mathbb{N}\}$ 可选 $(0,0)$ 作为代表；

$\{(a,b)\mid a>b\}$ 可选 $(c,0)$ 作为代表，$c=a-b$；

$\{(a,b)\mid b>a\}$ 可选 $(0,d)$ 作为代表，$d=b-a$.

其中第一类相当于 0，第二类相当于原来的自然数 c，第三类可就是新数了！

猜猜这新数是谁？

其实学过初中代数的朋友都不难猜出，它们就是负整数 $-c(c\in\mathbb{N})$.

从代数的角度来看，最重要的是数系扩大了之后，能否进行更多的运算，特别是能否打破原有的限制，如"被减数不能小于减数"等禁忌.

对于现在的有序数对(a,b)，(c,d)，…，应如何定义加、减法呢？

很容易想到（也是我们熟悉的），应当定义

$$(a,b)+(c,d)=(a+c,b+d).$$

不难验证这个定义与所取的代表无关，即无论从这两个类中各取一个什么代表，和总是一样的，即永远在同一个类中.

于是，有

$$(h,0)+(k,0)=(h+k,0), \tag{3}$$

$$(0,h)+(0,k)=(0,h+k), \tag{4}$$

$$(h,0)+(0,k)=(h,k). \tag{5}$$

(3)即原来的自然数（或0）加自然数（或0）.

(4)是负整数相加.

(3)、(4)即“同号两数相加，绝对值相加，符号不变”.

(5)是异号两数相加，结果为$\begin{cases}(h-k,0), & \text{若 } h\geqslant k;\\(0,k-h), & \text{若 } h<k.\end{cases}$也就是“绝对值相减（大减小），符号则为绝对值大的符号”.

减法可定义为

$$(a,b)-(c,d)=(a-c,b-d)$$

（可先将a，b同加一个数，使得它们分别大于c，d），也可定义为“加上相反的数”，即

$$(h,0)-(k,0)=(h,0)+(0,k)=(h,k).$$

关于这些我们只提供上述思想，而不做详细讨论（太占篇幅，而且实际上是大家熟悉的内容）. 有兴趣的读者可参看前面说过的兰道的《分析基础》一书.

刚才又见到一位老朋友：一本书，勃罗斯库列亚柯夫著、吴品三译的《数与多项式》（原由高等教育出版社出版，现在又有哈尔滨工业大学出版社的版本）. 其中也说到了如何将数系扩展，亦可参看.

正整数、零、负整数的全体所成的集，称为整数集，通常记为$\mathbb{Z}$或$\mathbf{Z}$.

数学就是不断地引入新数、新内容，同时也包含原有的内容，承袭了许多原有的性质.

突破原来的藩篱与禁忌，发展新的天地，这是最为重要的.

练　习　1

1. 桌上有 5 张卡片，上面标有数字

3　4　1　5　2

每次对换可将两张卡片的位置对调，至少需要经过几次对换，才能使卡片变为

1　2　3　4　5

呢？

2. 在下式中填入四个加号、一个减号，使等式成立：

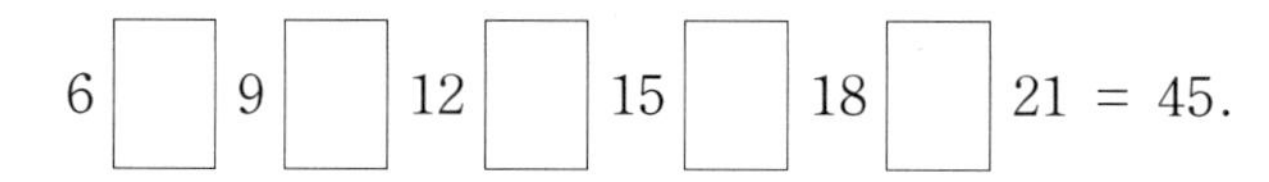

3. 如果一个数可以被它的每个数字整除，那么就称这个数为袋鼠数.

由不同数字组成的两位的袋鼠数，最大是多少？

由不同数字组成的三位的袋鼠数，最大是多少？

由不同数字组成的四位的袋鼠数，最大是多少？

4. 甲在纸上写下若干个小于 7 的自然数，乙将每个数换成 7 减去它所得的差. 如果甲写的数总和为 22，乙换成的数总和为 34，那么甲写了多少个数？

5. 任何两个相邻的数字相差为 2 的三位数有多少个？

6. 袋鼠每次先跳 2 大步，步长均为 3，再跳 3 小步，步长均为 1，以后保持不变，重复这个过程. 如果它从数轴上的 0 向 x 轴正向跳动，那么在 80～89 这一段它将落到哪些点上？

7. 在 100 到 300 之间有多少自然数，数字均为奇数的？

8. 改变 21475 中的一个数字，使得到的数是 225 的倍数，这样得到的数有几个？

9. 6 个兄弟，年龄是 6 个连续的整数，问他们每人一个同样的问题：你的兄弟中最大的是多少岁？然后将 6 个人的答案加起来. 以下 6 个数中只有哪一个是这 6 个数的和？

96，　121，　161，　183，　203

10. 海盗分赃物 200 块金币和 600 块银币，头领每人 5 金 10 银，水手每人 3 金 8 银，

小喽啰每人1金6银，恰好分完．问强盗共有多少人？

11．重为1，2，…，12千克的12枚砝码分为三组，每组4枚．第一组总重41千克，第二组总重26千克．问重为5千克的砝码与哪几个砝码在同一组？

12．能被13整除的三位数有多少个？

13．依递增的顺序写出从2到2022的所有只含数字0与2的自然数，这个数列中，中间一项是多少？

14．等于它的数字的乘积的5倍的三位数有多少个？

15．正整数 n 的约数依递增顺序排列为

$$d_1=1,d_2,\cdots,d_{s-2},d_{s-1},d_s=N.$$

若 $d_{s-1}=2022$，求 d_{s-2}．

16．若 p,q,r 为质数，$p+q+r=1000$，求 $p^2q^2r^2$ 除以48所得的余数．

17．在23节基础上，定义乘法 $(a,b)(c,d)=(ac+bd,bc+ad)$．证明这样定义的乘法满足交换律、结合律和分配律．

解　答　1

1．对换(1，3)，(4，2)，(5，4)，将卡片变为顺序排列．

可以证明至少需要3次对换．

因为原来5张卡片，每一张都不在正确位置(即最后图中的位置)上．而每次对换至多可将两张卡片换到正确位置上，所以将5张卡片都换到正确位置上至少需要3次对换．

2．若全填加号，则和比45大，且大出的部分是应该减的数的2倍．

$$(6+9+12+15+18+21-45)\div 2=18,$$

即减号应填在15与18之间．

3．设这两位数为 $10a+b$，其中 a,b 为数字，则 $a\mid b$，而 $a\neq b$，所以 $a<b\leqslant 9$．a 至多为4，b 至多为8．因此这数最大为48．

对于三位数 $100a+10b+c$，a 最大为9，并且 $9\mid(10b+c)$ 即 $9\mid(b+c)$，从而 $b+c=9$．$\{b,c\}=\{8,1\},\{7,2\},\{5,4\}$ 均不符合要求，最大的三位的袋鼠数应为936．

同理，最大的四位的袋鼠数是9864．

4. 每个原来的数与换成的数，和为 7.

$$(34+22)\div 7=8,$$

即甲写了 8 个数.

5. 十位数字为 7 的有 4 个，即 979，975，579，575. 同样，十位数字为 6，5，4，3 的也各有 4 个.

十位数字为 9，8，1，0 的各有 1 个（如 797）.

十位数字为 2 的有 2 个，即 420，424.

一共有 $4+2+4\times 5=26$ 个.

6. 一个完整的（连续 5 步）跳跃，长度为 9. 9 个完整的跳跃之前从 1 到 80，然后跳到 81，接着跳到 84，87，88，89，90.

7. 这种数形为 $\overline{1ab}$. a，b 均可从 1，3，5，7，9 中选择，共有 $5\times 5=25$ 种.

8. $225=5\times 5\times 9$.

21475 的末两位 75 被 25 整除，不可再改，而数字和被 9 整除，有 4 种改法，产生的数分别为

$$11475,\quad 20475,\quad 29475,\quad 21375.$$

9. 设年龄最大的为 k 岁，则答案之和是 $6k-1$. 从而只有 $203=6\times 34-1$ 才是 6 个数的和.

10. 设头领、水手、小喽啰人数分别为 x，y，z，则

$$5x+3y+z=200,$$

$$10x+8y+6z=600.$$

后一式减前一式，得

$$5(x+y+z)=400,$$

所以强盗共有 $x+y+z=80$ 人.

11. 因为

$$41=12+11+10+8,$$

$$26=9+7+6+4,$$

所以重为 5 千克的砝码与重为 3，2，1 千克的砝码在同一组.

12. 因为

$$91=7\times 13,$$

$$1001=77\times 13,$$

所以三位数中，第一个被 13 整除的是 8×13，最后一个是 76×13，被 13 整除的三位数

共有

$$76-8+1=69\text{个}.$$

13. 002 到 222 中,满足要求的数有

$$2\times2\times2-1=7$$

个.2000 到 2022 中,满足要求的数有

$$2\times2=4$$

个.共有 $7+4=11$ 个.中间的是第 6 个数 220.

14. 设三位数 $100a+10b+c=5abc$,则 $5\mid c$.而 $c\neq0$(否则三位数 $=5abc=0$),所以 $c=5$.

从而约去 5,得

$$20a+2b+1=5ab.$$

于是 $5\mid(2b+1)$,$b=2$ 或 7.但 $100a+10b+5$ 为奇数,不被 2 整除,所以 $b=7$.

再约去 5,得

$$4a+3=7a.$$

所以 $a=1$.满足要求的三位数只有一个,即 175.

15. $d_{s-1}=2022=2\times3\times337$,比 $N=d_s$ 少一个最小的质因数 2.所以 $N=2^2\times3\times337$,$d_{s-2}=2^2\times337$.

16. p,q,r 中必有一个为 2,不妨设 $r=2$,则 p,q 均非 2,且 $p+q=1000-2$.

因为 $1000-2-3$ 是 5 的倍数,不是质数,所以 p,q 均非 3.

$$p^2\equiv q^2\equiv1 \pmod 4,$$

$$p^2\equiv q^2\equiv1 \pmod 3,$$

$$p^2q^2\equiv1 \pmod{12},$$

$$p^2q^2r^2\equiv4 \pmod{48},$$

即所求余数为 48.

17. 显然

$$(c,d)(a,b)=(ac+bd,ad+bc)=(a,b)(c,d),$$

$$\begin{aligned}(a,b)((c,d)+(e,f))&=(a,b)(c+e,d+f)\\&=(a(c+e)+b(d+f),a(d+f)+b(c+e))\\&=(ac+bd,ad+bc)+(ae+bf,af+be)\\&=(a,b)(c,d)+(a,b)(e,f),\end{aligned}$$

$$\begin{aligned}((c,d)+(e,f))(a,b) &= (a,b)((c,d)+(e,f))\\ &= (a,b)(c,d)+(a,b)(e,f)\\ &= (c,d)(a,b)+(e,f)(a,b),\end{aligned}$$

$$\begin{aligned}(a,b)((c,d)(e,f)) &= (a,b)(ce+df,cf+de)\\ &= (ace+adf+bcf+bde,acf+ade+bce+bdf)\\ &= ((a,b)(c,d))(e,f),\end{aligned}$$

$$\begin{aligned}((a,b)(c,d))(e,f) &= (ac+bd,bc+ad)(e,f)\\ &= (ace+bde+bcf+adf,acf+bdf+bce+ade)\\ &= (a,b)((c,d)(e,f)).\end{aligned}$$

第2章
乘　法

不仅有加法，自然数中还有一种运算，就是乘法.

如果没有乘法，那么自然数就少了许多问题，变得非常简单，从而也少了许多趣味.

自然数中的重要问题大多与乘法有关. 正因为有了乘法，自然数才变得丰富多彩，引人入胜.

特别是由于乘法的存在，质数现身了，它的后面蕴藏着无尽的宝藏.

1. 哈哈镜王国

在《哈哈镜王国历险记》一书中，国王与财政大臣为下面的问题大伤脑筋：

"王宫有 100 间房间，每间房间需要 100 块玻璃．一共需要多少块玻璃？"

国王与财政大臣都只会加法，他们 $100+100=200$，$200+100=300$，…，加了半天，头都搞大了，还没有得出结果．于是决定成立一个"全面深入研究玻璃计算委员会"，专门解决这个问题．

站在一旁的小女孩学过乘法，她说：

$$“100\times 100=10000,$$

很容易啊！"

的确，"累加为乘"，许多同样的数相加，用乘法比加法方便多了．

不仅如此，自然数中有了乘法运算之后，内容大大丰富起来了．

如果两个整数 b，c 相乘，积为 a，即

$$a=bc, \tag{1}$$

那么我们就说 a 是 b（也是 c）的倍数，b（或 c）是 a 的约数（或因数）．

我们知道，在(1)成立时，$a\div b$ 的商就是 c（余数为 0）．所以 b 是 a 的约数也可以记为 $b\mid a$，读作"b 整除 a"或"a 被 b 整除"，如 $2\mid 6$，$(-3)\mid 9$ 等．

b 不整除 a 或 a 不被 b 整除，记为 $a\nmid b$，如 $2\nmid 7$，$5\nmid 13$ 等．

0 是一切整数的倍数（$0=b\times 0$）．

$b\mid a$ 与 $|b|\mid |a|$ 是一回事．所以为了方便起见，我们通常不讨论负整数的整除问题．

显然，数的整除有以下性质：

（ⅰ）若 $c\mid b$，$b\mid a$，则 $c\mid a$．

证明　因为 $c\mid b$，所以有整数 d 满足

$$b=dc. \tag{2}$$

同样，有整数 e 满足

$$a=eb. \tag{3}$$

由(2)、(3)得

$$a = eb = ed \cdot c$$

所以 $c|a$.

（ⅱ）若 $b|a$，k 为整数，则 $b|ka$.

（ⅲ）若 $c|b$，$c|a$，则 $c|(a \pm b)$.

（ⅳ）若 $c|a$，$c|b$，且 k，h 为整数，则 $c|(ka \pm hb)$.

性质（ⅱ）、（ⅲ）、（ⅳ）请读者自己证明.

例　在 100 以内的 7 的倍数有多少个？

解　因为

$$100 \div 7 = 14\cdots\cdots2,$$

所以 100 以内被 7 整除的数，也就是 7 的倍数有 14 个.

不难写出这 14 个 7 的倍数，即

$$7 \times 1, 7 \times 2, \cdots, 7 \times 14 (= 98).$$

一般地，在 $1, 2, \cdots, n$ 这 n 个自然数中，被自然数 a 整除的数，也就是 a 的倍数，有 $\left[\frac{n}{a}\right]$ 个. 这里 $[x]$ 表示实数 x 的整数部分，更确切地说，是不超过 x 的最大整数. 例如，$\left[\frac{100}{7}\right] = 14$.

2. 请用我的筛子

自然数分为三类.

第一类称为“单位”，只有 1 个数，就是 1. 1 之所以被称为单位，是因为“一乘如不乘”——任何数乘以 1，积仍是这个数，没有丝毫改变.

如果我们讨论的范围扩大到整数，那么“单位”就有两个：1 与 -1. 任何数乘以 -1，只改变符号，但绝对值不变. 如果讨论的范围再扩大一些（这或许是很多年以后的事情），那么“单位”会更多一些，它们都是“模”（类似于绝对值）为 1 的一些“小精灵”.

大于 1 的自然数又分为两类.

一类称为“质数”或“素数”. 这些数除了 1 与本身外，没有其他的约数. 依大小顺序写出来，即

$$2,3,5,7,11,13,17,\cdots.$$

另一类称为“合数”. 这些数除了 1 与本身外，还有其他的约数. 依大小顺序写出来，即

$$4,6,8,9,10,12,14,15,\cdots.$$

正偶数中只有 2 是质数. 换句话说，即质数中只有 2 是偶数，其余的都是奇数.

怎样寻找质数呢?

一位白胡子的古希腊老爷爷埃拉托色尼(Eratosthenes，约公元前 275—前 194)笑嘻嘻地说：“请用我的筛子.”他将整数 1 到 100 放入筛子中，先筛去 1，再留下 2，筛去 2 的倍数(即在表 2.1 中将它划去)；留下 3，筛去 3 的倍数；留下 5，筛去 5 的倍数；留下 7，筛去 7 的倍数.

表 2.1

~~1~~	2	3	~~4~~	5	~~6~~	7	~~8~~	~~9~~	~~10~~
11	~~12~~	13	~~14~~	~~15~~	~~16~~	17	~~18~~	19	~~20~~
~~21~~	~~22~~	23	~~24~~	~~25~~	~~26~~	~~27~~	~~28~~	29	~~30~~
31	~~32~~	~~33~~	~~34~~	~~35~~	~~36~~	37	~~38~~	~~39~~	~~40~~
41	~~42~~	43	~~44~~	~~45~~	~~46~~	47	~~48~~	~~49~~	~~50~~
~~51~~	~~52~~	53	~~54~~	~~55~~	~~56~~	~~57~~	~~58~~	59	~~60~~
61	~~62~~	~~63~~	~~64~~	~~65~~	~~66~~	67	~~68~~	~~69~~	~~70~~
71	~~72~~	73	~~74~~	~~75~~	~~76~~	~~77~~	~~78~~	79	~~80~~
~~81~~	~~82~~	83	~~84~~	~~85~~	~~86~~	~~87~~	~~88~~	89	~~90~~
~~91~~	~~92~~	~~93~~	~~94~~	~~95~~	~~96~~	97	~~98~~	~~99~~	~~100~~

剩下的数，即

$$2,3,5,7,11,13,17,19,23,29,31,37,41,43,47,53,59,61,67,71,73,79,83,89,97.$$

这些就是全部小于 100 的质数，共 25 个.

“为什么这些剩下来的数都是质数呢?”

“哈哈！这正是我希望你们自己思考的问题.”

* * * * * * *

“前人栽树，后人乘凉.”早就有人制作出了质数表，供后人使用. 下面表 2.2 中有 10000 以内的全部质数.

表 2.2

2	3	5	7	11	13	17	19	23	29	31	37	41	43	47	53	59	61	67	71	73
79	83	89	97	101	103	107	109	113	127	131	137	139	149	151	157	163	167	173	179	181
191	193	197	199	211	223	227	229	233	239	241	251	257	263	269	271	277	281	283	293	307
311	313	317	331	337	347	349	353	359	367	373	379	383	389	397	401	409	419	421	431	433
439	443	449	457	461	463	467	479	487	491	499	503	509	521	523	541	547	557	563	569	571
577	587	593	599	601	607	613	617	619	631	641	643	647	653	659	661	673	677	683	691	701
709	719	727	733	739	743	751	757	761	769	773	787	797	809	811	821	823	827	829	839	853
857	859	863	877	881	883	887	907	911	919	929	937	941	947	953	967	971	977	983	991	997
1009	1013	1019	1021	1031	1033	1039	1049	1051	1061	1063	1069	1087	1091	1093	1097	1103	1109	1117	1123	1129
1151	1153	1163	1171	1181	1187	1193	1201	1213	1217	1223	1229	1231	1237	1249	1259	1277	1279	1283	1289	1291
1297	1301	1303	1307	1319	1321	1327	1361	1367	1373	1381	1399	1409	1423	1427	1429	1433	1439	1447	1451	1453
1459	1471	1481	1483	1487	1489	1493	1499	1511	1523	1531	1543	1549	1553	1559	1567	1571	1579	1583	1597	1601
1607	1609	1613	1619	1621	1627	1637	1657	1663	1667	1669	1693	1697	1699	1709	1721	1723	1733	1741	1747	1753
1759	1777	1783	1787	1789	1801	1811	1823	1831	1847	1861	1867	1871	1873	1877	1879	1889	1901	1907	1913	1931
1933	1949	1951	1973	1979	1987	1993	1997	1999	2003	2011	2017	2027	2029	2039	2053	2063	2069	2081	2083	2087
2089	2099	2111	2113	2129	2131	2137	2141	2143	2153	2161	2179	2203	2207	2213	2221	2237	2239	2243	2251	2267
2269	2273	2281	2287	2293	2297	2309	2311	2333	2339	2341	2347	2351	2357	2371	2377	2381	2383	2389	2393	2399
2411	2417	2423	2437	2441	2447	2459	2467	2473	2477	2503	2521	2531	2539	2543	2549	2551	2557	2579	2591	2593
2609	2617	2621	2633	2647	2657	2659	2663	2671	2677	2683	2687	2689	2693	2699	2707	2711	2713	2719	2729	2731
2741	2749	2753	2767	2777	2789	2791	2797	2801	2803	2819	2833	2837	2843	2851	2857	2861	2879	2887	2897	2903
2909	2917	2927	2939	2953	2957	2963	2969	2971	2999	3001	3011	3019	3023	3037	3041	3049	3061	3067	3079	3083
3089	3109	3119	3121	3137	3163	3167	3169	3181	3187	3191	3203	3209	3217	3221	3229	3251	3253	3257	3259	3271
3299	3463	3467	3469	3491	3499	3511	3517	3527	3529	3533	3539	3541	3547	3557	3559	3571	3581	3583	3593	3607
3461	3463	3467	3469	3491	3499	3511	3517	3527	3529	3533	3539	3541	3547	3557	3559	3571	3581	3583	3593	3607
3613	3617	3623	3631	3637	3643	3659	3671	3673	3677	3691	3697	3701	3709	3719	3727	3733	3739	3761	3767	3769
3779	3793	3797	3803	3821	3823	3833	3847	3851	3853	3863	3877	3881	3889	3907	3911	3917	3919	3923	3929	3931
3943	3947	3967	3989	4001	4003	4007	4013	4019	4021	4027	4049	4051	4057	4073	4079	4091	4093	4099	4111	4127
4129	4133	4139	4153	4157	4159	4177	4201	4211	4217	4219	4229	4231	4241	4243	4253	4259	4261	4271	4273	4283
4289	4297	4327	4337	4339	4349	4357	4363	4373	4391	4397	4409	4421	4423	4441	4447	4451	4457	4463	4481	4483

表 2.2(续表)

4493	4507	4513	4517	4519	4523	4547	4549	4561	4567	4583	4591	4597	4603	4621	4637	4639	4643	4649	4651	4657
4663	4673	4679	4691	4703	4721	4723	4729	4733	4751	4759	4783	4787	4789	4793	4799	4801	4813	4817	4831	4861
4871	4877	4889	4903	4909	4919	4931	4933	4937	4943	4951	4957	4967	4969	4973	4987	4993	4999	5003	5009	5011
5021	5023	5039	5051	5059	5077	5081	5087	5099	5101	5107	5113	5119	5147	5153	5167	5171	5179	5189	5197	5209
5227	5231	5233	5237	5261	5273	5279	5281	5297	5303	5309	5323	5333	5347	5351	5381	5387	5393	5399	5407	5413
5417	5419	5431	5437	5441	5443	5449	5471	5477	5479	5483	5501	5503	5507	5519	5521	5527	5531	5557	5563	5569
5573	5581	5591	5623	5639	5641	5647	5651	5653	5657	5659	5669	5683	5689	5693	5701	5711	5717	5737	5741	5743
5749	5779	5783	5791	5801	5807	5813	5821	5827	5839	5843	5849	5851	5857	5861	5867	5869	5879	5881	5897	5903
5923	5927	5939	5953	5981	5987	6007	6011	6029	6037	6043	6047	6053	6067	6073	6079	6089	6091	6101	6113	6121
6131	6133	6143	6151	6163	6173	6197	6199	6203	6211	6217	6221	6229	6247	6257	6263	6269	6271	6277	6287	6299
6301	6311	6317	6323	6329	6337	6343	6353	6359	6361	6367	6373	6379	6389	6397	6421	6427	6449	6451	6469	6473
6481	6491	6521	6529	6547	6551	6553	6563	6569	6571	6577	6581	6599	6607	6619	6637	6653	6659	6661	6673	6679
6689	6691	6701	6703	6709	6719	6733	6737	6761	6763	6779	6781	6791	6793	6803	6823	6827	6829	6833	6841	6857
6863	6869	6871	6883	6899	6907	6911	6917	6947	6949	6959	6961	6967	6971	6977	6983	6991	6997	7001	7013	7019
7027	7039	7043	7057	7069	7079	7103	7109	7121	7127	7129	7151	7159	7177	7187	7193	7207	7211	7213	7219	7229
7237	7243	7247	7253	7283	7297	7307	7309	7321	7331	7333	7349	7351	7369	7393	7411	7417	7433	7451	7457	7459
7477	7481	7487	7489	7499	7507	7517	7523	7529	7537	7541	7547	7549	7559	7561	7573	7577	7583	7589	7591	7603
7607	7621	7639	7643	7649	7669	7673	7681	7687	7691	7699	7703	7717	7723	7727	7741	7753	7757	7759	7789	7793
7817	7823	7829	7841	7853	7867	7873	7877	7879	7883	7901	7907	7919	7927	7933	7937	7949	7951	7963	7993	8009
8011	8017	8039	8053	8059	8069	8081	8087	8089	8093	8101	811	8117	8123	8147	8161	8167	8171	8179	8191	8209
8219	8221	8231	8233	8237	8243	8263	8269	8273	8287	8291	8293	8297	8311	8317	8329	8353	8363	8369	8377	8387
8389	8419	8423	8429	8431	8443	8447	8461	8467	8501	8513	8521	8527	8537	8539	8543	8563	8573	8581	8597	8599
8609	8623	8627	8629	8641	8647	8663	8669	8677	8681	8689	8693	8699	8707	8713	8719	8731	8737	8741	8747	8753
8761	8779	8783	8803	8807	8819	8821	8831	8837	8839	8849	8861	8863	8867	8887	8893	8923	8929	8933	8941	8951
8963	8969	8971	8999	9001	9007	9011	9013	9029	9041	9043	9049	9059	9067	9091	9103	9109	9127	9133	9137	9151
9157	9161	9173	9181	9187	9199	9203	9209	9221	9227	9239	9241	9257	9277	9281	9283	9293	9311	9319	9323	9337
9341	9343	9349	9371	9377	9391	9397	9403	9413	9419	9421	9431	9433	9437	9439	9461	9463	9467	9473	9479	9491
9497	9511	9521	9533	9539	9547	9551	9587	9601	9613	9619	9623	9629	9631	9643	9649	9661	9677	9679	9689	9697
9719	9721	9733	9739	9743	9749	9767	9769	9781	9787	9791	9803	9811	9817	9829	9833	9839	9851	9857	9859	9871
9883	9887	9901	9907	9923	9929	9931	9941	9949	9967	9973	10007	10009	10037	10039	10061	10067	10069	10079	10091	10093

3. 质数的问题

数学中,有无数的问题.一个老问题解决了,往往又会产生许多新问题.在一定程度上可以说,问题是数学发展的动力.

关于质数的问题就非常之多.

第一个问题是:"质数的个数是有限的,还是无限的?"

又一位古希腊老人欧几里得站出来说:

"我可以告诉你,质数是无限的,证明就在我写的书《原本》(*Element*)之中."

自然数个数无限很容易证明,因为每个自然数都"后继有人",将一个自然数加上1,就得到一个比它大的自然数.同样的办法可以证明奇数是无限的(奇数加上2,就得到更大的奇数),偶数也是无限的(偶数加上2,就得到更大的偶数).

这个证法对于质数并不适用.大于2的质数加上1,肯定不是质数,加上2也不能肯定仍然是质数.

但由已知质数产生新质数的想法仍是很好的想法.设已经有的质数是 $p_1, p_2, \cdots, p_k$,那么考虑

$$n = p_1 p_2 \cdots p_k + 1. \tag{1}$$

p_1 除 n 余1,所以 p_1 不是 n 的因数.$p_2, p_3, \cdots, p_k$ 也都不是 n 的因数.

如果 n 是质数,那么它就是与 $p_1, p_2, \cdots, p_k$ 都不相同的质数.

如果 n 是合数,那么 n 有大于1而不同于 n 的因数.设这种因数中 p 为最小,则 p 一定是质数,否则它有更小的大于1的因数,而这个因数也是 n 的因数,与 p 最小矛盾.p 与 $p_1, p_2, \cdots, p_k$ 都不相同.

因此,总有与已有质数不同的新质数,从而质数是无限的.

第二个问题是:"质数间的间隔有多大?"换句话说:"连续的合数有多长?"

这个问题比较容易,对上面(1)中给出的 n,显然 $(n-1)+p_1$ 是合数,$(n-1)+p_2$,$\cdots$,$(n-1)+p_k$ 都是合数.不过这些合数并非连续的.制造连续的合数也不困难,稍加修改即可.对任意自然数 m,令

$$m! = 1 \times 2 \times 3 \times \cdots \times m,$$

则在 $m>1$ 时，$m!+2$ 是合数（被 2 整除），$m!+3$ 是合数（被 3 整除），…，$m!+m$ 是合数（被 m 整除）．于是得到 $m-1$ 个连续的合数．所以质数之间的间隔可以任意大．

我们把 3 与 5，5 与 7，11 与 13，…这样的质数对称为孪生素数，即差为 2 的两个质数．

第三个问题就是："孪生素数的个数是否无限？"

这个问题至今仍无答案．美国华裔数学家张益唐在 2013 年证明了"弱孪生素数猜想"，即存在一个常数 C，使得满足 $p_{n+1}-p_n\leqslant C$ 的素数对（p_n，p_{n+1}）有无限多个，C 可取为 7000 万．陶哲轩等已将 7000 万改进为 5000．

如果能证明 C 可以取为 3，那么孪生素数就有无限多个．

还有许多关于质数的问题．

比如，我们看到 $7=2+2+3$，$9=3+3+3$，$11=3+3+5$，$13=3+5+5$，…．

于是，一位德国驻彼得堡的公使哥德巴赫（C. Goldbach，1690—1764）猜测："任一个大于 5 的奇数都可以写成 3 个质数的和．"他写信去请教大数学家欧拉（L. Euler，1707—1783）．欧拉回答说：

"你的猜测可由下面的猜测推出：任一个大于 2 的偶数都可以写成两个质数的和．"

这就是著名的哥德巴赫猜想．关于奇数的部分已被维诺格拉多夫（I. Vinogradov，1891—1983）等人解决．关于偶数的部分至今仍未解决，我国数学家陈景润（1933—1996）等对这个问题有重大贡献．

4. 质因数分解

盖房子，需要砖．

如果将自然数比作房子，那么质数就是构建房子的砖（质数之所以称为"质"或"素"，就由此而来）．

将几个（多于 1 个）质数（可以相同）相乘便得到合数．而且用这种做法，能得出全部合数．

事实上，设 n 为合数，则 n 有大于 1 而小于 n 的约数，这种约数中最小的一个一定是质数（上一节已经说过），记为 p_1，则有

$$n = n_1 p_1, \tag{1}$$

其中 n_1 是大于1的自然数，且小于 n（因为 $p_1>1$）.

如果 n_1 为合数，对 n_1 进行同样的讨论，又有

$$n_1 = n_2 p_2, \tag{2}$$

其中 p_2 是质数，n_2 是大于1的自然数，且小于 n_1.

依此类推，由于 $n>n_1>n_2>\cdots$，所以上述过程至多 n 步就一定结束，即最后有

$$n_{k-2} = n_{k-1} p_{k-1}, \tag{3}$$

其中 p_{k-1}是质数. n_{k-1}也是质数，可改记为 p_k. 于是

$$n = p_1 p_2 \cdots p_k. \tag{4}$$

其中 $p_1, p_2, \cdots, p_k$ 都是质数，它们是 n 的质因数.(4)称为 n 的质因数分解. 所以每一个合数都是若干个质数的积.

在(4)中，质因数 $p_1, p_2, \cdots, p_k$ 可能有相同的，相同的质因数的积可以写成幂的形式. 我们有以下定理：

算术基本定理(唯一分解定理) 任一个不等于1的自然数 n 都可以写成质数的乘积，即

$$n = p_1^{\alpha_1} p_2^{\alpha_2} \cdots p_t^{\alpha_t}, \tag{5}$$

其中 $p_1, p_2, \cdots, p_t$ 是质数，且 $p_1<p_2<\cdots<p_t$，$\alpha_1, \alpha_2, \cdots, \alpha_t$ 是自然数. 而且这种分解是唯一的.

在 $t=1$，$\alpha_1=1$ 时，n 是质数. 其他情况下 n 都是合数.

这一定理十分重要，虽然是很多人熟知的，但仍需要严格的证明. 我们先用起来，在下一章第7节再补充证明.

例1 分解

(ⅰ) 72，

(ⅱ) 667

为质因数的乘积.

解 (ⅰ) $72=2^3\times 3^2$.

这种简单的分解应当通过心算完成. 复杂一点的需要通过试除完成.

(ⅱ) 用2,3,5,7,11,13,17,19,23逐个试除，直至得出

$$667 = 23\times 29.$$

例2 求一个最小的立方数，被2160整除.

解 $2160=2^4\times 3^3\times 5$.

在 n 为立方数时，它的分解式(5)中，$\alpha_1, \alpha_2, \cdots, \alpha_t$ 都必须是3的倍数. 因此被2160

整除的立方数是

$$2^6\times3^3\times5^3\times m^3,$$

其中最小的是 $2^6\times3^3\times5^3=216000$.

唯一分解定理的用途极广.不过,上面我们只证明“分解”,还没有证明“唯一”.这件事将延缓到下一章再完成.

例 3 如果大于 1 的自然数 $n<a^2$,并且小于 a 的质数都不是 n 的约数,证明:n 是质数.

证明 若 n 是合数,则由唯一分解定理得

$$n = p_1^{\alpha_1}p_2^{\alpha_2}\cdots p_t^{\alpha_t},$$

其中 $p_1,p_2,\cdots,p_t$ 都是质数,且 $p_1<p_2<\cdots<p_t$,并且 $t>1$ 或者 $t=1,\alpha_1>1$.

因此

$$p_1^2\leqslant n<a^2,$$

$$p_1<a,$$

即 n 必有小于 a 的质因数,与已知矛盾.所以 n 为质数.

例 3 表明第 2 节用“筛法”得到的数全是质数,因为它们都小于 100,当然更小于 11^2,而且不被小于 11 的质数 2,3,5,7 整除.

5. 数轴上标数

如图 2.1 所示,一根直线上标了原点 O 与正方向,甲有一根长为 6 的直尺,又有一根长为 14 的直尺,如何利用它们,在称为数轴的直线上标出尽量多的数?可以标出哪些数?

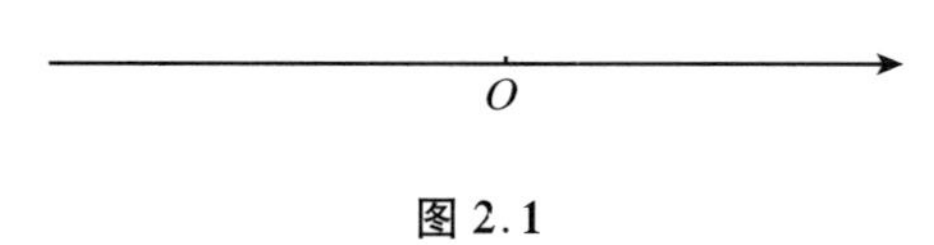

图 2.1

解 利用长为 6 的直尺,可以标出表示 6,12,18,…和 -6,-12,-18,…的点.

利用长为 14 的直尺,可以标出表示 ±14,±28,…的点.

但还可以标出更多的点.

注意,标出 -12 的点 A(用长为6的直尺在负方向上量两次)后,再自 A 用长为14的直尺向正方向量一次,便得出表示

$$(-6)\times 2+14=2$$

的点 B,如图2.2所示.

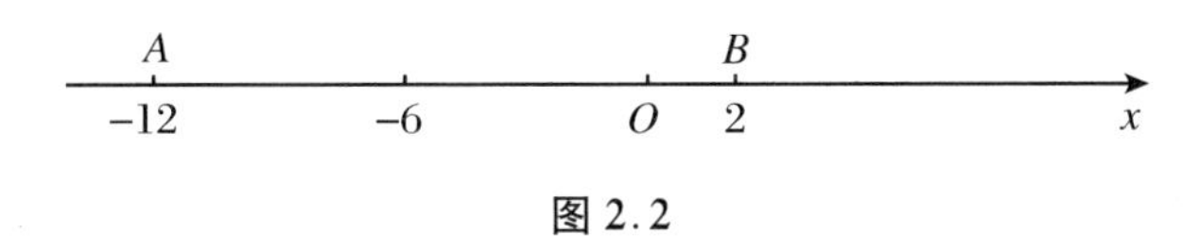

图2.2

用 B 代替 O 点,重复上面的作法(用长为6的直尺在负方向上量两次后,再用长为14的直尺量一次),便得出表示4的点.

这样便可标出所有表示正偶数的点.

改变这作法的方向(正变负、负变正),即先用长为6的直尺在正方向上量两次,再用长为14的直尺在负方向上量一次,便得出表示 -2 的点.从而得出所有表示负偶数的点.

因此可以在数轴上标出全体偶数,也就是全体2的倍数.而且所能标的点形式一定是 $6k+14h(k,h\in\mathbb{Z})$,所以也一定是表示偶数的点.

同样,用长度为15与长度为10的直尺,可以标出所有表示 $5k$ 的点($k\in\mathbb{Z}$).这里5是15的约数,也是10的约数.

设 a,b 为自然数.如果 d 是 a 的约数,也是 b 的约数,那么 d 就称为 a,b 的公约数.公约数中最大的,称为最大公约数,记为 $\mathrm{GCD}(a,b)$.在不会引起混淆时,也可更简单地记为 (a,b).例如,$(120,150)=30$.

例1 求(60,108).

解 将60,108分解为质因数的乘积,即

$$60=2^2\times 3\times 5,$$

$$108=2^2\times 3^2.$$

所以

$$(60,108)=2^2\times 3=12.$$

一般地,设 a,b 的质因数分解式为

$$a=p_1^{\alpha_1}p_2^{\alpha_2}\cdots p_k^{\alpha_k},$$

$$b=p_1^{\beta_1}p_2^{\beta_2}\cdots p_k^{\beta_k},$$

其中 $p_1,p_2,\cdots,p_k$ 为不同的质数,$\alpha_1,\alpha_2,\cdots,\alpha_k,\beta_1,\beta_2,\cdots,\beta_k$ 为非负整数,可以为0(某个 α_i 或 β_i 为0时,表示相应的质数 p_i 实际上不是 a 或 b 的因数,不在 a 或 b 的分解式

中出现)，则

$$(a,b) = p_1^{\gamma_1} p_2^{\gamma_2} \cdots p_k^{\gamma_k},$$

其中 γ_i 是 α_i，β_i 中较小的($i=1,2,\cdots,k$).

1 是任意自然数的约数，所以对任意自然数 a，b，总有 1 是 a，b 的公约数. 若 a，b 的公约数仅有 1，即 $(a,b)=1$，则称 a，b 互质(或互素). 例如

$$(4,9) = 1,$$

即 4 与 9 互质.

若 $(a,b)=b$，则 b 是 a 的约数，$b|a$. 反之，若 $b|a$，则 $(a,b)=b$.

例 2 设 $a>b$，证明：

$$(a,b) = (a-b,b). \tag{1}$$

证明 a，b 的公约数 d 是 a，b 的约数，所以也是 $a-b$ 的约数，因而是 $a-b$ 与 b 的公约数.

反之，若 d 是 $a-b$ 与 b 的公约数，则 d 也是 $(a-b)+b=a$ 的约数.

因此 a，b 的公约数与 $a-b$，b 的公约数是相同的，它们中间最大的也是相同的，即(1)成立.

(1)在计算最大公约数时经常用到.

例 3 求(10829,6851).

解

$$\begin{aligned}(10829,6851) &= (3978,6851)\\ &= (3978,2873)\\ &= (1105,2873)\\ &= (1105,1768)\\ &= (1105,663)\\ &= (442,663)\\ &= (442,221)\\ &= 221.\end{aligned}$$

这种过程称为欧几里得算法或辗转相除法，可用竖式表示如下：

10829	1	6851
6851	1	3978
3978	1	2873
2873	2	2210
1105	1	663
663	1	442
442	2	221
442		
0		

其中 $2873-1105-1105$ 并作 $2873-1105\times 2$，更为简单. 竖式中间的数即是各次除法的商.

注意在开始说的在数轴上标数中，我们有 $2=14-2\times 6$，$5=15-10$. 一般地，对于 a，b 的最大公约数 d，是否有整数 h，k 使

$$ha+kb=d?$$

这是一个重要的问题，将在下一章第 6 节叙述.

例 4 如果 $c\mid ab$，并且 c 与 a 互质，证明：必有 $c\mid b$.

证明 做质因数的唯一分解. 设 p 为 c 的质因数，并且在 c 的分解式中次数为 r. 这件事以后我们记作 $p^r\parallel c$ 或

$$v_p(c)=r.$$

因为 $c\mid ab$，所以

$$v_p(c)\leqslant v_p(ab)=v_p(a)+v_p(b).$$

又因为 $(c,a)=1$，所以 $v_p(a)=0$，从而

$$v_p(c)\leqslant v_p(b). \tag{2}$$

(2)对于 c 的所有质因数 p 皆成立，所以 $c\mid b$.

例 4 的应用很广泛，其中的符号 $v_p(c)$ 也是常用的.

6. 最小公倍数

设 a，b 为自然数.

如果 m 是 a 的倍数，也是 b 的倍数，那么 m 就称为 a，b 的公倍数. 例如，ab 就是 a，b 的公倍数.

在 a，b 的公倍数中，一定有一个最小的(最小数原理)，称为最小公倍数，记为 $\mathrm{LCM}[a,b]$. 在不会引起混淆时，也可简记为 $[a,b]$. 例如，$[4,6]=12$.

例 1 求 $[60,108]$.

解 因为

$$60=2^2\times 3\times 5,$$

$$108=2^2\times 3^3,$$

所以

$$[60,108] = 2^2 \times 3^3 \times 5 = 540.$$

一般地，设 $a = p_1^{\alpha_1} p_2^{\alpha_2} \cdots p_k^{\alpha_k}$，$b = p_1^{\beta_1} p_2^{\beta_2} \cdots p_k^{\beta_k}$，其中 $p_1, p_2, \cdots, p_k$ 为不同质数，$\alpha_1, \alpha_2, \cdots, \alpha_k, \beta_1, \beta_2, \cdots, \beta_k$ 为非负整数，则

$$[a,b] = p_1^{s_1} p_2^{s_2} \cdots p_k^{s_k},$$

其中 s_i 为 α_i, β_i 中较大的（$i=1,2,\cdots,k$）.

例 2 设 a, b 为自然数，证明：

$$(a,b)[a,b] = ab.$$

解 对于任意的两个数 α_i, β_i，记

$$\gamma_i = \min\{\alpha_i, \beta_i\},$$

$$\delta_i = \max\{\alpha_i, \beta_i\},$$

即 γ_i 为 α_i, β_i 中较小的，δ_i 为 α_i, β_i 中较大的，则显然有

$$\gamma_i + \delta_i = \alpha_i + \beta_i.$$

因此

$$(a,b)[a,b] = p_1^{\alpha_1+\beta_1} p_2^{\alpha_2+\beta_2} \cdots p_k^{\alpha_k+\beta_k} = ab.$$

例如，由 $(60,108)=12$，$[60,108]=540$，得

$$12 \times 540 = 60 \times 108 = 6480.$$

最大公约数与最小公倍数的概念可以推广至更多的数：

设 $a_1, a_2, \cdots, a_n$ 为自然数，如果 d（或 m）是 $a_1, a_2, \cdots, a_n$ 的约数（倍数），那么 d（或 m）就是 $a_1, a_2, \cdots, a_n$ 的公约数（公倍数）. 公约数（公倍数）中最大的（最小的）称为 $a_1, a_2, \cdots, a_n$ 的最大公约数（最小公倍数），记为 $(a_1, a_2, \cdots, a_n)$（或 $[a_1, a_2, \cdots, a_n]$）.

例 3 求 $(300,120,170)$ 与 $[300,120,170]$.

解 因为 12 与 17 互质，$(120,170)=10$，所以

$$(300,120,170) = 10.$$

另一方面，因为

$$[300,120] = 600,$$

$$[600,170] = 600 \times 17 = 10200,$$

所以

$$[300,120,170] = 10200.$$

一般地，设 a, b, c 为自然数，且

$$a = p_1^{\alpha_1} p_2^{\alpha_2} \cdots p_k^{\alpha_k},$$

$$b = p_1^{\beta_1} p_2^{\beta_2} \cdots p_k^{\beta_k},$$

$$c = p_1^{\gamma_1} p_2^{\gamma_2} \cdots p_k^{\gamma_k},$$

其中 $p_1, p_2, \cdots, p_k$ 为不同质数，$\alpha_1, \alpha_2, \cdots, \alpha_k, \beta_1, \beta_2, \cdots, \beta_k, \gamma_1, \gamma_2, \cdots, \gamma_k$ 为非负整数，则

$$(a, b, c) = p_1^{\delta_1} p_2^{\delta_2} \cdots p_k^{\delta_k},$$

$$[a, b, c] = p_1^{\theta_1} p_2^{\theta_2} \cdots p_k^{\theta_k},$$

其中 $\delta_i = \min\{\alpha_i, \beta_i, \gamma_i\}, \theta_i = \max\{\alpha_i, \beta_i, \gamma_i\} (i = 1, 2, \cdots, k)$.

这一结果可以推广到 n 个数的最大公约数与最小公倍数.

当然，具体求 (a, b, c) 或 $[a, b, c]$ 时，不一定要死套上面的公式. 例 3 的解法就比较灵活.

实际上，

$$\min\{\alpha_i, \beta_i, \gamma_i\} = \min\{\min\{\alpha_i, \beta_i\}, \gamma_i\},$$

$$\max\{\alpha_i, \beta_i, \gamma_i\} = \max\{\max\{\alpha_i, \beta_i\}, \gamma_i\}.$$

注意，在 $n \geqslant 3$ 时，$(a_1, a_2, \cdots, a_n)[a_1, a_2, \cdots, a_n]$ 与 $a_1 a_2 \cdots a_n$ 通常并不相等. 比如，例 3 中，有

$$(300, 120, 170)[300, 120, 170] = 102000,$$

而

$$300 \times 120 \times 170 = 6120000,$$

两者并不相等.

以上概念都可以推广到整数，规定：

$$[a_1, a_2, \cdots, a_n] = [|a_1|, |a_2|, \cdots, |a_n|],$$

$$(a_1, a_2, \cdots, a_n) = (|a_1|, |a_2|, \cdots, |a_n|).$$

7. 简　　朴

解题，以简朴为好.

请看下例.

用 1，2，3，4，5 五个数字组成一个三位数和一个两位数（当然每个数字恰出现一次），

使它们的乘积最大.

这道题不难,因为仅有有限多个可能,用枚举法足以解决.

当然,加些分析,可以使需要讨论的情况大为减少.

首先,设组成的数为 $\overline{abc}$ 与 $\overline{de}$.

$\overline{abc}$ 应尽量大,所以

$$a > b > c.$$

同样,有

$$d > e.$$

于是 5 肯定是 a 或 d. 4 可能是 a 或 d,也可能紧接在 5 后面. 但如果 4 为 a 或 d,则

$$\overline{abc} \times \overline{de} > 4 \times 5 \times 1000 = 20000;$$

如果 4 紧接在 5 后面,则

$$\overline{abc} \times \overline{de} < 60 \times 33 \times 10 < 20000.$$

所以 4 为 a 或 d 时才能使 $\overline{abc} \times \overline{de}$ 最大.

于是只剩下 $\overline{5bc} \times \overline{4e}$ 与 $\overline{4bc} \times \overline{5e}$ 的情况.

因为

$$\begin{aligned} &\overline{5bc} \times \overline{4e} - \overline{4bc} \times \overline{5e} \\ &\quad = 500 \times e + 40 \times \overline{bc} - (\overline{bc} \times 50 + 400 \times e) \\ &\quad = 100 \times e - 10 \times \overline{bc}, \end{aligned}$$

所以 $e=3$ 时,$\overline{5bc} \times \overline{4e}$ 更大;$e<3$ 时,$\overline{4bc} \times \overline{5e}$ 更大.

从而只剩下 521×43,431×52,432×51 三种.

直接算出也不难. 或者由

$$\begin{aligned} &521 \times 43 - 431 \times 52 \\ &\quad = 1 \times 43 - 1 \times 52 < 0, \\ &431 \times 52 - 432 \times 51 \\ &\quad = (430 \times 2 + 1 \times 50) - (430 \times 1 + 2 \times 50) \\ &\quad = 430 - 50 > 0, \end{aligned}$$

知 431×52 最大.

这道题并不需要多少知识,不需要利用"两数之和一定时,两数之差越小,两数之积越大",更不需要什么 U 形怪论. 我们只利用了分配律.

8. 或者 89,或者 1

任取一个自然数 x,写成十进制 $x=\overline{a_1a_2\cdots a_n}$,求出它的各位数字的平方和

$$a_1^2+a_2^2+\cdots+a_n^2,$$

称所得的结果 y 为 x 的像,例如 $x=5176$,则

$$y=5^2+1^2+7^2+6^2=111.$$

y 是 x 的像可表示成 $x\rightarrow y$,所以

$$5176\rightarrow 111.$$

同样,有

$$111\rightarrow 3\rightarrow 9\rightarrow 81\rightarrow 65\rightarrow 61\rightarrow 37\rightarrow 58\rightarrow 89,$$

即

$$5176\rightarrow 111\rightarrow\cdots\rightarrow 58\rightarrow 89.$$

最后得出 89.

若换一个数 $x=325$,则

$$325\rightarrow 38\rightarrow 73\rightarrow 58\rightarrow 89,$$

又是 89!

有没有不产生 89 的 x?

当然有,例如 $x=100$,则

$$100\rightarrow 1.$$

但是,可以证明照此一直进行下去一定能得出 89 或者 1.

怎么证明?

这一类的问题有很多(譬如平方和改为立方和),证明大致分为两步(与第 1 章第 17 节黑洞类似).

第一步 证明 x 较大时,像 $y<x$.

证明 设 x 的位数 $n\geqslant 4$,则

$$y=a_1^2+a_2^2+\cdots+a_n^2\leqslant 9^2\times n<100n\leqslant 10^{n-1}<x.$$

于是,经若干步后,像的位数一定 $\leqslant 3$.

第二步　对位数$\leqslant 3$的数采用枚举(穷举)法,一一验证.请读者自己选几个数试一试.

这种验证是不难的,不过,如果能将上限再减小一些就更好了.例如对于三位数$x=\overline{a_1a_2a_3}$,有

$$y=a_1^2+a_2^2+a_3^3\leqslant 3\times 9^2=243,$$

即只需验证不超过243的数.而这种数中,平方和$\leqslant 1^2+9^2+9^2=163$,所以只需验证不超过163的数.

此外,79与97只需验证其中一个.在前面验证过程中已经出现的数也不必再验(如前面的111,3,9,81,65,61,37,58,38,73等).

有趣的是对于$x=89$,有

$$89\to 145\to 42\to 20\to 4\to 16\to 37\to 58\to 89,$$

即经若干步后又回到了89.

9. 立　方　数

已知a为正整数,若对任意正整数n,$4(a^n+1)$均为立方数,证明:$a=1$.

证明　$4(a^3+1)$,$4(a^9+1)$均为立方数,所以

$$\frac{4(a^9+1)}{4(a^3+1)}=a^6-a^3+1$$

也是立方数.

但$a>1$时,有

$$a^6-a^3+1<a^6=(a^2)^3,$$

并且

$$\begin{aligned}(a^2-1)^3&=a^6-3a^4+3a^2-1\\&=a^6-a^3+1-(3a^4-a^3-3a^2+2)\\&\leqslant a^6-a^3+1-(5a^3-3a^2)-2\\&<a^6-a^3+1,\end{aligned}$$

从而a^6-a^3+1不可能为立方数.

因此，$a=1$.

（以上证明由陆华均同学提供.）

10. 组成等式

用数字 2,3,4,5,6,7,8,9（每个各用一次），组成一个正整数的等式.可以加入各种数学符号，但希望所用符号尽可能少（尽可能为常见符号）.

要求等式两边：

（ⅰ）所得的结果大于 100.

（ⅱ）所得的结果大于 1000.

（ⅲ）所得的结果大于 10000.

（ⅳ）一个符号不用.

（ⅴ）所得的结果尽可能大.

解　（ⅰ）很容易，仅用加法即可，比如：

$$257+89=346.$$

（ⅱ）不难，仅用乘法即可，例如：

$$92\times 53=4876,\quad 8\times 459=3672,\quad 9\times 638=5742.$$

（ⅲ）有点难，例如：

$$7^{56+8}=49^{32},\quad 7^{62+8}=49^{35},$$

$$2^{9\times 38}=64^{57},\quad 7^{2^{6}}=49^{8^{5\div 3}}.$$

（ⅳ）$4^{695}=32^{278}$.

（ⅴ）$9^{4^{6\times 7}}=3^{2^{85}}$.

证明如下：

$$3^{2^{85}}=3^{2^{84}\times 2}=9^{2^{84}}=9^{4^{6\times 7}}.$$

这个数非常之大，位数$\geqslant 1.8\times 10^{25}$.

顺便说一下，$n\to+\infty$时，$\left(1+\dfrac{1}{n}\right)^{n}\to \mathrm{e}=2.71828182845\cdots$，所以有理数

$$\left(1+9^{-4^{6\times 7}}\right)^{3^{2^{85}}}$$

非常接近于无理数 e，且接近程度惊人（前 18457734525360901453873570 位与 e 完全相同）！

（以上（ⅰ）～（ⅳ）的解答均由严文兰提供.）

11. 不同的质因数个数

设 n 为正整数，求证：存在正整数 a，b，同时满足

（ⅰ）$n=a-b$.

（ⅱ）a 的不同的质因数个数比 b 的不同的质因数个数多 1.

证明 证法很多，但不要做得太复杂.

令 $a=pn$，这里 p 是质数，但不整除 n（不是 n 的质因数）. 于是 a 的不同的质因数个数比 n 的不同的质因数个数多 1，且

$$b=a-n=(p-1)n.$$

如果对上面的质数 p 再增加一个要求：p 是满足上述条件中的最小质数. 这时因为 $p-1<p$，$p-1$ 的质因数都小于 p，而 p 在不整除 n 的质数中为最小，所以 $p-1$ 的质因数都整除 n，都是 n 的质因数. 从而 b 的不同的质因数个数与 n 的不同的质因数个数相等.

于是 a，b 合乎要求.

12. 与质数有关的表

研究表 2.3，证明：当且仅当 m 不在表中出现时，$2m+1$ 为质数.

表 2.3

4	7	10	13	16	19	…
7	12	17	22	27	32	…
10	17	24	31	38	45	…
13	22	31	40	49	58	…
16	27	38	49	60	71	…
19	32	45	58	71	84	…
…	…	…	…	…	…	…

证明 表中各行(列)为等差数列,公差依次为 3,5,7,9,…,第 i 行第 j 列的元素

$$a_{ij} = 4 + 3(i-1) + (j-1)(2i+1) = 2ij + i + j.$$

若 $m = a_{ij}$,则

$$2m + 1 = 2a_{ij} + 1 = 4ij + 2i + 2j + 1 = (2i+1)(2j+1),$$

为合数.

反之,若 $2m+1$ 为合数,设

$$2m + 1 = (2a+1)(2b+1),$$

则 m 在第 a 行第 b 列.

13. $n!$ 中 p 的次数

$n! = 1\times2\times3\times\cdots\times n$.

如果 p 为不超过 n 的质数,那么将 $n!$ 分解为质因数的连乘积时,p 的次数是多少?

首先,1,2,…,n 中有 $\left[\frac{n}{p}\right]$ 个数是 p 的倍数,它们是 $p,2p,\cdots,\left[\frac{n}{p}\right]p$,每一个至少给 p 的次数提供 1.

其次,1,2,…,n 中有 $\left[\frac{n}{p^2}\right]$ 个数是 p^2 的倍数,它们是 $p^2,2p^2,\cdots,\left[\frac{n}{p^2}\right]p^2$,每一个至少再给 p 的次数提供 1.

依此类推,p 在 $n!$ 中的次数应当为

$$v_{p(n!)} = \left[\frac{n}{p}\right] + \left[\frac{n}{p^2}\right] + \cdots + \left[\frac{n}{p^k}\right] + \cdots. \tag{1}$$

(1)实际上只有有限多项，当 $p^k > n$ 时，$\left[\frac{n}{p^k}\right]$ 及其以后的项均为 0.

如果采用 p 进制，即

$$n = \alpha_0 + \alpha_1 p + \alpha_2 p^2 + \cdots + \alpha_m p^m, \quad \alpha_i \in \{0,1,\cdots,p-1\}, \quad 0 \leqslant i \leqslant m,$$

则

$$\begin{aligned}
&\left[\frac{n}{p}\right] + \left[\frac{n}{p^2}\right] + \cdots \\
&= \alpha_1 + \alpha_2 p + \cdots + \alpha_m p^{m-1} + \alpha_2 + \cdots + \alpha_m p^{m-2} + \cdots + \alpha_m \\
&= \frac{(p-1)\alpha_1}{p-1} + \frac{(p^2-1)\alpha_2}{p-1} + \cdots + \frac{(p^m-1)\alpha_m}{p-1} \\
&= \frac{1}{p-1}(\alpha_1 p + \alpha_2 p^2 + \cdots + \alpha_m p^m - \alpha_1 - \alpha_2 - \cdots - \alpha_m) \\
&= \frac{1}{p-1}(n - (\alpha_0 + \alpha_1 + \cdots + \alpha_m)) \\
&= \frac{1}{p-1}(n - S(n)),
\end{aligned} \tag{2}$$

其中 $S(n) = \alpha_0 + \alpha_1 + \cdots + \alpha_m$ 是 n 在 p 进制中的数字和.

公式(1)、(2)都很有用.

在 $p=2$ 时，公式(2)形式特别简单，即

$$2 \text{ 在 } n! \text{ 中的次数} = n - S(n),$$

其中 $S(n)$ 是 n 在二进制中的数字和.

14. 连续整数之积

设 k 为正整数，则

$$k! = k \times (k-1) \times \cdots \times 2 \times 1 \tag{1}$$

是 k 个连续整数之积，其中最小的乘数是 1.

如果 $n \geqslant k$，那么 $n(n-1)\cdots(n-k+1)$ 也是 k 个连续整数之积，它一定被(1)

整除.

这个结论的证法有很多,这里介绍其中三种.

证法1 我们首先来回答下面这个问题:

"从 n 个人中选出 k 个人,有多少种方法?"

先选1个人,有 n 种方法.选好后,在剩下的 $n-1$ 个人中再选1个人,有 $n-1$ 种方法.如此继续下去,选第 k 个人时,有 $n-k+1$ 个待选(已选出 $k-1$ 个),因此有 $n-k+1$ 种方法.从而共有 $n(n-1)\cdots(n-k+1)$ 种选法.

但这些选法中,有很多种选法是一样的.例如,选出4个人时,

$$ABCD, ABDC, ACBD, \cdots, DCBA$$

其实只是同一种结果(选出的人一样,只是顺序不同).

4个人排顺序有4!种排法(仍是先选第一人,有4种.选好后,再选第二人,有3种.接着选第三人,有2种)

同样,k 个人排顺序有 $k!$ 种排法.

因此,从 n 个人中选出 k 个人(不计顺序)的方法应是

$$\frac{n(n-1)\cdots(n-k+1)}{k!} \tag{2}$$

种.选法的种数当然是整数,所以商(2)是一个整数.

这个证法利用组合数 $C_n^k=\dfrac{n!}{n!(n-k)!}=\dfrac{n(n-1)\cdots(n-k+1)}{k!}$ 是整数,得出连续 k 个整数之积被 $k!$ 整除的结论,颇为有趣.

证法2 利用取整函数 $[x]$.

我们知道 $n!$ 中,质数 p 出现的幂指数为

$$v_p(n!)=\left[\frac{n}{p}\right]+\left[\frac{n}{p^2}\right]+\left[\frac{n}{p^3}\right]+\cdots.$$

在 $k!$ 与 $(n-k)!$ 中,p 的幂指数分别为

$$\left[\frac{k}{p}\right]+\left[\frac{k}{p^2}\right]+\left[\frac{k}{p^3}\right]+\cdots,$$

$$\left[\frac{n-k}{p}\right]+\left[\frac{n-k}{p^2}\right]+\left[\frac{n-k}{p^3}\right]+\cdots.$$

而对任意两个实数 a,b,总有

$$[a]+[b]\leqslant[a+b],$$

所以

$$\left[\frac{k}{p}\right]+\left[\frac{k}{p^2}\right]+\left[\frac{k}{p^3}\right]+\cdots+\left[\frac{n-k}{p}\right]+\left[\frac{n-k}{p^2}\right]+\left[\frac{n-k}{p^3}\right]+\cdots$$
$$\leqslant\left[\frac{k+(n-k)}{p}\right]+\left[\frac{k+(n-k)}{p^2}\right]+\cdots$$
$$=\left[\frac{n}{p}\right]+\left[\frac{n}{p^2}\right]+\cdots,$$

即质数 p 在 $n!$ 中的幂指数不小于它在 $k!$ 与 $(n-k)!$ 中的幂指数之和. 从而

$$k!(n-k)!\mid n!,$$

即 $\dfrac{n!}{k!(n-k)!}=\dfrac{n(n-1)\cdots(n-k+1)}{k!}$ 为整数.

证法 3 显然 $k=1$ 时，$k!$（即 1）整除任一整数.

假设 $k>1$ 并且任意 $k-1$ 个连续整数的积被 $(k-1)!$ 整除. 显然 $k!$ 被 $k!$ 整除，$(k+1)k\cdots\times 2$ 被 $k!$ 整除.

假设 $n>k$ 并且 $(n-1)(n-2)\cdots(n-k)$ 被 $k!$ 整除，那么

$$\begin{aligned}&n(n-1)\cdots(n-k+1)-(n-1)(n-2)\cdots(n-k)\\&\quad=(n-1)(n-2)\cdots(n-k+1)(n-(n-k))\\&\quad=(n-1)(n-2)\cdots(n-k+1)\times k\end{aligned}$$

被 $(k-1)!\times k$ 整除，即被 $k!$ 整除.

于是，$n(n-1)\cdots(n-k+1)$ 被 $k!$ 整除.

上面 $n\geqslant k$ 的限制可以取消. 因为 $n<k$ 时，$n(n-1)\cdots(n-k+1)=0$，而 0 被任一（非零）整数整除，当然被 $k!$ 整除.

一个问题可以有多种不同的证法，好比烧菜，一条鱼可以红烧，可以做汤，可以做鱼片……

15. 此题不难

设 l,k 为给定的正整数，求证：有无穷多个正整数 m，使得 $(C_m^k,l)=1$.

这是一道全国联赛的加试题.

此题不难，可以“秒杀”：

令 $m=k+n\times l\times k!$，n 为自然数，则

$$\begin{aligned}C_m^k&=\frac{1}{k!}m(m-1)\cdots(m-k+1)\\&=\frac{1}{k!}(k+n\times l\times k!)(k-1+n\times l\times k!)\cdots(1+n\times l\times k!)\\&=\frac{1}{k!}(k!+n'\times l\times k!)\quad(n'\text{ 为自然数})\\&=1+n'\times l,\end{aligned}$$

所以

$$(C_m^k,l)=1.$$

这道题如果计算什么质数 p 的幂，再加以比较，纯属自寻烦恼.

注意 m 可由你自己选择，要充分利用这个选择权.

16. 整除组合数

已知 $m\geqslant n$，证明：$\frac{m}{(m,n)}$ 与 $\frac{m-n+1}{(m+1,n)}$ 均整除 C_m^n.

证明 设 $(m,n)=d$，$m=ad$，$n=bd$，$(a,b)=1$，则

$$bC_m^n=b\times\frac{m}{n}C_{m-1}^{n-1}=aC_{m-1}^{n-1}$$

被 a 整除. 因为 $(a,b)=1$，所以 $a\mid C_m^n$，即

$$\frac{m}{(m,n)}\mid C_m^n.$$

同样设 $(m+1,n)=d=(m+1-n,n)$，$m+1-n=ad$，$n=bd$，$(a,b)=1$，则

$$bC_m^n=b\times\frac{m-n+1}{n}C_m^{n-1}=aC_m^{m-1}$$

被 a 整除. 因为 $(a,b)=1$，所以 $a\mid C_m^n$，即

$$\frac{m-n+1}{(m+1,n)}\mid C_m^n.$$

注 证明中 $C_m^n=\frac{m}{n}C_{m-1}^{n-1}$ 是常用技巧，"由 $(a,b)=1$ 及 bA 被 a 整除，导出 $a\mid A$"，也是常用技巧.

17. 它是合数

设 a,b,c,d 为正整数,且

$$a<b<c<d,$$
$$a^2+ab+b^2=c^2-cd+d^2,$$

求证:$ac+bd$ 为合数.

这是 2001 年第 42 届国际数学奥林匹克竞赛(IMO)的试题.解答的关键在于一个等式:

$$\begin{aligned}&(c^2-b^2)(a^2+ab+b^2)\\&\quad=c^2(a^2+ab+b^2)-b^2(c^2-cd+d^2)\\&\quad=(c^2a^2-b^2d^2)+(abc^2+b^2cd)\\&\quad=(ac+bd)(ac-bd+bc).\end{aligned}\tag{1}$$

若 $ac+bd=$质数 p,则

$$(a,b)=1,$$

并且由(1)得

$$p\mid(c^2-b^2)(a^2+ab+b^2),$$

但 $p=ac+bd>c+b>c-b$,所以

$$p\nmid(c+b)(c-b).$$

从而 $p\mid(a^2+ab+b^2)$,但

$$2p=2ac+2bd>a^2+ab+b^2,$$

所以

$$p=a^2+ab+b^2,$$

即

$$ac+bd=a^2+ab+b^2,$$
$$a(c-a)=b(a+b-d).\tag{2}$$

(2)两边均为正,而$(a,b)=1$,所以

$$a\mid(a+b-d),\tag{3}$$

但

$$0 < a + b - d < a,$$

这与(3)矛盾.

因此,$ac + bd$ 为合数.

李雨航、天空等网友都给出了解答.

18. 真 因 数

已知 $n = a^2 + b^2 = c^2 + d^2$,其中 a,b,c,d 均为自然数且$a \geqslant b, c \geqslant d, a > c, (a,b) = 1, (c,d) = 1$.求证:$\delta = \dfrac{ac+bd}{(ac+bd, ab+cd)}$是 n 的真因数(即 $1 < \delta < n$,且 $\delta \mid n$).

证明

$$\begin{aligned} n^2 &= (a^2+b^2)(c^2+d^2) \\ &= (ac+bd)^2 + (bc-ad)^2 \\ &= (ad+bc)^2 + (ac-bd)^2. \end{aligned}$$

若 $bc = ad$,则由$(a,b) = 1$,知 $a \mid c$,但 $a > c$,矛盾.所以 $bc \neq ad$,故

$$n > ac + bd. \tag{1}$$

同样,有

$$n > ad + bc. \tag{2}$$

又

$$\begin{aligned} &(ac+bd)(ad+bc) \\ &\quad = (a^2+b^2)cd + (c^2+d^2)ab \\ &\quad = n(cd+ab), \end{aligned}$$

所以

$$n = \frac{(ac+bd)(ad+bc)}{cd+ab}. \tag{3}$$

令 $D = (ac+bd, ab+cd)$,则有正整数 δ, H 满足

$$ac + bd = \delta D, \quad ab + cd = HD, \quad (\delta, H) = 1.$$

于是(3)即

$$\frac{\delta(ad+bc)}{H}=n.$$

因为$(\delta,H)=1$,所以$\delta|n$.

由(1)知$\delta\leqslant ac+bd<n$,由(2)知$\delta>H\geqslant 1$,所以δ是n的真因数.

19. 德不孤，必有邻

设自然数$n\geqslant 3$.

试找出一对由自然数组成的等差数列,都是n项.这$2n$项两两不同,但两个等差数列的n项的乘积相等.

这样的数列对有多少?

可能会以为这样的数列对很少,甚至没有,其实大谬不然.

我们以

$$a+d,a+2d,\cdots,a+nd \tag{1}$$

作为第一个数列,以

$$Aa,A(a+d),\cdots,A(a+(n-1)d) \tag{2}$$

作为第二个数列.

a,d,A都是自然数,待我们进一步选择.

乘积

$$(a+d)(a+2d)\cdots(a+nd)=Aa\cdot A(a+d)\cdots A(a+(n-1)d)$$

即

$$a+nd=A^n a,$$

所以

$$d=\frac{(A^n-1)a}{n}. \tag{3}$$

取自然数a为n的倍数,$A>1$或$A>1$,$A-1$是n的倍数,则d为自然数.从而(1)中无相同的项,(2)中也无相同的项.

若(1)、(2)中有相同的项,则可设

$$A(a+kd)=a+hd,$$

从而

$$a(A-1)=(h-Ak)d.$$

由(3)得

$$n=(h-Ak)\frac{A^n-1}{A-1}, \tag{4}$$

但

$$\frac{A^n-1}{A-1}=A^{n-1}+A^{n-2}+\cdots+1>n,$$

所以(4)不可能成立.

因此,有无穷多对满足要求的等差数列.

例如,$n=3$ 时,可取 $a=1,A=4,d=21$,则两数列分别为 22,43,64 与 $4,4\times22$, 4×43.

$n=2021$ 时,可取 $a=n=2021,A=2,d=2^{2021}-1$,则两数列分别为

$$2020+2^{2021},2019+2\times2^{2021},2018+3\times2^{2021},\cdots,2021\times2^{2021}$$

与

$$2\times2021,2(2020+2^{2021}),2(2019+2\times2^{2021}),\cdots,2(1+2020\times2^{2021}).$$

20. 连绵的勾股数组

若 $a^2+b^2=c^2$(a,b,c 都是自然数),则称三元数组 $P=(a,b,c)$ 为勾股数组. 例如:

$$(3,4,5),(5,12,13),(9,12,15),(8,15,17),(6,8,10),\cdots.$$

上面这一串勾股数组,每相邻两个有公共元素(简称"公共元")(第一、二个中,5 是公共元;第二、三个中,12 是公共元;第三、四个中,15 是公共元;第四、五个中,8 是公共元).

求证:对任意两个勾股数组 P,Q,总能找到一串勾股数组 $P_1=P,P_2,\cdots,P_m=Q$,其中每两个相邻的勾股数组 P_i,P_{i+1}($1\leqslant i\leqslant m-1$)都有公共元.

证明　若 P,Q 具有上述性质(即具有一串勾股数组 $P_1=P,P_2,\cdots,P_m=Q$,每两个相邻的数组都有公共元),且 $a\in P,b\in Q$,则称 a,b 相似,记为 $a\sim b$.

例如,在上面,我们得到 $3\sim 8$.

显然"$\sim$"是等价关系,即有

(ⅰ) $a\sim a$(取 $P=(a,\cdot,\cdot)=Q$).

(ⅱ) 若 $a\sim b$,则 $b\sim a$.

证明　若 $P_1=(a,\cdot,\cdot),P_2,\cdots,P_m=(b,\cdot,\cdot)$中每相邻两项有公共元,则 $P_m=(b,\cdot,\cdot),P_{m-1},\cdots,P_1=(a,\cdot,\cdot)$中每相邻两项有公共元.

(ⅲ) 若 $a\sim b,b\sim c$,则 $a\sim c$.

证明　若 $P_1=(a,\cdot,\cdot),\cdots,P_m=(b,\cdot,\cdot)$中每相邻两项有公共元,$Q_1=(b,\cdot,\cdot),Q_2,\cdots,Q_n=(c,\cdot,\cdot)$中每相邻两项有公共元,则 $P_1,P_2,\cdots,P_m,Q_1,Q_2,\cdots,Q_n$ 亦如此,所以 $a\sim c$.

又显然 $a\sim b$ 时,对一切自然数 m,总有 $ma\sim mb$.

我们已经知道3与4,5,6,8,9,10,12,13,15,17均相似.下面我们利用归纳法证明3与一切$\geqslant 3$的自然数均相似.

假设3与一切$\geqslant 3$且$\leqslant k$的自然数都相似.往证 $3\sim k+1$.

(ⅰ) 若 k 为奇数,则$\dfrac{k+1}{2}$为偶数且小于 k,所以

$$3\sim\frac{k+1}{2},$$

从而

$$6\sim k+1.$$

由传递性得

$$3\sim 6\sim k+1.$$

(ⅱ) 若 k 为偶数,则$\dfrac{k+2}{2}<k$,所以

$$3\sim\frac{k+2}{2},$$

$$\frac{k(k+2)}{2}\sim 3\times\frac{k+2}{2}\sim 3\times 3=9\sim 3.$$

又$\left(k+1,\dfrac{k(k+2)}{2},\dfrac{k(k+2)}{2}+1\right)$是勾股数组,所以

$$k+1\sim\frac{k(k+2)}{2}\sim 3.$$

因此，一切$\geqslant 3$的自然数~ 3.

从而，一切$\geqslant 3$的自然数彼此相似.任一组勾股数中，均有$\geqslant 3$的自然数，因此题中所设结论成立.

21. 包罗万象

数列$\{a_n\}$定义如下：a_1是任意自然数，a_{n+1}是与$S_n=\sum_{i=1}^{n}a_i$互质，且不等于a_1，a_2，…，a_n的最小的正整数($n=1,2,\cdots$).

证明：一切自然数都在数列$\{a_n\}$中出现.

证明　若$a_1\neq 1$，则$S_1=a_1\neq 1$，应取$a_2=1$.所以a_1或a_2为1，即$1\in\{a_n\}$.

采用归纳法.

假设小于正整数$m(>1)$的数均在$\{a_n\}$中出现.往证m也在$\{a_n\}$中出现.

分以下几种情况：

(ⅰ) $m=p^k$，p为质数，k为自然数.

设小于m的数中，最后一个在$\{a_n\}$中出现的为第j项a_j.

① 若S_j不被p整除，则m与S_j互质，从而

$$a_{j+1}=m.$$

② 若$p\mid S_j$，则$p\nmid a_{j+1}$，$S_{j+1}=S_j+a_{j+1}$不被p整除，$a_{j+2}=m$.

(ⅱ) $m=p_1^{\alpha_1}p_2^{\alpha_2}\cdots p_t^{\alpha_t}$，其中$p_1$，$p_2$，…，$p_t$为不同质数，$\alpha_1$，$\alpha_2$，…，$\alpha_t$为自然数，$t>1$.

假设一切质因数个数小于t的自然数都在$\{a_n\}$中出现，一切小于m的自然数也都在$\{a_n\}$中出现.

记$m'=p_1^{\alpha_1}p_2^{\alpha_2}\cdots p_{t-1}^{\alpha_{t-1}}$.取自然数$\alpha$，使

$$m'^{\alpha}>m.$$

根据上面假设，m'^{α}在$\{a_n\}$中，可设$m'^{\alpha}=a_j$，并且可取α足够大，使得一切小于m的自然数都在$\{a_1,a_2,\cdots,a_{j-1}\}$中，这时

$$(S_{j-1},m')=(S_{j-1},a_j)=1.$$

若$p_t\nmid S_{j-1}$，则根据定义，a_j应为与S_{j-1}互质的m，而不是比m大的m'^{α}，矛盾.所

以 $p_t \mid S_{j-1}$.

但 $S_j = S_{j-1} + m'^{\alpha}$，所以$(p_t, S_j) = 1$，从而

$$(S_j, m) = (S_j, m'p_t) = 1,$$

$$a_{j+1} = m.$$

因此，一切自然数 m 都在数列$\{a_n\}$中出现.

22. 承袭与发展

前面说到了有序二元整数组(a,b)的集合(它实际上就是整数集 $\mathbb{Z}$).

本节讨论一下，在这个集合中如何定义乘法.

定义的乘法应尽量保留(承袭)一些原有的重要性质.例如：零乘任何数都等于零，乘法交换律，乘法与加法的分配律等.

对于正整数，乘法应与原来一样，所以

$$(h,0) \times (k,0) = (hk,0).$$

因为$(h,0)+(0,h)=(0,0)$，所以应当有

$$((h,0)+(0,h)) \times (k,0) = (0,0). \tag{1}$$

因为分配律应当成立，所以由(1)得

$$(h,0) \times (k,0) + (0,h) \times (k,0) = (0,0),$$

即

$$\begin{aligned}(0,h) \times (k,0) &= (0,0) - (h,0) \times (k,0) \\ &= (0,0) - (hk,0) = (0,hk).\end{aligned}$$

从而得出“异号两数相乘，绝对值相乘得积的绝对值，而符号为负”.

同样，因为

$$((h,0)+(0,h)) \times (0,k) = (0,0),$$

所以

$$\begin{aligned}(0,h) \times (0,k) &= (0,0) - (h,0) \times (0,k) \\ &= (0,0) - (0,hk) = (hk,0),\end{aligned}$$

即“两个负数相乘,绝对值相乘得积的绝对值,而符号为正”.

这就是“负负得正”的道理.

为了保证乘法分配律等还有结果,新的乘法必须规定“负负得正”.

对不明白这个道理的人,无法与他进一步讨论数学,所谓“夏虫不可语冰”,是也.

一般的乘法定义为

$$(a,b)\times(c,d)=(ac+bd,ac-bd).$$

不难验证这个定义与所选取的代表无关.

此后负数$(a,b)$$(a<b)$或$(0,h)$$(a,b,h$ 为非负整数$)$直接用常见的 $a-b$ 或 $-h$ 表示.

练　习　2

1. 证明:三个连续奇数的平方和,再加上1,所得结果一定能被12整除.

2. 求出至少能整除 $1^1,2^2,3^3,\cdots,10^{10}$ 中两个数的正整数的个数.

3. 设 d,x_1,x_2,y_1,y_2 为整数,证明:存在整数 x,y,满足$(x_1^2-dy_1^2)(x_2^2-dy_2^2)=x^2-dy^2$.

4. 某班52人,其中喜欢数学的48人,喜欢英语的37人,喜欢体育的39人,问至多多少人这三门学科都喜欢?至少多少人这三门学科都喜欢?

5. $1+2+\cdots+n$ 是一个三位数,数字完全相同,求 n.

6. $1+2+\cdots+n$ 是一个三位数,百位数字比十位数字大3,十位数字比个位数字大3,求 n.

7. 三张卡片上分别写有175,225,275.第四张卡片上写的数也是三位数.这4个数相乘,积的末6位数字均为0.第四张卡片上的数最小是多少?

8. 甲在4张卡片上各写一个数字,组成一个四位数,这四位数减去它的数字和的10倍,差为5544.求所写的数字.

9. 一位博士发现了一类有趣的自然数.如果擦去它的末两位,得到一个新的自然数,那么原数恰好是新数的107倍.这类有趣的数有多少个?

10. 一群猴子分56个桃子,每只猴子可以得到相同个数的桃子.在它们开始分桃子时,又来4只猴子.因此它们不得不重分,最后每只猴子得到相同个数的桃子.问最后每只猴子得到多少个桃子？

11. 和 $1+2+3+4+\cdots+2018$ 被 7 除，余数是多少？

12. 已知 a,b,c 是三个不同的一位数，都大于 0，$S=\overline{abc}+\overline{bca}+\overline{cab}$. 当 S 有尽可能少的因数时，S 的最大值是多少？

13. 小兰的学校号码由 6 个数字组成，6 个数字互不相同，从左到右逐渐减少，而且每两个相邻数字所成的两位数都恰好被 3 整除. 小兰的学校号码是多少？

14. 已知三位数 $\overline{ABC}$，若 $\overline{BC}$（由 $\overline{ABC}$ 的十位数字与个位数字组成的两位数）与 $\overline{AB}$（由 $\overline{ABC}$ 的百位数字与十位数字组成的两位数）都是平方数，则 $\overline{ABC}$ 称为"奇妙数". 所有三位的奇妙数的和是多少？

15. 100 个数两两一组（不计顺序），可组成 $\dfrac{100\times 99}{2}$ 个数组. 如果这 100 个数中至少有 3 个数互不相同，上述数组中至少有多少个由两个不同的数组成？请证明你的结论.

16. 严格递增的正整数数列 $a_1,a_2,\cdots$ 具有如下性质：

对任意正整数 k，a_{2k-1},a_{2k},a_{2k+1} 成等比数列，a_{2k},a_{2k+1},a_{2k+2} 成等差数列.

已知 $a_{13}=2016$，求 a_1.

17. 已知 $34!=\overline{295232799cd96041408476186096435ab000000}$，求出数字 a,b,c,d.

18. 已知 n 个正整数 $x_1,x_2,\cdots,x_n$ 的和为 2016. 若这 n 个数既可分为和相等的 32 个组，又可分为和相等的 63 个组，求 n 的最小值.

解　答　2

1. 设三个连续的奇数为 $2n-1,2n+1,2n+3$，则

$$(2n-1)^2+(2n+1)^2+(2n+3)^2+1=12n^2+12n+12,$$

被 12 整除.

2. 注意题目中所说的是"整除"，不是"被整除".

已知 10 个数为 $1,2^2,3^3,2^8,5^5,2^6\times 3^6,7^7,2^{24},3^{18},2^{10}\times 5^{10}$.

至少能整除其中 2 个数的有 $1,2,2^2,2^3,2^4,2^5,2^6,2^7,2^8,2^9,2^{10},3,3^2,3^3,3^4,3^5,3^6,5,5^2,5^3,5^4,5^5$，共 22 个.

3. 由题意得

$$(x_1^2 - dy_1^2)(x_2^2 - dy_2^2) = x_1^2x_2^2 + d^2y_1^2y_2^2 - d(x_1^2y_2^2 + x_2^2y_1^2)$$
$$= (x_1x_2 + dy_1y_2)^2 - d(x_1y_2 + x_2y_1)^2.$$

4．显然至多37人这三门都喜欢．但如果达到37人，那么有11人不喜欢英语、体育，但喜欢数学；有2人不喜欢英语、数学，但喜欢体育．这些人合起来至多有$48+2=50$．必须班上还有2人这三门功课都不喜欢．如果没有这个条件，而是每个人至少喜欢这三门功课中的一门，那么答案就不是37，而是36．即有12人仅喜欢数学，1人仅喜欢英语，3人仅喜欢体育，其余36人三门功课都喜欢．

至少20人这三门学科都喜欢．设20人这三门都喜欢，15人喜欢数学、体育这两门，13人喜欢数学、英语这两门，4人喜欢英语、体育这两门，总人数为52，其他条件均满足．

另一方面，我们证明20不能再减少．

设仅喜欢数学的a_1人，喜欢数学、体育的a_{12}人，喜欢数学、英语的a_{13}人，仅喜欢体育的a_2人，喜欢体育、外语的a_{23}人，仅喜欢英语的a_3人，一门都不喜欢的a人，三门都喜欢的b人，则

$$a_1 + a_{12} + a_{13} + b = 48,$$
$$a_2 + a_{12} + a_{23} + b = 39,$$
$$a_3 + a_{13} + a_{23} + b = 37,$$

相加得

$$a_1 + a_2 + a_3 + 2(a_{12} + a_{23} + a_{13}) + 3b = 48 + 39 + 37.$$

注意到

$$a + a_1 + a_2 + a_3 + a_{12} + a_{13} + a_{23} + b = 52,$$

所以

$$b = 48 + 39 + 37 - 2 \times 52 + 2a + a_1 + a_2 + a_3 \geqslant 20,$$

等号当且仅当$a=a_1=a_2=a_3=0$时成立．

5．设这三位数为$\overline{aaa}$（a为数字），则

$$\frac{n(n+1)}{2} = a \times 111,$$

即

$$n(n+1) = 6a \times 37.$$

所以$a=6$，$n=36$．

6．这三位数只能为963，852，741，630．

因为$741\times2=38\times39$，$630\times2=35\times36$，所以$n=38$或35．

$963\times2=18\times207$，$852\times2=8\times3\times71$均不合要求．

7．因为 $175=25\times7, 225=25\times9, 275=25\times11$，所以第四张卡片上的数应是 $4^3=64$ 的倍数，最小为 128.

8．设所写的数字组成 $\overline{abcd}$，则

$$\overline{abcd}=5544+10(a+b+c+d).$$

个位数字 $d=4$，且

$$\overline{ab0}=554+a+b+4,$$

所以 $a=5, 10b=54+5+b+4$，即 $b=7$，c 可为任一数字.

9．设原数为 $100x+y$，y 为末两位所构成的两位数，则新数为 x，并且 $100x+y=107x$，从而 $y=7x$.

$x=1,2,\cdots,14$，相应地 $y=7,14,\cdots,98$，共 14 个.

这类数为 107，214，321，428，535，642，749，836，963，1070，1177，1284，1391，1498 这 14 个.

10．因为 $56=2\times28=4\times14=7\times8=8\times7=14\times4=28\times2$，所以最后有 8 只猴子（原来 4 只），每只分得 7 个桃子.

11．因为每连续 7 个数的和被 7 整除，且

$$2018\div7=288\cdots\cdots2,$$

所以所求余数为 $1+2=3$.

12．由题意知

$$S=(a+b+c)\times111=3\times37(a+b+c),$$

且

$$a+b+c\geqslant1+2+3=6,$$
$$a+b+c\leqslant9+8+7=24,$$

所以 S 最少有 $2\times2\times2=8$ 个因数.

当 $a+b+c=6+8+9=23$ 时，S 取得最大值 $S_{max}=3\times37\times23=2553$.

13．号码中如果有 6，那么它的左边只能为 9，右边只能为 3，但这时只有这 3 个号码与 0，不合题意（应有 6 个号码）. 同样号码不能为 0，3 或 9. 故所求的数为 875421.

14．$164+364+649+816=1993$.

15．设 100 个数为 a,b 和 98 个 c，则不同的数组成的二元数组共有 $98\times2+1=197$ 个.

另一方面，设 a,b,c 三个数不同，则其他的 97 个数中的每一个至少与 a,b,c 中的两个不同，它们组成 97×2 个不同的二元数组. 另外还有 (a,b)，(b,c)，(c,a) 三个数

组，所以至少有 $97\times2+3=197$ 个数组，每个数组由两个不同的数组成.

16. 设 $a_2=\frac{b}{a}a_1$，a，b 互质，且 $b>a$，则 $a_3=\frac{b^2}{a^2}a_1$，从而 $a_1=ca^2$，$a_2=cab$，$a_3=cb^2$. 所以

$$a_4=2a_3-a_2=cb(2b-a),$$
$$a_5=c(2b-a)^2,\quad a_6=c(2b-a)(3b-2a),$$
$$a_7=c(3b-2a)^2,\quad a_8=c(3b-2a)(4b-3a),$$
$$a_9=c(4b-3a)^2,\quad a_{10}=c(4b-3a)(5b-4a),$$
$$a_{11}=c(5b-4a)^2,\quad a_{12}=c(5b-4a)(6b-5a),$$
$$a_{13}=c(6b-5a)^2=2016=2^5\times7\times3^2.$$

因为 $b\geqslant a+1\geqslant2$，所以

$$6b-5a\geqslant b+5\geqslant7,$$

从而 $6b-5a=12$，$c=2\times7=14$.

由 $6b-5a=12$，得 $a=6k$，$b=5k+2>6k$，所以 $k=1$，$a=6$，$a_1=14\times6^2=504$.

17. 因为

$$\left[\frac{34}{5}\right]+\left[\frac{34}{5^2}\right]=6+1=7,$$
$$\left[\frac{34}{2}\right]=17,$$

所以 $34!$ 的质因数分解式中，5 的指数为 7，2 的指数大于 17. $34!$ 的末尾恰有 7 个 0，所以 $b=0$.

因为 $17>7+3$，所以 $\frac{34!}{10^7}$ 被 8 整除，即 $\overline{35a}$ 被 8 整除，从而 $a=2$.

因为 $34!$ 被 99 整除，而 100 除以 99 余 1，所以 $\frac{34!}{10^7}$ 除以 99，余数与

$$52+43+96+60+18+76+84+40+41+60+\overline{d9}+\overline{9c}+79+32+52+29$$

相同. 去掉上述和中的 99 的倍数，最后得余数 0 应与 $\overline{dc}+69$ 相同. 从而 $d=3$，$c=0$. 因此 $(a,b,c,d)=(2,0,0,3)$.

18. $2016=32\times63$.

如果分为和相等的 63 组，那么每组的和都是 32. 设这些组中仅由一个数（即 32）组成的有 a 组，则其余的 $63-a$ 组中每组至少有两个数.

若 $a\geqslant33$，在分为和相等的 32 个组时，必有两个 32 在同一组，这组的和 $\geqslant2\times32=64$. 但这时每组的和应为 63，因此必有 $a\leqslant32$. 从而

$$n \geqslant a + 2(63 - a) = 2 \times 63 - a \geqslant 2 \times 63 - 32 = 94.$$

另一方面，32 个 32，31 个 31，31 个 1，共 94 个数. 它们可分为 63 组：32 组{32}，31 组{31，1}，每组的和都为 32. 也可分为 32 组：31 组{32，31}，1 组{32，1，1，…，1}，每组的和都为 63.

因此，n 的最小值是 94.

第3章 除法

除法是乘法的逆运算.

不仅如此，每个作为除数的自然数m将产生整数的一种分类方法，即根据这个整数除以 m 所得的余数，将全体整数分为 m 类.

本章将建立重要的裴蜀定理，并证明上一章未证明的一些结论，特别是唯一分解定理.

1. 整　　除

被 2 整除的整数称为偶数.

一位数中,2,4,6,8 为偶数,0(可以算作一位数)也是偶数.

一个整数为偶数的充分必要条件是它的个位数字是偶数,即个位数字为以下 5 种情况之一:0,2,4,6,8.

证明不难.任一个大于 9 的自然数(正整数)n 可写成

$$n = 10 \times a + b,$$

其中 a 是自然数,$b \in \{0,1,2,3,4,5,6,7,8,9\}$,即 b 是一位数(数字).

一方面,若 b 为偶数,则 $10 \times a$ 与 b 均被 2 整除,从而它们的和 $10 \times a + b = n$ 也被 2 整除,即 n 为偶数.

另一方面,若 n 为偶数,则 n 被 2 整除.又 $10 \times a$ 当然也被 2 整除,所以其差

$$n - 10 \times a = b$$

被 2 整除,即 b 为偶数.

奇数就是不被 2 整除的整数.奇数的个位数字为 1,3,5,7,9 之一.反之亦然.

同样地,可以证明:一个整数 n 被 5 整除的充分必要条件是 n 的个位数字为 5 或 0.

例 1　证明:一个自然数(或整数)n 被 4 整除的充分必要条件是 n 的末两位所组成的数被 4 整除.

证明　只需考虑 n 为自然数的情况.设

$$n = 100a + b,$$

其中 b 为 n 的末两位所组成的数,a 为自然数.

一方面,若 $4 \mid b$,则 $4 \mid (100a + b)$,即 $4 \mid n$.

另一方面,若 $4 \mid n$,则由于 $4 \mid 100a$,所以 $4 \mid (n - 100a)$,即 $4 \mid b$.

因此 n 被 4 整除的充分必要条件是 n 的末两位所组成的数被 4 整除.

同样地,一个自然数(或整数)n 被 25 整除的充分必要条件是 n 的末两位所组成的数被 25 整除,即末两位数为以下四种情况之一:00,25,50,75.

例 2　给出一个自然数(或整数)n 被 8 整除的充分必要条件,并予以证明.

解 设

$$n = 1000a + b,$$

其中 a 为自然数，b 为 n 的末三位所组成的数.

若 $8|b$，则 $8|(1000a+b)$，即 $8|n$.

若 $8|n$，则 $8|(n-1000a)$，即 $8|b$.

因此 n 被 8 整除的充分必要条件是 n 的末三位所组成的数被 8 整除.

2. 带余除法

设 m 为大于 1 的整数，则对任意自然数 a，一定存在一个非负整数 q 及一个小于 m 的非负整数 r，满足

$$a = qm + r, \tag{1}$$

其中 q 称为商，r 称为余数.实际上，(1)就是我们熟悉的

$$\text{被除数} = \text{商} \times \text{除数} + \text{余数}.$$

为什么一定有 q，r 使(1)成立呢？

我们考虑

$$0(=0\times m), m, 2m, 3m, \cdots.$$

如果将它们表示在数轴上，那么将产生一系列互不相交的半开区间

$$[0,m), [m,2m), [2m,3m), \cdots.$$

它们覆盖了整个数轴，所以 a 必在某一个半开区间中，设 a 在 $[qm,(q+1)m)$ (q 为非负整数)中，即

$$qm \leqslant a < (q+1)m,$$

则令 $r = a - qm$，便有

$$a = qm + r,$$

并且

$$0 \leqslant r < (q+1)m - qm = m.$$

(1)十分重要，应用极为广泛.

注意，(1)中的整数 r 满足

$$0 \leqslant r < m. \tag{2}$$

（有时根据需要，对 q 与 r 的要求会略有变化．但无特别说明时，我们约定(2)与(1)同时成立．）

例 1 设 a, m 为自然数，证明：在 q, r 由(1)、(2)给出时，有

$$(a, m) = (r, m).$$

证明 由上一章第 5 节的(1)得

$$(a, m) = (a - m, m),$$

从而

$$\begin{aligned}(a, m) &= (a - m, m) = (a - 2m, m) = \cdots \\ &= (a - qm, m) = (r, m).\end{aligned}$$

例 2 设$(a, b) = d$，证明：

$$\left(\frac{a}{d}, \frac{b}{d}\right) = 1.$$

证明 因为 d 是a, b 的公约数，所以$\frac{a}{d}, \frac{b}{d}$都是自然数．

记 $\delta = \left(\frac{a}{d}, \frac{b}{d}\right)$，则

$$\delta \mid \frac{a}{d},$$

从而

$$d\delta \mid a.$$

同理

$$d\delta \mid b.$$

因此 $d\delta$ 是a, b 的公约数．

因为 $d = (a, b)$是 a, b 的最大公约数，所以

$$d\delta \leqslant d,$$

解得

$$\delta \leqslant 1.$$

但 δ 是自然数，所以 $\delta = 1$，即

$$\left(\frac{a}{d}, \frac{b}{d}\right) = 1.$$

下面我们再利用例 1 来求最大公约数与最小公倍数．

例 3　求(5767,4453)与[5767,4453].

解　因为

$$
\begin{array}{r|c|r}
5767 & 1 & 4453 \\
4453 & 3 & 3942 \\
\cline{1-1}\cline{3-3}
1314 & 2 & 511 \\
1022 & 1 & 292 \\
\cline{1-1}\cline{3-3}
292 & 1 & 219 \\
219 & 3 & 219 \\
\cline{1-1}\cline{3-3}
73 & & 0
\end{array}
$$

所以

$$(5767,4453) = 73,$$

从而

$$[5767,4453] = \frac{5767 \times 4453}{73} = 79 \times 4453 = 351787.$$

3. 一件厉害的武器

在代数中,方程是一个有力的工具.

在数论中,同余式是一件厉害的武器.

设 m 是大于 1 的整数.

如果自然数 a,b 除以 m 所得余数相同,那么就说 a,b mod m(读作"模 m")同余,记作

$$a \equiv b(\bmod m). \tag{1}$$

mod m 就是除以 m 的意思.在不致混淆时,可简单地说成 a,b 同余.

更一般地,如果 a,b 是两个整数,$a-b$ 被 m 整除,那么我们就说 a,b mod m 同余,并记作(1).

同余式有很多性质与方程(等式)类似,可以加、减、乘、乘方,即如果

$$a \equiv b(\bmod m), \quad c \equiv d(\bmod m),$$

那么:

(ⅰ) $a+c \equiv b+d(\bmod m)$.

（ⅱ）$a-c\equiv b-d \pmod{m}$.

（ⅲ）$ac\equiv bd \pmod{m}$.

（ⅳ）$a^n\equiv b^n \pmod{m}$（n 为自然数）.

以（ⅲ）为例，证明如下：

$$\begin{aligned} ac-bd &= ac-ad+ad-bd \\ &= a(c-d)+d(a-b). \end{aligned}$$

因为 $a\equiv b$，$c\equiv d \pmod{m}$，所以 $a-b$，$c-d$ 都被 m 整除，从而 $a(c-d)+d(a-b)$ 被 m 整除，即 $ac-bd$ 被 m 整除，故（ⅲ）成立.

由（ⅱ）可推出：在

$$a+e\equiv b \pmod{m}$$

时，两边同时减去 e，得

$$a\equiv b-e \pmod{m}.$$

即与方程一样，有“移项法则”：e 可以从同余式的一边移到另一边，但符号需要改变，变为 $-e$.

显然 $a-b\equiv 0$，即 $a\equiv b \pmod{m}$.

注意除法不能随便进行，例如

$$24\equiv 6 \pmod{9},$$

但两边同时除以 6 后，

$$4\equiv 1 \pmod{9}$$

却不成立. 因为 $24-6=6\times(4-1)$ 被 9 整除，是其中 6 的因数 3 发挥了作用. 而除以 6 后，$4-1$ 并不被 9 整除. 这时 9 也必须除以 3 才能得出正确的结论：$3\mid(4-1)$. 即我们有：

（ⅴ）若 $a\equiv b \pmod{m}$，d 为 a，b 的公约数，则

$$\frac{a}{d}=\frac{b}{d}\left(\bmod \frac{m}{(m,d)}\right).$$

证明　设 $a=hd$，$b=kd$，$(m,d)=\delta$，$m=n\delta$，$d=c\delta$，$(n,c)=1$.

因为 $a\equiv b \pmod{m}$，所以存在整数 x，满足 $a-b=xm$，即

$$(h-k)d=xm.$$

等式两边约去 δ，得

$$(h-k)c=xn,$$

即 $n\mid(h-k)c$. 因为 $(n,c)=1$，所以由第 2 章第 5 节例 3 知 $n\mid(h-k)$，即

$$h\equiv k \pmod{n},$$

（ⅴ）成立.

下一节就是同余式的应用.

4. 同余式的应用

同余在整除的判别中作用极大.

例1 判定自然数$\overline{a_n a_{n-1}\cdots a_1 a_0}$何时被9整除.

解 因为$10\equiv 1 \pmod 9$，$10^2\equiv 1 \pmod 9$，…，$10^n\equiv 1 \pmod 9$，所以

$$\begin{aligned}\overline{a_n a_{n-1}\cdots a_1 a_0} &= a_n \times 10^n + a_{n-1}\times 10^{n-1} + \cdots + a_1\times 10 + a_0\\ &\equiv a_n + a_{n-1} + \cdots + a_1 + a_0 \pmod 9,\end{aligned}$$

即$\overline{a_n a_{n-1}\cdots a_1 a_0}$除以9与数字和$a_n + a_{n-1} + \cdots + a_0$除以9余数相同，当且仅当数字和被9整除时，$\overline{a_n a_{n-1}\cdots a_1 a_0}$也能被9整除.

将9改为3，结论同样成立.

例2 判定自然数$\overline{a_n a_{n-1}\cdots a_1 a_0}$何时被11整除.

解 因为$10\equiv -1 \pmod{11}$，$10^2\equiv 1 \pmod{11}$，…，$10^n\equiv (-1)^n \pmod{11}$，所以

$$\overline{a_n a_{n-1}\cdots a_1 a_0} \equiv a_0 - a_1 + a_2 - \cdots \pm a_n \pmod{11},$$

即用奇数数位的数字和减去偶数数位的数字和，如果差被11整除，那么这个数就被11整除.

例3 若七位数$\overline{13xy45z}$被792整除，求数字x,y,z.

解 $792 = 8\times 99$.

由被8整除的判别法知

$$\overline{45z} \equiv 0 \pmod 8,$$

所以$z + 2\equiv 0 \pmod 8$，即$z = 6$.

因为$100\equiv 1 \pmod{99}$，所以

$$0 \equiv \overline{13xy456} \equiv 1 + \overline{3x} + \overline{y4} + 56 \equiv 10y + x + 91 \pmod{99},$$

故$x = 8$，$y = 0$.

求余数当然是同余式最常见的应用.

例4 $24^7 + 364^7 + 43^7 + 12^7 + 3^7 + 1^7$除以6，余几？

解 因为$4^2 = 16\equiv 4 \pmod 6$，所以$4^7\equiv 4^6\equiv 4^5\equiv\cdots\equiv 4 \pmod 6$.

因为 $3^2=9\equiv 3 \pmod 6$，所以 $3^7\equiv 3 \pmod 6$.

从而

$$\begin{aligned}&24^7+364^7+43^7+12^7+3^7+1^7\\&\equiv 0^7+4^7+1^7+0^7+3^7+1^7\\&\equiv 4+1+3+1\\&\equiv 3 \pmod 6,\end{aligned}$$

即余数为 3.

求个位数字、十位数字……也是同余式常用的地方.求个位数字即 mod 10，求十位数字与个位数字即 mod 100.在讨论无法直接计算、大得非常的天文数字时，同余式是最有效的工具之一.

例 5 求 $2003^{2005^{2007^{2009}}}$ 的末两位数字.这里 $a^{b^c}=a^{(b^c)}$，即 a^{b^c} 是先计算 b^c，再计算 $a^{(b^c)}$，而不是 $(a^b)^c$.

解 $2003^n\equiv 3^n \pmod{100}$.

在 $n=1,2,\cdots$ 时，3^n 的末两位依次为

$$3,9,27,81,43,29,87,61,83,49,47,41,23,69,07,21,63,89,67,1,\cdots,$$

每 20 个重复出现.而

$$2005^m\equiv 5^m\equiv 5 \pmod{20},$$

所以

$$2005^{2007^{2009}}\equiv 5 \pmod{20},$$

$$2003^{2005^{2007^{2009}}}\equiv 3^5\equiv 43 \pmod{100},$$

即末两位数字为 43.

5.《一千零一夜》

《一千零一夜》是世界著名的文学经典，其中有许多脍炙人口的阿拉伯神话故事，如渔夫与魔鬼、阿里巴巴与四十大盗、阿拉丁的神灯、辛巴达航海等.

这本书最初译作《天方夜谭》，天方就是阿拉伯，谭就是谈（谈话）.书中宰相的女儿山

鲁佐德每夜讲一个故事给国王听，一直讲了一千零一夜.

1001这个数颇为奇特，将它分解得

$$1001 = 7 \times 11 \times 13, \tag{1}$$

即1001是3个连续质数的积.(1)很容易被记住，因为质数数列

$$2,3,5,7,11,13,\cdots \tag{2}$$

的前3个数显然都不是1001的因数，接下去的3个质数都是1001的因数.

常有人寻求被7整除的判别法及被13整除的判别法.由(1)可知，一个数被7,11,13整除与这个数(同时)被1001整除是同一件事.

怎样判断一个数是否被1001整除呢?

例1　判断55311是否被1001整除.

解　因为$55311 = 55 \times 1000 + 311 = 55 \times 1001 + 311 - 55 = 55 \times 1001 + 256$，所以55311除以1001，余数是256，不被1001整除.

注意在这个例子中，余数可由末三位所组成的数311减去55得到，而55是由55000得到的.这里的1000在除以1001时，相当于-1.

于是，我们得到下面的法则：

将一个整数从右到左，每三位一节.用第一节的三位数减去第二节的三位数，加上第三节的三位数，减去第四节的三位数……直至减去或加上最后一节的数(可能不足三位).如果所得结果被1001整除，那么原来的数就被1001整除(如果所得结果除以1001余a，那么原来的数除以1001余a).

例2　判断2146455311是否被7,11,13整除.

解　因为$311-455+146-2=0$，所以2146455311被1001整除，因而被7,11,13整除.

例3　证明：12位数$\overline{abbaabbaabba}$一定被3,7,11,13整除.

证明　因为$\overline{abbaabbaabba}$的数字和

$$a+b+b+a+a+b+b+a+a+b+b+a=6a+6b$$

被3整除，所以$\overline{abbaabbaabba}$被3整除.

又$\overline{bba}-\overline{baa}+\overline{aab}-\overline{abb}=0$，所以$\overline{abbaabbaabba}$被1001整除，即$\overline{abbaabbaabba}$被7,11,13整除.

例4　已知$\overline{2ab\cdots 2ab}$(2001个$\overline{2ab}$)被91整除，求a,b.

解　$91=7\times 13$.

因为$\overline{2ab}-\overline{2ab}+\overline{2ab}-\overline{2ab}+\cdots+\overline{2ab}=\overline{2ab}$，所以根据法则得到$\overline{2ab2ab\cdots 2ab}$(2001个$\overline{2ab}$)除以1001，余数为$\overline{2ab}$.从而(因为$1001=91\times 11$)$\overline{2ab2ab\cdots 2ab}$(2001个

$\overline{2ab}$)除以 91,余数必与$\overline{2ab}$除以 91 相同.已知$\overline{2ab2ab\cdots2ab}$(2001 个$\overline{2ab}$)被 91 整除,所以$\overline{2ab}$被 91 整除,即$\overline{2ab}$是 91 的 3 倍.因为

$$91 \times 3 = 273,$$

所以

$$a = 7, \quad b = 3.$$

例 5 如果 53 位数$\underbrace{5\cdots5}_{26个}\square\underbrace{9\cdots9}_{26个}$被 7 整除,那么$\square$中的数字是多少?

解 因为

$$\begin{aligned}&999 - 999 + \cdots - 999 + \square 99 - 555 + 555 - \cdots + 555 - 55\\&= \square 99 - 55 = \square 44 = \square 30 + 14\end{aligned}$$

被 7 整除,所以$\square$3 被 7 整除,故$\square$应当是 6.

6. 裴蜀定理

在整数的理论中,有一个极为重要的定理,它是由法国数学家裴蜀(E. Bézout,1730—1783)发现并给出证明的.

裴蜀定理 设 a,b 为自然数,则存在整数 u,v,使得

$$(a,b) = ua + vb. \tag{1}$$

例如 $a=24$,$b=42$,则$(a,b)=6$.而

$$6 = 2 \times 24 + (-1) \times 42, \tag{2}$$

即在(1)中可取 $u=2$,$v=-1$.

注意(1)中的 u,v 一定是一正一负.因为若 u,v 都是负数,则 $ua+vb$ 是负数,不等于(a,b);若 u,v 都是正数,则 $ua+vb$ 比 a,b 都大,也不可能等于(a,b).

u,v 并非唯一,在本例中,因为

$$6 = (-5) \times 24 + 3 \times 42, \tag{3}$$

所以也可取 $u=-5$,$v=3$.

找出一组 u,v 并不困难,下面的证法 1 也给出了 u,v 的一种求法.但在大多数场

合下,不难用心算凑出一组符合要求的 u,v.

裴蜀定理的证法有很多,下面给出两种.

证法1 设$(a,b)=d$,则由带余除法得

$$a=qb+r,\quad 0\leqslant r<b.$$

如果 $r=0$,那么 $b=(a,b)$.如果 $r\neq 0$,再用 r 去除b,得

$$b=q_1r+r_1,$$

$$r=q_2r_1+r_2,$$

$$\cdots.$$

这样辗转相除下去,因为 $b,r,r_1,\cdots$都是自然数,并且

$$b>r>r_1>\cdots,$$

所以一定出现余数为0的结果,即有

$$r_{n-2}=q_nr_{n-1}+r_n,$$

$$r_{n-1}=q_{n+1}r_n.$$

这时

$$(a,b)=(b,r)=(r,r_1)=\cdots=(r_{n-2},r_{n-1})=(r_{n-1},r_n)=r_n,$$

所以 $r_n=d$(这就是第2节中求最大公约数的方法).

为了得出(1),我们由上面辗转相除的倒数第二个等式开始,将它写成

$$d=r_{n-2}-q_nr_{n-1}.\tag{4}$$

我们称 $sx+ty$ 为x,y 的线性组合.如果系数 s,t 是整数,那么 $sx+ty$ 就称为x,y 的整线性组合.(4)表明 d 是r_{n-1},r_{n-2}的整线性组合.再往前一个等式是

$$r_{n-3}=q_{n-1}r_{n-2}+r_{n-1},$$

由它与(4)消去 r_{n-1},即将 $r_{n-1}=r_{n-3}-q_{n-1}r_{n-2}$代入(4),可得出形如

$$d=sr_{n-2}+tr_{n-3}$$

的式子,其中 s,t 为整数,即 d 是r_{n-2},r_{n-3}的整线性组合.

继续往前,消去 $r_{n-2},\cdots$.最后得出

$$d=ua+vb,$$

其中 u,v 为整数,即 d 是a,b 的整线性组合.

上面已经说过定理中的 u,v 并不是唯一的.一般地,设(1)成立,则

$$(a,b)=(u+b)a+(v-a)b,$$

即 u,v 可换成$u+b,v-a$.

如果自然数 u,v 互质,即$(a,b)=1$,那么一定存在整数 u,v,使得

$$ua+vb=1.\tag{5}$$

这一结论也是极为有用的.

例 1 设 c 为 a,b 的公约数,证明:$c\mid(a,b)$.

证明 由(1)知存在整数 u,v,使得

$$ua+vb=(a,b).$$

因为 $c\mid a$,所以 $c\mid ua$.同样,$c\mid vb$.所以

$$c\mid(ua+vb),$$

即 $c\mid(a,b)$.

由此可见,最大公约数不但是 a,b 的公约数中最大的一个,而且也是所有公约数的倍数.

由例 1 可引出裴蜀定理的另一证法.这个证法不需要用欧几里得算法(即辗转相除法).

证法 2 考虑一切形如 $sa+tb$ 的数,这里 s,t 是任意整数.这些数中一定有正数(s,t 都是正数时,$sa+tb$ 肯定是正数).在这些正整数中必有一个最小的.设它为 d,则当然有

$$d=ua+vb,$$

其中 u,v 是一组整数.

用 d 除 a,设

$$a=qd+r,\quad 0\leqslant r<d,$$

其中 q,r 都是整数.

因为

$$r=a-qd=a-q(ua+vb)=(1-qu)a-qvb,$$

即 r 也是形如 $sa+tb$ 的数,而且 $r<d$,所以由 d 的最小性知必有 $r=0$.

于是 d 是 a 的约数.同理,d 也是 b 的约数.

又由例 1 知 a,b 的约数都是 d 的约数,所以 $d=(a,b)$,并且

$$(a,b)=ua+vb.$$

裴蜀定理及这一证法可推广到 n 个数,即我们有:

若 $d=(a_1,a_2,\cdots,a_n)$,则有整数 $x_1,x_2,\cdots,x_n$,使得

$$d=x_1a_1+x_2a_2+\cdots+x_na_n,$$

即 $a_1,a_2,\cdots,a_n$ 的最大公约数 d 是 $a_1,a_2,\cdots,a_n$ 的整(系数)线性组合.

7. 唯一分解定理

在第 2 章第 4 节,我们介绍了算术基本定理,即唯一分解定理.

任一个大于 1 的自然数 n 都可以分解为质因数的乘积,而且除了质因数的顺序外,分解是唯一的.

在那一节已经证明 n 可写成质因数的乘积.本节将证明除了质因数的顺序外,这种分解是唯一的.

例 1 已知自然数 a,b,c 满足 $c\mid ab$,并且 $(c,b)=1$,求证:$c\mid a$.

证明 因为 $(c,b)=1$,所以由裴蜀定理知存在整数 u,v,使得

$$uc+vb=1.$$

两边同时乘以 a,得

$$uac+vab=a. \tag{1}$$

(1)的左边第一项被 c 整除,第二项也被 c 整除(已知),所以(1)的左边被 c 整除,从而右边也被 c 整除,即 $c\mid a$.

例 2 已知 p 为质数,a,b 为自然数,证明:如果 $p\mid ab$,那么 $p\mid a$ 或 $p\mid b$.

证明 如果 $p\nmid a$,那么 $(p,a)=1$.由例 1 知 $p\mid b$.

例 3 证明:自然数 n 的质因数分解是唯一的.

证明 设合数 $n=p_1p_2\cdots p_k=q_1q_2\cdots q_h$,其中 $p_1,p_2,\cdots,p_k,q_1,q_2,\cdots,q_h$ 都是质数,则

$$p_1\mid q_1q_2\cdots q_h.$$

如果 $p_1\neq q_h$,那么由例 2 知

$$p_1\mid q_1q_2\cdots q_{h-1}.$$

依此类推,p_1 必与 $q_1,q_2,\cdots,q_h$ 中某一个相同或者 $p_1\mid q_1$.但 p_1,q_1 都是质数,所以 $p_1\mid q_1$ 导致 $p_1=q_1$.

总之,p_1 与 $q_1,q_2,\cdots,q_h$ 中某一个相同.不妨设 $p_1=q_1$(否则适当调整 q 的下标).

在 n 的两种分解式中约去 $p_1(q_1)$,得

$$p_2p_3\cdots p_k = q_2q_3\cdots q_h.$$

同理可得出 $p_2=q_2$ 等，直至

$$p_i = q_i(i=1,2,\cdots,k),\quad k=h.$$

唯一分解定理极为重要，所以被称为算术基本定理. 如果将自然数的范围扩大，但仍保持乘法、倍数、质数与合数等定义（当然是推广了的定义）不变，唯一分解定理就未必成立.

德国数学家库默尔（E. E. Kummer，1810—1893）为了“挽救”唯一分解定理，引进了理想数（类似于两个数 a，b 的最大公约数）. 这是一个重要的概念，在代数学中极其重要，女数学家诺特（E. Noether，1882—1935）专门写了一本书讨论它，而此后它（理想数）就被简称为“理想”.

8. 谈祥柏先生

谈祥柏先生是我国科普界的泰斗，虽已年逾九旬，但头脑依然敏锐，言谈充满智慧，原创性的思想与问题尤多. 有一天，他问大家：

“37 是一个质数. 能不能写出一个没有重复数字的六位数，它是 37 的倍数？”

这样的数应当是存在的，但要立即写出一个来，却也难以做到.

正在大家费力思考时，谈老先生又说：

“能不能写出 6 个 6 位数，数字都是 1，2，3，4，5，6，没有重复，而且被 37 整除？”

没人能立即写出来. 谈老先生取出一个普通的计算器，笑着说：

“请看这个键盘.”（现在手机中也都附有计算器，键盘是一样的.）

键盘上通常有三行数：

7　8　9

4　5　6

1　2　3

任取其中两行，例如，第二行 456 与第三行 123. 456321 就是一个合乎要求的六位数. 事实上

$$456321 \div 37 = 12333.$$

不仅如此,从这两行中任取一个数,例如2,由2顺时针转一圈,得到六位数214563,它也是37的倍数:

$$214563 \div 37 = 5799.$$

这样,立即就可得到6个由1,2,3,4,5,6组成的没有重复数字的6位数,它们都被37整除.

其他行也是如此.例如,从第一、三行中取数8,由8顺时针转一圈,得到六位数893217,它也是37的倍数:

$$893217 \div 37 = 24141.$$

为什么会这样呢

首先,111是37的倍数:

$$111 = 3 \times 37.$$

于是,三个数字全相同的三位数是37的倍数.特别地,999是37的倍数,而$1000 - 1 = 999$,所以

$$1000 \equiv 1 \pmod{37}.$$

(哇!有点像"《一千零一夜》"那节.)

对于第一、三两行依顺时针顺序得到的六位数$\overline{abcdef}$,显然有$a + d = b + e = c + f = 10$.所以

$$\overline{abcdef} \equiv \overline{abc} + \overline{def} = 10 \times 111 \equiv 0 \pmod{37}.$$

如果将"顺时针转一圈"改为"逆时针转一圈",得到的数同样被37整除.

这样,每取两行可产生

$$2 \times 6 = 12$$

(因数2表示两种旋转方向,6表示任取一数作为首位)个六位数,它们都是37的倍数.

三行中取两行有3种方法,共可产生

$$3 \times 12 = 36$$

个六位数,它们都是37的倍数.

行也可以改成列,于是共得出$2 \times 36 = 72$个无重复数字的六位数,它们都是37的倍数.

证明不算难,但发现却不容易.不得不佩服谈老先生独具慧眼,见人之所未见!

9. 一模一样的日历

每周七天，从星期日、星期一……直到星期六，周而复始. 因而 mod 7 便可求出某天是星期几，不难依此规律排出年历.

1月

日	一	二	三	四	五	六
					1	2
3	4	5	6	7	8	9
10	11	12	13	14	15	16
17	18	19	20	21	22	23
24	25	26	27	28	29	30
31						

上面是 1971 年 1 月份的日历，2021 年 1 月份的日历与它一模一样.

不仅如此，2 月份的日历也一模一样，均如下面所示：

2月

日	一	二	三	四	五	六
	1	2	3	4	5	6
7	8	9	10	11	12	13
14	15	16	17	18	19	20
21	22	23	24	25	26	27
28						

接下来的 3，4，…，12 月份的日历也都一模一样，不再一一列出.

实际上，1971 与 2021 都不是闰年，所以每个月的天数都一样多. 如果 1 月 1 日同是星期五，那么以后每个月的同一天是星期几，一定是相同的.

因此，两个平年(或两个闰年)的日历相同，只需要元旦(即 1 月 1 日)那天的星期数相同.

2021 年与 1971 年的元旦为何同为星期五呢?

因为

$$2021-1971=50=4\times12+2,$$

即1971与2021之间有12+1=13个闰年，每个闰年366天，即比365天多1天．所以从1971年元旦到2021年元旦，共经历的天数

$$50\times365+13\times1\equiv1\times1-1=0\pmod 7,$$

即经历的天数是7的倍数，所以这两个元旦的星期数相同，从而这两年的日历完全相同．

在未来的岁月中，第一个与2021年日历完全相同的是哪一年呢？

因为 $365\equiv1\pmod 7$，所以每过一年(365天)，星期数就增加1，而2024是闰年，多出一天，所以只需6年，即在2021+6=2027年，日历便与2021年完全相同．

在未来的岁月中，第一个与2022年日历完全相同的又是哪一年呢？

不是2028年，因为2028年元旦虽与2022年元旦的星期数相同，但2028年是闰年，2月份多出一天，2月29日起便与2022年不同了(2022年2月只有28日，没有29日)．

那么应当是哪一年呢？因为

$$2028+5=2033,$$

并且2028与2033之间(包括2028在内)有两个闰年，即2028与2032，而 $5+2\equiv0\pmod 7$，所以第一个与2022年日历完全相同的是2033年．

还应说明一点，即每四年一闰，每百年少一闰，每四百年又多一闰，所以2000仍是闰年(它既是100的倍数，又是400的倍数)．前面说过，1971与2021之间有13个闰年．而在有些资料上，说1970年与2021年日历完全相同，产生错误的原因是误以为2000不是闰年，少算了一天．

10. 干支纪年

我国古代用天干与地支来纪年．

天干即甲、乙、丙、丁、戊、己、庚、辛、壬、癸这十个字，代表1～10．

地支即子、丑、寅、卯、辰、巳、午、未、申、酉、戌、亥这十二个生肖，代表1～12．

将天干写在第一行，地支写在第二行，得到表3.1．

表 3.1

甲	乙	丙	丁	戊	己	庚	辛	壬	癸	甲	乙
子	丑	寅	卯	辰	巳	午	未	申	酉	戌	亥
丙	丁	戊	己	庚	辛	壬	癸	甲	乙	丙	丁
子	丑	寅	卯	辰	巳	午	未	申	酉	戌	亥
戊	己	庚	辛	壬	癸	甲	乙	丙	丁	戊	己
子	丑	寅	卯	辰	巳	午	未	申	酉	戌	亥
庚	辛	壬	癸	甲	乙	丙	丁	戊	己	庚	辛
子	丑	寅	卯	辰	巳	午	未	申	酉	戌	亥
壬	癸	甲	乙	丙	丁	戊	己	庚	辛	壬	癸
子	丑	寅	卯	辰	巳	午	未	申	酉	戌	亥

因为$[10,12]=60=6\times10=5\times12$，所以表 3.1 中共出现 6×10 个天干，每个天干出现 6 次；共出现 5×12 个地支，每个地支出现 5 次.如果继续排下去，那么就重复前面的结果.这称为 60 年一个甲子，即从甲子到甲子整整 60 年.

表 3.1 中同一列的上下两个字（一个天干、一个地支）就代表一年.例如，2022 年是壬寅年，2023 年是癸卯年.

1894 年是甲午年（甲午战争在这一年）.再过 60 年，即 1954 年又是甲午年，2010 年也是甲午年.

1910 年是辛亥年（辛亥革命在这一年），未来的岁月中，第一个辛亥年是哪一年呢？应是

$$1910+2\times60=2030 \text{ 年}.$$

例 2022 年是壬寅年，未来的岁月中，第一个壬子年是哪一年？第一个丙寅年是哪一年？第一个戊戌年是哪一年？

解 寅到寅最少需要 12 年，寅到子最少需要 10 年，壬到壬最少也需要 10 年，所以未来的第一个壬子年是

$$2022+10=2032 \text{ 年}.$$

寅到寅经历的年数是 12 的倍数，壬到丙经历的年数是 4 加上 10 的倍数.因为

$$2\times10+4=2\times12,$$

所以未来的第一个丙寅年是

$$2022+2\times12=2046 \text{ 年}.$$

未来哪一年是第一个戊戌年，可以用两种方法来求解.

一种是再过 8 年为庚戌年，从庚到戊需要的年数为 8 加上 10 的倍数，从戌到戌需要

的年数为 12 的倍数，所以由

$$8 + 4 \times 10 = 4 \times 12,$$

得

$$2022 + 8 + 4 \times 12 = 2078,$$

即 2078 年是未来的第一个戊戌年.

另一种是再过 6 年为戊申年，从戊到戊需要的年数为 10 的倍数，从申到戌需要的年数为 2 加上 12 的倍数.所以由

$$2 + 12 \times 4 = 5 \times 10,$$

得

$$2022 + 6 + 5 \times 10 = 2078,$$

即 2078 年是未来的第一个戊戌年.

如果你知道(2022 年的)四年前即 2018 年是戊戌年，那么加上一个甲子，即

$$2018 + 60 = 2078 \text{ 年}$$

便是下一个戊戌年.

或者你熟悉历史的话，知道戊戌政变发生在 1898 年，那么就不难得出

$$1898 + 3 \times 60 = 2078 \text{ 年}$$

是下一个戊戌年.

11. 身份证的验证码

我们用的身份证号码共有 18 位，前 6 位为地址码，后 8 位为出生年月日，再 3 位为顺序码，最后 1 位为验证码.

验证码由前 17 位数字定出.

怎么定呢?

这应当是数学家做的事.

设前 17 位数字从左到右依次为

$$a_1, a_2, \cdots, a_{17},$$

则验证码

$$a_{18} \equiv 1-(2a_{17}+2^2 a_{16}+\cdots+2^{17} a_1)(\bmod 11),$$

并且限定 $0 \leqslant a_{18} \leqslant 10$，即 a_{18} 在 mod 11 的最小非负剩余 0,1,2,…,10 中.这里 10 用罗马数字Ⅹ来记，以免出现两位数 10.

上面的计算公式算起来有点麻烦，所以索性不讲这个公式，而说成：

第一步 先求 $7a_1+9a_2+10a_3+5a_4+8a_5+4a_6+2a_7+a_8+6a_9+3a_{10}+7a_{11}+9a_{12}+10a_{13}+5a_{14}+8a_{15}+4a_{16}+2a_{17}$.

第二步 将上面的和除以 11，余数可能为 0,1,…,10 中的某一个.

第三步 用 12 减去余数后 mod 11 即可得到 a_{18} 的值，如表 3.2 所示.

表 3.2

余数	0	1	2	3	4	5	6	7	8	9	10
a_{18}	1	0	Ⅹ	9	8	7	6	5	4	3	2

这种算法可以照套，但直接算仍不是很简单，下面稍加改进.

易知

$$\begin{aligned}
2^1 &\equiv 2 \equiv 2^{11},\\
2^2 &\equiv 4 \equiv 2^{12},\\
2^3 &\equiv 8 \equiv -3 \equiv 2^{13},\\
2^4 &\equiv 5 \equiv 2^{14},\\
2^5 &\equiv -1 \equiv 2^{15},\\
2^6 &\equiv -2 \equiv 2^{16},\\
2^7 &\equiv -4 \equiv 2^{17},\\
2^8 &\equiv 3,\\
2^9 &\equiv 6 \equiv -5,\\
2^{10} &\equiv 1(\bmod 11),
\end{aligned}$$

所以验证码的计算公式为

$$\begin{aligned}
a_{18} \equiv &1+(a_3+a_{13}-a_8)+2(a_2+a_{12}-a_{17}-a_7)+3(a_5+a_{15}-a_{10})\\
&+4(a_1+a_{11}-a_{16}-a_6)+5(a_9-a_4-a_{14})(\bmod 11)
\end{aligned}$$

例如，若身份证号码前 17 位为 43283119641115081，则验证码为

$$\begin{aligned}
a_{18} \equiv &1+(2+1-9)+2(3+1-1-1)+3(3+0-4)\\
&+4(4+1-8-1)+5(6-8-5)\\
\equiv &0(\bmod 11),
\end{aligned}$$

即 $a_{18}=0$.

读者不妨试一试自己的身份证号码.

12. 复 活 节

复活节,亦称耶稣复活节,是基督教的重要节日.通常定在每年春分月满之后的第一个星期天,即3月22日至4月25日之间(东正教等教派定的时间不尽相同).

计算的方法很有趣.

设 y 为公元的年数(例如 $y=2022$).

令 $N=y-1900$(2022年 $N=122$).

取 A 为 N 除以19所得最小非负剩余,即

$$A \equiv N \pmod{19},$$

且 $0 \leqslant A < 19$.

令

$$B=\left[\frac{7A+1}{19}\right] \quad (\text{取整})$$

(2022年 $A=8, B=3$),

$$M \equiv 11A-B+4 \pmod{29}, \quad 0 \leqslant M < 29$$

(2022年 $M=2$),

$$V \equiv N+\left[\frac{N}{4}\right]+3 \pmod{7}, \quad M \leqslant V < M+7$$

(2022年 $V=8$).

在 $V<25$ 时,复活节为4月 $(25-V)$ 日.

在 $V \geqslant 25$ 时,复活节为3月 $(31+25-V)$ 日.

(2022年复活节为4月17日.)

这个计算,过去靠人做,做起来还是有些复杂.现在有电脑作"奴仆",效率高多了.输出程序,揿下按钮,一会就全算出来了.

如果人来做,我想了想,也可以将算法大大地简化.

第一步 算出 $N=y-1900$,这里 y 是年份,例如 $y=2020, N=120$.

第二步 算出

$$V \equiv N + \left[\frac{N}{4}\right] + 3 \pmod 7, \quad 0 \leqslant V < 7,$$

即 V 为 $N + \left[\frac{N}{4}\right] + 3$ 的最小(非负)剩余. 例如 $N = 120$ 时, $V = 6$.

第三步 算出

$$A \equiv N \pmod{19}, \quad 0 \leqslant A < 19.$$

例如 $N = 120$ 时, $A = 6$.

第四步 由表 3.3 得出与 A 对应的 M 值. 例如 $A = 6$ 时, $M = 10$.

表 3.3

A	0	1	2	3	4	5	6	7	8	9	10	11	12	13	14	15	16	17	18
M	4	15	26	7	18	0	10	21	2	13	24	5	16	27	8	19	1	17	28

第五步 将 V 加上 7, 再加上 7, …, 直至 $\geqslant M$, 即

$$U \equiv V \pmod 7, \quad M \leqslant U < M + 7.$$

例如 $V = 6$, $M = 10$ 时, $U = 6 + 7 = 13$.

第六步(最后一步) 分情况讨论:

在 $U < 25$ 时, 复活节为 4 月 $(25 - U)$ 日.

在 $U \geqslant 25$ 时, 复活节为 3 月 $(31 + 25 - U)$ 日.

例如 2020 年, 上面已算出 $U = 13$, 则复活节为 4 月 12 日.

再举两个例子.

例 1 设 $y = 2016$, 则 $N = 2016 - 1900 = 116$, 所以 $\left[\frac{N}{4}\right] = 29$. 从而 $V = 1$, $A = 2$, $M = 26$.

$$1 + 26 = 27 > 25,$$
$$31 + 25 - 27 = 29,$$

即 2016 年复活节为 3 月 29 日.

例 2 设 $y = 2021$, 则 $N = 2021 - 1900 = 121$. 从而 $V = 0$, $A = 7$, $M = 21$.

$$0 + 21 = 21 < 25,$$
$$25 - 21 = 4,$$

即 2021 年复活节为 4 月 4 日.

会编程的也可以编个程序计算.

我们的算法简化很多, 手算也不难完成, 应当能进一步简化.

请想一想如何得到上述简化, 特别是第四步的表是怎样得到的.

练　习　3

1. 在200以内被3整除的正整数有多少个?

2. 若六位数$\overline{3a123b}$被88整除,求数a,b.

3. 在100以内不被3整除也不被4整除的正整数有多少个?

4. 证明:对于整数x,y,表达式

$$2x+3y,9x+5y$$

中,一个被17整除时,另一个也被17整除.

5. 要使$975\times935\times972\times(\quad)$的积的最后四个数字都是0,在括号内的正整数最小是多少?

6. 有四个数,一个是最小的奇质数,一个是偶质数,一个是小于30的最大质数,一个是大于70的最小质数.求它们的和.

7. 已知n是正整数,$n+3$与$n+7$都是质数.问n除以3,余数是多少?

8. 证明:大于38的偶数都可以写成两个奇合数的和.

9. 证明:有无穷多个自然数n,使得n^2+n+41是合数.

10. 试举出3个大于3的质数,第2个比第1个大d,第3个比第2个大d.d至少是多少?

11. 10个大于80的连续自然数,其中至多有几个质数?

12. 李老师带领四(4)班学生种树,学生恰好平均分成4个小组.师生共种667棵树.已知每人种的棵数一样多.四(4)班共多少人?

13. 如果两个正整数的和是64,积可以整除4875,求这两个数的差.

14. 二十几个小朋友围成一圈,按顺时针方向一圈一圈地报数.如果报2与200的是同一个人,共有多少个小朋友?

15. 某店小刀每把原价0.3元,降价后全部卖出,共卖得6.29元.小刀每把降为多少元?

16. 设正整数b,c互质,并且b,c都是整数a的约数.证明:bc也是a的约数.从而得出下面的推论:

若b,c是互质的正整数,$a\equiv n\pmod b$,$a\equiv n\pmod c$,则

$$a\equiv n\pmod{bc}.$$

17. 将 26,33,34,35,63,85,91,143 分成若干组，每一组中任意两个数都是互质的. 至少要分成几组？

18. 一个大于 1 的整数除 300,262,205 得到的余数相同. 求这个数.

19. 两个自然数的和是 50，最大公约数是 5. 这两个数的差是多少？

20. 求 $\sqrt[5]{14348907}$，已知结果为正整数 n（即求正整数 n，使得 $n^5=14348907$）. 一位印度速算家说他能在三秒之内得到答案. 你能吗？

21. 求 n，使得 $1!+2!+\cdots+n!$ 为平方数.

22. 求最小的正整数 n，使得 $n^4+(n+1)^4$ 为合数.

23. 已知正整数 x,y 满足 $x(x+1)\mid y(y+1)$，但 x 与 $x+1$ 均不整除 y，也均不整除 $y+1$，并且 x^2+y^2 尽可能小. 求 x^2+y^2.

24. 求使 n^2-1 为 3 个不同质数积的、前 5 个正整数 n 的和.

25. 两个正整数的最小公倍数能够等于它们的和吗？

26. 银箱密码由 7 个数字组成，数字是 2 或 3，而且 2 比 3 多. 密码所组成的 7 位数被 3 与 4 整除. 求这个密码.

27. 求最小的正整数，它是 18 的倍数，而且数字只能是 4 或 7.

28. n 个不同的整数具有性质：对其中任意两个数 a,b，都有 $12\nmid(a+b)$，$12\nmid(a-b)$. 求 n 的最大值.

29. 能否找到 4 个不同的自然数，每一个都被其他数中任两个的差整除？

30. 设 a,b 为自然数，并且 a^2+ab+1 被 b^2+ab+1 整除. 证明：$a=b$.

31. 100 个 7 排成一行. 在一些数字之间插入“+”号或“−”号，能使结果为 2015 吗？能使结果为 2016 吗？

32. 正实数 x 的平方是 $x^2=0.99\cdots9\cdots$，其中小数点后面至少紧接着 100 个 9. 证明：$x=0.99\cdots9\cdots$，其中小数点后面也至少紧接着 100 个 9.

33. 小数 0.1234567891011… 是在小数点之后依次写下所有自然数所形成的，它是否是有理数？

34. 求三个质数 p,q,r，其满足

$$p+q=r, \tag{1}$$

并且

$$(r-p)(q-p)-27p \tag{2}$$

为平方数.

解　答　3

1．因为 $200\div 3=66\cdots\cdots 2$，所以在 200 以内被 3 整除的正整数有 66 个．

2．230 除以 8 余 6，所以 $b+6$ 被 8 整除，$b=2$．

$(b+2+a)-(3+1+3)=a-3$ 被 11 整除，所以 $a=3$．

3．100 以内被 3 整除的正整数有 33 个，被 4 整除的正整数有 25 个，被 12 整除的正整数有 8 个．所以 100 以内不被 3 整除也不被 4 整除的正整数有

$$100-33-25+8=50\text{ 个}.$$

或者因为 1～12 中有 6 个数(1，2，5，7，10，11)满足要求，所以 1～96 中有 $6\times 8=48$ 个数满足要求．再加上 97，98，共有 50 个数满足要求．

4．$4(2x+3y)+(9x+5y)=17x+17y$ 被 17 整除．所以如果 $2x+3y$ 被 17 整除，那么 $9x+5y$ 也被 17 整除．

$4(9x+5y)-(2x+3y)=34x-17y$ 被 17 整除．所以如果 $9x+5y$ 被 17 整除，那么 $2x+3y$ 也被 17 整除．

5．$975=39\times 5\times 5$，$935=187\times 5$，$972=243\times 2\times 2$．

要使积的最后四位数字都是 0，括号内的正整数最小是 $5\times 2^2=20$．

6．最小的奇质数是 3，偶质数是 2，小于 30 的最大质数是 29，大于 70 的最小质数是 71，它们的和是

$$3+2+29+71=105.$$

7．如果 n 除以 3 余 0(即被 3 整除)，那么 $n+3$ 有约数 3，并且 $n+3>3$，所以 $n+3$ 不是质数，与已知矛盾．

如果 n 除以 3 余 2，那么 $n+7$ 有约数 3，并且 $n+7>3$，所以 $n+7$ 不是质数，与已知矛盾．

因此，n 除以 3 余 1．

8．$40=25+15$，$42=27+15$，$44=9+35$，$46=21+25$，$48=33+15$．

从而 $40+10k=25+5(3+2k)$，$42+10k=27+5(3+2k)$，$44+10k=9+5(7+2k)$，$46+10k=21+5(5+2k)$，$48+10k=33+5(3+2k)$．

9．$n=41$ 时，$n^2+n+41=41\times 43$ 是合数．

对任意的自然数 k，$n=41k$ 时，

$$n^2+n+41=41(41k^2+k+1)$$

是合数.

10. 后两个质数都是奇数，所以它们的差 d 是正偶数.

第一个质数除以 3 余 1 时，它加 2 不是质数. 第一个质数除以 3 余 2 时，它加 4 不是质数，所以 $d \neq 2$. 同样 $d \neq 4$，所以 $d \geqslant 6$.

5，11，17 满足题意，表明 d 最小为 6.

11. 10 个大于 80 的连续自然数中有 5 个偶数，它们都不是质数. 5 个连续奇数中，必有一个被 5 整除(因为每两个的差是 2，4，6，8 这几种，所以 5 个数除以 5 余数不同，其中恰有一个被 5 整除). 因此至多有 4 个质数.

101，103，107，109 是大于 80 中的 4 个质数.

12. $667 = 23 \times 29$. 每人种的棵数应为 667 的约数，即 1，23，29，667.

每人种 1 棵树时，人数为 667，学生数为 $667 - 1 = 666$，但 666 不被 4 整除.

每人种 23 棵树时，人数为 29，学生数为 28，被 4 整除.

每人种 29 棵树时，人数为 23，学生数为 22，不被 4 整除.

每人种 667 棵树时，人数为 1，不可能.

于是，四(4)班共 28 人.

13. $4875 = 3 \times 5^3 \times 13$ 的约数中，3×13 与 5×5 的和为 64，它们的差为

$$3 \times 13 - 5 \times 5 = 39 - 25 = 14.$$

14. 人数是 $200 - 2 = 198$ 的约数. 由 $198 = 2 \times 3^2 \times 11$，知其中为二十几的约数只有 22. 所以共有 22 个小朋友.

15. 降价后，小刀单价(以分为单位)是 629 的约数. 由 $629 = 17 \times 37$，知它的小于 30 的正约数只有 1 与 17. 因此小刀降价后，每把 0.01 元或 0.17 元.

16. 设 $b = p_1^{\alpha_1} p_2^{\alpha_2} \cdots p_k^{\alpha_k}$，$c = q_1^{\beta_1} q_2^{\beta_2} \cdots q_h^{\beta_h}$，质数 $p_1, p_2, \cdots, p_k, q_1, q_2, \cdots, q_h$ 两两不同. 因为 $b \mid a$，$c \mid a$，所以 $p_1^{\alpha_1} p_2^{\alpha_2} \cdots p_k^{\alpha_k}$，$q_1^{\beta_1} q_2^{\beta_2} \cdots q_h^{\beta_h}$ 都是 a 的分解式的一部分，从而 $p_1^{\alpha_1} p_2^{\alpha_2} \cdots p_k^{\alpha_k} q_1^{\beta_1} q_2^{\beta_2} \cdots q_h^{\beta_h}$ 也是 a 的分解式的一部分，故 $bc \mid a$.

$a \equiv n \pmod{b}$，$a \equiv n \pmod{c}$ 即 $b \mid (a - n)$，$c \mid (a - n)$. 因为 b，c 互质，所以 $bc \mid (a - n)$，即 $a \equiv n \pmod{bc}$.

17. 因为 26，91，143 都能被 13 整除，所以每两个不在同一组，至少要分成 3 组. 而分成 3 组是可以的，如 26，33，35；34，91；63，85，143.

18. 这个数整除 $300 - 262 = 38$，也整除 $262 - 205 = 57$，所以它是 38 与 57 的公约数 19.

19. 设这两个数为 $5a$ 与 $5b$，a 与 b 为互质的自然数，$a > b$，则 $5a + 5b = 50$，$a + b = 10$. 因为 a，b 互质，所以 $a = 9$，$b = 1$ 或 $a = 7$，$b = 3$. 这两个数的差是 $5(a - b) = 40$ 或 20.

20. 因为 $20^5=3200000$，$30^5=24300000$，所以结果是两位数，且十位数字为 2.

个位数字必须为 7，5 次方的个位数字才能为 7.（a^5 与 a 的个位数字相同.你注意到了没有？）

所以答案是 27.

21. $1!=1$，$1!+2!=3$，$1!+2!+3!=9$，$1!+2!+3!+4!=33$.

$n\geqslant 4$ 时，

$$1!+2!+\cdots+n!\equiv 1!+2!+3!+4!=33\equiv 3 \pmod{10},$$

因而不是平方数（平方数的个位数字只能是 0，1，4，5，6，9）.

所以答案是 $n=1$ 或 3.

22. 依 $n=1,2,\cdots$ 的顺序逐一检验.

$n=1,2,3,4$ 时，$n^4+(n+1)^4$ 的值依次为 17，97，337，881，均为质数.而

$$5^4+6^4=1921=17\times 113$$

是合数.所以答案为 $n=5$.

23. 因为 $x\mid y(y+1)$，但 $x\nmid y$，$x\nmid (y+1)$，所以 x 与 y 有公共质因数，与 $y+1$ 也有公共质因数.同样，$x+1$ 与 y，$y+1$ 均有公共质因数.由于 y 与 $y+1$ 互质，x 与 $x+1$ 互质，故这些质因数至少有 4 个不同的质数.于是 $x+1$ 至少是 3×5，即 x 至少是 14，$y+1$ 至少是 21，即 y 至少是 20，从而 $x^2+y^2=14^2+20^2=596$.

24. 满足要求的前 5 个数分别是 14，16，20，22，32，其和为 $14+16+20+22+32=104$.

25. 不能.设正整数 a，b 的最小公倍数 $c=a+b$，则由于 $b\mid c$，$b\mid b$，所以 $b\mid a$.

同理 $a\mid b$，从而 $a=b$，但这时 a，b 的最小公倍数是 a，而不是 $a+b=2a$.

26. 由 6 个 2 和 1 个 3 所组成的 7 位数，数字和为

$$6\times 2+3=15,$$

被 3 整除，所以这个 7 位数也被 3 整除.

由 5 个 2 和 2 个 3 所组成的 7 位数，数字和为 16；由 4 个 2 和 3 个 3 所组成的 7 位数，数字和为 17.这两个 7 位数均不被 3 整除.

因此，密码由 6 个 2 和 1 个 3 组成.

因为密码被 4 整除，所以末两位被 4 整除，应当为 32.

因此，密码是 2222232.

27. 因为数字和被 9 整除，所以至少有 3 个数字，即 7，7，4.又因为是偶数，所以个位应当为 4.所求的数是 774.

28. mod 12，有 12 个类.已知的 n 个数中，没有 2 个在同一类，而且 b 与 $-a$ 也不在同一类（否则它们的差 $a+b$ 被 12 整除）.因此，± 1，± 2，± 3，± 4，± 5 这 10 类中，已知

数至多有 5 个.加上 0 与 6 这两类,已知数至多有 7 个.

0,1,2,3,4,5,6 这 7 个数满足已知的要求.

因此,n 的最大值是 7.

29. 如果有自然数 $a<b<c<d$ 满足要求,那么$(d-a)\mid b$,$(d-a)\mid c$,从而$(d-a)\mid(c-d)$.但 $0<c-b<d-a$,所以$(d-a)\nmid(c-b)$.矛盾表明满足要求的数不存在.

30. $(a^2+ab+1)-(b^2+ab+1)=a^2-b^2=(a+b)(a-b)$被 b^2+ab+1 整除.

因为$(a+b,b^2+ab+1)=(a+b,b(a+b)+1)=(a+b,1)=1$,即 $a+b$ 与b^2+ab+1 互质,所以 $a-b$ 被b^2+ab+1 整除.

但$|a-b|\leqslant ab<b^2+ab+1$,所以 $a-b=0$,即 $a=b$.

31. 不论如何插入正负号,所得结果都被 7 整除,而 2015 不被 7 整除,所以结果不能为 2015.

$$777+777+\underbrace{7+7+\cdots+7}_{66\text{个}}+7-7+7-7+\cdots+7-7=777\times2+7\times66=2016.$$

32. 显然 $x<1$,因此 $x^2<x<1$,从而

$$x=0.99\cdots9\cdots,$$

其中小数点后面至少紧接着 100 个 9.

33. 如果它是有理数,那么它是无限循环小数.设循环节的长为 l,在第 n 位小数后开始循环.在 $k>n+l$ 时,写 10^k 必然在第 n 位小数后的某处出现连续 l 个 0,即循环节全由 0 组成,但在它后面又要写 10^k+1,仍然出现 1,矛盾.矛盾表明这个数是无理数.

34. 由方程(1)知 $r>p$ 与 q.由于(2)为平方数,所以$(r-p)(q-p)>0$,$q>p$.

r 是质数,并且比质数 q 大,所以 r 是奇质数.同理 q 也是奇质数.质数 $p=r-q$ 是偶数,所以 $p=2$.

(2)即 $q(q-2)-54$,设它为 x^2,x 为非负整数,则

$$x^2=q(q-2)-54=(q-1)^2-55,$$

即

$$55=(q-1)^2-x^2=(q-1+x)(q-1-x).$$

所以

$$\begin{cases}q-1+x=55,\\q-1-x=1\end{cases}\quad\text{或}\quad\begin{cases}q-1+x=11,\\q-1-x=5,\end{cases}$$

解得 $q=29$ 或 $q=9$.

因为 q 为质数,所以 $q=29$,$r=q+p=31$.

第4章
奇偶分析与幂

通过对奇偶性的分析解决问题，是数论与组合数学中常用的方法.

1. 奇数与偶数

“卫青不败由天幸，李广无功缘数奇”.

这是著名诗人王维的诗.不少人喜欢偶数，不喜欢奇数，认为偶数吉利，奇数不吉利.其实这种看法毫无道理.

被 2 整除的整数称为偶数.它们是

$$0, \pm 2, \pm 4, \pm 6, \pm 8, \pm 10, \pm 12, \cdots.$$

一般形状是 $2n$，其中 n 是任一个整数.

不被 2 整除的整数称为奇数.它们是

$$\pm 1, \pm 3, \pm 5, \pm 7, \pm 9, \pm 11, \pm 13, \cdots.$$

一般形状是 $2n-1$，其中 n 是任一个整数.

显然有以下性质：

（ⅰ）偶数 ± 偶数 = 偶数.

（ⅱ）奇数 ± 奇数 = 偶数.

（ⅲ）偶数 ± 奇数 = 奇数.

（ⅳ）奇数 ± 偶数 = 奇数.

（ⅴ）偶数 × 偶数 = 偶数.

（ⅵ）偶数 × 奇数 = 偶数.

（ⅶ）奇数 × 偶数 = 偶数.

（ⅷ）奇数 × 奇数 = 奇数.

利用奇偶性的分析，可以解决许多数学问题.这就是本章讨论的内容，本节先举一例作为说明.

例 师傅老赵和徒弟小江同时加工同一种零件.老赵的产量是小江的 2 倍，他的产品放在 4 只箩筐里，小江的产品放在另 2 只箩筐里，搬的人没有注意哪筐是老赵的，哪筐是小江的.如果 6 只箩筐里的产品数量分别为

$$78, 94, 86, 87, 82, 80,$$

你能分辨出哪两只箩筐是小江的吗？

思路分析　利用奇偶性,先确定小江的一只箩筐,再确定另一只.

解　因为老赵的产量是小江的2倍,所以老赵的4筐产品数量的和是偶数.而上面的6个数中,只有87这一个数是奇数,它与3个偶数的和是奇数,所以这筐产品一定不是老赵的,而是小江的.

又因为6筐产品数量的和是小江产量的3(=1+2)倍,所以小江的另一筐装

$$(78+94+86+87+82+80)\div 3-87=82\text{只}.$$

2. 奇偶分析

本节进一步介绍一些奇偶分析的例子.

例1　$1\times 2\times 3\times\cdots\times 2015$能否表示成2015个奇数的和?

解　2015个奇数的和是奇数(一般地,由上节性质(ii)可得奇数个奇数的和是奇数,偶数个奇数的和是偶数).

而$1\times 2\times\cdots\times 2015$是偶数,偶数$\neq$奇数,所以$1\times 2\times\cdots\times 2015$不能表示成2015个奇数的和.

例2　在黑板上写3个自然数,然后擦去1个,换成其他两个数的和减1,这样继续做下去,最后得到的3个数分别是17,1999,2015.问原来的3个数能否是2,2,2?

思路分析　考虑3个数的奇偶性.

解　如果原来的3个数是2,2,2,那么经过1次操作,变成2,2,3,即2个偶数,1个奇数.

再进行1次操作,如果擦去的是偶数,那么换上的仍然是偶数(奇数加偶数减1,结果为偶数).如果擦去的是奇数,那么换上的仍然是奇数(偶数加偶数减1,结果为奇数).因此,3个数仍然是2个偶数,1个奇数.

不论操作多少次,3个数总是2个偶数,1个奇数.所以不可能得到17,1999,2015这3个奇数.

从而原来的3个数不能是2,2,2.

例3　图4.1(a)是一个英文字母电子显示盘,每一次操作可以使某一行(哪一行由你自由选择)的4个字母同时改变,变为它下一个字母(即A变为B,B变为C,…,最后

的字母Z变为A)，也可以使某一列(哪一列由你自由选择)的4个字母同时改变，变为它下一个字母.

问能否经过若干次操作，使图4.1(a)变为图4.1(b)？如果能，请写出变化过程.如果不能，请说明理由.

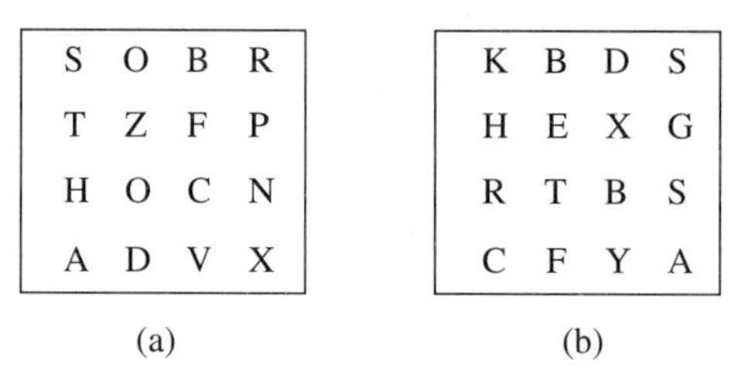

S	O	B	R
T	Z	F	P
H	O	C	N
A	D	V	X

(a)

K	B	D	S
H	E	X	G
R	T	B	S
C	F	Y	A

(b)

图4.1

思路分析 将26个字母表示为1到26这26个数(数字化!)，并将奇数字母(即A，C，E等)记为1，偶数字母(即B，D，F等)记为0.采用奇偶分析.

解 按照上面的记法，图4.1(a)、(b)分别可表示为图4.2(a)、(b).

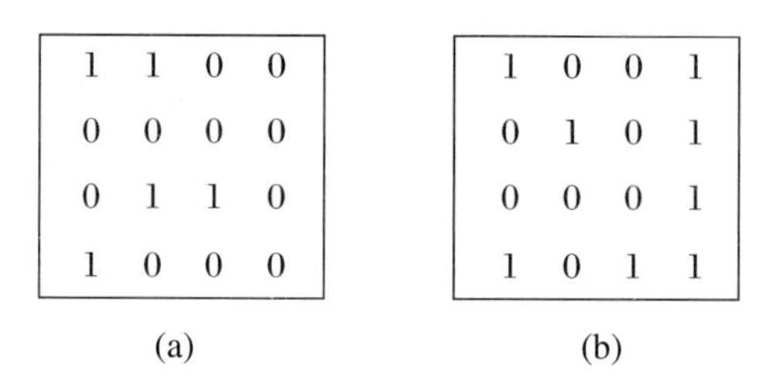

1	1	0	0
0	0	0	0
0	1	1	0
1	0	0	0

(a)

1	0	0	1
0	1	0	1
0	0	0	1
1	0	1	1

(b)

图4.2

每一次操作将图中某一行(列)的1变为0，0变为1.

注意：如果一次操作将图中某一行(列)的a个1变为0，$4-a$个0变为1，那么1的个数就增加了

$$(4-a)-a=4-2a,$$

即增加了偶数个，所以图中1的总数的奇偶性不变.

图4.2(a)中共有5个1，1的总数为奇数.

图4.2(b)中共有8个1，1的总数为偶数.

因此，不论经过多少次操作，图4.2(a)都不会变为图4.2(b)，也就是图4.1(a)不会变为图4.1(b).

注 在很多操作性的问题中，常常有某种保持不变的量或性质，称为不变量.在本例中，1的总数的奇偶性就是不变量.不变量往往是解决这类问题的关键.

例4 设有$3n$个数$x_1,x_2,\cdots,x_n,y_1,y_2,\cdots,y_n,z_1,z_2,\cdots,z_n$，每一个都是$+1$或

-1,且满足

$$x_1y_1+x_2y_2+\cdots+x_ny_n=0,$$
$$y_1z_1+y_2z_2+\cdots+y_nz_n=0,$$
$$z_1x_1+z_2x_2+\cdots+z_nx_n=0.$$

证明:n 是 4 的倍数.

思路分析　先证明 n 是偶数 $2k$,再证明 k 是偶数.

证明　$x_1y_1,x_2y_2,\cdots,x_ny_n$ 这 n 个数仍是 $+1$ 或 -1,由于它们的和为 0,故 -1 的个数 k 必与 $+1$ 的个数 $n-k$ 相等.因此 $n=2k$.

$y_1z_1,y_2z_2,\cdots,y_nz_n$ 这 n 个 ±1 中,也有一半即 k 个为 -1,一半即 k 个为 $+1$.

$z_1x_1,z_2x_2,\cdots,z_nx_n$ 中也是 k 个为 -1,k 个为 $+1$.

将这 $3n$ 个 ±1 乘起来,得

$$\begin{aligned}(-1)^{3k}&=(x_1y_1)(x_2y_2)\cdots(x_ny_n)(y_1z_1)(y_2z_2)\cdots(y_nz_n)(z_1x_1)(z_2x_2)\cdots(z_nx_n)\\&=(x_1x_2\cdots x_ny_1y_2\cdots y_nz_1z_2\cdots z_n)^2=1.\end{aligned}$$

从而 $3k$ 为偶数,k 为偶数,$n=2k$ 是 4 的倍数.

注　将 $3n$ 个数 $x_1y_1,x_2y_2,\cdots,z_nx_n$ 全乘起来是一个好主意.

例 5　桌上放着 7 只杯子,杯口全朝上.每次操作翻转 4 只杯子.能否经过若干次操作,使 7 只杯子杯口全朝下?

解　将口向上的杯子记为 0,口向下的杯子记为 1.

开始时,7 只杯子杯口全朝上,所以 7 个数的和为 0,是偶数.

每次操作,改变 4 只杯子所记数的奇偶性(0 变 1,或 1 变 0).因此 7 个数的和改变 4 次奇偶性,从而奇偶性不变.

于是,不论进行多少次操作,7 个数的和始终与原来一样,即仍为偶数.

而杯口全部朝下时,7 个数全为 1,和为奇数.

所以不论进行多少次操作,都不可能使所有杯子杯口全部朝下.

又解　将口向上的杯子记为 1,口向下的杯子记为 -1.

开始时,7 只杯子杯口全朝上,所以 7 个数的积为 1.

每次操作,改变 4 只杯子所记数的正负(1 变 -1,或 -1 变 1).因此 7 个数的积改变 4 次符号,从而仍为 1.

于是,不论进行多少次操作,7 个数的积始终与原来一样,即仍为 1.

而杯口朝下时,7 个数全为 -1,积为 -1.

所以不论进行多少次操作,都不可能使所有杯子杯口全部朝下.

注　两种解法实质一致.

考虑奇偶性，常使许多复杂的问题变得简明，因为整数有无穷多个，而奇、偶只有两类，可用两个数0与1(或1与-1)表示.

3. 自相矛盾

“以子之矛，攻子之盾”是一个脍炙人口的故事.我们常用的反证法就是利用矛盾得出结论.从前面的例子可以看出，奇偶分析正是导致矛盾的好办法.

本节将提供更多的例子.

例1 某国划分为19个省，能否每个省相邻的省数都是1,5或9?

解 不可能.

将每个省作为一个点，两个省相邻，就在相应的点之间连线，得到一个有19个点的图.

在一个图中，称引出奇(偶)数条线的点为奇(偶)顶点.

将各点引出的线的条数相加，其中每条线被算了两次(因为一条线段有两个端点)，所以所得的和是图中线段条数的两倍.当然是一个偶数.

因为和是偶数，所以加数中奇数的个数一定是偶数.即任一个图中，奇顶点的个数都为偶数.

本例中，19个点不能全为奇顶点，因此至少有一个点是偶顶点，即由它引出偶数条线.相应地，有一个省，与它相邻的省数是偶数，不是1,5或9.

例2 能否在平面上画出9条线段，使得每一条线段都恰好与3条线段相交?

解 将每条线段作为一个点，如果两条线段相交，那么就在相应的点之间连一条线.

这样就得到一个有9个点的图，由于图中奇顶点的个数必为偶数，所以9个点中必有一个点不是奇顶点.

相应地，所画的9条线段中必有一条与偶数条线段相交.因此，不可能每条线段都恰好与3条线段相交.

例3 圆周上写了4个1与5个0，每隔1秒钟进行一次如下的操作：如果相邻的两个数不等，就在它们之间写一个0；否则，就在它们之间写一个1.写好9个新数后，擦去原来的9个数.这样进行多次，能否将所有的数都变成相等?

解　如果能进行多次使所有的数都变成相等，那么在第一次出现全部相等时，这9个数全是0(若全是1，则上一次必须全部相等)．因此上次的9个数0和1交错，但这必须总的个数是偶数，而9是奇数．

因此，不可能将所有的数都变成相等．

例4　22个整数的乘积等于1，证明：它们的和不为0．

证明　这些整数的乘积为1，所以只能是$+1$或-1，并且-1的个数是偶数，不是11．

22个整数中，-1的个数不是11，与1的个数不相等，因此和不为0．

例5　蚂蚱在一条直线上来回蹦跳．第一次跳1厘米，第二次跳2厘米，…，第2017次跳2017厘米．证明：第2017次蹦跳后，它不可能回到出发点．

证明　1，2，…，2017中有

$$(2017+1)\div 2=1009$$

个奇数，因此

$$1\pm 2\pm \cdots \pm 2017$$

一定是奇数，不是0，即不可能回到出发点．

注　这只蚂蚱一步能跳20米，真是一只蚂蚱精．

例6　能否将100个连续的自然数依任意顺序写在圆周上，使得圆周上每两个相邻的数的乘积都是平方数？

解　如果能，那么每两个相邻的数a，b的积ab为平方数．设a的质因数分解式中2的指数为$f(a)$，b的质因数分解式中2的指数为$f(b)$，则$f(a)+f(b)$是偶数，即$f(a)$与$f(b)$的奇偶数相同．

由于圆周上每两个相邻的数，质因数分解式中2的指数奇偶性相同，所以每两个数的质因数分解式中，2的指数奇偶性相同．

这100个数中有奇数，质因数分解式中2的指数为0，所以每个数的质因数分解式中，2的指数均为偶数．这100个数中有偶数，偶数的质因数分解式中2的指数不为0，因而至少为2，即这些偶数都是4的倍数．但这是不可能的，因为设a为4的倍数，则$a+2$或$a-2$只是2的倍数，不是4的倍数，而这两个数至少有一个在上述100个连续自然数中，矛盾．

4. 肯定的结果

奇偶分析当然不全是否定，也可得出一些肯定的结果.

例 1 n 名政治家与 n 名教育家围着圆桌坐下，他们中有些人总说假话，有些人总说真话. 已知政治家中说假话的与教育家中说假话的一样多. 现在在座的每一个人都说："我的右邻是教育家."证明：n 是偶数.

证明 每个人都是另一个人(他的左邻)的右邻，所以"右邻"的全体就是 n 名政治家与 n 名教育家. 但现在人人声称右邻是教育家，可见有 n 人说了谎话. 而政治家中说谎的与教育家中说谎的一样多，都是 n 的一半，所以 n 是偶数.

例 2 25 个男生和 25 个女生围成一圈，证明：一定有一个人，他(她)的两侧相邻的都是男生.

证明 依圆圈上顺时针次序将人编为 1～50 号.

不妨设 25 名男生中，号码为奇数的人数不少于 13.

因为 1 到 50 中只有 25 个奇数，所以 13 个号码为奇数的男生中，必有 2 个号码是相邻奇数. 夹在他们之间的人两侧相邻的都是男生.

注 如果设 25 名男生中，号码为偶数的人数不少于 13，则将上述证明中"奇"全改为"偶"即可.

例 3 在坐标平面上任给 5 个整点(横坐标、纵坐标都是整数的点)，证明：其中必有 2 个点，它们的中点也是整点.

证明 考虑奇偶性，5 个已知点的横坐标中，必有 3 个的奇偶性相同.

横坐标奇偶性相同的 3 个点中，又有 2 个点的纵坐标奇偶性相同，这 2 个点的中点是整点. 因为点 (x_1, y_1)，(x_2, y_2) 的中点是 $\left(\frac{x_1+x_2}{2}, \frac{y_1+y_2}{2}\right)$，所以在 x_1 与 x_2 同奇偶，y_1 与 y_2 同奇偶时，$\frac{x_1+x_2}{2}$ 与 $\frac{y_1+y_2}{2}$ 都是整数.

例 4 将一个 17 位数的数字依相反的顺序写出，所得的 17 位数与原 17 位数相加，证明：所得和中至少有一位数字为偶数.

证明　如果和$\overline{a_1a_2\cdots a_{17}}+\overline{a_{17}a_{16}\cdots a_1}$中没有一位数字为偶数，那么个位的 a_{17} 与 a_1 奇偶性不同，a_1+a_{17}是奇数，首位的 a_1+a_{17}也是奇数，并且 a_2+a_{16}不进位，于是将前两位数字与末两位数字去掉，和

$$\overline{a_3a_4\cdots a_{15}}+\overline{a_{15}a_{14}\cdots a_3}$$

的各位数字都是奇数.

同理，$\overline{a_5a_6\cdots a_{13}}+\overline{a_{13}a_{12}\cdots a_5}$，$\overline{a_7a_8a_9a_{10}a_{11}}+\overline{a_{11}a_{10}a_9a_8a_7}$，$a_9+a_9$ 的各位数字都是奇数.

但 $a_9+a_9=2a_9$ 是偶数，它的个位显然是偶数.

矛盾表明，和$\overline{a_1a_2\cdots a_{17}}+\overline{a_{17}a_{16}\cdots a_1}$中至少有一位数字为偶数.

注　本题通过矛盾得出肯定的结论.

例 5　101 枚硬币中有 50 枚假币，每枚假币在重量上与真币相差 1 克. 现有一架带指针的天平，可以显示天平两端所放物品的重量差. 小李取出一枚硬币，希望通过一次称量定出这枚硬币的真假. 他能做到吗?

解　将其余 100 枚硬币分放在天平两边，每边 50 枚. 如果重量差为偶数，那么小李所取的是真币，否则是假币.

理由如下：天平两端重量之和≡天平两端重量之差(mod 2). 如果差为偶数，那么两端重量之和为偶数，两端共有偶数枚假币，因为 50 是偶数，所以取出的是 1 枚真币. 同理，如果差为奇数，那么两端共有奇数枚假币，所以取出的是 1 枚假币.

5. 平　方　数

整数的平方称为平方数.

例 1　求正整数 m，使得 m^2+m+7 是平方数.

解　m^2，$(m+1)^2=m^2+2m+1$，$(m+2)^2=m^2+4m+4$，$(m+3)^2=m^2+6m+9$ 是连续的平方数.

显然

$$m^2<m^2+m+7<m^2+6m+9,$$

因此

$$m^2 + m + 7 = m^2 + 2m + 1 \tag{1}$$

或

$$m^2 + m + 7 = m^2 + 4m + 4. \tag{2}$$

由(1)得出 $m=6$，由(2)得出 $m=1$.

例 2 已知

$$2018^x = y^2 + z^2 + 1,$$

求正整数 x,y,z.

解 这种不定方程的未知数个数多于方程个数.初等的解法通常有三种：分解、估计和同余.

没有平方差之类的公式可用，不易分解.

估计，也难以下手.

因此，应采取同余的方法.以 4 为模，即考虑方程两边除去 4 所得的余数.

如果 $x \geqslant 2$，那么 $2018^x \equiv 0 \pmod 4$，即能被 4 整除.而右边呢？

我们知道偶数的平方 $\equiv 0 \pmod 4$，即能被 4 整除.奇数的平方 $\equiv 1 \pmod 4$，即除以 4 余 1.所以 $y^2+z^2+1 \equiv 3$（若 y,z 均为奇数），2（若 y,z 中恰有一个偶数），1（若 y,z 均为偶数）$\pmod 4$，这与 $2018^x \equiv 0 \pmod 4$ 不符.

所以只能 $x=1$.从而

$$y^2 + z^2 = 2017.$$

因为 $45^2 = 2025 > 2017$，$44^2 = 1936 = 2017 - 9^2$，所以 $y=44, z=9$ 或 $y=9, z=44$ 是解.

不难验证，$(x,y,z) = (1,44,9), (1,9,44)$ 是解.

例 3 求证：$2013^2 + 2013^2 \times 2014^2 + 2014^2$ 是平方数.

证明

$$\begin{aligned}(2013 \times 2014 + 1)^2 &= 2013^2 \times 2014^2 + 2 \times 2013 \times 2014 + 1 \\ &= 2013^2 \times 2014^2 + 2 \times 2013 \times 2014 + (2014 - 2013)^2 \\ &= 2013^2 \times 2014^2 + 2014^2 + 2013^2.\end{aligned}$$

注 一般地，不难验证

$$a^2 + a^2(a+1)^2 + (a+1)^2 = (a(a+1)+1)^2.$$

例 4 证明：有无穷多对正整数 m,n，使得 m^2-4n，m^2-3n 都是平方数.

证明 设

$$m^2 - 4n = (m - 2x)^2, \tag{3}$$

$$m^2 - 3n = (m - 3y)^2, \tag{4}$$

则 $3\times(3)-4\times(4)$,得

$$m=\frac{x^2-3y^2}{x-2y}.$$

取 y 为正整数且 $x=2y+1$,则

$$m=(2y+1)^2-3y^2=y^2+4y+1,$$

代入(4)得

$$n=y(2y^2+5y+2).$$

这样的 m,n 满足要求.事实上,

$$m^2-4n=(y^2-1)^2,\quad m^2-3n=(y^2+y+1)^2.$$

答案并不唯一.取 $m=3(3h^2-1)$,$n=9h(2h-1)(3h-2)$,则

$$m^2-4n=9(h(3h-2)-(2h-1))^2,$$

$$m^2-3n=(3h^2-3h+1)^2.$$

6. 四个平方数的和

本节介绍一个著名的结论:

每个正整数都可以表示成四个平方数的和.

这是拉格朗日(Lagrange,1736—1813)在1770年证明的,后来Jacobi、Dirichlet等人做了简化.

先证明两个引理.

引理1　若 $A=x_1^2+x_2^2+x_3^2+x_4^2$,$B=y_1^2+y_2^2+y_3^2+y_4^2$,$x_i$,$y_i$($1\leqslant i\leqslant 4$)都是整数,则 AB 也可表示成4个整数的平方.

证明

$$AB=(x_1y_1+x_2y_2+x_3y_3+x_4y_4)^2+(x_1y_2-x_2y_1+x_3y_4-x_4y_3)^2$$
$$+(x_1y_3-x_3y_1+x_4y_2-x_2y_4)^2+(x_1y_4-x_4y_1+x_2y_3-x_3y_2)^2.$$

恒等式一旦写出来,就成为显然的,但如何想到上面的恒等式却不容易.如果知道二阶复矩阵的乘法或四元数(参见第5章第20节),就清楚这个恒等式的来源了.

引理 2 设 p 为素数,则一定存在整数 x,y,使得 x^2+y^2+1 被 p 整除.

证明 $p=2$ 时,显然成立.

设 p 为奇素数,则 $0^2,1^2,2^2,\cdots,\left(\frac{p-1}{2}\right)^2$ 这 $\frac{p+1}{2}$ 个数 mod p 互不同余.理由是:$0\leqslant i<j\leqslant\frac{p-1}{2}$ 时,

$$j^2-i^2=(j+i)(j-i),$$

$$0<j-i\leqslant j+i<\frac{p-1}{2}\times 2=p-1,$$

所以 $j-i,j+i$ 都不被 p 整除,从而 j^2-i^2 不被 p 整除.

同理,$1+0^2,1+1^2,\cdots,1+\left(\frac{p-1}{2}\right)^2$ 这 $\frac{p+1}{2}$ 个数 mod p 互不同余.

$0,-1^2,-2^2,\cdots,-\left(\frac{p-1}{2}\right)^2$ 与 $1+0^2,1+1^2,\cdots,1+\left(\frac{p-1}{2}\right)^2$ 这 $p+1$ 个数 mod p 至少有两个数同余(因为 $p+1>p$).前 $\frac{p+1}{2}$ 个数互不同余,后 $\frac{p+1}{2}$ 个数也互不同余,所以必有某个 x 与 $y\left(x,y\in\left\{0,1,\cdots,\frac{p-1}{2}\right\}\right)$ 满足

$$-x^2\equiv 1+y^2 \pmod p,$$

即 $1+x^2+y^2$ 被 p 整除.

由引理 2 知存在整数 x_i,$0\leqslant x_i<\frac{p}{2}(1\leqslant i\leqslant 4)$,满足

$$x_1^2+x_2^2+x_3^2+x_4^2=mp, \tag{1}$$

其中 m 为正整数.

因为 $x_1^2+x_2^2+x_3^2+x_4^2<4\times\left(\frac{p}{2}\right)^2=p^2$,所以 $m<p$.取 y_i 满足

$$-\frac{m}{2}<y_i\leqslant\frac{m}{2}\quad(1\leqslant i\leqslant 4),$$

$$y_i\equiv x_i \pmod m, \tag{2}$$

则由(1)得

$$y_1^2+y_2^2+y_3^2+y_4^2\equiv x_1^2+x_2^2+x_3^2+x_4^2\equiv 0 \pmod m,$$

即有

$$y_1^2+y_2^2+y_3^2+y_4^2=rm, \tag{3}$$

其中

$$rm \leqslant 4 \times \frac{m^2}{4} = m^2,$$

所以

$$r \leqslant m.$$

若 $r=0$,则 $y_1=y_2=y_3=y_4=0$.由(2)、(3)得

$$mp \equiv 0 \pmod{m^2}, \tag{4}$$

从而 $m \mid p$,这不可能.

若 $r=m$,则 $y_1=y_2=y_3=y_4=\frac{m}{2}$,$x_i^2 \equiv \frac{m^2}{4} \pmod{m^2}$($1 \leqslant i \leqslant 4$),同样得(4),仍矛盾.

于是 $1 \leqslant r < m$.

由(1)、(3)得

$$m^2 rp = z_1^2 + z_2^2 + z_3^2 + z_4^2, \tag{5}$$

其中

$$z_1 = x_1 y_1 + x_2 y_2 + x_3 y_3 + x_4 y_4 \equiv x_1^2 + x_2^2 + x_3^2 + x_4^2 \pmod{m},$$

$$z_1^2 \equiv (x_1^2 + x_2^2 + x_3^2 + x_4^2)^2 = (mp)^2 \equiv 0 \pmod{m^2}.$$

z_2, z_3, z_4 的表达式见引理 1,同样有

$$z_2^2 \equiv z_3^2 \equiv z_4^2 \pmod{m^2}.$$

于是由(5)得

$$rp = u_1^2 + u_2^2 + u_3^2 + u_4^2,$$

其中 u_1, u_2, u_3, u_4 为整数.

若 $r \neq 1$,则用 r 代替上面的 m,经过同样过程得到

$$sp = v_1^2 + v_2^2 + v_3^2 + v_4^2,$$

其中 v_1, v_2, v_3, v_4, s 均为整数且 $1 \leqslant s < r$.

如此继续下去,$m > r > s > \cdots$,直至出现 p 为四个平方数的和.

这种证法称为无穷递降法,实质即最小数原理或归纳法.

将一个正整数表示为四个平方数的和,有多少种方法?什么样的正整数可表示为三个平方数的和,有多少种方法?什么样的正整数可表示为两个平方数的和,有多少种方法?对于此类问题,在华罗庚先生的《数论导引》第 8 章中均有公式与阐述.

7. 立 方 数

本节讨论几个与立方有关的问题.

例1 求出所有的正整数 a,b,c,d,使得

$$2019^a = b^3 + c^3 + d^3 - 5. \tag{1}$$

解 $a=1$ 时,

$$b^3 + c^3 + d^3 = 2024. \tag{2}$$

注意到 $13^3=2197,12^3=1728,11^3=1331,10^3=1000,9^3=729,8^3=512$.不妨设 $b\geqslant c\geqslant d$,经检验,只有

$$b^3 = 1000, \quad c^3 = d^3 = 512$$

适合(2).

$a\geqslant 2$ 时,

$$b^3 + c^3 + d^3 \equiv 5 \pmod 9.$$

而

$$b^3 \equiv 0, \pm 1 \pmod 9,$$

c^3,d^3 也是如此,从而

$$b^3 + c^3 + d^3 \equiv 0, \pm 1, \pm 2, \pm 3 \not\equiv 5 \pmod 9.$$

于是 $a\geqslant 2$ 时,(1)无解.

因此,(1)的解只有$(a,b,c,d)=(1,10,8,8),(1,8,10,8),(1,8,8,10)$.

注 本题 $a\geqslant 2$ 时,mod 3 不会导致矛盾.mod 9 有足够多的剩余类(9 个),而 $b^3\equiv 0,\pm 1 \pmod 9$,$b^3+c^3+d^3$ 只有 7 个剩余类,不同余于± 5.

例2 已知正整数 a,b,c 满足

$$a^3 = (8c + 48)^2, \tag{3}$$

$$b^3 = (27c - 55)^2, \tag{4}$$

求 c 的值.

解 设 $a=x^2,x\in\mathbb{N}$,则由(3)得

$$8c + 48 = x^3.$$

令 $x=2z$，$z\in\mathbb{N}$，从而

$$c+6=z^3. \tag{5}$$

同理，由(4)得

$$27c-55=y^3\quad(y\in\mathbb{N}). \tag{6}$$

由(5)、(6)消去 c 得

$$27z^3-y^3=217=7\times31,$$

即

$$(3z-y)(9z^2+3yz+y^2)=7\times31.$$

由(5)得 $z>1$，所以 $9z^2+3yz+y^2\geqslant9\times2^2>31$，从而

$$\begin{cases}9z^2+3yz+y^2=7\times31,\\3z-y=1.\end{cases}$$

消去 y，得

$$27z^2-9z-216=0,$$

解得

$$z=3(\text{只取正值}).$$

从而

$$c=z^3-6=21,\quad a=36,\quad b=64.$$

例3　什么样的三位数 $\overline{abc}$ 等于它的数字的立方和？

解　本题需要枚举，较繁琐(但不难)．

我们的办法是按照首位数字分类讨论．注意到 $9^3=729$，$8^3=512$，$7^3=343$，$6^3=216$，$5^3=125$，$4^3=64$，$3^3=27$，$2^3=8$，$1^3=1$，$0^3=0$．

(ⅰ) $a=9$．

因为 $343+729>1000$，所以其他数字均小于7．

① b，c 中有一个为6，这时

$$729+216=945>1000-64,$$

所以剩下一个数字 $\in\{3.2,1,0\}$，但均不合要求．

② $b=c=5$，这时

$$729+125+125=979,$$

不合要求．

③ b，c 中一个为5，一个为4，这时

$$729+125+64=918,$$

不合要求．

④ b,c 均小于5,这时

$$729 + 64 \times 2 < 900,$$

不合要求.

（ⅱ）$a=8$.

因为 $512+512>1000$,$512+343+343>1000$,$512+125+125<800$,所以 b,c 均小于8,并且至少有一个大于5,至多有一个为7.

① b,c 中有一个为7,这时

$$512 + 343 = 855.$$

但再加任一个小于64的立方数,都不能产生数字7,不合要求.

② b,c 中没有7,但有一个为6,这时

$$512 + 216 = 728.$$

要使首位为8,只有加上 $5^3=125$,即 $728+125=853$,但其中无数字6,不合要求.

（ⅲ）$a=7$.

要使首位为7,因

$$343 + 343 + 125 > 800,$$

故只有

$$343 + 216 + 216 = 775,$$

而775并无数字6,不合要求.

（ⅳ）$a=6$.

要使首位为6,只有

$$216 + 343 + 125 = 684$$

或

$$216 + 216 + 216 = 648.$$

两者均不合要求.

（ⅴ）$a=5$.

要使首位为5,只有

$$125 + 343 + 125 = 593$$

或

$$125 + 216 + 216 = 557.$$

两者均不合要求.

（ⅵ）$a=4$.

要使首位为4,只有

$$343+64+t^3=407+t^3,\quad t\in\{0,1,2,3,4\}$$

或

$$216+216+64=496.$$

后者不合要求(496有9且只有一个6),前者应取 $t=0$(这时才有数字7),407是一个解.

(ⅶ) $a=3$.

要使首位为3,只有

$$343+27+t^3=370+t^3,\quad t\in\{0,1,2,3\}$$

或

$$216+125+27=368.$$

后者不合要求,前者应取 $t=0$ 与1,370与371是两个解.

(ⅷ) $a=2$.

要使首位为2,只有

$$216+8+t^3=224+t^3,\quad t\in\{0,1,2,3,4\}$$

或

$$125+125+8=258.$$

两者均不合要求.

(ⅸ) $a=1$.

要使首位为1,只有

$$125+1+t^3=126+t^3,\quad t\in\{0,1,2,3,4\}$$

或

$$64+64+1=129.$$

后者不合要求,前者应取 $t=3$,153是一个解.

本题的解为407,370,371,153.

练 习 4

1. 五个连续偶数的和比这五个数中最大的大44,这五个连续偶数的和是多少?

2. 设 $a_1,a_2,\cdots,a_{2015}$ 是1,2,…,2015的一个排列.证明:$(a_1-1)(a_2-2)\cdots(a_{2015}-2015)$ 必为偶数.

3. n 个数 $x_1,x_2,\cdots,x_n$ 都是 $+1$ 或 -1,并且

$$x_1x_2+x_2x_3+\cdots+x_{n-1}x_n+x_nx_1=0.$$

证明：n 是 4 的倍数.

4. 证明：在本章第 2 节例 2 中，如果开始的 3 个数都是 3，那么可经有限次操作得到 17，1999，2015.

5. 如图 4.3 所示，图(a)中每个数均等于它肩上的两个数的差，图(b)也是如此，并且最下面的一个数为 3，问图(b)最上面的 4 个数能否为 10，8，7，1(顺序任意)？

图 4.3

6. 将 10000 个 3 的幂(指数都是自然数)相加，所得和能否是 33^{33}？

7. 三只蚂蚱在一条直线上跳来跳去，每次一只蚂蚱跳过另一只蚂蚱(但绝不一次跳过两只蚂蚱). 试问能否经过 2015 次跳动后，各自回到原来位置？

8. 在线段 AB 所在的直线上取 2015 个点，它们都在线段 AB 外. 证明：这些点到点 A 的距离的和不等于这些点到点 B 的距离的和.

9. 已知正整数 n 的数字和为 100，而 $5n$ 的数字和为 50. 证明：n 为偶数，n 的首位数字也为偶数.

10. 已知 n^2+5n+1 是平方数，求整数 n.

11. 已知 $\overline{aabb}$ 是平方数，求 $a+b$.

12. 若 a,b,c 是勾股数，则 $a-1,b-1,c-1$ 能否都是平方数？

13. 求整数 a,b，使 a^2+2b,b^2+2a 均为平方数.

解　答　4

1. 设五个连续偶数中第 3 个数为 t，则五个数的和为 $5t$. 由题意得 $5t=(t+4)+44$，所以 $t=12$，从而 $5t=60$.

2. 1，2，…，2015 中的偶数比奇数少一个，所以 $a_1,a_3,\cdots,a_{2015}$ 中必有一个是奇数，从而 $a_1-1,a_3-3,\cdots,a_{2015}-2015$ 中必有一个是偶数，故 $(a_1-1)(a_2-2)\cdots(a_{2015}-2015)$ 必为偶数.

3. $x_1x_2, x_2x_3, \cdots, x_nx_1$ 都是 $+1$ 或 -1,设其中有 k 个 -1,则 $+1$ 也有 k 个(这样和才为0),所以 $n=2k$.又这 n 个数的积为

$$(-1)^k = (x_1x_2)(x_2x_3)\cdots(x_nx_1) = (x_1x_2\cdots x_n)^2 = 1,$$

所以 k 为偶数,n 是4的倍数.

4. 操作过程如下:

3,3,3→3,3,5→3,7,5→3,7,9→3,11,9→3,11,13→3,15,13→3,15,17→31,15,17→31,47,17→63,47,17→63,79,17→⋯→$32k+31, 32k+15, 17$→$32k+31, 32k+47, 17$→$32(k+1)+31, 32(k+1)+15, 17$→⋯→$1983, 15+62\times32, 17$→2015,1999,17.

5. 因为3是奇数,所以它上面一行(第3行)的两个数一奇一偶.不妨设奇数在左,偶数在右.第2行有2种可能,如图4.4所示.

图4.4

图(a)再往上写一行,应当是奇、偶、偶、偶或偶、奇、奇、奇.图(b)再往上写一行,应当是奇、奇、偶、奇或偶、偶、奇、偶.总之,偶数或奇数有3个,不可能为10,8,7,1.

6. 3的幂都是奇数,10000个奇数的和是偶数,不可能等于奇数 33^{33}.

7. 记3只蚂蚱为 A, B, C.将蚂蚱从左到右的顺序 ABC, BCA, CAB 称为好顺序,而 ACB, BAC, CBA 称为坏顺序.每次跳动,将好顺序变为坏顺序,或者将坏顺序变为好顺序.2015是奇数,经过2015次跳动后,顺序的好、坏正好与开始时相反,所以经过2015次跳动后,不能各自回到原来位置.

8. 所取的每一个点到 A 的距离减去到 B 的距离,等于 $\pm AB$.

因此,2015个所取的点到 A 的距离的和减去到 B 的距离的和,也就是2015个 AB 相加减,结果是 AB 的奇数倍,不为0.

又证 AB 左边的一个点 C 与 AB 右边的一个点 D,它们到 A 点的距离的和即 CD,它们到 B 点的距离的和也是 CD.去掉这一对后,再在 AB 的两边各取一个点 E, F,它们到 A 点的距离的和(即 EF)等于它们到 B 点的距离的和.这样将两边的点一对一对地去掉.由于2015是奇数,所以最后必有一边的点已经用完,而另一边仍有点剩下.如果 AB 右边有点剩下,那么这2015个点到 A 的距离的和大于它们到 B 的距离的和.如果 AB 左边有点剩下,结论正好相反.

9. 设 $n=\overline{a_1a_2\cdots a_k}$.我们证明数字 $a_1, a_2, \cdots, a_k$ 均为偶数.事实上,在所有 $a_i=$

$2t_i(t_i=0,1,2,3,4)$时，$5n=\overline{t_1t_2\cdots t_k0}$，数字和 $S(5n)=\frac{1}{2}S(n)$.

而在某个 $a_i=2t_i+1$ 时，$5n$ 的数字和即增加 5，$S(5n)=5m+t_1+t_2+\cdots+t_k$（$m$ 为 a_i 中的奇数个数）$>(m+2(t_1+t_2+\cdots+t_k))\times\frac{1}{2}=\frac{1}{2}S(n)$.

现在 $S(5n)=50=\frac{1}{2}S(n)$，所以一切 $a_1,a_2,\cdots,a_k$ 都是偶数.

10. n 为正整数时，$(n+1)^2<n^2+5n+1<(n+3)^2$，所以

$$n^2+5n+1=(n+2)^2=n^2+4n+4,$$
$$n=3.$$

$n=0$ 时，$n^2+5n+1=1$ 是平方数.

n 为负整数时，令 $m=-n$，则 m 为正整数，且

$$n^2+5n+1=m^2-5m+1.$$

若 $m\leqslant4$，则 $m^2-5m+1<0$. 若 $m=5$（即 $n=-5$），则 $m^2-5m+1=1$ 是平方数. 若 $m>5$，令 $k=m-5$，则

$$m^2-5m+1=k(k+5)+1=k^2+5k+1.$$

由前面结果知 $k-3,m=8,n=-8$.

因此，整数 n 可为 $3,0,-5,-8$.

11. $\overline{aabb}=11\times\overline{a0b}$是平方数，所以 $a+b$ 被 11 整除，从而 $a+b=11$.

$\overline{a0b}=11\times\overline{(a-1)b}$，$a-1+b=11-1=10$，并且$\overline{(a-1)b}$为平方数，所以 $a-1=6,b=4,a=7$. $\overline{aabb}=7744=88^2$.

12. 不能. 设 $a^2+b^2=c^2$，则 a,b 中至少有一个为偶数. 不妨设 a 为偶数.

若 $a\equiv0\pmod 4$，则 $a-1\equiv3\pmod 4$，$a-1$ 不是平方数.

若 $a\equiv2\pmod 4$，$b\equiv\pm1\pmod 4$，则 $a^2+b^2\equiv5\not\equiv c^2\pmod 8$.

若 $a\equiv2\pmod 4$，$b\equiv0,2\pmod 4$，则 $c^2\equiv0\pmod 8$，$c\equiv0\pmod 4$，$c-1$ 不是平方数.

13. $(a,b)=(2k^2,0)$或$(0,2k^2)$$(k\in\mathbb{Z})$均符合要求.

不妨设 $a\geqslant b$.

若 $b>0$，则 $a^2<a^2+2b<(a+1)^2$，a^2+2b 不是平方数.

若 $b=0$，则必须 $2a$ 是平方数，即 $a=2k^2$.

若 $b<0<a$ 且$a\leqslant-b$，则 $b^2<b^2+2a<(b-1)^2$，b^2+2a 不是平方数.

若 $b<0<a$ 且$a>-b$，则$(a-1)^2<a^2+2b<a^2$，a^2+2b 不是平方数.

若 $b<0=a$，则 $a^2+2b=2b<0$ 不是平方数.

若 $a<0$，则$(b+1)^2<b^2+2a<b^2$，b^2+2a 不是平方数.

因此，只有开始所说的那些解.

第 5 章 发现新天地

数学迅速发展.

发现新天地，不断地发现新天地.

以数而论，由自然数而整数，而分数(有理数)，而无理数，乃至实数、复数、四元数等各种运算系统，一直不停地发现、发展.

想象力是翅膀.

数学像是一只长了双翼的飞虎在飞翔，飞向远方，飞向新的天地!

1. 分数与有理数一样吗

人们发现了自然数.自然数中可以进行加法与乘法运算.

加法的逆运算——减法,在自然数中进行时有限制条件,即被减数必须大于减数.若扩大数的范围,由自然数扩大到整数,则上述限制取消,减法可以畅通无阻地进行.

乘法的逆运算——除法,在整数中进行时有更多的限制条件,除了除数不能为零外,在整数范围内,只有整除时才能进行除法.但大多数情况下都是不能整除的,所以为了使除法能畅通无阻,就得引进分数.

设 m,n 是两个整数,$n\neq0$,我们将 $m\div n$ 的结果记为$\frac{m}{n}$(或有序数对(m,n)).

形如$\frac{m}{n}$(m,n 为整数,$n\neq0$)的数就称为分数,其中 m 称为分子,n 称为分母.

分数就是有理数,有理数就是分数.

有理数,英文是 rational number,其实应译为可比的数(或有公度的数),这里的"ratio"就是比$\left(m,n\text{ 是自然数时},\frac{m}{n}\text{就是}m\text{ 与 }n\text{ 的比}\right)$,不应当将 ratio 与 n 合在一起,组成 ration,即"理".但有理数这一说法已有多年历史,无法纠正了.或许称这种数为分数更合适一些.

在 $n=1$ 时,分数$\frac{m}{n}=m$ 就是整数.在 m 能被 n 整除时,设 $m=qn$,则$\frac{m}{n}=q$ 也是整数.所以整数可以看成特殊的分数,即分子被分母整除的分数.

分数可以像前面引进负数一样,将它作为有序数对(m,n)处理,而且在 $bm=an$ 时,称(m,n)与(a,b)"相似"(n,b 都不为 0).不过我们不想再花篇幅来严格建立分数的理论,因为有关结论(例如通分约分、加减乘除等)大家均已熟知.

分数的基本性质 分数的分子、分母可以同时乘以或除以一个不等于零的数,分数的值不变.(这其实就是将(m,n)按相似关系分为等价类后,任取类中一个数充当类的代表.)

根据这一基本性质,我们可以约分,即将分子、分母的公约数约去.如约去的是最大公约数，则约分后分子、分母互质，这样的分数称为既约分数.

分数$\frac{a}{b}$与$\frac{c}{d}$的加、减、乘、除按如下进行：

$$\frac{a}{b} \pm \frac{c}{d} = \frac{ad \pm bc}{bd},$$

$$\frac{a}{b} \cdot \frac{c}{d} = \frac{ac}{bd},$$

$$\frac{a}{b} \div \frac{c}{d} = \frac{a}{b} \cdot \frac{d}{c} = \frac{ad}{bc}.$$

这些都是大家熟悉的，而且只有这样定义，才能使熟知的定律，如交换律、结合律、分配律等全都成立，不产生矛盾.

全体有理数的集合记为$\mathbb{Q}$或**Q**.

显然整数系$\mathbb{Z}$是$\mathbb{Q}$的真子集，即$\mathbb{Z} \subset \mathbb{Q}$.

整数是离散的，每两个相邻整数之间的距离为1.如果将它们画在数轴上，如图5.1所示，好像电线杆，每两根之间的距离至少为1.

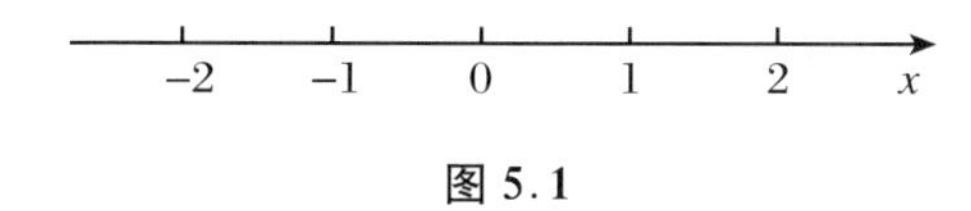

图5.1

有理数就不同了.有理数是稠密的，在0，1之间就有无穷多个有理数：

$$\cdots,\frac{1}{4},\frac{1}{3},\frac{1}{2},\frac{2}{3},\frac{3}{4},\frac{4}{5},\cdots.$$

例1　证明：每两个有理数r_1，r_2之间必有一个有理数，从而每两个有理数之间有无穷多个有理数.

解　$\frac{1}{2}(r_1+r_2)$在r_1，r_2之间，如果在数轴上，点A表示r_1，点B表示r_2，那么$\frac{1}{2}(r_1+r_2)$就是线段AB的中点.

r_1，r_3之间又有有理数r_4（当然r_4也在r_1，r_2之间），r_1，r_4之间有有理数r_5，…，如此继续下去，r_1，r_2之间有无穷多个有理数.

例2　设m，n为整数，$m<n$，则分数$\frac{m+1}{n+1}$与$\frac{m}{n}$哪个大？

解　$\frac{m}{n}$可理解为n个人分m千克糖，因为$m<n$，即“僧多粥少”，所以每人分不到1千克糖.

现在有1个人带了1千克糖来，将糖加入总的糖中，然后$n+1$个人再分.由于$1>$

$\frac{m}{n}$,所以这时每个人分得的糖应当比原先每个人分得的糖多.

同理,对任意正整数 a,如果 $m<n$,那么$\frac{m}{n}<\frac{m+a}{n+a}$.

思考 如果 $m>n$,那么$\frac{m}{n}$与$\frac{m+1}{n+1}$谁大?

例 3 设 x 是若干有理数的平方和,y 也是若干有理数的平方和(个数不一定相同).证明:

(ⅰ) $x+y$ 是若干有理数的平方和.

(ⅱ) xy 是若干有理数的平方和.

(ⅲ) 若 $y\neq 0$,则$\frac{x}{y}$是若干有理数的平方和.

(ⅳ) 若 $x>y$,则 $x-y$ 是若干有理数的平方和.

证明 设 $x=a_1^2+a_2^2+\cdots+a_m^2$, $y=b_1^2+b_2^2+\cdots+b_n^2$,其中 $a_i(1\leqslant i\leqslant m)$, $b_j(1\leqslant j\leqslant n)$都是有理数,则:

(ⅰ) $x+y=a_1^2+a_2^2+\cdots+a_m^2+b_1^2+b_2^2+\cdots+b_n^2$.

(ⅱ)
$$\begin{aligned}xy&=(a_1^2+a_2^2+\cdots+a_m^2)(b_1^2+b_2^2+\cdots+b_n^2).\\&=a_1^2b_1^2+a_1^2b_2^2+\cdots+a_1^2b_n^2+a_2^2b_1^2+a_2^2b_2^2+\cdots+a_2^2b_n^2\\&\quad+\cdots+a_m^2b_1^2+a_m^2b_2^2+\cdots+a_m^2b_n^2.\end{aligned}$$

(ⅲ)
$$\begin{aligned}\frac{x}{y}&=\frac{xy}{y^2}=\frac{1}{y^2}(a_1^2+a_2^2+\cdots+a_m^2)(b_1^2+b_2^2+\cdots+b_n^2)\\&=\frac{a_1^2b_1^2}{y^2}+\frac{a_1^2b_2^2}{y^2}+\cdots+\frac{a_1^2b_n^2}{y^2}+\cdots+\frac{a_m^2b_1^2}{y^2}+\frac{a_m^2b_2^2}{y^2}+\cdots+\frac{a_m^2b_n^2}{y^2}.\end{aligned}$$

(ⅳ) 令 $x-y=r>0$.

r 是正有理数,设 $r=\frac{p}{q}$,则

$$x-y=r=\frac{pq}{q^2}=\frac{1}{q^2}+\frac{1}{q^2}+\cdots+\frac{1}{q^2}\left(pq\text{ 个}\frac{1}{q^2}\right).$$

实际上,每一个非负的有理数都是若干有理数的平方和.

2. 分数与小数

如果 m 不能被 $n(\neq 0)$ 整除，那么就写成 $\frac{m}{n}$ 的形式，不去实施除法，这就产生了分数.

但我们也可以实施除法，不断地除下去.

由带余除法，设 $m = qn + r$，其中 q，r 为非负整数，且 $r < n$，则

$$\frac{m}{n} = q + \frac{r}{n}.$$

如果再继续除下去，即将 r 扩大10倍后再除，则

$$10r = q_1 n + r_1,$$

其中 q_1，r_1 为非负整数，且 $r_1 < n$，故有

$$\frac{10r}{n} = q_1 + \frac{r_1}{n},$$

从而

$$\frac{m}{n} = q.q_1 + \frac{r_1}{10n}.$$

这就将分数 $\frac{m}{n}$ 逐步化为了小数 $q.q_1\cdots$.

例1　将 $\frac{1}{16}$ 化为小数.

解　$\frac{1}{16} = 0.0625$，算式如下：

$$\begin{array}{r}
0.0625\\
16\,\overline{)\,100}\\
\underline{96}\\
40\\
\underline{32}\\
80\\
\underline{80}\\
0
\end{array}$$

过去，我国的计量单位 1 斤 = 16 两，反过来的话，即 1 两 = 0.0625 斤.

有人还将 1,2,…,15 两化为斤的结果编成口诀.现在采用公制，这种计量单位业已废弃.

例 2 将$\frac{1}{7}$化为小数.

解 $\frac{1}{7}=0.\dot{1}4285\dot{7}$，算式如下：

```
      0.142857…
  7 ) 10
       7
      ——
       30
       28
      ——
        20
        14
       ——
         60
         56
        ——
          40
          35
         ——
           50
           49
          ——
            1
```

余数永不为 0 时，除法将无限地进行下去.但由于余数一定小于除数 n（现在 $n=7$），所以有限次除法（至多 $n-1$ 次）后必出现重复的余数，这时就出现循环的情况.在本题中，142857 将循环出现，称为**循环节**，用在第一个循环节的首末两个数字上方各加一个小点表示.

由以上两例可知，分数一定可以化为有限小数或无限循环小数.

反之，任一有限小数，如 0.0625，都可化为分数：

$$0.0625=\frac{625}{10000}=\frac{1}{16}.$$

由此可见，如果$\frac{a}{b}$可化为 n 位有限小数，那么 b 一定是 10^n 的约数，即 $b=2^\alpha\cdot 5^\beta$，α,β 中较大的就是 n（例 1 中，$16=2^4$）.

无限循环小数也可化为分数.

例如，设 $x=0.\dot{1}4285\dot{7}$，则

$$10^6x=142857.\dot{1}4285\dot{7}=142857+x,$$

所以

$$(10^6-1)x=142857,$$

解得

$$x = \frac{142857}{999999} = \frac{1}{7}.$$

由此可见，**纯循环小数**（循环节从小数第一位开始）化为分数时，分母是99…9，其中9的个数与循环节的长度相同（可以约分时当然还要约分）．而且循环节的长度 t 就是使得 10^t-1 被 b 整除的最小的 t．这也就是第9章第1节所说的 $10(\bmod b)$ 的阶．

例3　将 $0.032\dot{1}5\dot{8}$ 化为分数．

解　设 $x=0.032\dot{1}5\dot{8}$，则

$$10^3 x = 32 + 0.\dot{1}5\dot{8} = 32 + \frac{158}{999},$$

解得

$$x = \frac{1}{10^3}\left(32 + \frac{158}{999}\right) = \frac{32 \times 999 + 158}{999000} = \frac{32158 - 32}{999000} = \frac{16063}{499500}.$$

由此可见，混循环小数化为分数时，分母是99…900…0，其中9的个数与循环节的长度相同，0的个数与不循环部分的长度相同；分子是第二个循环节前形成的数（本题是32158）减去不循环部分形成的数（本题是32）．

3. $0.\dot{9}=?$

甲：$0.\dot{9}=?$

乙：$0.\dot{9}$ 的循环节为9，长度为1，根据上节所说，化成分数应为

$$\frac{9}{9} = 1.$$

甲：我总觉得 $0.\dot{9}$ 比1小一点．

乙：如果令 $c=1-0.\dot{9}$，那么这个差满足

$$c < 1 - 0.9 = 0.1,$$
$$c < 1 - 0.99 = 0.01,$$
$$\cdots,$$

$$0 < 1 - 0.\underbrace{99\cdots9}_{k\text{个}9} = 0.\underbrace{00\cdots01}_{k-1\text{个}0} \quad (k = 1,2,3,\cdots). \tag{1}$$

甲：这能证明 $c=0$ 吗？

乙：如果 c 不是 0，它应当是什么样的小数？

甲：如果 $c\neq 0$，那么设它的小数表示中第一个不为 0 的数字为 d，出现在小数点后第 h 位，则

$$d \geqslant 1, \quad c > 0.\underbrace{0\cdots0}_{h-1\text{个}0}1. \tag{2}$$

哦，在 $k>h$ 时，(1)与(2)矛盾，所以 c 必须为 0，即 $0.\dot{9}=1$.

师：0.1，0.01，…，0.00…01，…这个数列是递减的，而且在项数增大时，各项的绝对值可以任意小，即比任意给出的值还要小. 例如对于 10^{-100}，在项数

$$k > 101$$

时，

$$0.\underbrace{0\cdots0}_{k-1\text{个}0}1 < 10^{-100}.$$

这样的数列称为无穷小.

称 0 为无穷小的极限，即无穷小趋向于 0. 在项数充分大时，各项与极限 0 的差的绝对值可以任意小.

如果有一个数列 $a_1, a_2, \cdots$ 及一个固定的数 A，差 $A - a_n$ 是无穷小，那么就称 A 为 $a_1, a_2, \cdots$ 的极限，即数列 $\{a_n\}$ 趋向于 A.

例如 0.9，0.99，0.999，…趋向于 1，1 是 0.9，0.99，…的极限，而 $0.\dot{9}$ 也是这个数列的极限，$0.\dot{9}$ 就是 1.

极限是微积分中最重要的概念之一.

4. 单位分数

单位分数，就是分子为 1、分母为正整数的分数，例如 $\frac{1}{2}$，$\frac{1}{3}$，…，也叫作埃及分数.

例 1 将 $\frac{5}{12}$ 写成两个单位分数之和(前一个较大)，有几种写法？

解　$\frac{5}{12}=\frac{1}{3}+\frac{1}{12}=\frac{1}{4}+\frac{1}{6}$.

只有这两种写法.因为

$$\frac{5}{12}=\frac{1}{a}+\frac{1}{b}\quad(a\leqslant b)$$

时,

$$\frac{2}{a}\geqslant\frac{1}{a}+\frac{1}{b}=\frac{5}{12},$$

所以

$$a\leqslant\frac{2\times 12}{5},$$

故 $a\leqslant 4$.

又$\frac{1}{2}>\frac{5}{12}>\frac{1}{a}$,$a>2$,所以 $a=3,4$,即只有上述两种.

例 2　举出一个既约分数$\frac{n}{m}$,它有三种方式表示成

$$\frac{n}{m}=\frac{1}{x}+\frac{1}{y}\quad(x<y).$$

解　答案不唯一,例如

$$\frac{4}{15}=\frac{1}{4}+\frac{1}{60}=\frac{1}{5}+\frac{1}{15}=\frac{1}{6}+\frac{1}{10}.$$

尝试的方法是希望$\frac{1}{x}$可以为$\frac{1}{4},\frac{1}{5},\frac{1}{6}$.而

$$\frac{1}{6}+\frac{1}{7}=\frac{13}{42},$$

$$\frac{13}{42}-\frac{1}{5}=\frac{23}{210},$$

不是单位分数.$\frac{1}{6}+\frac{1}{8}$,$\frac{1}{6}+\frac{1}{9}$也不合要求.但

$$\frac{1}{6}+\frac{1}{10}=\frac{4}{15},$$

合乎要求.

亦可参看下题.

例 3　证明:对任意正整数 k,存在既约分数$\frac{n}{m}$,它恰好有 k 种不同的方式写成

$$\frac{n}{m}=\frac{1}{x}+\frac{1}{y}\quad(x<y).\tag{1}$$

证明 考虑 $n=1$ 的情况，这时必有 $x>m$，$y>m$.

设 $x=m+a$，$y=m+b$，$a<b$，则由(1)得

$$\frac{1}{m}=\frac{1}{m+a}+\frac{1}{m+b}.$$

两边同时乘以 $m(m+a)(m+b)$，去分母并化简得

$$m^2=ab. \tag{2}$$

于是 a(同样 b)为 m^2 的约数. 但 $a<m\left(\frac{1}{2m}+\frac{1}{2m}=\frac{1}{m}\text{不符合}x<y\text{的要求}\right)$.

设 $d(m^2)$ 为 m^2 的约数个数，则 a 有$\frac{d(m^2)-1}{2}$种. 例如取 $m=p^k$(p 为质数)，则 m^2 的约数有 $1,p,p^2,\cdots,p^{2k}$ 个，a 可取 $1,p,p^2,\cdots,p^{k-1}$ 这 k 个数，相应地，b 可取 p^{2k}，$p^{2k-1},\cdots,p^{k+1}$ 这 k 个数，它们满足(2). 因此，(1)成立.

例 4 说明例 3 中的$\frac{n}{m}$可以任意小，即对任一给定的 $\varepsilon>0$，存在$\frac{n}{m}<\varepsilon$，而$\frac{n}{m}$恰有 k 种上述表示(这里 ε 当然不是整数).

解 因为质数的个数无穷，所以 p 可以任意大，从而$\frac{n}{m}=\frac{1}{p^k}$可以任意小.

例 5 求出最大的既约分数$\frac{n}{m}$，它至少有 3 种上述的表示，即至少有 3 种不同的方式写成

$$\frac{n}{m}=\frac{1}{x}+\frac{1}{y}\quad(x<y).$$

解 最大值为$\frac{4}{15}$.

一方面，$\frac{4}{15}=\frac{1}{4}+\frac{1}{60}=\frac{1}{5}=\frac{1}{15}=\frac{1}{6}+\frac{1}{10}$.

另一方面，设$\frac{n}{m}>\frac{4}{15}$至少有 3 种表示，即

$$\frac{n}{m}=\frac{1}{x_1}+\frac{1}{y_1}=\frac{1}{x_2}+\frac{1}{y_2}=\frac{1}{x_3}+\frac{1}{y_3},$$

其中 $x_1<y_1$，$x_2<y_2$，$x_3<y_3$，$x_1<x_2<x_3$.

因为$\frac{2}{x_3}>\frac{1}{x_3}+\frac{1}{y_3}>\frac{4}{15}$，所以 $x_3<\frac{15}{2}$，从而 $x_3\leqslant 7$.

$x_3=7$ 时，

$$\frac{1}{y_3}>\frac{4}{15}-\frac{1}{7}=\frac{13}{105}>\frac{1}{9},$$

所以 $y_3=8$. 但$\frac{1}{7}+\frac{1}{8}=\frac{1}{4}+\frac{1}{56}$仅有 2 种表示$\left(\frac{1}{4}+\frac{1}{56}-\frac{1}{5}=\frac{1}{20}+\frac{1}{56}=\frac{14+5}{5\times56}=\frac{19}{5\times56},\right.$ $\left.\frac{1}{4}+\frac{1}{56}-\frac{1}{6}=\frac{1}{12}+\frac{1}{56}=\frac{14+3}{3\times56}=\frac{17}{3\times56}\text{均非单位分数}\right)$,所以 $x_3\leqslant6$.

显然 $x_3\geqslant x_2+1\geqslant x_1+2$. 如果 $x_3\geqslant2x_1$,那么

$$\frac{1}{x_3}+\frac{1}{y_3}<\frac{2}{x_3}\leqslant\frac{1}{x_1},$$

所以 $x_3\leqslant2x_1-1$.

由 $x_1+2\leqslant x_3\leqslant2x_1-1$,得 $x_1\geqslant3$.

$x_1=3$ 时,$x_3=5$,$x_2=4$.

由$\frac{1}{3}+\frac{1}{y_1}=\frac{1}{4}+\frac{1}{y_2}$,得

$$12(y_1-y_2)=y_1y_2, \tag{3}$$

所以 $12>y_2$.

同样,由$\frac{1}{4}+\frac{1}{y_2}=\frac{1}{5}+\frac{1}{y_3}$,得

$$20(y_2-y_3)=y_2y_3, \tag{4}$$

于是 $5\mid y_2$ 或 $5\mid y_3$.

若 $5\mid y_2$,则 $y_2=5$ 或 10,(3)即

$$y_1(12-y_2)=12y_2,$$

此式在 $y_2=5$ 时不成立($7\nmid 60$).

同样,(4)即

$$y_3(20+y_2)=20y_2,$$

此式在 $y_2=10$ 时不成立.

于是,只可能 $5\mid y_3$,$y_2>y_3=5$ 或 10.

若 $y_3=5$,(4)即

$$y_2(20-y_3)=20y_3,$$

不成立($3\nmid 20y_3$).

若 $y_3=10$,则 $y_2=20>12$,同样产生矛盾.

剩下 $x_1=4$,$x_2=5$,$x_3=6$ 的情况,与前面类似,有

$$20(y_1-y_2)=y_1y_2, \tag{5}$$

$$30(y_2-y_3)=y_2y_3. \tag{6}$$

若 $5\mid y_2$,则由

$$\frac{1}{y_2}>\frac{4}{15}-\frac{1}{5}=\frac{1}{15},$$

得 $y_2\leqslant 14, y_2=5$ 或 10. 而(5)即

$$y_1(20-y_2)=20y_2,$$

在 $y_2=5$ 时不成立. 同样,(6)即

$$y_3(30+y_2)=30y_2,$$

在 $y_2=10$ 时不成立.

若 $5\nmid y_2$,则由(6)知 $5\mid y_3$. 由

$$\frac{1}{y_3}>\frac{4}{15}-\frac{1}{6}=\frac{1}{10},$$

得 $y_3=5$,这与 $y_3>x_3=6$ 矛盾.

因此,最大值为$\frac{4}{15}$.

以上解法参考了严文兰与余红兵的解法.

下面的例 6 与例 3 颇为类似,却又不尽相同.

例 6 求出$\frac{1}{x}+\frac{1}{y}=\frac{1}{z}$的所有正整数解.

解 原方程即

$$z(x+y)=xy.$$

令 $x=kx_1, y=ky_1$,其中 $k=(x,y),(x_1,y_1)=1$,则

$$zk(x_1+y_1)=k^2x_1y_1,$$

即

$$z(x_1+y_1)=kx_1y_1.$$

因为

$$(x_1+y_1,x_1)=(y_1,x_1)=1,$$
$$(x_1+y_1,y_1)=(x_1,y_1)=1,$$

所以

$$(x_1+y_1)\mid k.$$

设 $k=h(x_1+y_1)$,h 为正整数,则

$$z=hx_1y_1.$$

于是方程的全部正整数解为

$$x=h(x_1+y_1)x_1,$$
$$y=h(x_1+y_1)y_1,$$

$$z = hx_1 y_1,$$

其中 x_1, y_1 为互质的正整数，h 为任意正整数.

5. 成 A.P. 的单位分数

单位分数(分子为 1 的分数)依从大到小的顺序排成一个数列：

$$\frac{1}{2},\frac{1}{3},\frac{1}{4},\cdots,\frac{1}{n},\cdots. \tag{1}$$

(ⅰ) 你能否从(1)中选出三项(当然是不同的三项)组成 A.P.(等差数列)？

(ⅱ) 你能否从(1)中选出四项组成 A.P.？

(ⅲ) 你最多能从(1)中选出多长的等差数列？

(ⅳ) 你能否从(1)中选出任意长的等差数列？即对任一给出的自然数 $n \geqslant 3$，在(1)中选出一个长为 n 的等差数列？

(ⅴ) 你能否从(1)中选出一个无穷的等差数列？

解 $\frac{1}{3},\frac{1}{4},\frac{1}{6}$三项成 A.P..

$\frac{1}{3},\frac{1}{4},\frac{1}{6},\frac{1}{12}$四项成 A.P..

下面不再继续找五项、六项的 A.P. 了.因为我们可以证明单位分数中有任意长的等差数列.

证明出奇的容易，只是我们的思维要开阔一些.

首先，注意到

$$1,2,3,\cdots,n$$

这 n 项成 A.P..

从而

$$\frac{1}{n!},\frac{2}{n!},\frac{3}{n!},\cdots,\frac{n}{n!} \tag{2}$$

成 A.P.，而且(2)中每一项的分子是分母的约数，因而可化为单位分数.或者排成从大到小的等差数列：

$$\frac{n}{n!},\frac{n-1}{n!},\cdots,\frac{2}{n!},\frac{1}{n!}.$$

其实任取一个由自然数组成的 A. P.，再将每一项除以这些自然数的公倍数，便得到一个由单位分数组成的等差数列，长度可以任意.

单位分数中有没有无穷多项的等差数列呢？

没有. 证明也很简单（当然学习学僵化了的人想不到）.

若$\frac{1}{a_1},\frac{1}{a_2},\cdots,\frac{1}{a_n},\cdots$是由一些单位分数组成的无穷的等差数列，则公差 $d=\frac{1}{a_1}-\frac{1}{a_2}$ (>0)为定值. 而在 $n\to+\infty$ 时，$\frac{1}{a_n}\to 0$. 所以 n 足够大时，$\frac{1}{a_n}-\frac{1}{a_{n-1}}<\frac{1}{a_n}<d$，矛盾！

6. Farey 数列

设 n 为正整数. 将在 0,1 之间的全体分母不大于 n 的既约分数依递增顺序排成一列，该数列称为 n 阶 Farey 数列. 例如，5 阶 Farey 数列为

$$\frac{0}{1},\frac{1}{5},\frac{1}{4},\frac{1}{3},\frac{2}{5},\frac{1}{2},\frac{3}{5},\frac{2}{3},\frac{3}{4},\frac{4}{5},\frac{1}{1}. \tag{1}$$

Farey 数列可以这样逐步产生，先写出

$$\frac{0}{1},\frac{1}{1}\quad \text{（1 阶 Farey 数列），}$$

将上面的两个数分子加分子作分子，分母加分母作分母，得到

$$\frac{0}{1},\left(\frac{0+1}{1+1}=\right)\frac{1}{2},\frac{1}{1}\quad \text{（2 阶 Farey 数列）.}$$

再将每两个相邻的项继续采取上述做法，得到

$$\frac{0}{1},\frac{1}{3},\frac{1}{2},\frac{2}{3},\frac{1}{1}\quad \text{（3 阶 Farey 数列）.}$$

接着得到分母不大于 4 的$\left(\frac{1}{3}与\frac{1}{2},\frac{1}{2}与\frac{2}{3}这些分母之和超过 4 的暂不相加\right)$数列

$$\frac{0}{1},\frac{1}{4},\frac{1}{3},\frac{1}{2},\frac{2}{3},\frac{3}{4},\frac{1}{1}\quad \text{（4 阶 Farey 数列）.}$$

最后得到(1).

例1　证明:这样得到的 n 阶 Farey 数列中的相邻两项$\frac{c}{d}$,$\frac{a}{b}$$\left(\frac{c}{d}<\frac{a}{b}\right)$具有性质

(ⅰ) $\frac{c}{d}<\frac{c+a}{d+b}<\frac{a}{b}$.

(ⅱ) $\frac{a}{b}-\frac{c}{d}=\frac{1}{bd}$.

(ⅲ) $(a+c,b+d)=1$.

证明　(ⅰ) 显然

$$a(d+b)-b(c+a)=ad-bc>0,$$
$$d(c+a)-c(d+b)=ad-bc>0.$$

(ⅱ) 对于前5阶已写出的数列,不难验证此性质成立.

设已有$\frac{a}{b}-\frac{c}{d}=\frac{1}{bd}$,则下一阶的连续三项为

$$\frac{c}{d}<\frac{c+a}{d+b}<\frac{a}{b},$$

相邻两项之差为

$$\frac{a}{b}-\frac{c+a}{d+b}=\frac{a(d+b)-b(c+a)}{b(d+b)}=\frac{ad-bc}{b(d+b)}=\frac{1}{b(d+b)},$$
$$\frac{c+a}{d+b}-\frac{c}{d}=\frac{d(c+a)-c(d+b)}{(d+b)d}=\frac{1}{d(d+b)}.$$

(ⅲ) 若$(c+a,d+b)=k$,则 $a(d+b)-b(c+a)$被 k 整除,而 $a(d+b)-b(c+a)=ad-bc=1$,所以 $k=1$.

例2　证明:所有的 n 阶 Farey 数列的项都可用上面的方法得出.

证明　设$\frac{c}{d}$,$\frac{a}{b}$$\left(\frac{c}{d}<\frac{a}{b}\right)$是 $n-1$ 阶 Farey 数列中相邻的两项,只需证明在 $d+b>n$ 时,在$\frac{c}{d}$,$\frac{a}{b}$之间没有分母为 n 的项 $\frac{m}{n}$.

假设$\frac{c}{d}<\frac{m}{n}<\frac{a}{b}$,则

$$\frac{m}{n}-\frac{c}{d}\geqslant\frac{1}{nd},$$
$$\frac{a}{b}-\frac{m}{n}\geqslant\frac{1}{nb}.$$

所以

$$\frac{a}{b}-\frac{c}{d}\geqslant\frac{1}{nd}+\frac{1}{nb}=\frac{b+d}{nbd}>\frac{1}{bd},$$

这与例 1(ⅱ)矛盾.

例 3 设两个既约分数$\frac{c}{d}$，$\frac{a}{b}\left(\frac{c}{d}<\frac{a}{b}\right)$为 Farey 数列中的相邻项，证明：分母$\leqslant b+d$且小于$\frac{a}{b}$的分数中，$\frac{a+c}{b+d}$与$\frac{a}{b}$的差为最小；分母$\leqslant b+d$且大于$\frac{c}{d}$的分数中，$\frac{a+c}{b+d}$与$\frac{c}{d}$的差为最小.

证明 设$\frac{m}{n}<\frac{a}{b}$且$n\leqslant b+d$，则

$$\frac{a}{b}-\frac{m}{n}=\frac{an-bm}{bn}\geqslant\frac{1}{bn}\geqslant\frac{1}{b(b+d)}=\frac{a}{b}-\frac{a+c}{b+d},$$

等号仅在$n=b+d$，$m=a+c$时成立. 所以$\frac{a+c}{b+d}$是分母$\leqslant b+d$时$\frac{a}{b}$的最佳逼近.

同样，分母$\leqslant b+d$且大于$\frac{c}{d}$的分数中，$\frac{a+c}{b+d}$是$\frac{c}{d}$的最佳逼近.

例 4 如果既约分数$\frac{c}{d}<\frac{a}{b}$，并且$b+d>n$，

$$ad-bc=1, \tag{2}$$

证明：$\frac{c}{d}$与$\frac{a}{b}$是n阶 Farey 数列中的相邻项.

证明 假设$n_1\leqslant n$，既约分数$\frac{m}{n_1}$与$\frac{a}{b}$是相邻的项，且$\frac{c}{d}<\frac{m}{n_1}<\frac{a}{b}$，则

$$an_1-bm=1,$$

减去(2)得

$$a(n_1-d)=b(m-c).$$

若$n_1=d$，则$m=c$，与$\frac{c}{d}<\frac{m}{n_1}$矛盾.

若$n_1>d$，则因为$(a,b)=1$，所以$b\mid(n_1-d)$. 设$n_1-d=kb$，则$n_1\geqslant b+d$，与已知矛盾.

若$n_1<d$，则$d=n_1+kb$，$c=m+ka$，从而$\frac{c}{d}=\frac{m+ka}{n_1+kb}>\frac{m}{n_1}$，与假设矛盾.

因此$\frac{c}{d}$与$\frac{a}{b}$是n阶 Farey 数列中的相邻项.

Farey 数列在解析数论中有重要的应用.

例 5 设函数$f(x)$定义在$(0,1)$上，且

$$f(x)=\begin{cases}x, & \text{若 } x \text{ 为无理数},\\ \dfrac{p+1}{q}, & \text{若 } x=\dfrac{p}{q},\ p,q \text{ 为互质的自然数}.\end{cases}$$

求 $f(x)$ 在区间 $\left(\frac{c}{d},\frac{a}{b}\right)$ 上的最大值，这里 $\frac{c}{d}$，$\frac{a}{b}$ 是某阶 Farey 数列中的相邻两项 $\left(例如\frac{c}{d}=\frac{n-1}{n},\frac{a}{b}=\frac{n}{n+1}\right)$.

解　首先对于无理数 $x\in\left(\frac{c}{d},\frac{a}{b}\right)$，函数 $f(x)=x$ 单调递增，但趋近而不能达到 $\frac{a}{b}$（可望不可即）.

而对于任一个 $\left(\frac{c}{d},\frac{a}{b}\right)$ 中的 Farey 分数，例如 $\frac{c+a}{d+b}$，我们有

$$f\left(\frac{c+a}{d+b}\right)=\frac{c+a+1}{d+b},$$

且

$$\begin{aligned}\frac{c+a+1}{d+b}-\frac{a}{b}&=\frac{1}{d+b}-\left(\frac{a}{b}-\frac{c+a}{d+b}\right)\\&=\frac{1}{d+b}-\frac{1}{b(d+b)}=\frac{b-1}{b(d+b)}\geqslant 0.\end{aligned}$$

所以 $f(x)$ 的最大值一定在 x 为有理数时取到.

进一步，我们可以证明 $f(x)$ 在 x 为 $\frac{c+a}{d+b}$ 时最大.

事实上，设 $\frac{p}{q}$ 是 $\left(\frac{c}{d},\frac{a}{b}\right)$ 中某一阶 Farey 数列中与 $\frac{a}{b}$ 相邻的 Farey 级数，则

$$\begin{aligned}f\left(\frac{p}{q}\right)-f\left(\frac{p+a}{q+b}\right)&=\frac{p+1}{q}-\frac{p+a+1}{q+b}\\&=\frac{(q+b)(p+1)-q(p+a+1)}{q(q+b)}\\&=\frac{-1+q+b-q}{q(q+b)}=\frac{b-1}{q(q+b)}\geqslant 0,\end{aligned}$$

$$f\left(\frac{p}{q}\right)-f\left(\frac{p+c}{q+d}\right)=\frac{p+1}{q}-\frac{p+c+1}{q+d}=\frac{1+d}{q(q+d)}>0.$$

所以 $f\left(\frac{c+a}{d+b}\right)$ 最大 $\left(特别地，在区间\left(\frac{n-1}{n},\frac{n}{n+1}\right)上 f\left(\frac{2n-1}{2n+1}\right)最大\right)$.

7. 最接近的分数

分母不超过 100 的分数$\frac{n}{m}$（n,m 均为正整数，$m\leqslant 100$）中，与$\frac{7}{13}$最接近的是哪一个？

解 $\frac{7}{13}-\frac{n}{m}=\frac{7m-13n}{13m}$.

要使$\frac{|7m-13n|}{m}$最小，当然应有 m 尽可能大，且

$$7m-13n=\pm 1. \tag{1}$$

我们有

$$2\times 7-13=1, \tag{2}$$

所以在(1)取正号时，(1) − (2)，得

$$7(m-2)\equiv 0 \pmod{13},$$

从而

$$m=2+13k \quad (k \text{ 为整数}).$$

由

$$m=2+13k\leqslant 100,$$

得 $k\leqslant 7$. $k=7$ 时，$m=93$ 最大，代入(1)（取正号）得

$$n=50.$$

同样，在(1)取负号时，

$$m=11+13k\leqslant 100.$$

取 $k=6$，得 $m=89$，$n=48$.

因为

$$\frac{7}{13}-\frac{50}{93}=\frac{1}{13\times 93},$$

$$\frac{48}{89}-\frac{7}{13}=\frac{1}{13\times 89},$$

所以$\frac{50}{93}$与$\frac{7}{13}$的距离最近.

又解 因为

$$100\times\frac{7}{13}=\frac{700}{13}=53\frac{11}{13},$$

所以

$$\frac{7}{13}<\frac{54}{100}=\frac{27}{50},$$

$$\frac{27}{50}>\frac{7+27}{13+50}=\frac{34}{63}>\frac{34+7}{13+63}=\frac{41}{76}>\frac{48}{89},$$

$$\frac{48}{89}-\frac{7}{13}=\frac{1}{89\times 13},$$

且

$$\frac{7}{13}>\frac{52}{100}=\frac{13}{25},$$

$$\frac{13}{25}<\frac{20}{38}=\frac{10}{19}<\frac{17}{32}<\frac{24}{45}=\frac{8}{15}<\frac{15}{28}<\frac{22}{41}<\frac{29}{54}<\frac{36}{67}<\frac{43}{80}<\frac{50}{93},$$

$$\frac{7}{13}-\frac{50}{93}=\frac{1}{13\times 93}.$$

因此$\frac{50}{93}$,$\frac{7}{13}$,$\frac{48}{89}$是 Farey 数列中的连续三项,而且在分母$\leqslant 100$ 的分数中,$\frac{50}{93}$与$\frac{7}{13}$的距离最近.

8. 比比谁的人马多

有理数集(有理数的全体)与整数集相比,哪个元素多?

答案似乎是显然的.有理数集包含整数集(整数集是有理数集的子集),而且有理数集中还有许许多多不是整数的数(整数集是有理数集的真子集),所以有理数集的元素比整数集多.

然而不然.

对于有限集,可以直接比一下它们的元数(元素个数).例如$\{a,b,c\}$是三元集,$\{1,2,3,4\}$是四元集,所以$\{1,2,3,4\}$的元数比$\{a,b,c\}$的元数多.

但对于无限集,情况大不一样,都是无限,不能简单地比大小.如需比较,则要采用对应.

先看看正奇数集 $A_1=\{1,3,5,7,\cdots\}$与正偶数集 $A_2=\{2,4,6,8,10,\cdots\}$.这两个集合之间有对应

$$n \to n+1 \quad (n \in A_1).$$

这个对应是一一对应,即对每一个 $n\in A_1$,都有一个 $n+1\in A_2$ 与它对应.反过来,对每一个 $m\in A_2$,都有一个 $m-1\in A_1$,m 正好与$m-1$ 对应.

兵来将挡,水来土掩.正奇数集 A_1 与正偶数集 A_2 之间有一一对应,我们就认为这两者元数一样多.但是,正整数与正偶数也可以一一对应,即

$$n \to 2n \quad (n=1,2,3,\cdots).$$

有限集是不能与它的真子集一一对应的,而无限集则不然.事实上,这正是无限集的定义:

如果一个集合可以与它的某个真子集一一对应,那么就称这个集合为无限集.

所以正整数集是无限集.

正整数集可以排成一个有头无尾的数列:

$$1,2,3,4,\cdots. \tag{1}$$

每个正整数都在数列(1)中出现,而且恰好出现一次,既无遗漏,也无重复.

如果一个集合的元素可以排成一个有头无尾的数列,每个元素恰好出现一次,既无遗漏,也无重复,那么就称这个集合为可数集.

例1 证明:任两个可数集都可以一一对应,任一个无限集都含有一个可数集.

证明 设

$$a_1,a_2,a_3,\cdots,$$
$$b_1,b_2,b_3,\cdots$$

为两个可数集,则

$$a_n \to b_n$$

就是这两个可数集之间的一一对应.

设 A 为无限集,则由定义知 A 与它的某个真子集 B_1 一一对应.$A-B_1$ 不是空集,设 $a_1\in A-B_1$.

B_1 一定是无限集(否则 B_1 为有限集,与 B_1 一一对应的 A 也是有限集),因而 B_1 与它的某个真子集 B_2 一一对应,设 $a_2\in B_1-B_2$.

依此类推,B_n 一定是无限集,而且与其真子集 B_{n+1}一一对应.设 $a_{n+1}\in B_n-B_{n+1}$ $(n=1,2,\cdots)$,$a_1,a_2,\cdots$构成一个可数集,它是 A 的子集.

于是,可数集可以说是最小的无限集.

正偶数集、正奇数集、正整数集都是可数集.

整数集也是可数集,它的元素可排成

$$0,1,-1,2,-2,\cdots,n,-n,\cdots.$$

例2　证明:有理数集$\mathbb{Q}$是可数集.

证明　先证明正有理数集是可数集.

将正有理数记为$\frac{n}{m}$,n,m为互质的正整数,按$m+n$的大小顺序将有理数排成一列($m+n$相同时,分母m大的排在前面):

$$\frac{1}{1},\frac{1}{2},\frac{2}{1},\frac{1}{3},\frac{3}{1},\frac{1}{4},\frac{2}{3},\frac{3}{2},\frac{4}{1},\frac{1}{5},\frac{5}{1},\cdots.$$

正有理数排好后,可将0排在最前面,每个正有理数$\frac{n}{m}$的后面紧跟着一个负有理数$-\frac{n}{m}$,即排成

$$0,\frac{1}{1},-\frac{1}{1},\frac{1}{2},-\frac{1}{2},\frac{2}{1},-\frac{2}{1},\frac{1}{3},-\frac{1}{3},\frac{3}{1},-\frac{3}{1},\frac{1}{4},-\frac{1}{4},\frac{2}{3},-\frac{2}{3},\cdots.$$

用这个方法可以证明:如果集合A,B都是可数集,那么$A\cup B$也是可数集.

如果两个无限集可以一一对应,那么就说这两个无限集元数一样多.这里无限集A与无限集B元数一样多,并不是指$A=B$,可以是$A\supseteq B$,也可以是$A\subseteq B$.

如果A,B都是无限集,而且A有一个子集与B一一对应,但A不与B一一对应,那么就说A的元数比B多.

9. 苏格拉底

苏格拉底(Socrates,约公元前469—前399)是古希腊的哲学家.他擅长启发式教学.

一天,苏格拉底问一个小厮:

“你知道边长为1(米)的正方形,面积多大吗?”

“面积是1(平方米).”

“很好.那么你知道面积是2(平方米)的正方形,边长多长吗?”

“当然是2(米)了.”

苏格拉底画了一个边长为2(米)的正方形，如图5.2所示，将它分成4个边长为1(米)的正方形.

“你看这个边长为2(米)的正方形，面积多大？”

“哦，它的面积是4(平方米).”

苏格拉底又在图上画了4条线，如图5.3所示，每条线将一个边长为1的正方形分成两个三角形.

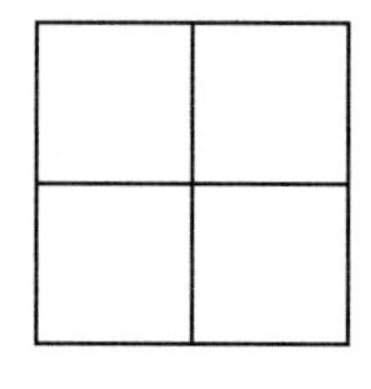

图5.2

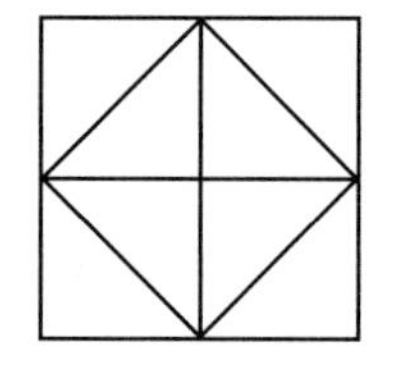

图5.3

“这4条线围成什么图形？”

“正方形.”

“它的面积是多大？”

“图中有8个三角形，这4条线围成的正方形由4个三角形组成，所以它的面积是大正方形的一半.大正方形的面积是4(平方米)，所以这个正方形的面积是2(平方米).”

很多人在讨论问题时自以为是.苏格拉底的启发式教育，第一步就是通过诘问使自以为是的人知道自己的错误，进入困惑、思索、学习的状态.这和孔夫子说的“不愤不启，不悱不发”是完全一致的.苏格拉底的启发法就是后来黑格尔的辩证法的源头.

如果我们设图5.3中苏格拉底连的线(小正方形的对角线)为x米，那么

$$x^2 = 2.$$

设

$$x = \frac{a}{b}, \tag{1}$$

其中a，b为自然数，则去分母并平方得

$$x^2 b^2 = a^2,$$

即

$$2b^2 = a^2.$$

将a，b分解为质因数的积.a^2，b^2中质数2的指数必为偶数(可以为0)，而$2b^2$中质数2的指数必为奇数.这与$2b^2(=a^2)$的唯一分解矛盾，所以(1)不能成立，x不是有理数.

这种数不是两个自然数的比，英语是irrational number，意即“不是(ir为否定词头)

比(ratio)的(nal 为定语词尾)数”. 最早传入中国时,李善兰(1811—1882)曾做过正确的翻译. 十多年后,华蘅芳(1833—1902)将它误译为“无理数”. 从此以讹传讹(日本受中国影响也采用无理数这一名称).

平方为 2 的正数记为$\sqrt{2}$,平方为 n 的正数记为$\sqrt{n}$. $\sqrt{2}$是无理数. 一般地,如果自然数 n 不是平方数,那么$\sqrt{n}$是无理数.

10. $\sqrt{2}$

无理数的发现,是数学史上的一个里程碑.

原先,毕达哥拉斯(Pythagoras,约公元前 585—约前 500)学派认为“万物皆数”,而他们所谓的数是指整数和整数的比,即“可比的”(可通约的)分数. 正方形的对角线与正方形边长的比$\sqrt{2}$却不是两个整数之比,它是无理数,这使得毕达哥拉斯学派大为困惑与震惊. 据说为了掩盖这一事实,他们将发现者希帕索斯(Hippasus,约公元前 500)投入大海.

$\sqrt{2}$是人们知道的第一个无理数.

因为 $1^2=1<2$, $2^2=4>2$,所以

$$1<\sqrt{2}<2.$$

进一步,由 $1.4^2=1.96<2<2.25=1.5^2$,得

$$1.4<\sqrt{2}<1.5.$$

这个过程可以不断地继续下去,得出一系列$\sqrt{2}$的不足近似值 1,1.4,…与过剩近似值 2,1.5,…. 从而

$$\sqrt{2}=1.41421356237309504880168872420969807856 9\cdots. \tag{1}$$

不足近似值的数列递增,但每一项都小于$\sqrt{2}$.

过剩近似值的数列递减,但每一项都大于$\sqrt{2}$.

不足(过剩)近似值与$\sqrt{2}$的差 10^{-n} 随 n 的增大而趋于 0,所以它们的极限都是$\sqrt{2}$.

在(1)中$\sqrt{2}$用十进制小数表示,注意这个小数不是有限的,也不是无限循环的.

无理数怎么做运算呢？

很简单，如 $3+\sqrt{2}$ 就将 3 与(1)中的小数相加得 4.4142….更好的方法是将和记为 $3+\sqrt{2}$(不加之加)，先保留着，等到可以化简时再进行化简.再如 $\sqrt{2}\cdot\sqrt{3}$，不必将两个小数相乘，由根式的运算法则得

$$\sqrt{2}\cdot\sqrt{3}=\sqrt{6},$$

简单又方便.

例 1 设 $a+b\sqrt{2}=0$，a，b 为有理数.证明：

$$a=b=0.$$

证明 若 $a+b\sqrt{2}=0$，则在 $b\neq 0$ 时，有

$$\sqrt{2}=-\frac{a}{b}.$$

因为 a，b 为有理数，所以 $-\frac{a}{b}$ 为有理数，这与 $\sqrt{2}$ 为无理数相矛盾.

因此 $b=0$，从而 $a=0$.

如果对于数 α，β，存在不全为 0 的有理数(整数)a，b，使得

$$a\alpha+b\beta=0,$$

那么就说 α，β 在有理数集(整数集)上线性相关.如果找不到这样的 a，b，那么就说 α，β 在有理数集(整数集)上线性无关.

例 1 就是说 $\sqrt{2}$，1 在有理数集上线性无关.

同理，任一无理数与 1 在有理数集上线性无关.

将 $\sqrt{2}$"添加"到有理数集 $\mathbb{Q}$ 中，得到集合

$$\{a+b\sqrt{2}\mid a,b\in\mathbb{Q}\},$$

记这个集合为 $\mathbb{Q}(\sqrt{2})$.

例 2 证明：在 $\mathbb{Q}(\sqrt{2})$ 中，每一个数有且仅有一种方式表示成 $a+b\sqrt{2}$ 的形式，a，$b\in\mathbb{Q}$.

证明 一方面，"有"是当然的.

另一方面，若 $a+b\sqrt{2}=c+d\sqrt{2}$，则

$$(a-c)+(b-d)\sqrt{2}=0.$$

由例 1 得 $a-c=0$，$b-d=0$，即 $a=c$，$b=d$，所以 $\mathbb{Q}(\sqrt{2})$ 中的数有且仅有一种方式表示成 $a+b\sqrt{2}$ 的形式.

设 $\alpha_1,\alpha_2,\cdots,\alpha_n\in$ 数集 M，并且集 M 中的数可以唯一地表示成 $r_1\alpha_1+r_2\alpha_2+\cdots+r_n\alpha_n$（$r_i\in\mathbb{Q}$，$1\leqslant i\leqslant n$）的形式，则称 $\alpha_1,\alpha_2,\cdots,\alpha_n$ 为 M 的基.

例 2 表明 $1,\sqrt{2}$ 为 $\mathbb{Q}(\sqrt{2})$ 的基.

例 3　证明：在 $\mathbb{Q}(\sqrt{2})$ 中可以进行加法与乘法，还可以进行减法与除法（除数不为 0），所得的和、积、差、商都仍在 $\mathbb{Q}(\sqrt{2})$ 中.

证明　设 $a+b\sqrt{2},c+d\sqrt{2}\in\mathbb{Q}(\sqrt{2})$，则

$$(a+b\sqrt{2})\pm(c+d\sqrt{2})=(a\pm c)+(b\pm d)\sqrt{2},$$

$$(a+b\sqrt{2})(c+d\sqrt{2})=(ac+2bd)+(ad+bc)\sqrt{2},$$

$$\frac{a+b\sqrt{2}}{c+d\sqrt{2}}=\frac{(a+b\sqrt{2})(c-d\sqrt{2})}{(c+d\sqrt{2})(c-d\sqrt{2})}=\frac{(ac-2bd)+(bc-ad)\sqrt{2}}{c^2-2d^2}.$$

推论　设 n 为自然数，$a+b\sqrt{2}\in\mathbb{Q}(\sqrt{2})$，则

$$(a+b\sqrt{2})^n\in\mathbb{Q}(\sqrt{2}).$$

用代数学的术语，$\mathbb{Q}(\sqrt{2})$ 是一个域，而 $\mathbb{Z}[\sqrt{2}]=\{a+b\sqrt{2}\mid a,b\in\mathbb{Z}\}$ 是 $\mathbb{Q}(\sqrt{2})$ 的环（可以做加法与乘法）. 在 $\mathbb{Z}[\sqrt{2}]$ 上也可以像在整数中一样定义合数、质数，进行因数分解. 这是代数数论的滥觞.

例 4　a 为有理数，α 为无理数. $a\pm\alpha$，$a\alpha$，$\dfrac{a}{\alpha}$ 一定是无理数吗？

解　若 $a\pm\alpha=b$ 为有理数，则

$$\alpha=\pm(b-a)$$

为有理数，矛盾. 所以 $a\pm\alpha$ 一定是无理数.

若 $a=0$，则 $a\alpha=\dfrac{a}{\alpha}=0$ 是有理数.

若 $a\neq0$，而 $a\alpha=b$ 为有理数，则

$$\alpha=\frac{b}{a}$$

为有理数，矛盾. 所以 $a\alpha$ 是无理数.

同理，$a\neq0$ 时，$\dfrac{a}{\alpha}$ 也是无理数.

可以写成两个整数之比的数称为有理数，不可以写成两个整数之比的数称为无理数. 有理数、无理数统称为实数.

全体实数的集合记为 $\mathbb{R}$.

11. 崭新的证明

前面已经证明过$\sqrt{2}$不是有理数，这个证明可称得上是经典中的经典.也有些大同小异的证明，但无一不用到唯一分解定理.近来竟有人给出了一个崭新的、出乎意料的证明.这证明竟然不用唯一分解定理！

证明的要点是一个等式

$$(\sqrt{2}-1)^n = A_n\sqrt{2}+B_n, \tag{1}$$

其中 A_n，B_n 为整数，与 n 有关.

(1)很容易证明，在上节例3的推论中已经说过.

如果$\sqrt{2}$是有理数$\frac{p}{q}$，p，q 是正整数，那么因为$\sqrt{2}-1>0$，$A_n\sqrt{2}+B_n$ 是正数，而且

$$A_n\sqrt{2}+B_n = A_n\cdot\frac{p}{q}+B_n = \frac{A_np+B_nq}{q},$$

分子 A_np+B_nq 是正整数，所以不论 n 如何，都有

$$A_np+B_nq\geqslant 1.$$

从而

$$A_n\sqrt{2}+B_n\geqslant\frac{1}{q}, \tag{2}$$

即 $A_n\sqrt{2}+B_n$ 有一个固定的正的下界$\frac{1}{q}$.

另一方面，因为

$$0<\sqrt{2}-1=\frac{(\sqrt{2}-1)(\sqrt{2}+1)}{\sqrt{2}+1}=\frac{1}{\sqrt{2}+1}<\frac{1}{2},$$

所以

$$(\sqrt{2}-1)^n<\frac{1}{2^n}.$$

随着 n 增大，2^n 无限增大，$\frac{1}{2^n}$无限地趋近于零.当 n 足够大时，

$$2^n > q,$$

$$\frac{1}{2^n} < \frac{1}{q}.$$

从而

$$A_n\sqrt{2} + B_n = (\sqrt{2}-1)^n < \frac{1}{2^n} < \frac{1}{q}. \tag{3}$$

(2)与(3)矛盾，这表明$\sqrt{2}$不能写成$\frac{p}{q}$的形式，即不是有理数.

12. 无限不循环小数

前面证过$\sqrt{2}$是无理数，同样可证$\sqrt{3}$，$\sqrt{5}$等也是无理数（当然$\sqrt{4}=2$是有理数）. 一般地，有下面的例1.

例1　证明：设自然数 n 不是平方数，即

$$n = p_1^{\alpha_1} p_2^{\alpha_2} \cdots p_k^{\alpha_k}$$

为 n 的质因数分解式. 如果 $\alpha_1, \alpha_2, \cdots, \alpha_k$ 中有奇数，那么$\sqrt{n}$是无理数.

证明　若$\sqrt{n}=\frac{a}{b}$，其中 a，b 为互质的自然数，则

$$nb^2 = a^2. \tag{1}$$

(1)式右边如果分解为质因数的积，那么每个质因数的幂指数都是偶数. 而对于左边，由于 $\alpha_1, \alpha_2, \cdots, \alpha_n$ 中有奇数，它们各加上一个偶数后，其中仍然有奇数.

矛盾表明$\sqrt{n}=\frac{a}{b}$不成立，所以$\sqrt{n}$是无理数.

注　可以允许 α_i 中有负数，即 n 为分数，证明仍然有效.

无理数是不是都由开方产生的呢？

不是！

例2　举出一个不是由开方产生的无理数.

解　我们知道有理数$\frac{n}{m}$可以化为有限小数或无限循环小数. 反之，有限小数或无限

循环小数也可以化为有理数$\frac{n}{m}$.因此,无理数就是无限不循环小数.例如,

$$\alpha = 0.1010010001\cdots$$

就是一个无理数,其中有无穷多个1,每两个1之间是0,而且0的个数每次增加1,由1而2而3而4….

假如α是有理数,那么它是一个无限循环小数.设循环节长度为l,由于连续的0的个数不断增加1,迟早超过l,即循环节全由0组成,这与α的表示式中有无穷多个1矛盾.所以α是无理数.

不是由开方产生的无理数有很多(比由开方产生的无理数多).例如大家熟悉的圆周率

$$\pi = 3.14159265358979323846 26\cdots,$$

再如自然对数的底

$$\mathrm{e} = 2.718281828459045\cdots,$$

它们都是无理数(无限不循环小数),但如果证明都需要较高等的数学知识.

例3 数$x \in$开区间$(0,1)$,将它表示成十进制小数,可以认为它是无限小数(若x为有限小数,则在它后面添0,以0为循环节).现在将它的小数点后第1位至第5位这5个数字重新排列,其余数字不动,得到的数称为x_1.将x_1的小数点后第2位至第6位的数字重新排列,其余数字不动,得到的数称为x_2.如此继续下去.一般地,将x_k的小数点后第$k+1$位至第$k+5$重新排列,其余数字不动,得到的数称为$x_{k+1}(k=1,2,\cdots)$.

(ⅰ)证明:不论每一步如何重排,所得的数列

$$x_1, x_2, \cdots, x_k, \cdots$$

必有极限,即存在一个数A,使得

$$A - x_1, A - x_2, \cdots, A - x_k, \cdots$$

趋向于0.

(ⅱ)你能否举出一个有理数x,利用上述过程(每一次的重排可由你定),最后得到的A是无理数?

(ⅲ)你能否举出一个数x,利用上述过程(无论怎样重排),所得的$x_1, x_2, \cdots$都是无理数,它们的极限A也是无理数?

解 (ⅰ)设x_1的小数点后第1位为a_1,x_2的小数点后第2位为a_2,…,x_k的小数点后第k位为a_k,….

令$A=0.a_1a_2\cdots a_k\cdots$,则$x_1, x_2, \cdots$的小数点后第1位均为$a_1$;$x_2, x_3, \cdots$的小数点后第2位均为$a_2$;…;$x_k, x_{k+1}, \cdots$的小数点后第$k$位均为$a_k(k=1,2,\cdots)$;….从而

$$|A-x_1|<\frac{1}{10},\quad |A-x_2|<\frac{1}{10^2},\quad \cdots,\quad |A-x_k|<\frac{1}{10^k},\quad \cdots,$$

所以 $A-x_k$ 趋向于0,即 A 为$\{x_k\}$的极限.

(ⅱ) 取 $x=0.\dot{1}\dot{0}$,即以10为循环节.

对每个 n,将小数点后第 10^n+1 至 $10^n+4(n=1,2,\cdots)$位的4个数字1010改为1100,其余不变.

假如所得的 A 是有理数,即无限循环小数,设其循环节长为 l,则在 $10^n>l$ 时,A 的长为 l 的一段循环节"淹没"在原来的若干循环节中,即一定是1010…10的形状.

然而 A 中又始终不时地有相邻的数组"11"出现.矛盾!

从而 A 一定是无理数.

(ⅲ) 取 $x=0.a_1a_2\cdots$,其中

$$a_k=\begin{cases}1, & 10^n<k\leqslant 10^n+5(n=0,1,\cdots),\\ 0, & 其他,\end{cases}$$

则 x_j 中有任意长的一段0,又不时地有1出现,所以 $x_j(j=1,2,\cdots)$必为无理数,A 也是如此.

13. π

1787年,Lambert 证明了 π 为无理数.

1794年,Legendre 证明了 π^2 为无理数.

1873年,Hermite 证明了 e 是超越数,即不是整系数多项式的根.

1882年,Lindemann 证明了 π 是超越数,从而证明了不可能用尺规作图化圆为方(尺规作图的三大问题之一,另两个是三等分任意角、立方倍积).

关于 π 的公式有

$$\frac{\pi}{4}=1-\frac{1}{3}+\frac{1}{5}-\frac{1}{7}+\frac{1}{9}-\cdots,$$

$$\frac{\pi^2}{6}=1+\frac{1}{2^2}+\frac{1}{3^2}+\frac{1}{4^2}+\cdots,$$

$$\frac{2}{\pi}=\frac{\sqrt{2}}{2}\cdot\frac{\sqrt{2+\sqrt{2}}}{2}\cdot\frac{\sqrt{2+\sqrt{2+\sqrt{2}}}}{2}\cdot\cdots,$$

$$\frac{\pi}{2}=\frac{2\times2\times4\times4\times6\times6\times8\times8\times\cdots}{1\times3\times3\times5\times5\times7\times7\times9\times\cdots},$$

$$\frac{1}{\pi}=\frac{2\sqrt{2}}{9801}\sum_{k=0}^{\infty}\frac{(4k)!(1103+26390k)}{(k!)^4\,396^{4k}},$$

$$\pi=\frac{426880\sqrt{10005}}{\sum\limits_{k=0}^{\infty}\frac{(6k)!(545140134k+13591409)}{(k!)^3(3k)!(-640320)^{3k}}}.$$

14. 共　　轭

设 a,b 为整数(有理数)，则在$\mathbb{Q}(\sqrt{2})$内 $a+b\sqrt{2}$，$a-b\sqrt{2}$称为共轭数.

显然，两个共轭数的和与积都是整数(有理数).

例 1　若在$\mathbb{Q}(\sqrt{2})$中，α,β 的和、积都是整数(有理数)，证明：α,β 或者都是整数(有理数)或者共轭.

证明　设 $\alpha=a+b\sqrt{2}$，$\beta=c+d\sqrt{2}$，则

$$\alpha+\beta=(a+c)+(b+d)\sqrt{2},\tag{1}$$

$$\alpha\beta=(ac+2bd)+(ad+bc)\sqrt{2}.\tag{2}$$

由于 $\alpha+\beta$ 是整数，故(1)表明 $b+d=0$，即 $b=-d$. 同理，(2)表明 $ad+bc=0$，从而 $b=0$ 或 $a=c$.

$b=0$，$d=0$ 时，α,β 分别为整数(有理数) a,c.

$b\neq0$ 时，$\alpha=a+b\sqrt{2}$，$\beta=a-b\sqrt{2}$，二者共轭.

例 2　若在$\mathbb{Q}(\sqrt{2})$中，α_1 与 β_1 共轭，α_2 与 β_2 共轭，证明：$\alpha_1\pm\alpha_2$，$\alpha_1\alpha_2$，$\frac{\alpha_1}{\alpha_2}$分别与 $\beta_1\pm\beta_2$，$\beta_1\beta_2$，$\frac{\beta_1}{\beta_2}$共轭.

证明　设 $\alpha_1=a+b\sqrt{2}$，$\alpha_2=c+d\sqrt{2}$，则 $\beta_1=a-b\sqrt{2}$，$\beta_2=c-d\sqrt{2}$，从而

$$\alpha_1 \pm \alpha_2 = (a \pm c) + (b \pm d)\sqrt{2},$$

$$\beta_1 \pm \beta_2 = (a \pm c) - (b \pm d)\sqrt{2},$$

$$\begin{aligned}\alpha_1\alpha_2 &= (a + b\sqrt{2})(c + d\sqrt{2}) \\ &= (ac + 2bd) + (ad + bc)\sqrt{2},\end{aligned}$$

$$\begin{aligned}\beta_1\beta_2 &= (a - b\sqrt{2})(c - d\sqrt{2}) \\ &= (ac + 2bd) - (ad + bc)\sqrt{2},\end{aligned}$$

$$\begin{aligned}\frac{\alpha_1}{\alpha_2} &= \frac{a + b\sqrt{2}}{c + d\sqrt{2}} = \frac{(a + b\sqrt{2})(c - d\sqrt{2})}{(c + d\sqrt{2})(c - d\sqrt{2})} \\ &= \frac{(ac - 2bd) + (bc - ad)\sqrt{2}}{c^2 - 2d^2},\end{aligned}$$

$$\begin{aligned}\frac{\beta_1}{\beta_2} &= \frac{a - b\sqrt{2}}{c - d\sqrt{2}} = \frac{(a - b\sqrt{2})(c + d\sqrt{2})}{(c - d\sqrt{2})(c + d\sqrt{2})} \\ &= \frac{(ac - 2bd) - (bc - ad)\sqrt{2}}{c^2 - 2d^2}.\end{aligned}$$

因此，$\alpha_1 \pm \alpha_2$，$\alpha_1\alpha_2$，$\frac{\alpha_1}{\alpha_2}$分别与 $\beta_1 \pm \beta_2$，$\beta_1\beta_2$，$\frac{\beta_1}{\beta_2}$共轭.

例3　在$\mathbb{Q}(\sqrt{2})$中，设 $f(x)$为整系数多项式，α，β 为共轭数，证明：$f(\alpha)$，$f(\beta)$共轭.

证明　设 $f(x) = a_0x^n + a_1x^{n-1} + \cdots + a_n$，其中 $a_i \in \mathbb{Z}(i = 0,1,\cdots,n)$.

由例2知对正整数 k，α^k 与β^k 共轭.

在 α，β 共轭时，显然 $a\alpha$，$a\beta$ 共轭($a \in \mathbb{Z}$).

再由例2知 $f(\alpha) = a_0\alpha^n + a_1\alpha^{n-1} + \cdots + a_{n-1}\alpha + a_n$ 与$f(\beta) = a_0\beta^n + a_1\beta^{n-1} + \cdots + a_{n-1}\beta + a_n$ 共轭.

共轭数在分母(子)有理化时经常用到.

例4　将$\frac{3+\sqrt{2}}{2+\sqrt{3}}$进行以下操作：

(ⅰ) 分母有理化.

(ⅱ) 分子有理化.

解　(ⅰ) $\frac{3+\sqrt{2}}{2+\sqrt{3}} = \frac{(3+\sqrt{2})(2-\sqrt{3})}{(2+\sqrt{3})(2-\sqrt{3})} = 6+2\sqrt{2}-3\sqrt{3}-\sqrt{6}$.

(ⅱ) $\frac{3+\sqrt{2}}{2+\sqrt{3}} = \frac{(3+\sqrt{2})(3-\sqrt{2})}{(2+\sqrt{3})(3-\sqrt{2})} = \frac{7}{6+3\sqrt{3}-2\sqrt{2}-\sqrt{6}}$.

例5　$\sqrt{65}-\sqrt{63}$与下面的哪一个数更接近?

（ⅰ）0.12.

（ⅱ）0.13.

解 用计算器当然很容易，不用计算器的话应该怎么办呢？

首先注意到

$$\frac{1}{2}(0.12+0.13)=0.125=\frac{1}{8},$$

故只需比较$\sqrt{65}-\sqrt{63}$与$\frac{1}{8}$的大小.

因为

$$\sqrt{65}-\sqrt{63}-\frac{1}{8}=\frac{2}{\sqrt{65}+\sqrt{63}}-\frac{1}{8}=\frac{16-\sqrt{65}-\sqrt{63}}{8(\sqrt{65}+\sqrt{63})},\tag{3}$$

又

$$\sqrt{65}-8=\frac{1}{\sqrt{65}+8}<\frac{1}{\sqrt{63}+8}=8-\sqrt{63},$$

即

$$\sqrt{65}+\sqrt{63}<16,\tag{4}$$

所以由(3)、(4)得

$$\sqrt{65}-\sqrt{63}>\frac{1}{8}.$$

从而$\sqrt{65}-\sqrt{63}$与0.13更为接近.

15. 一个人需要多少土地

列夫·托尔斯泰有本小说名叫《一个人需要多少土地》，说的是一位地主拼命扩张他的领地.一天他骑马驰骋，高唱道：

“我的庄园多么辽阔广大，

跨上了千里马，

用一整天巡视它，

都回不了家.”

不料马失前蹄，自己跌下马来，摔死了．他没有后代，村里人用一小块地埋葬了他，真是“生前千顷地，死后一抔土”．

在数轴上，有理数非常稠密，但全体有理数占了多少地方？

整个数轴？

不是，数轴上还有很多无理数．若去掉无理数，则数轴“千疮万孔”，不成样子．

如果以每个有理数为中心作一个区间（长度不一定相同），那么这些小区间是否一定覆盖了整个数轴？

似乎是，然而却不是．

若区间很大，每个长为1，当然很容易就覆盖了数轴．但区间不大，长度不同时，不一定能覆盖数轴．

请看下面的实例．

首先，全体有理数是可数的，即可排成

$$r_1, r_2, r_3, \cdots.$$

以 r_1 为中心作一个半径为$\frac{\varepsilon}{2}$的区间，这里 ε 是一个可以任意给定的正数．

再以 r_2 为中心作一个半径为$\frac{\varepsilon}{2^2}$的区间，以 r_3 为中心作一个半径为$\frac{\varepsilon}{2^3}$的区间，$\cdots$．

一般地，以 r_k 为中心作一个半径为$\frac{\varepsilon}{2^k}$的区间．

这些区间的总长为

$$\begin{aligned} & \varepsilon+\frac{\varepsilon}{2}+\frac{\varepsilon}{4}+\cdots+\frac{\varepsilon}{2^{k-1}}+\cdots \\ = & \varepsilon \times\left(1+\frac{1}{2}+\frac{1}{4}+\cdots+\frac{1}{2^{k-1}}+\cdots\right). \end{aligned}$$

如果用二进制表示，$1+\frac{1}{2}+\frac{1}{4}+\cdots$就是

$$1.111\cdots,$$

即$1.\dot{1}$，也就是2．

因此，区间的总长不超过2ε，而 ε 可以任意小，所以区间的总长可以任意小．

长度是一维的，面积是二维的，我们用一个统一的名称“测度”来表示．

上面的例子表明有理数集的测度为0，从而无理数集的测度是无穷大．

16. 实数的连续性

前面说过有理数集是可数的，但实数集却是不可数的，即全体实数不可能排成一个有头无尾的数列，使得每个实数都在这个数列中出现. 证明如下：

假设全体实数能排成数列

$$a_1, a_2, a_3, \cdots, \tag{1}$$

一个实数不漏.

将每个实数写成(十进制的)无限小数(有限小数作为以 0 为循环节的无限小数).

考虑一个实数 b. b 的小数第一位与 a_1 不同且不为 0 与 9(b 的小数第一位至少有 7 种取法)，b 的小数第二位与 a_2 不同且不为 0 与 9(也至少有 7 种取法)，…，b 的小数第 k 位与 a_k 不同且不为 0 与 9，….

这个实数 b 与(1)中的每一个数均不相同，因此它不在(1)中出现.

矛盾表明全体实数是不可数的.

推论 全体无理数所成的集是不可数的.

证明 假如全体无理数所成的集 B 是可数的，则 $\mathbb{R}=\mathbb{Q}\cup B$ 也是可数的. 这与上面的结论矛盾.

于是，无理数的元数比 $\mathbb{Q}$ 多.

前面说过，虽然有理数是稠密的，但排在数轴上仍是“千疮万孔”. 那么全体实数排在数轴上，是否还有空隙呢? 即数轴上有没有一点不能用实数表示呢?

设 A 为数轴上任一点，不妨假设 A 在正半轴，A 左边最大的整数为 a_0. 将 $[a_0, a_0+1]$ 等分为 10 份，设 A 在 $a_0+\frac{a_1}{10}$ 与 $a_0+\frac{a_1+1}{10}$ 之间. 将 $\left[a_0+\frac{a_1}{10}, a_0+\frac{a_1+1}{10}\right]$ 10 等分，设 A 在 $a_0+\frac{a_1}{10}+\frac{a_2}{10^2}$ 与 $a_0+\frac{a_1}{10}+\frac{a_2+1}{10^2}$ 之间. 如此继续下去，A 在 $a_0+\frac{a_1}{10}+\frac{a_2}{10^2}+\cdots+\frac{a_k}{10^k}$ 与 $a_0+\frac{a_1}{10}+\frac{a_2}{10^2}+\cdots+\frac{a_k+1}{10^k}$ 之间($k=1,2,\cdots$).

实数 $a=a_0+\frac{a_1}{10}+\frac{a_2}{10^2}+\cdots+\frac{a_k}{10^k}+\cdots$ 就是表示 A 的实数(由于 a_0, $a_0+\frac{a_1}{10}$,

$a_0+\frac{a_1}{10}+\frac{a_2}{10^2}$,…所表示的点与 A 的距离趋向于0,故 a 所表示的点与 A 的距离为0,因而就是 A.)

于是,每个实数都可用数轴上的一个点表示,每个点也都可用一个实数表示.这称为实数的连续性或完备性.

有理数没有完备性,小于$\sqrt{2}$的有理数有很多,但没有一个点恰好是$\sqrt{2}$.

由上面的论述还可以得到以下结论:

单调递增(减)有上(下)界的数列一定有极限,这个极限就是最小(大)的上(下)界.

17. 兔　　子

一对小兔子一个月后变为大兔子,再下一个月大兔子生下一对小兔子.如此继续下去,每对小兔子一个月后变为大兔子,每对大兔子每个月生一对小兔子.一年后有多少对兔子?

前12个月,兔子的对数为

$$1,1,2,3,5,8,13,21,34,55,89,144. \tag{1}$$

这就是著名的斐波那契数列.

斐波那契(Fibonacci,约1180—1250)是意大利比萨的一位商人列奥纳多(Leonardo)的笔名.他撰写的《计算之书》(*Liber Abaci*)一书以手抄本的形式广为流传,其中包含了许多数学问题,如一次方程、二次方程、平方根、立方根,而且使用了0,1,2,…,9.这是欧洲第一次出现印度-阿拉伯数字的出版物,仅这一点,就可以称其为具有里程碑意义的书籍.

设第 n 个月的兔子对数为f_n,则

$$f_1=f_2=1. \tag{2}$$

然后,每个月的兔子对数是前两个月的和,即

$$f_{n+1}=f_n+f_{n-1}\quad(n\geqslant 2). \tag{3}$$

由此不难得出(1),而且接下去可算出

$$f_{13} = 233,$$
$$f_{14} = 377,$$
$$\cdots.$$

(2)称为初始条件，(3)称为递推公式．由它们可推出一项接一项的斐波那契数(亦可增添一项 $f_0=0$，将 $f_0=0$，$f_1=1$ 作为初始条件)．

但如果我们问

$$f_{20} = ?,$$

依着(2)、(3)一项一项地推就不容易了．如果问

$$f_{50} = ?,$$

那就更难以完成了．

我们需要一个通项公式，即能直接由项数 n 推出 f_n 的公式．

为此，我们将(3)写成

$$f_{n+1} - \alpha f_n = \beta(f_n - \alpha f_{n-1}), \tag{4}$$

这里 α，β 满足

$$\alpha + \beta = 1,$$
$$\alpha\beta = -1.$$

显然，α，β 是方程

$$(x-\alpha)(x-\beta) = 0 \tag{5}$$

的两个根，而(5)即

$$x^2 - x - 1 = 0$$

(熟悉韦达定理的人可以直接写出)．

由二次方程的求根公式得

$$x = \frac{1 \pm \sqrt{5}}{2},$$

即

$$\alpha = \frac{1+\sqrt{5}}{2}, \quad \beta = \frac{1-\sqrt{5}}{2}$$

这里 $\alpha = 1.6180339887\cdots$，通常称为黄金分割比．$\alpha - 1 \approx 0.618$，在优选法中极为有用．

由(4)知 $f_n - \alpha f_{n-1}$ 组成公比为 β 的等比数列，所以

$$f_n - \alpha f_{n-1} = \beta^{n-1}(f_1 - \alpha f_0) = \beta^{n-1}.$$

将 n 换为 $n-1$，$n-2$，$\cdots$，1，得

$$f_{n-1} - \alpha f_{n-2} = \beta^{n-2},$$
$$f_{n-2} - \alpha f_{n-3} = \beta^{n-3},$$
$$\cdots,$$
$$f_1 = \beta^0 = 1.$$

将这些等式分别乘以 $1, \alpha, \alpha^2, \cdots, \alpha^{n-1}$，再相加得

$$\begin{aligned} f_n &= \beta^{n-1} + \beta^{n-2}\alpha + \beta^{n-3}\alpha^2 + \cdots + \alpha^{n-1} \\ &= \frac{\alpha^n - \beta^n}{\alpha - \beta} = \frac{1}{\sqrt{5}}(\alpha^n - \beta^n) = \frac{1}{\sqrt{5}}\left(\left(\frac{1+\sqrt{5}}{2}\right)^n - \left(\frac{1-\sqrt{5}}{2}\right)^n\right). \end{aligned}$$

例1　计算 f_{20}, f_{50}.

解　因为

$$\frac{\sqrt{5}-1}{2} = 0.618 < 1, \quad 0 > -\left(\frac{1-\sqrt{5}}{2}\right)^{20} > -1,$$

所以

$$\frac{1}{\sqrt{5}}\left(\frac{1+\sqrt{5}}{2}\right)^{20} - 1 < f_{20} < \frac{1}{\sqrt{5}}\left(\frac{1+\sqrt{5}}{2}\right)^{20}.$$

利用计算器可得

$$\frac{1}{\sqrt{5}}\left(\frac{1+\sqrt{5}}{2}\right)^{20} = 6765.000029563999\cdots,$$

去掉小数点后面部分，即得

$$f_{20} = \frac{1}{\sqrt{5}}\left(\frac{1+\sqrt{5}}{2}\right)^{20} - \frac{1}{\sqrt{5}}\left(\frac{\sqrt{5}-1}{2}\right)^{20} = 6765.$$

同样，由

$$\frac{1}{\sqrt{5}}\left(\frac{1+\sqrt{5}}{2}\right)^{50} = 12586269025.00006\cdots,$$

得

$$f_{50} = 12586269025.$$

f_n 是整数，却用共轭的无理数 $\frac{1 \pm \sqrt{5}}{2}$ 来表示，不但颇为有趣，而且揭示了很多与整数有关的问题，因此需要研究无理数，才能明白问题的真谛.

斐波那契数有很多性质，大多可用数学归纳法证明.

例2　证明：

$$f_n^2 - f_n f_{n-1} - f_{n-1}^2 = (-1)^{n-1}. \tag{6}$$

证明　不难验证 $n = 1, 2$ 时，(6)成立.

假设将 n 换成 $n-1$ 时(6)成立,即有

$$f_{n-1}^2 - f_{n-1}f_{n-2} - f_{n-2}^2 = (-1)^{n-2},$$

则

$$\begin{aligned} f_n^2 - f_nf_{n-1} - f_{n-1}^2 &= f_n(f_n - f_{n-1}) - f_{n-1}^2 \\ &= (f_{n-1} + f_{n-2})f_{n-2} - f_{n-1}^2 \\ &= -(f_{n-1}^2 - f_{n-1}f_{n-2} - f_{n-2}^2) \\ &= -(-1)^{n-2} = (-1)^{n-1}. \end{aligned}$$

因此,(1)对一切非负整数 n 都成立.

与斐波那契数列类似,由初始条件与递推关系确定的数列有很多.

例 3 求卢卡斯(E. Lucas,1842—1891)数列的通项公式.这个数列的初始条件为

$$v_1 = 1, \quad v_2 = 3,$$

递推关系与斐波那契数列一样,即

$$v_{n+1} = v_n + v_{n-1} \quad (n = 2,3,\cdots).$$

解 同理可得方程(通常称为特征方程)

$$x^2 - x - 1 = 0$$

的两个根为

$$\alpha = \frac{1+\sqrt{5}}{2}, \quad \beta = \frac{1-\sqrt{5}}{2}.$$

一般地,k 阶线性递推数列

$$a_{n+k} = c_1a_{n+k-1} + c_2a_{n+k-2} + \cdots + c_ka_n \quad (n = 1,2,\cdots)$$

的通项公式为

$$a_n = l_1\alpha_1^n + l_2\alpha_2^n + \cdots + l_k\alpha_k^n, \tag{7}$$

其中 $\alpha_1,\alpha_2,\cdots,\alpha_k$ 是特征方程

$$\lambda^k - c_1\lambda^{k-1} - c_2\lambda^{k-2} - \cdots - c_k = 0 \tag{8}$$

的根(称为特征根),而 $l_1,l_2,\cdots,l_k$ 等系数可由初始条件定出.

由

$$l_1\alpha + l_2\beta = 1,$$
$$l_2\alpha^2 + l_2\beta^2 = 3,$$

解出 $l_1 = l_2 = 1$.所以通项公式为

$$v_n = \alpha^n + \beta^n.$$

如果特征方程有重根,例如(8)中 $\alpha_1 = \alpha_2 = \alpha_3$ 为三重根,那么需将(7)改为

$$a_n = (l_1 + l_2n + l_3n^2)\alpha_1^n + l_4\alpha_2^n + \cdots + l_k\alpha_k^n.$$

18. 兔子跑了出来*

过去常见戴礼帽的魔术师变魔术.他将帽子摘下来,罩住桌上的一瓶花,然后口中念念有词,过一会儿将帽子掀起一角,一只活生生的兔子跑了出来.

数学中,这类魔术很多.

最近,见到王卫华先生发的第24届香港数学奥林匹克的第4题及解答.原题如下:

求证:对所有正整数 n,

$$f(n)=\prod_{k=1}^{n}\left(1+4\cos^2\frac{k\pi}{2n+1}\right) \tag{1}$$

为整数.

见到三位同学的解答,都很好.但 $f(n)$ 是什么样的整数呢?未见三位同学回答(当然原题只需要证明 $f(n)$ 是整数).

用顶礼帽将题罩住,念一句

唵 嘛 呢 叭 咪 吽,

然后掀起一角,一只兔子跑了出来!

真的,不是眼花,是一只兔子!

实际上,

$$f(n)=f_{2n+1}, \tag{2}$$

这里 f_{2n+1} 是指第 $2n+1$ 个斐波那契数,也就是那串与兔子密切相关的数:

$$1,1,2,3,5,8,13,21,34,\cdots.$$

下面给出一个证明.

令 $\omega_k=\mathrm{e}^{\frac{2k\pi\mathrm{i}}{m}}$ 为1的 m 次方根,$k=0,1,\cdots,m-1$.又记 $\alpha=\frac{1+\sqrt{5}}{2}$,$\beta=\frac{1-\sqrt{5}}{2}$,则

$$f_m=\frac{1}{\sqrt{5}}(\alpha^m-\beta^m)=\prod_{k=1}^{m-1}(\alpha-\omega_k\beta).$$

$m=2n+1$ 时,有

---

* 本节需要知道 n 次单位根相关知识.

$$
\begin{aligned}
f_{2n+1} &= \prod_{j=1}^{2n}(\alpha - \omega_j\beta) \\
&= \prod_{k=1}^{n}(\alpha - \omega_k\beta)(\alpha - \overline{\omega}_k\beta) \\
&= \prod_{k=1}^{n}\left(\alpha^2 + \beta^2 - 2\alpha\beta\cos\frac{2k\pi}{2n+1}\right) \\
&= \prod_{k=1}^{n}\left(3 + 2\cos\frac{2k\pi}{2n+1}\right) \\
&= \prod_{k=1}^{n}\left(1 + 4\cos^2\frac{k\pi}{2n+1}\right) = f(n).
\end{aligned}
$$

这种知道结果是 f_{2n+1}，倒过来推出 $f_{2n+1}=f(n)$的解法似乎比证明 $f(n)$是整数更容易. 如果不知道结果为 f_{2n+1}，亦可这样做：

令 $\theta=\cos\dfrac{2\pi}{2n+1}$，则 $z=\mathrm{e}^{\mathrm{i}\theta}=\cos\theta+\mathrm{i}\sin\theta$ 为 $2n+1$ 次单位根. 令 α,β 为方程

$$x^2 + 3x + 1 = 0$$

的两个根，则

$$
\begin{aligned}
&\alpha + \beta = -3, \\
&\alpha\beta = 1.
\end{aligned}
$$

从而

$$
\begin{aligned}
f(n) &= \prod_{k=1}^{n}\left(3 + 2\cos\frac{2k\pi}{2n+1}\right) = \prod_{k=1}^{n}(3 + z^k + z^{-k}) \\
&= \prod_{k=1}^{n}\frac{1}{z^k}(z^{2k} + 3z^k + 1) = \prod_{k=1}^{n}\frac{1}{z^k}(z^k - \alpha)(z^k - \beta) \\
&= \prod_{k=1}^{n} z^{-k}(z^k - \alpha)(z^k - \alpha^{-1}) = \prod_{k=1}^{n}(-\alpha^{-1})(\alpha - z^k)(\alpha - z^{-k}) \\
&= \left(\frac{-1}{\alpha}\right)^n \prod_{k=1}^{2n}(\alpha - z^k) \\
&= \left(\frac{-1}{\alpha}\right)^n \cdot \frac{\alpha^{2n+1} - 1}{\alpha - 1} \\
&= (-1)^n \cdot \frac{1}{\alpha^n}(\alpha^{2n} + \alpha^{2n-1} + \cdots + 1) \\
&= (-1)^n((\alpha^n + \alpha^{-n}) + (\alpha^{n-1} + \alpha^{1-n}) + \cdots + (\alpha + \alpha^{-1}) + 1).
\end{aligned}
$$

因为 $u_k=\alpha^k+\alpha^{-k}$满足 $u_0=2, u_1=-3, u_2=7, u_{k+1}=-3u_k-u_{k-1}$，所以对一切 u_k 为整数，$f(n)$总为整数.

再举一个与斐波那契数有关的问题.

例　设 n 是自然数,证明:$2^{n-1} \mid \sum\limits_{0 \leqslant k < \frac{n}{2}} C_n^{2k+1} 5^k$.

证明　因为

$$f_n = \frac{1}{\sqrt{5}}\left(\left(\frac{1+\sqrt{5}}{2}\right)^n - \left(\frac{1-\sqrt{5}}{2}\right)^n\right) = \frac{1}{2^{n-1}} \sum C_n^{2k+1} 5^k$$

是整数,所以得证.

19. 逼　　近

设 α 为实数.本节主要讨论用有理数 $\frac{p}{q}$"逼近"α,差 $\left|\alpha - \frac{p}{q}\right|$ 会是多大等问题.

首先介绍一个著名的定理.

Dirichlet 定理　对任意给定的正数 ε,存在正整数 p, q,使得

$$|q\alpha - p| < \varepsilon.$$

证明　取自然数 $Q > \frac{1}{\varepsilon}$,将 $[0,1)$ Q 等分,成为 Q 个区间 $\left[\frac{s}{Q}, \frac{s+1}{Q}\right)$ $(s = 0, 1, \cdots, Q-1)$,每个区间长度为 $\frac{1}{Q} < \varepsilon$.

不妨设 $0 \leqslant \alpha < 1$(否则用 $\alpha - [\alpha]$ 代替 α).

$Q+1$ 个数 $0, \{\alpha\}, \{2\alpha\}, \cdots, \{Q\alpha\}$ 落入上述 Q 个区间,必有两个数在同一区间,即存在 $0 \leqslant q_1 < q_2 \leqslant Q$ 满足

$$|\{q_2\alpha\} - \{q_1\alpha\}| < \frac{1}{Q},$$

即

$$|(q_2 - q_1)\alpha - ([q_2\alpha] - [q_1\alpha])| < \frac{1}{Q}.$$

取 $q = q_2 - q_1$, $p = [q_2\alpha] - [q_1\alpha]$,则 $q > 0$,

$$|q\alpha - p| < \frac{1}{Q} < \varepsilon.$$

$p<0$ 时，导致 $1<\dfrac{1}{Q}$，不可能. 再取定 $Q<\dfrac{1}{\alpha}$，这时 $p=0$，也不可能. 因此 p 也是正整数.

例 1 设 α 为实数，证明：一定存在既约分数 $\dfrac{p}{q}$，满足

$$\left|\alpha-\frac{p}{q}\right|<\frac{1}{q^2}. \tag{1}$$

证明 仍设 $0<\alpha<1$. 由 Dirichlet 定理知存在正整数 $p,q\leqslant Q$，使得

$$|q\alpha-p|<\frac{1}{Q}.$$

于是

$$\left|\alpha-\frac{p}{q}\right|<\frac{1}{Qq}\leqslant\frac{1}{q^2}, \tag{2}$$

其中 p,q 若有大于 1 的公约数可以约去，不影响(2)的成立.

又证 对任意给定的正整数 n，考虑 n 阶 Farey 分数，α 一定在两个相邻的 Farey 分数之间. 设

$$\frac{h}{k}\leqslant\alpha\leqslant\frac{h'}{k'},$$

则 α 必在区间 $\left[\dfrac{h}{k},\dfrac{h+h'}{k+k'}\right]$ 或 $\left[\dfrac{h+h'}{k+k'},\dfrac{h'}{k'}\right]$ 中.

前一种情况下，有

$$\left|\alpha-\frac{h}{k}\right|\leqslant\frac{h+h'}{k+k'}-\frac{h}{k}=\frac{1}{k(k+k')}\leqslant\frac{1}{k(n+1)}.$$

后一种情况下，有

$$\left|\frac{h'}{k'}-\alpha\right|\leqslant\frac{h'}{k'}-\frac{h+h'}{k+k'}=\frac{1}{k'(k+k')}\leqslant\frac{1}{k'(n+1)}.$$

总之，存在既约分数 $\dfrac{p}{q}$ $(q\leqslant n)$，使得

$$\left|\alpha-\frac{p}{q}\right|\leqslant\frac{1}{q(n+1)}. \tag{3}$$

(3)比(1)强.

例 2 若 α 为有理数，证明：(1)仅有有限多个解 $\dfrac{p}{q}$.

证明 设 $\alpha=\dfrac{a}{b}$，则在 $\dfrac{p}{q}\neq\alpha$ 时，有

$$0<\left|\alpha-\frac{p}{q}\right|=\left|\frac{a}{b}-\frac{p}{q}\right|=\left|\frac{aq-bp}{bq}\right|.$$

因为整数 $aq-bp\neq 0$，所以 $|aq-bp|\geqslant 1$. 再由

$$\frac{1}{q^2}\geqslant\left|\alpha-\frac{p}{q}\right|\geqslant\frac{1}{bq},$$

得

$$q\leqslant b.$$

从而 $\frac{p}{q}$ 只有有限多个.

例 3　若 α 为无理数，证明：满足(1)的 $\frac{p}{q}$ 有无穷多个.

证明　设 α 为无理数，而满足(1)的 $\frac{p}{q}$ 仅有 k 个，即

$$\frac{p_1}{q_1},\frac{p_2}{q_2},\cdots,\frac{p_k}{q_k}. \tag{4}$$

因为 α 是无理数，所以

$$\left|\frac{p_s}{q_s}-\alpha\right|>0\quad(1\leqslant s\leqslant k).$$

取正整数 $Q>\left(\min\limits_{1\leqslant s\leqslant k}\left|\frac{p_s}{q_s}-\alpha\right|\right)^{-1}$.

对于这个 Q，可以构作出一些 $\frac{p}{q}$，满足

$$\left|\alpha-\frac{p}{q}\right|<\frac{1}{Qq}\quad(q\leqslant Q).$$

这些 $\frac{p}{q}$ 当然也满足(1)(因为 $q\leqslant Q$)，因而也是(4)的成员. 但对 $1\leqslant s\leqslant k$，有

$$\left|\frac{p_s}{q_s}-\alpha\right|>\frac{1}{Q}>\left|\alpha-\frac{p}{q}\right|,$$

矛盾!

因此，满足(1)的解 $\frac{p}{q}$ 有无穷多个.

又证　考虑无理数 α 的连分数表示(见第 11 章). 连分数的渐近分数 $\frac{p_n}{q_n}$ 均满足要求.

例 4　正整数数列 $a_1,a_2,\cdots$ 定义如下：$a_{n+1}=a_n+P_n$，P_n 为 a_n 的数字的乘积. 如果出现 $a_{n+1}=a_n$，那么数列到此结束. 证明：若 $a_1<10^6$，则数列一定结束.

证明　如果 a_n 的数字中有 0，那么 $P_n=0$，$a_{n+1}=a_n$，数列结束，因此只需证明 n

足够大时，a_n 的数字中有 0.

设想腿未打折时，孔乙己先生在数轴上依次走过(表示)数 $a_1, a_2, \cdots$(的点)，在他的前面挖一个"坑"，即半开区间$[10^k, 10^k+10^{k-1})$，其中正整数 k 同时满足两个条件：

(ⅰ) $10^k > a_1$.

(ⅱ) $10^{k-1} > 9^k$.

条件(ⅰ)容易满足，取 $k>6$ 即可.

条件(ⅱ)也不难满足，学过对数的人知道(ⅱ)即

$$k-1 > k\lg 9.$$

取

$$k > \frac{1}{1-\lg 9} = 21.8\cdots,$$

即取 $k>22$，则(ⅰ)、(ⅱ)均满足.

未学过对数的人也可知道(ⅱ)即

$$\left(\frac{10}{9}\right)^k > 10.$$

易知

$$\left(\frac{10}{9}\right)^k = \left(1+\frac{1}{9}\right)^k > 1+\frac{k}{9},$$

取 $k \geqslant 90$，则$\left(\frac{10}{9}\right)^k > 10$，此时(ⅱ)与(ⅰ)皆成立.

总之，我们在孔乙己的前面(因为 $a_1 < 10^k$)挖了一个坑，坑里的整数首位数字为 1，第二位数字为 0.

孔乙己开始走过的数都在坑前，如果他已经走到了坑前的最后一步，那么下一步应当跨过 10^k 这个点. 但他在坑前，所以他所在位置 a_t 的位数仍少于 $k+1$，这时他迈出的步长

$$a_{t+1} - a_t = P_t \leqslant 9^k < 10^{k-1}.$$

因此，孔先生一定跨不过长为 10^{k-1} 的坑. 很不幸，他落到了坑内的 a_{t+1}，a_{t+1} 的第二位数字为 0. 从而 $a_{t+2} = a_{t+1}$.

本题的 $a_1 < 10^6$ 并不重要，上面的解法表明无论 a_1 为多大，数列迟早会结束.

例 5 已知 $f(x)$是周期函数，T 和 1 都是周期，而且 $0<T<1$，T 为无理数. 证明：可找到一个各项为无理数的无穷数列$\{a_n\}$，满足 $1>a_n>a_{n+1}>0(n\in\mathbb{N})$，且每个 a_n 都是$f(x)$的周期.(T 为$f(x)$的周期，即对所有 x，$f(x+T)=f(x)$.)

证明 形如 $mT-n$(m，n 为整数，$m\neq 0$)的数都是 $f(x)$的周期，而且都是无理数，

其中有无穷多个属于区间$(0,1)$.事实上,取$n=[mT]$,则$mT-n\in(0,1)$.

更进一步,对任意正整数k,将区间$(0,1)$等分为k个长度的$\frac{1}{k}$的区间,其中必有一个含有无穷多个上述的数,它们中每两个的差(大的减小的)小于$\frac{1}{k}$.而这个差仍是形如$mT-n$的数$\left(m\text{ 不会为 }0\text{,否则差为整数 }n\text{,不小于}\frac{1}{k}\right)$.

于是,可取任一个形如$mT-n$且属于区间$(0,1)$的数作为a_1.设已有

$$a_1>a_2>\cdots>a_h(>0),$$

取正整数k,使$\frac{1}{k}<a_h$.再在$\left(0,\frac{1}{k}\right)$中取一个上述形状的数作为$a_{h+1}$.

如此即得一个合乎要求的无穷子列

$$a_1>a_2>\cdots>a_h>a_{h+1}>\cdots.$$

例6　设α为实数,证明:当且仅当α为无理数时,对任一$m\in\mathbb{N}$,均有$n\in\mathbb{Z}$,使得

$$0<\{n\alpha\}<\frac{1}{m},\tag{5}$$

这里$\{x\}=x-[x]$为x的小数部分.

证明　不妨设$0<\alpha<1$(否则用$\alpha-[\alpha]$代替α).

若α为有理数$\frac{q}{p}$,则

$$\{n\alpha\}\begin{cases}=0, & \text{若 } p\mid n,\\ \geqslant\frac{1}{p}, & \text{若 } p\nmid n.\end{cases}$$

取$m=p$,则(5)不成立.

若α为无理数,则由Dirichlet定理的证明,存在正整数$p,q\leqslant m$,满足

$$0<|q\alpha-p|<\frac{1}{m}.\tag{6}$$

若$q\alpha>p$,则(6)即

$$0<q\alpha-p<\frac{1}{m},$$

于是$p=[q\alpha]$.取$n=q$,则(5)成立.

若$q\alpha<p$,则

$$0<p-q\alpha<\frac{1}{m}.$$

与例4类似,设想孔乙己自原点出发,步长为$p-q\alpha$.

在孔乙己前方挖一个坑$\left(2-\frac{1}{m},2\right)$. 由于坑长$\frac{1}{m}$大于步长$p-q\alpha$，故孔乙己必落入坑内，即存在正整数$h$，使得

$$2-\frac{1}{m}<h(p-q\alpha)<2,$$

从而

$$0<hq\alpha+2-hp<\frac{1}{m}.$$

取$n=hq$，则$hp-2=[n\alpha]$，并且

$$0<\{n\alpha\}<\frac{1}{m}.$$

20. 五朵金花

本节分为五小节，可称为五朵金花.

第1朵　高斯整数

设正整数$x>1$，$y>1$，且

$$xy=1000^2+3^2, \tag{1}$$

$$xy=972^2+235^2, \tag{2}$$

求x，y.

这道题有点怪，因为(1)、(2)两个条件只要有一个就可以求出x，y，另一个是多余的. 但是，困难在于1000009不太好分解. 当然这是指纯用人力，如果有计算机帮助，并不困难 .

972^2+235^2的分解更麻烦些，得先算出平方和(由(1)我们知道这个和是1000009)，然后再分解.

不像人(力)干的活！

但是，高斯(Gauss)，伟大的高斯说：这是我年轻时早就做过的.

他怎么做的呢？

原来,他早就研究过形如 $a+b\mathrm{i}$(i 是虚数单位,a,b 为整数)的数.我们称这种数为高斯整数.

高斯整数可以加,可以减,可以乘,即

$$(a+b\mathrm{i})+(c+d\mathrm{i})=(a+c)+(b+d)\mathrm{i},$$
$$(a+b\mathrm{i})-(c+d\mathrm{i})=(a-c)+(b-d)\mathrm{i},$$
$$(a+b\mathrm{i})(c+d\mathrm{i})=ac-bd+(bc+ad)\mathrm{i}.$$

学过复数的,当然早就知晓.未学过复数的初中同学可将 i 当作一个字母 x,只需注意

$$\mathrm{i}\times\mathrm{i}=\mathrm{i}^2=-1.$$

显然,上述加、减、乘的结果仍是高斯整数.这和普通的整数是一样的:$\mathbb{Z}$ 中任两个数的和、差、积仍在 $\mathbb{Z}$ 中.我们将高斯整数的全体记为 $\mathbb{Z}[\mathrm{i}]$,称它为高斯整数环.

整数除以(非零)整数,结果未必是整数.高斯整数也是如此.整除、质数等概念都可以推广至 $\mathbb{Z}[\mathrm{i}]$.

整数可以分解,而且不计质因数的顺序时,分解是唯一的.$\mathbb{Z}[\mathrm{i}]$也是如此.

现在回到原题,易知

$$1000^2+3^2=(1000+3\mathrm{i})(1000-3\mathrm{i}),$$
$$972^2+235^2=(972+235\mathrm{i})(972-235\mathrm{i}).$$

由(1)、(2)得

$$(1000+3\mathrm{i})(1000-3\mathrm{i})=(972+235\mathrm{i})(972-235\mathrm{i}).$$

这表明 $1000+3\mathrm{i}$,$1000-3\mathrm{i}$,$972+235\mathrm{i}$,$972-235\mathrm{i}$ 不是 $\mathbb{Z}[\mathrm{i}]$中的质数(否则与 $\mathbb{Z}[\mathrm{i}]$中的唯一分解性矛盾).

因此,应存在高斯整数 $a+b\mathrm{i}$,$c+d\mathrm{i}$ 满足

$$\begin{aligned}1000+3\mathrm{i}&=(a+b\mathrm{i})(c+d\mathrm{i})\\&=ac-bd+(bc+ad)\mathrm{i},\end{aligned}\tag{3}$$

这时

$$\begin{aligned}972+235\mathrm{i}&=(a+b\mathrm{i})(c-d\mathrm{i})\\&=ac+bd+(bc-ad)\mathrm{i}.\end{aligned}\tag{4}$$

(由“共轭”得

$$1000-3\mathrm{i}=ac-bd-(bc+ad)\mathrm{i},$$
$$972-235\mathrm{i}=ac+bd-(bc-ad)\mathrm{i}.)$$

由(3)、(4)得

$$ac=\frac{1}{2}(1000+972)=986=2\times 493=2\times 17\times 29,$$

$$bd=-\frac{1}{2}(1000-972)=-14=-2\times 17,$$

$$bc=\frac{1}{2}(3+235)=119=7\times 17,$$

$$ad=\frac{1}{2}(3-235)=-116=-4\times 29,$$

所以 $a=2\times 29=58, b=7, c=17, d=-2$. 又

$$xy=(1000+3\mathrm{i})(1000-3\mathrm{i})=(a^2+b^2)(c^2+d^2),$$

故

$$x=a^2+b^2=58^2+7^2=3413,\quad y=c^2+d^2=293$$

或 $x=293, y=3413$.

注 不用高斯整数，直接用

$$\begin{aligned}(a^2+b^2)(c^2+d^2)&=(ac-bd)^2+(bc+ad)^2\\&=(ac+bd)^2+(bc-ad)^2\end{aligned}$$

也一样可做，甚至更简单，但解法根据似不分明. 引入高斯整数，可以开阔眼界.

大数学家的想象力果然丰富啊！伟大啊！

第 2 朵　一道老题谁会做

已知 a,b,c,d,a_1,b_1,c_1,d_1. 求证：

$$(a^2+b^2+c^2+d^2)(a_1^2+b_1^2+c_1^2+d_1^2)=A^2+B^2+C^2+D^2,$$

其中 A,B,C,D 都是关于 a,b,c,d,a_1,b_1,c_1,d_1 的多项式. 试求出 A,B,C,D（用 a, b,c,d,a_1,b_1,c_1,d_1 表示）.

这道题，高中生能做，初中生也能做.

这道题，大学生未必能做，大学教授（当然是理工科的）也未必能做.

谁会做？

第 3 朵　四　元　数

首先给出上小节的答案（第 4 章第 6 节已有，这里再重复写一下，并说明怎样得到这个恒等式）.

已知 a,b,c,d,a_1,b_1,c_1,d_1，则

$$
\begin{aligned}
&(a^2+b^2+c^2+d^2)(a_1^2+b_1^2+c_1^2+d_1^2)\\
&\quad=(aa_1-bb_1-cc_1-dd_1)^2+(ab_1+ba_1+cd_1-dc_1)^2\\
&\qquad+(ac_1-bd_1+ca_1+db_1)^2+(ad_1+bc_1-cb_1+da_1)^2,
\end{aligned}\tag{3}
$$

即

$$(a^2+b^2+c^2+d^2)(a_1^2+b_1^2+c_1^2+d_1^2)=A^2+B^2+C^2+D^2,$$

其中 $A=aa_1-bb_1-cc_1-dd_1$，$B=ab_1+ba_1+cd_1-dc_1$，$C=ac_1-bd_1+ca_1+db_1$，$D=ad_1+bc_1-cb_1+da_1$.

验证上面的等式成立并不困难，难点在于如何发现这个等式.

英国数学家哈密顿(W. R. Hamilton，1805—1865)发明了四元数，并利用四元数得到了上述公式.

复数是“二元数”，每个复数 $a+b\mathrm{i}$ 相当于平面上的一个点(a,b)，也相当于一个向量，向量在 x 轴上的分量为a，在 y 轴上的分量为b. 1 与 i 可作为两个轴上的基(底)，即基本向量. 此外，复数还可以做乘法，并且适用于交换律、结合律以及分配律. 其中特别重要的是

$$\mathrm{i}^2=-1.$$

(将乘 i 当作绕原点逆时针旋转 90°，$\mathrm{i}\times\mathrm{i}$ 即将 i 旋转到负实轴，成为 -1.)

四元数有四个基底 1，i，j，k，每个四元数可表示成 $a+b\mathrm{i}+c\mathrm{j}+d\mathrm{k}$，其中 $a,b,c,d\in\mathbb{R}$.

四元数的加法与复数一样，即

$$
\begin{aligned}
&(a+b\mathrm{i}+c\mathrm{j}+d\mathrm{k})\pm(a_1+b_1\mathrm{i}+c_1\mathrm{j}+d_1\mathrm{k})\\
&\quad=(a\pm a_1)+(b\pm b_1)\mathrm{i}+(c\pm c_1)\mathrm{j}+(d\pm d_1)\mathrm{k},
\end{aligned}
$$

但乘法则不容易规定(合理的规定必须不产生矛盾).

据说哈密尔顿为此大伤脑筋，他朝思暮想，一天走到都柏林的布鲁穆桥上，忽然灵感来了，赶快将想出的乘法刻在桥的石板上.

实际上，除了 $\mathrm{i}^2=\mathrm{j}^2=\mathrm{k}^2=-1$ 外，还有一个极重要的规定，如下所示：

依逆时针顺序有 $\mathrm{ij}=\mathrm{k}$，$\mathrm{jk}=\mathrm{i}$，$\mathrm{ki}=\mathrm{j}$，而反过来则为 $\mathrm{ik}=-\mathrm{j}$，$\mathrm{kj}=-\mathrm{i}$，$\mathrm{ji}=-\mathrm{k}$，即在四元数的乘法中，交换律并不成立.

利用上述规定，不难得到

$$
\begin{aligned}
&(a+b\mathrm{i}+c\mathrm{j}+d\mathrm{k})(a-b\mathrm{i}-c\mathrm{j}-d\mathrm{k})\\
&\quad=a^2+b^2+c^2+d^2.
\end{aligned}
$$

$a^2+b^2+c^2+d^2$ 称为四元数 $a+bi+cj+dk$ 的模(复数 $a+bi$ 的模是 a^2+b^2).

从而

$$\begin{aligned}&(a+bi+cj+dk)(a_1+b_1i+c_1j+d_1k)\\&=(aa_1-bb_1-cc_1-dd_1)+(ab_1+ba_1+cd_1-dc_1)i\\&\quad+(ac_1-bd_1+ca_1+db_1)j+(ad_1+bc_1-cb_1+da_1)k\end{aligned}$$

(注意 $ij=k$ 而 $ji=-k$,不要算错).

在上式两边取模,就得到一开始的等式(3).

注1 这里的(3)与第4章第6节引理1的式子表面上不一致,其实并无实质差异.将这里的 a_1(即那里的 y)改写成 $-a_1$(仍对应于 y),两者就一致了.

注2 用适当的四阶矩阵亦可得出公式(3).

第4朵 为何没有三元数

复数 $a+bi$ 是"二元数",有两个基,即1与i,每个复数可表示成

$$a+bi \quad (a,b\in\mathbb{R}).$$

复数不但可做加(减)法,而且可做乘(除)法.其中乘法结合律、交换律以及乘法对加法的分配律均成立.而最重要的一点是

$$i^2=-1. \tag{4}$$

如果有三元数,应当有三个基,1,i之外再添一个j.1与i可作为平面直角坐标系中两个坐标轴上的单位向量.1,i,j应作为空间直角坐标系中的三个向量.每个三元数可表示成

$$a+bi+cj \quad (a,b,c\in\mathbb{R}).$$

三元数可做加(减)法,方法与向量一样,即

$$(a+bi+cj)+(a'+b'i+c'j)=(a+a')+(b+b')i+(c+c')j.$$

然而,三元数的乘法遇到了麻烦,与(4)类似,可令

$$j^2=-1.$$

(在1与j所成平面上,乘以j可理解为绕 O 点逆时针旋转90°,j^2 即旋转180°.)

但 $ij=?$

应当有

$$ij=a+bi+cj, \tag{5}$$

两边同以i相乘得

$$-j=ai-b+cij. \tag{6}$$

$c\times(5)+(6)$,整理得

$$-\mathrm{j}=(ac-b)+(bc+a)\mathrm{i}+c^2\mathrm{j} \tag{7}$$

比较(7)的两边，得

$$ac-b=0,\quad bc+a=0,\quad c^2=-1.$$

但 c 为实数，$c^2=-1$ 不可能.

所以不可能有三元数，即三个基 1，i，j 所成的(实数域上的)集合 $\{a+b\mathrm{i}+c\mathrm{j}\mid a,b,c\in\mathbb{R}\}$ 虽然能做加法，却不能做乘法.

前面说过，两个整数的平方和乘以两个整数的平方和，结果仍是两个整数的平方和. 这里顺便问一下：

三个整数的平方和乘以三个整数的平方和，结果是否一定是三个整数的平方和?

第 5 朵　三个整数的平方和

前面已说过，四个整数的平方和乘以四个整数的平方和，一定是四个整数的平方和.(4 也可以换成 8.)

三个整数的平方和乘以三个整数的平方和，是否一定是三个整数的平方和? 如果不是，请举一反例. 如果是，请给予证明.

答案是否定的. 比如：

$$(1^2+1^2+1^2)(1^2+2^2+4^2)=3\times 21=63,$$

但

$$63\equiv -1 \pmod 8,$$

而

$$x_1^2+x_2^2+x_3^2\equiv \begin{matrix}1+1+1\\1+1+0\\1+1+4\\1+0+0\\1+0+4\\1+4+4\end{matrix}\equiv\begin{matrix}3\\2\\6\\1\\5\\1\end{matrix}\not\equiv -1 \pmod 8.$$

练　习　5

1. 设 n 为自然数. 证明：

$$1-\frac{1}{2}+\frac{1}{3}-\frac{1}{4}+\cdots-\frac{1}{2n}=\frac{1}{n+1}+\frac{1}{n+2}+\cdots+\frac{1}{2n}.$$

2. 将$\frac{1}{44}$写成$\frac{1}{x}+\frac{1}{y}$（$x<y$为自然数）的形式，有多少种不同的写法？

3. 给出一组自然数$A<B<C<D$，使得

$$1-\frac{1}{2}+\frac{1}{3}-\frac{1}{4}+\cdots-\frac{1}{14}+\frac{1}{15}=23\left(\frac{1}{A}+\frac{1}{B}+\frac{1}{C}+\frac{1}{D}\right).$$

A,B,C,D是否唯一？若不唯一，能否给出5个不同的解？

4. 在□里填入一个最小的整数，使式子成立：

$$\frac{14}{17}<\frac{\square}{46}.$$

5. 在□里填入一个整数，使式子成立：

$$\frac{10}{13}<\frac{80}{\square}<\frac{7}{9}.$$

6. 考虑二元有序数对的集合$\{(m,n)\mid m,n\in\mathbb{Z},n\neq 0\}$. 如果$(m_1,n_1)$与$(m_2,m_2)$满足$m_1n_2=m_2n_1$，就记为$(m_1,n_1)\sim(m_2,n_2)$. 证明：

(ⅰ) $(m_1,n_1)\sim(m_1,n_1)$.

(ⅱ) 若$(m_1,n_1)\sim(m_2,n_2)$，则$(m_2,n_2)\sim(m_1,n_1)$.

(ⅲ) 若$(m_1,n_1)\sim(m_2,n_2)$，$(m_2,n_2)\sim(m_3,n_3)$，则$(m_1,n_1)\sim(m_3,n_3)$.

7. 证明：$\frac{5}{121}$不能写成两个单位分数之和.

8. 设$\frac{m}{n}$为真分数（m,n为正整数，且$m<n$）. 证明：$\frac{m}{n}$总可以写成有限多个分母互不相同的单位分数之和.

9. 设有理数a,b的和$a+b$与积ab均为整数. 证明：a,b为整数.

10. 证明：$\sqrt[3]{49}$不是有理数.

11. 已知n为自然数，如果$\sqrt{n}$为有理数，证明：n一定是整数的平方，$\sqrt{n}$为整数.

12. 如果α,β都是无理数，那么$\alpha\pm\beta,\alpha\beta,\frac{\alpha}{\beta}$是否一定是无理数？

13. $\sqrt{17}-\sqrt{15}$与下面的哪一个数更接近？

(ⅰ) 0.2.

(ⅱ) 0.3.

14. 设α为实数，并且存在正整数n_0，使得$\sqrt{n_0+\alpha}$为有理数. 是否还有其他的正整数n，使得$\sqrt{n+\alpha}$为有理数？这样的n有多少？

15. 设α,β为实数. 若存在整数a,b,c,d，满足$\begin{vmatrix}a & b\\ c & d\end{vmatrix}=ad-bc=1$，并且$\alpha=$

$\dfrac{a\beta+b}{c\beta+d}$,则称 α,β 相似,记为 $\alpha\sim\beta$.证明这里的相似是等价关系,即有以下三条性质:

(ⅰ) $\alpha\sim\alpha$.

(ⅱ) 若 $\alpha\sim\beta$,则 $\beta\sim\alpha$.

(ⅲ) 若 $\alpha\sim\beta,\beta\sim\gamma$,则 $\alpha\sim\gamma$.

16. 证明:所有的有理数彼此相似.

17. 已知实数数列

$$a_1,a_2,\cdots,a_{2025}. \tag{1}$$

证明可从中取出一个子数列(即从中取出一部分数,但仍保持原来顺序),同时满足以下条件:

(ⅰ) 不含(1)中连续三项.

(ⅱ) (1)中每连续三项至少有一项在这个子数列中.

(ⅲ) 这个子数列的和 $\geqslant\dfrac{1}{3}(a_1+a_2+\cdots+a_{2025})$.

18. 已知实数数列

$$a_1,a_2,\cdots,a_n \tag{1}$$

的和为正.证明可在(1)中取出一个子数列,同时满足以下条件:

(ⅰ) 不含(1)中连续三项.

(ⅱ) (1)中每连续三项至少有一项在这个子数列中.

(ⅲ) 这个子数列的和 $\geqslant\dfrac{1}{6}(|a_1|+|a_2|+\cdots+|a_n|)$.

19. 对于每个正整数 n,定义

$$a_n=\begin{cases}0, & \text{若 } n \text{ 的大于 2022 的正因数个数为偶数},\\ 1, & \text{若 } n \text{ 的大于 2022 的正因数个数为奇数}.\end{cases}$$

问 $0.a_1a_2a_3\cdots$是有理数,还是无理数?

20. 证明:$f_{m+n}=f_mf_{n+1}+f_{m-1}f_n$.

21. 证明:$(f_m,f_n)=f_{(m,n)}$.

22. 本章第 17 节例 1 中 f_{20},f_{50} 皆能被 5 整除.证明:当且仅当 $5|n$ 时,$5|f_n$.

23. 设 α,β 为 $x^2+3x+1=0$ 的两个根,$u_k=\alpha^k+\beta^k(k=0,1,2,\cdots)$.证明:一切 u_k 为整数,并且

$$2-u_k=(-1)^{k-1}\cdot 5a_k,$$

其中 a_k 为整数的平方.

24. 证明:可数个可数集 $A_1,A_2,\cdots$的并集 $\bigcup\limits_{n=1}^{\infty}A_n$ 是可数集.

25．求$(\sqrt[3]{72+32\sqrt{5}})^{2020}$的个位数字.

解　答　5

1．

$$1-\frac{1}{2}+\frac{1}{3}-\frac{1}{4}+\cdots-\frac{1}{2n}=1+\frac{1}{2}+\frac{1}{3}+\frac{1}{4}+\cdots+\frac{1}{2n}-2\left(\frac{1}{2}+\frac{1}{4}+\cdots+\frac{1}{2n}\right)$$

$$=1+\frac{1}{2}+\frac{1}{3}+\cdots+\frac{1}{2n}-\left(1+\frac{1}{2}+\cdots+\frac{1}{n}\right)$$

$$=\frac{1}{n+1}+\frac{1}{n+2}+\cdots+\frac{1}{2n}.$$

2．$44^2=2^2\times11^2$ 有$(4+1)\times(2+1)=15$个因数，所以 x 有$\frac{15-1}{2}=7$种.相应的写法有 7 种，即

$$\frac{1}{44}=\frac{1}{45}+\frac{1}{44\times45}=\frac{1}{46}+\frac{1}{44\times23}=\frac{1}{48}+\frac{1}{44\times12}$$

$$=\frac{1}{52}+\frac{1}{22\times23}=\frac{1}{55}+\frac{1}{4\times5\times11}=\frac{1}{60}+\frac{1}{11\times15}=\frac{1}{66}+\frac{1}{44\times3}.$$

3．因为

$$1-\frac{1}{2}+\frac{1}{3}-\frac{1}{4}+\cdots-\frac{1}{14}+\frac{1}{15}=\frac{1}{8}+\frac{1}{9}+\frac{1}{10}+\frac{1}{11}+\frac{1}{12}+\frac{1}{13}+\frac{1}{14}+\frac{1}{15}$$

$$=\left(\frac{1}{8}+\frac{1}{15}\right)+\left(\frac{1}{9}+\frac{1}{14}\right)+\left(\frac{1}{10}+\frac{1}{13}\right)+\left(\frac{1}{11}+\frac{1}{12}\right)$$

$$=23\left(\frac{1}{120}+\frac{1}{126}+\frac{1}{130}+\frac{1}{132}\right),$$

所以 $A=120$，$B=126$，$C=130$，$D=132$ 为一组解.

当然，本题的解并不唯一.例如

$$\frac{1}{120}+\frac{1}{132}+\frac{1}{130}=\frac{7}{440}+\frac{1}{130}=\frac{135}{5720}=\frac{27}{1144}=\frac{1}{1144}+\frac{1}{44},$$

而$\frac{1}{44}$有多种方法表示为$\frac{1}{x}+\frac{1}{y}$（见第 2 题）.

4．因为

$$\square>\frac{14\times46}{17}=\frac{644}{17}=37+\frac{15}{17},$$

所以□里应填38.

5. 因为

$$\square > \frac{9\times 80}{7} = 102.\cdots,$$

$$\square < \frac{80\times 13}{10} = 104,$$

所以□里应填103.

6. (ⅰ)、(ⅱ)显然成立.

(ⅲ)由已知条件得

$$m_1 n_2 = m_2 n_1, \quad m_2 n_3 = m_3 n_2.$$

若 $m_2 \neq 0$,则以上两式相乘得 $m_1 n_2 m_2 n_3 = m_2 n_1 m_3 n_2$,约去 $m_2 n_2$,得 $m_1 n_3 = m_3 n_1$.

若 $m_2 = 0$,则 $m_1 = 0, m_3 = 0$,显然有 $m_1 n_3 = m_3 n_1$.

因此总有 $(m_1, n_1) \sim (m_3, n_3)$.

7. 设 $\frac{5}{121} = \frac{1}{x} + \frac{1}{y}$,其中 x, y 为正整数,则

$$5xy = 121(x+y).$$

设 $(x, y) = d$,即 $x = dx_1, y = dy_1, (x_1, y_1) = 1$.

不妨设 $x_1 \leqslant y_1$,则

$$5dx_1 y_1 = 121(x_1 + y_1),$$

于是 $5 \mid (x_1 + y_1)$.

因为 $x_1 \mid 121(x_1 + y_1)$,但 $(x_1, y_1) = 1$,所以 $x_1 \mid 121$.同理可得 $y_1 \mid 121$,所以 $x_1 y_1 \mid 121$,故 $x_1 y_1 = 1, 11$ 或 121.从而 $x_1 = y_1 = 1$ 或 $x_1 = 1, y_1 = 11$ 或 $x_1 = 1, y_1 = 121$,均与 $5 \mid (x_1 + y_1)$ 矛盾.

8. 设 $\frac{1}{a_1}$ 为不大于 $\frac{m}{n}$ 的最大的单位分数,则 $a_1 > 1$,且 $\frac{1}{a_1 - 1} > \frac{m}{n}$,从而 $ma_1 - n < m$.

若 $\frac{1}{a_1} = \frac{m}{n}$,则结论已真.否则,令 $ma_1 - n = m_1, na_1 = n_1$,则

$$0 < \frac{m}{n} - \frac{1}{a_1} = \frac{m_1}{n_1}.$$

同样,设 $\frac{1}{a_2}$ 为不大于 $\frac{m_1}{n_1}$ 的最大的单位分数,则或者 $\frac{m}{n} = \frac{1}{a_1} + \frac{1}{a_2}$,结论成立;或者

$$\frac{m}{n} = \frac{1}{a_1} + \frac{1}{a_2} + \frac{m_2}{n_2},$$

其中 $m_2=m_1a_2-n_1<m_1, n_2=n_1a_2$.

如此继续进行，或者命题成立，或者得到正整数

$$m>m_1>m_2>\cdots,$$

但这个数列只能有有限多项，所以若干步后上面过程结束，故

$$\frac{m}{n}=\frac{1}{a_1}+\frac{1}{a_2}+\cdots+\frac{1}{a_k}.$$

9. 设 $a=\frac{p}{q}, b=\frac{r}{s}, (p,q)=(r,s)=1$，且

$$\frac{p}{q}+\frac{r}{s}=m,\quad \frac{p}{q}\cdot\frac{r}{s}=n\quad (m,n\in\mathbb{Z}),$$

则

$$\frac{p}{q}\left(m-\frac{p}{q}\right)=n,$$

即

$$p(mq-p)=nq^2,$$

所以 $q\mid p(mq-p)$，而 $(q,mq-p)=(q,p)=1$，故 $q\mid p$. 因为 $(q,p)=1$，所以 $q=1$，故 $\frac{p}{q}$ 为整数. 同理，$\frac{r}{s}$ 为整数. 因此 a, b 为整数.

10. 设 $\sqrt[3]{49}=\frac{a}{b}$，其中 a, b 为互质的自然数，则

$$49b^3=a^3.$$

将等式两边分解，写成质因数的积. 左边 7 的幂指数是 3 的倍数加 2，右边 7 的幂指数是 3 的倍数. 矛盾表明 $\sqrt[3]{49}$ 不是有理数.

11. 设 $\sqrt{n}=\frac{a}{b}$，其中 a, b 为互质的自然数，则

$$nb^2=a^2.$$

于是 $b\mid a^2$，但 a, b 互质，所以 $b=1$. 故 $n=a^2$ 为平方数，$\sqrt{n}=a$ 为自然数.

注 这题虽然简单，但常常用到.

12. 不一定. 例如，若 $\alpha=\sqrt{2}, \beta=2-\sqrt{2}$，则 $\alpha+\beta=2$ 为有理数，$\alpha+\alpha=2\sqrt{2}$ 为无理数，$\alpha-\beta=2\sqrt{2}-2$ 为无理数，$\alpha-\alpha=0$ 为有理数，$\alpha\beta=\sqrt{2}(2-\sqrt{2})=2\sqrt{2}-2$ 为无理数，$\alpha^2=2$ 为有理数，$\frac{\alpha}{\beta}=\frac{\sqrt{2}}{2-\sqrt{2}}=\frac{\sqrt{2}(2+\sqrt{2})}{2}=\sqrt{2}+1$ 为无理数，$\frac{\alpha}{\alpha}=1$ 为有理数.

13. 首先注意到

$$\frac{1}{2}(0.2+0.3)=0.25=\frac{1}{4},$$

故只需比较$\sqrt{17}-\sqrt{15}$与$\frac{1}{4}$的大小.

因为

$$\sqrt{17}-\sqrt{15}-\frac{1}{4}=\frac{2}{\sqrt{17}+\sqrt{15}}-\frac{1}{4}, \tag{1}$$

又

$$\sqrt{17}-4=\frac{1}{\sqrt{17}+4}<\frac{1}{\sqrt{15}+4}=4-\sqrt{15},$$

即

$$\sqrt{17}+\sqrt{15}<8, \tag{2}$$

所以由(1)、(2)得

$$\sqrt{17}-\sqrt{15}>\frac{1}{4}.$$

从而$\sqrt{17}-\sqrt{15}$与0.3更为接近.

14. 设$\sqrt{n_0+\alpha}=\frac{p}{q}$,其中$p,q$都是正整数,则$\alpha=\frac{p^2}{q^2}-n_0$.对于正整数$n$,

$$n+\alpha=n-n_0+\frac{p^2}{q^2}=\frac{(n-n_0)q^2+p^2}{q^2}.$$

设$(n-n_0)q^2+p^2=(xq+p)^2=x^2q^2+2xpq+p^2$,则

$$n-n_0=\frac{x^2q+2xp}{q}.$$

于是任取正整数$x=mq$,则$n=n_0+2mp+m^2q^2$为整数,而且$\sqrt{n+\alpha}=\frac{xq+p}{q}$为有理数.由于$m$有无穷多个,所以满足要求的$n$有无穷多个.

15.(ⅰ)$\alpha=\frac{1\cdot\alpha+0}{0\cdot\alpha+1}$,$\begin{vmatrix}1&0\\0&1\end{vmatrix}=1$.

(ⅱ)若$\alpha=\frac{a\beta+b}{c\beta+d}$,$\begin{vmatrix}a&b\\c&d\end{vmatrix}=1$,则$\beta=\frac{d\alpha-b}{-c\alpha+a}$,$\begin{vmatrix}d&-b\\-c&a\end{vmatrix}=1$.

(ⅲ)若$\alpha=\frac{a\beta+b}{c\beta+d}$,$\beta=\frac{a_1\gamma+b_1}{c_1\gamma+d_1}$,$ad-bc=a_1d_1-b_1c_1=1$,则

$$\alpha=\frac{a\cdot\frac{a_1\gamma+b_1}{c_1\gamma+d_1}+b}{c\cdot\frac{a_1\gamma+b_1}{c_1\gamma+d_1}+d}$$

$$=\frac{a(a_1\gamma+b_1)+b(c_1\gamma+d_1)}{c(a_1\gamma+b_1)+d(c_1\gamma+d_1)}$$

$$=\frac{(aa_1+bc_1)\gamma+(ab_1+bd_1)}{(ca_1+dc_1)\gamma+(cb_1+dd_1)},$$

其中

$$(aa_1+bc_1)(cb_1+dd_1)-(ab_1+bd_1)(ca_1+dc_1)$$
$$=(ad-bc)(a_1d_1-b_1c_1)=1.$$

16. 设$\frac{p}{q}$为有理数，p,q 为互质整数，则由裴蜀定理知必存在正整数 p',q'，满足 $p'q-q'p=1$. 于是

$$\frac{p}{q}=\frac{p'\cdot 0+p}{q'\cdot 0+q},$$

即$\frac{p}{q}\sim 0$，一切有理数相似于 0. 由第 15 题知一切有理数彼此相似.

17. 下面 3 个子数列

$$a_1,a_4,a_7,\cdots,a_{2023},$$
$$a_2,a_5,a_8,\cdots,a_{2024},$$
$$a_3,a_6,a_9,\cdots,a_{2025}$$

都满足(ⅰ)、(ⅱ)，它们三个的和相加等于 $a_1+a_2+\cdots+a_{2025}$. 因此必有一个的和$\geqslant \frac{1}{3}(a_1+a_2+\cdots+a_{2025})$.

18. 设(1)的正项之和为 P，负项之和为 $-N$. 记

$$a'_k=\begin{cases}a_k, & 若\ a_k>0,\\ 0, & 若\ a_k\leqslant 0.\end{cases}$$

考虑下面 6 个子数列($k=0,1,2,\cdots,a_0=0$)：

① a_{3k},a'_{3k+1}.

② a_{3k},a'_{3k+2}.

③ a_{3k+1},a'_{3k}.

④ a_{3k+1},a'_{3k+2}.

⑤ a_{3k+2},a'_{3k}.

⑥ a_{3k+2},a'_{3k+1}.

这样的 6 个子数列都符合(ⅰ)、(ⅱ)，并且将这 6 个子数列的和相加，其中原数列的每个正项出现 4 次，每个负项出现 2 次. 因此总和为 $4P-2N$.

已知 $P>N$，所以 $4P-2N>P+N$.

于是,至少有一个子数列的和 $\geqslant \frac{1}{6}(P+N)=\frac{1}{6}\sum_{j=1}^{n}|a_j|$.

19. 设 $0.a_1a_2a_3\cdots$ 为有理数,即无限循环小数(循环节可以为0).设周期(即循环节的长)为 T,即存在一个整数 k,当 $k>k_0$ 时,$a_{k+T}=a_k$.不妨设 $T>k_0$,则

$$a_{T^2}=a_{2T^2}=a_{3T^2}=\cdots.$$

设 n 中大于2022的正因数个数为 $f(n)$.

取素数 $p>2022T^2$,则 pT^2 的正因数可分为两类.一类是 p 的倍数,其个数为 T^2 的正因数个数(T^2 是平方数,其正因数的个数 $d(T^2)$ 为奇数).另一类不是 p 的倍数.

前一类中的数都大于2022,后一类大于2022的有 $f(T^2)$ 个,因此

$$f(pT^2)=d(T^2)+f(T^2).$$

从而 $f(pT^2)$ 与 $f(T^2)$ 的奇偶性相反,a_{pT^2} 与 a_{T^2} 一个为0,另一个为1.这与 $a_{pT^2}=a_{T^2}$ 矛盾.

矛盾表明 $0.a_1a_2a_3\cdots$ 是无理数.

20. 不妨设 $n\geqslant m$,利用 $\alpha\beta=-1$,得

$$f_mf_{n+1}=\frac{1}{\sqrt{5}}(\alpha^m-\beta^m)\cdot\frac{1}{\sqrt{5}}(\alpha^{n+1}-\beta^{n+1})$$

$$=\frac{1}{5}(\alpha^{m+n+1}+\beta^{m+n+1}-(-1)^m\alpha^{n-m+1}-(-1)^m\beta^{n-m+1}),$$

$$f_{m-1}f_n=\frac{1}{5}(\alpha^{m+n-1}+\beta^{m+n-1}-(-1)^{m-1}\alpha^{n-m+1}-(-1)^{m-1}\beta^{n-m+1}),$$

所以利用 $\alpha+\alpha^{-1}=\sqrt{5},\beta+\beta^{-1}=-\sqrt{5}$,得

$$f_mf_{n+1}+f_{m-1}f_n=\frac{1}{5}(\alpha^{m+n}(\alpha+\alpha^{-1})+\beta^{m+n}(\beta+\beta^{-1}))$$

$$=\frac{1}{\sqrt{5}}(\alpha^{m+n}-\beta^{m+n})$$

$$=f_{m+n}.$$

21. 因为

$$(f_n,f_{n-1})=(f_{n-2},f_{n-1})=(f_{n-2},f_{n-3})=\cdots=(f_2,f_1)=1,$$

所以

$$(f_{m+n},f_n)=(f_mf_{n+1}+f_{m-1}f_n,f_n)=(f_mf_{n+1},f_n)=(f_m,f_n).$$

从而 $(f_m,f_n)=(f_r,f_n)$,其中 $m=qn+r$.如此继续下去,与辗转相除类似,得

$$(f_m,f_n)=f_{(m,n)}.$$

22. 设 $n=5k+r$,其中 $r=0,1,2,3,4$,则

$$(f_n,5)=(f_n,f_5)=(f_{5k+r},f_5).$$

当 $r=0$ 时，$(f_n,5)=(f_{5k},f_5)=f_5=5$ 能被 5 整除.

当 $r=1,2,3,4$ 时，$(f_n,5)=(f_r,f_5)=f_1=1$.

23. 由已知条件得 $u_0=2, u_1=-3, u_2=9-2=7$，所以 $2-u_0=0=5\times 0^2$，$2-u_1=5=5\times 1^2$，$2-u_2=-5=-5\times 1^2$. 猜测 $2-u_k=(-1)^{k-1}\cdot 5f_k^2$.

由 $\alpha+\beta=-3$，$\alpha\beta=1$，得

$$\alpha=\frac{-3+\sqrt{5}}{2}=-\left(\frac{1-\sqrt{5}}{2}\right)^2,$$

$$\beta=\frac{-3-\sqrt{5}}{2}=-\left(\frac{1+\sqrt{5}}{2}\right)^2.$$

所以

$$u_k=\alpha^k+\beta^k=(-1)^k\left(\left(\frac{1-\sqrt{5}}{2}\right)^{2k}+\left(\frac{1+\sqrt{5}}{2}\right)^{2k}\right).$$

从而

$$\begin{aligned}2-u_k&=(-1)^{k-1}\left(\left(\frac{1-\sqrt{5}}{2}\right)^{2k}+\left(\frac{1+\sqrt{5}}{2}\right)^{2k}+2(-1)^{k-1}\right)\\&=(-1)^{k-1}\left(\left(\frac{1-\sqrt{5}}{2}\right)^{k}-\left(\frac{1+\sqrt{5}}{2}\right)^{k}\right)^2=(-1)^{k-1}\cdot 5f_k^2.\end{aligned}$$

24. 设 $A_1, A_2, A_3, \cdots$ 分别排列成

$$a_{11}, a_{12}, a_{13}, \cdots,$$
$$a_{21}, a_{22}, a_{23}, \cdots,$$
$$\cdots,$$
$$a_{n1}, a_{n2}, a_{n3}, \cdots,$$
$$\cdots,$$

则 $\bigcup_{n=1}^{\infty} A_n$ 可排列成

$$a_{11}, a_{12}, a_{21}, a_{13}, a_{22}, a_{31}, a_{14}, a_{23}, \cdots$$

（即先排 $m+n$ 小的 a_{mn}，在 $m+n$ 相同时，先排 m 小的）. 于是 $\bigcup_{n=1}^{\infty} A_n$ 是可数集.

25. 因为

$$\sqrt[3]{72+32\sqrt{5}}=\sqrt[3]{(3+\sqrt{5})^3}=3+\sqrt{5},$$

$$\begin{aligned}(3+\sqrt{5})^{2020}+(3-\sqrt{5})^{2020}&=2(3^{2020}+a_2\times 3^{2018}\times 5+\cdots+5^{1010})\\&\equiv 2\times 3^{2020}=2\times(3^4)^{505}\equiv 2\times 1=2 \pmod{10},\end{aligned}$$

所以正整数 $(3+\sqrt{5})^{2020}+(3-\sqrt{5})^{2020}$ 的个位数字为 2. 而 $0<3-\sqrt{5}<1$，所以 $(3-\sqrt{5})^{2020}$ 是小于 1 的正数，故 $(3+\sqrt{5})^{2020}$ 的个位数字为 1.

第6章 一次不定方程

通常情况下，方程（组）的未知数个数与方程个数相等．解方程（组），就是确定方程（组）中未知数的值．如果未知数的个数多于方程的个数，那么方程就称为**不定方程**．未知数往往可取无穷多个值，不能确定．但在方程中的系数都是整数，未知数也限定取整数（或正整数）值时，未知数的值往往有规律可循．我们可以找出这种规律，甚至可以定出未知数的值或证明解并不存在．

1. 买鸡的故事

宰相府对门有个卖鸡的小孩.听说这小孩十分聪明,宰相就派人拿 100 枚铜钱去买 100 只鸡.

公鸡 1 只值 5 枚钱,母鸡 1 只值 3 枚钱,小鸡 1 枚钱买 3 只,卖鸡的小孩接了钱,立即拿了 4 只公鸡、18 只母鸡、78 只小鸡给买鸡的人.

买鸡的人回去报告,宰相一算,果然一共有 100 只鸡,恰好值 100 枚钱.他还想再考小孩一下,便对买鸡的人说,你再带 100 枚铜钱去买 100 只鸡,但各种鸡的只数不能与上次买的相同.

卖鸡的小孩接了钱,给买鸡的人拿了 8 只公鸡、11 只母鸡、81 只小鸡.宰相一算,又是 100 只鸡,恰好值 100 枚钱.他这才相信小孩果然聪明.

例 100 枚钱买 100 只鸡,公鸡 1 只 5 枚,母鸡 1 只 3 枚,小鸡 1 枚 3 只,问公鸡、母鸡、小鸡各买几只?

解 这则百鸡问题出自于我国古代算书《张丘建算经》(卷下第 38 题),该书流行于公元 5 世纪.

设买公鸡 x 只,母鸡 y 只,小鸡 z 只,则

$$\begin{cases} x+y+z=100, & (1) \\ 5x+3y+\dfrac{1}{3}z=100. & (2) \end{cases}$$

(2)×3,去分母得

$$15x+9y+z=300. \tag{3}$$

(3)-(1),消去 z 得

$$14x+8y=200,$$

即

$$7x+4y=100. \tag{4}$$

在(4)中,由于 $4y$,100 都被 4 整除,所以 $7x$ 也被 4 整除,但 7 与 4 互质,所以 x 被 4 整除.设

$$x = 4t, \tag{5}$$

其中 t 为整数,代入(4),解得

$$y = 25 - 7t. \tag{6}$$

将(5)、(6)代入(1),解得

$$z = 75 + 3t. \tag{7}$$

于是

$$\begin{cases} x = 4t, \\ y = 25 - 7t, \\ z = 75 + 3t. \end{cases}$$

但 x, y, z 都必须是非负整数,所以 $0 \leqslant t \leqslant \frac{25}{7}$,从而 $t = 0, 1, 2, 3$.相应地,得出本题的四组解:

$$\begin{cases} x = 0, \\ y = 25, \\ z = 75; \end{cases} \begin{cases} x = 4, \\ y = 18, \\ z = 78; \end{cases} \begin{cases} x = 8, \\ y = 11, \\ z = 81; \end{cases} \begin{cases} x = 12, \\ y = 4, \\ z = 84. \end{cases}$$

公鸡每增加4只,母鸡就减少7只,小鸡就增加3只.如果知道没有公鸡($x = 0$)时,母鸡25只,小鸡75只,那么其他三组解也都不难求出.这里的4与7正好是(4)中 y, x 的系数.

2. 二元一次方程

本节考虑形如

$$ax + by = c \tag{1}$$

的不定方程,其中 a, b, c 都是整数.

例1　求方程 $12x + 21y = 17$ 的整数解.

思路分析　考虑12与21的最大公约数.

解　因为12,21都是3的倍数,所以 $12x + 21y$(在 x, y 为整数时)是3的倍数,但17不是3的倍数,因此方程没有整数解.

一般地，在 a,b 的最大公约数 (a,b) 不整除 c 时，方程(1)没有整数解.

由裴蜀定理知存在整数 u,v，满足

$$au+bv=(a,b).$$

因此在 $(a,b)\mid c$ 时，(1)有解

$$\begin{cases} x=u\cdot\dfrac{c}{(a,b)}, \\ y=v\cdot\dfrac{c}{(a,b)}. \end{cases} \tag{2}$$

解这种方程时，通常先在方程两边同时除以 (a,b)，化成 a,b 互质的情况. 以下我们即假定 a,b 互质.

a,b 互质时，(1)一定有解. 可以利用欧几里得算法得出一组解，但对于具体的方程，往往可通过心算与观察得出一组解. 这组解通常称为特解，记为 x_0,y_0. 于是有

$$ax_0+by_0=c. \tag{3}$$

设 x,y 为(1)的解，我们讨论它与特解的关系.

(1) − (3)，得

$$a(x-x_0)+b(y-y_0)=0, \tag{4}$$

于是 $b\mid a(x-x_0)$.

因为 $(a,b)=1$，所以 $b\mid(x-x_0)$.

设 $x-x_0=bt$，其中 t 为整数，则由(4)得 $y-y_0=-at$，即

$$\begin{cases} x=x_0+bt, \\ y=y_0-at \end{cases} \quad (t\text{ 为整数}). \tag{5}$$

(5)称为(1)的**通解公式**. 它给出了一般解(通解) x,y 与特解 x_0,y_0 的关系.

例 2 求 $11x+15y=7$ 的全部整数解.

解 因为 $x_0=2,y_0=-1$ 是一组特解，所以全部整数解是

$$\begin{cases} x=2+15t, \\ y=-1-11t, \end{cases}$$

其中 t 为整数.

例 3 求方程 $x+7y=15$ 的整数解与正整数解.

解 $x=15-7y$，其中 y 为整数，是全部整数解.

由 $x>0$，得 $y<3$，所以正整数解为

$$y=1,x=8;y=2,x=1.$$

注 不必死套公式(5)，直接得出结果更好(一定要用公式的话，可以取 $y_0=0$，

$x_0=15$为特解).

下一节还要介绍一种求特解的方法.

3. 同余方程

设 b 为正整数,a,c 为整数,并且 a 与 b 互质.同余方程

$$ax \equiv c \pmod{b} \tag{1}$$

与不定方程

$$ax + by = c \tag{2}$$

等价.由上节知(2)有解,因此(1)一定有解(在第7章第1节例2中有另一个(1)有解的证明).反过来,对具体的 a,b,c,由(1)可以得出(2)的特解.

例1　解同余方程

$$31x \equiv 347 \pmod{12}. \tag{3}$$

解　(3)即

$$7x \equiv 11 \pmod{12}, \tag{4}$$

所以

$$7x \equiv 11 + 24 = 35,$$

$$x \equiv 5 \pmod{12}.$$

上述过程可以更方便地写成

$$x \equiv \frac{11}{7} \equiv \frac{11+24}{7} \equiv 5 \pmod{12}.$$

这里的$\frac{11}{7}$就是(4)的解.它其实是一个整数,可以将分子或分母加上模的任一个整数倍,还可以约分,直到结果为整数.

例2　解同余方程

$$559x \equiv 1 \pmod{999}.$$

解　$x=\frac{1}{559}=\frac{1}{-440}=\frac{-1-999}{440}=\frac{-25}{11}=\frac{974}{11}=\frac{3971}{11}=361.$

注　为方便起见,我们索性将同余符号"$\equiv$"写成等号"$=$".

例 3 求方程

$$31x+12y=347$$

的整数解.

解 例 1 中已得 $x_0=5$,所以

$$y_0=(347-31\times 5)\div 12=16.$$

故其整数解为

$$\begin{cases} x=5+12t, \\ y=16-31t \end{cases} \quad (t\text{ 为整数}).$$

在$(a,b)=d>1$时,如果 $d\nmid c$,那么方程(1)无整数解;如果 $d\mid c$,那么方程(1)即

$$\frac{a}{d}x\equiv\frac{c}{d}\left(\bmod \frac{b}{d}\right).$$

4. 韩 信 点 兵

韩信是秦末汉初最杰出的军事家之一,他打败了“力拔山兮气盖世”的楚霸王项羽,逼得项羽在乌江自刎.

有一天汉高祖刘邦问韩信:

“我能带领多少人马?”

“大概十万吧.”

“你能带多少呢?”

“臣多多益善.”

刘邦听了,心中嫉恨,找个“莫须有”的理由,将韩信杀了.

下面的题称为“韩信点兵”,它是我国古算中的奇葩.

例 韩信手下来了一拨新兵,一千多名,三三数之余一,五五数之余四,七七数之余二.问这拨新兵至少有多少?

解 设新兵数为 x,则得到同余方程组

$$\begin{cases} x\equiv 1 \pmod 3, \\ x\equiv 4 \pmod 5, \\ x\equiv 2 \pmod 7. \end{cases}$$

这类问题的解法在我国古代的数学著作《孙子算经》中用下面的歌诀表示：

“三人同行七十稀，
五树梅花廿一枝，
七子团圆正月半，
除百零五便得知.”

第一句的意思是将除以 3 得到的余数乘以 70，即 $1\times70=70$. 同样，第二、三句表示 $4\times21=84$，$2\times15=30$. 将这 3 个数加起来，得

$$70+84+30=184,$$

这个数 184 已经满足“三三数之余一，五五数之余四，七七数之余二”. 如果要求更小的数，那么就不断地减 105(“除百零五”这里的除是除去，也就是减去的意思). 但现在的答案应大于 1000，所以反倒应当不断地加 105.

$$184+8\times105=1024,$$

即这拨新兵至少有 1024 人.

105 当然是 3，5，7 的最小公倍数，5，7 的最小公倍数是 35，再由同余方程

$$35x\equiv1\pmod 3,$$

得

$$x=\frac{1}{35}=\frac{1}{2}=\frac{1+3}{2}=2.$$

$2\times35=70$，同理可得 21，15. 上面的 3(5，7)在我国古代称为定母，35 称为衍数，x 称为乘率(见 1847 年出版的黄宗宪所著《求一术通解》).

一般地，设 $a_1,a_2,\cdots,a_n$ 为两两互质的自然数，$b_1,b_2,\cdots,b_n$ 为任意整数，则同余方程组

$$\begin{cases}x\equiv b_1\pmod{a_1},\\ x\equiv b_2\pmod{a_2},\\ \cdots,\\ x\equiv b_n\pmod{a_n}\end{cases}\tag{1}$$

一定有解，解可以写成

$$x=b_1a_2a_3\cdots a_nm_1+a_1b_2a_3\cdots a_nm_2+\cdots+a_1a_2\cdots a_{n-1}b_nm_n+ka_1a_2\cdots a_n,\tag{2}$$

其中 k 为任意整数，m_i 是

$$\frac{a_1a_2\cdots a_n}{a_i}x\equiv1\pmod{a_i}\tag{3}$$

的解($i=1,2,\cdots,n$).

国际上公认这一重要的结论为中国剩余定理.

这个定理以我国古算书《孙子算经》为滥觞，经过杨辉等多人研究，而后秦九韶(1208—1268)集大成，称之为“大衍求一术”.但后来失传，又经清代学者焦循、张敦仁、黄宗宪等人努力，才重新被发现.他们对“大衍求一术”进行了解释、改进和简化，提供了更加简捷的算法.

定理的证明 因为 $a_1, a_2, \cdots, a_n$ 两两互质，所以 $\left(\frac{a_1 a_2 \cdots a_n}{a_i}, a_i\right)=1$.方程(3)一定有解 m_i，并且不难验证(2)的确满足方程组(1).

反之，设 x 是方程组(1)的解，令

$$y=x-b_1 a_2 a_3 \cdots a_n m_1-a_1 b_2 a_3 \cdots a_n m_2-\cdots-a_1 a_2 \cdots a_{n-1} b_n m_n,$$

则有 $y \equiv 0 \pmod{a_1 a_2 \cdots a_n}$，所以 y 是 $a_1, a_2, \cdots, a_n$ 的公倍数，即

$$y = k a_1 a_2 \cdots a_n \quad (k \in \mathbb{Z}).$$

从而 x 由(2)给定.

于是，一次同余方程组(1)有解，并且(2)给出所有解.

5. 中国剩余定理

中国剩余定理极为重要，本节再举几个应用中国剩余定理的例子.

例 1 七数剩一，八数剩二，九数剩四.问本数(见杨辉《续古摘奇算法》，1275 年).

解 设本数为 x，则有

$$x \equiv 1 \pmod 7,$$
$$x \equiv 2 \pmod 8,$$
$$x \equiv 4 \pmod 9.$$

由同余方程

$$8 \times 9 \times u \equiv 1 \pmod 7,$$

即

$$2u \equiv 1 \pmod 7,$$

得

$$u = \frac{1}{2} = \frac{1+7}{2} = 4.$$

类似地，由

$$7 \times 9 \times v \equiv 1 \pmod 8,$$

$$7 \times 8 \times w \equiv 1 \pmod 9,$$

得 $v=7, w=5$.

于是，由中国剩余定理得

$$\begin{aligned} x &= 1 \times 4 \times 72 + 2 \times 7 \times 63 + 4 \times 5 \times 56 + 7 \times 8 \times 9m \\ &= 274 + 504l \quad (l, m \in \mathbb{Z}). \end{aligned}$$

所以最小的正整数解为 274.

当然，实际解这道题时可以有多种做法，不一定非要用中国剩余定理这样的大定理.

例如，可由 $x+6$ 被 7,8 整除，得

$$x + 6 = 56k.$$

再由 $x+6$ 除以 9 余 $1(=6+4-9)$ 及

$$56 \times 5 \equiv 2 \times 5 \equiv 1 \pmod 9,$$

得

$$x = 56 \times 9l + 56 \times 5 - 6 = 504l + 274.$$

中国剩余定理不但提供了解同余方程组的方法，而且有重大的理论价值. 在解题时(尤其是关于连续自然数的问题)，也常常利用中国剩余定理.

例 2　任给自然数 n, k，证明：存在 n 个连续整数，每一个都至少有 k 个不同的质因数，并且每一个的这些质因数都不整除其他 $n-1$ 个数中的任何一个.

证明　取 nk 个互不相同的质数 $p_{ij}(i=1,2,\cdots,k; j=1,2,\cdots,n)$，并且每一个质数 $p_{ij}>n$.

由中国剩余定理知存在 x 满足由 nk 个方程组成的方程组

$$x + j \equiv 0 \pmod{p_{ij}} \quad (i = 1,2,\cdots,k; j = 1,2,\cdots,n),$$

这时 $x+j$ 被 k 个不同质数 $p_{1j}, p_{2j}, \cdots, p_{kj}$ 整除 $(j=1,2,\cdots,n)$.

在 $t \neq j(1 \leqslant t, j \leqslant n)$ 时，有

$$0 < |(x+j) - (x+t)| = |j-t| < n < p_{ij},$$

所以 $p_{ij} \nmid (x+t)$.

于是，$x+1, x+2, \cdots, x+n$ 合乎要求.

例 3　设 $n>2$. 证明：$n-1$ 个连续整数

$$n!+2, n!+3, \cdots, n!+n$$

中，每一个都有一个质因数，这个质因数不整除其他 $n-2$ 个数中的任何一个.

证明 如果 $n!+j$ 有一个质因数 $p\geqslant n$，那么对于 $i\neq j$，$2\leqslant i\leqslant n$，因为

$$n!+i=(n!+j)+(i-j),$$

而 $0<|i-j|<n$，所以 $p\nmid(i-j)$，$p\nmid(n!+i)$.

如果 $n!+j$ 的质因数都小于 n，那么 $\frac{n!}{j}+1$ 的质因数 $p<n$. 对于 $i\neq j$，$2\leqslant i\leqslant n$，因为 $p\nmid\frac{n!}{j}$，所以 $p\nmid i$，而 $p\mid n!$，故 $p\nmid(n!+i)$.

6. 整线性组合

设正整数 a，b 互质，则任一整数 n 可写成 a，b 的整线性组合，即存在整数 x，y，使得

$$n=ax+by. \tag{1}$$

换句话说，即 $ax+by$（x，y 为整数）可以表示一切整数.

但如果要求 x，y 都是正整数，那么

$$ax+by \tag{2}$$

就不能表示所有整数了.

下面我们研究什么样的整数可以表示成(2).

首先，设(1)成立，并且 x，y 为正整数，则

$$n\geqslant a+b. \tag{3}$$

但 $n\geqslant a+b$ 时，仍有一些数不能表示成(2)，ab 就是一个. 事实上，若

$$ab=ax+by\quad(x\geqslant1,y\geqslant1), \tag{4}$$

则左边被 b 整除，所以右边被 b 整除，从而 $b\mid ax$. 因为 a，b 互质，所以 $b\mid x$，从而 $x\geqslant b$，同理 $y\geqslant a$. 于是

$$ax+by\geqslant ab+ab=2ab>ab,$$

与(4)矛盾.

但大于 ab 的数均可表示成(2)的形式. 证明如下：

设 $n>ab$，则由裴蜀定理知存在整数 x，y，使得

$$n = ax + by.$$

因为 $ax + by = a(x \pm b) + b(y \mp a)$,所以可假定 $0 < y \leqslant a$.这时

$$ax = n - by > ab - ba = 0,$$

所以 x 是正整数.

因此 ab 是不能表示成 $ax + by(x \geqslant 1, y \geqslant 1)$的最大整数.

如果要求(2)中的 x, y 均为非负整数,那么不能表示成这种形式的最大整数是 $ab - a - b$.证明如下:

一方面,$n > ab - a - b$ 时,$n + a + b > ab$,所以有

$$n + a + b = ax + by,$$

其中 x, y 为正整数.从而

$$n = a(x - 1) + b(y - 1),$$

其中 $x - 1, y - 1$ 为非负整数.

另一方面,若

$$ab - a - b = ax + by,$$

其中 x, y 为非负整数,则

$$ab = a(x + 1) + b(y + 1),$$

其中 $x + 1, y + 1$ 为正整数,与上面关于 ab 的结论矛盾.

例　不能表示成

$$2008x + 2009y + 2010z \tag{5}$$

$(x, y, z$ 为非负整数)的最大整数是多少?

解　不能表示成

$$1004x + 1005z$$

$(x, z$ 为非负整数)的最大整数是

$$1004 \times 1005 - 1004 - 1005 = 1007011.$$

$2 \times 1007011 + 2009 = 2016031$ 就是所求的最大整数.下面加以论证.

一方面,设 $n = 2016031$ 可以写成(5)的形式,即

$$2016031 = 2008x + 2009y + 2010z,$$

其中 x, y, z 为非负整数.

因为 2016031 是奇数,所以 y 为奇数 $2k + 1$,其中 k 为非负整数,从而

$$2 \times 1007011 = 2008(x + k) + 2010(z + k),$$

$$1007011 = 1004(x + k) + 1005(z + k),$$

与 1007011 不能表示成右边矛盾.

另一方面，设 $n>2016031$.

在 n 为奇数时，$\frac{n-2009}{2}>1007011$，所以有

$$\frac{n-2009}{2}=1004x+1005z,$$

其中 x,z 为非负整数，从而

$$n=2008x+2009+2010z.$$

在 n 为偶数时，$\frac{n-2008}{2}>1007011$，所以有

$$\frac{n-2008}{2}=1004x+1005z,$$

其中 x,z 为非负整数，从而

$$n=2008(x+1)+2010z.$$

注 本题关键在于找到所求的数 2016031，论证并不困难.

7. 问题举隅

本节再举一些与不定方程有关的例子.

例 1 某国货币有 1 元、10 元、100 元、1000 元四种. 能否用 50 万张货币组成 100 万元? 若能，举出几种组成的方法.

解 设分别用 1，10，100，1000(元)的货币 x,y,z,n 张组成 100 万元，则有

$$x+y+z+n=50\times10^4, \tag{1}$$

$$x+10y+100z+1000n=100\times10^4. \tag{2}$$

(2) − (1)，得

$$9y+99z+999n=50\times10^4. \tag{3}$$

(3)的左边是 9 的倍数，而右边不是. 矛盾表明不可能用 50 万张货币组成 100 万元.

例 2 现有一批货币，其中有 1，2，5，10，20，50 分与 1 元，且每种货币均足够多. 若 B 张可组成 A 分，证明：可取 A 张组成 B 元.

证明 设组成 A 分的 B 张货币中，1，2，5，10，20，50，100 分的张数分别为 x,y,z,

t,u,v,w,则有

$$x+2y+5z+10t+20u+50v+100w=A, \tag{4}$$

$$x+y+z+t+u+v+w=B.$$

令 $a=100w,b=50v,c=20u,d=10t,e=5z,f=2y,g=x$,则(4)即

$$a+b+c+d+e+f+g=A.$$

而

$$\begin{aligned}&a+2b+5c+10d+20e+50f+100g\\&\quad=100(w+v+u+t+z+y+x)=100B,\end{aligned}$$

即 $100w$ 张1分、$50v$ 张2分、$20u$ 张5分、$10t$ 张10分、$5z$ 张20分、$2y$ 张50分及 x 张1元共 A 张,组成 B 元.

例3　一堆豆子,两个两个数多1个,三个三个数正好,四个四个数多1个,五个五个数少1个,六个六个数多3个,七个七个数正好,八个八个数多1个,九个九个数正好.问有多少个豆子?

解　9个基本上满足所有要求,只是七个七个数多2个不满足,我们可设豆子数为 $9+k[2,3,4,5,6,8,9]=9+5\times8\times9k=9+360k$,其中 $k\in\mathbb{N}$.

因为 $9=7+2,360=7\times51+3$,所以只需

$$2+3k$$

被7整除,取 $k=4$ 即可.

因此,豆子总数为

$$s=9+360\times4=1449.$$

当然这只是满足要求的最小值,一般的结果应当是

$$\begin{aligned}1449+h[2,3,4,5,6,7,8,9]&=1449+360\times7h\\&=1449+2520h\quad(h\text{ 为非负整数}).\end{aligned}$$

注　解法应力求简单,不必搬出许多定理或公式,有时直接解反而更简单.

例4　求 415^{2022} 除以1001所得余数 $r(0\leqslant r<415)$.

解

$$1001=7\times11\times13,$$

而

$$415^{2022}\equiv(-1)^{2022}=1(\bmod 13), \tag{5}$$

$$415^{2022}\equiv2^{2022}=8^{2022/3}\equiv1(\bmod 7), \tag{6}$$

$$\begin{aligned}415^{2022}&\equiv8^{2022}=2^{3\times2022}=2^6\times2^{3\times2022}\\&\equiv2^6\equiv-2(\bmod 11)\quad(2^{10}=1024\equiv1(\bmod 11)).\end{aligned} \tag{7}$$

于是由(5)、(6)得

$$415^{2022}=91k+1,$$

由(7)得

$$91k+1\equiv -2 \pmod{11},$$

即

$$3k\equiv -3 \pmod{11},$$

$$k\equiv 10 \pmod{11}.$$

所以

$$415^{2022}\equiv 1001h+91\times 10+1$$

$$\equiv 911 \pmod{1001},$$

故所求余数为 911.

例 5　求方程

$$12x+21y+28z=108$$

的非负整数解.

解　因为

$$x=\frac{108-21y-28z}{12}=\frac{3y-4z}{12}+9-2y-2z, \tag{8}$$

所以 $12\mid(3y-4z)$,即

$$3y\equiv 4z \pmod{12}.$$

因为 3 与 12 的公约数 3 整除 $4z$,所以

$$z=3v\quad (v\text{ 为非负整数}).$$

同理可得

$$y=4u\quad (u\text{ 为非负整数}).$$

将以上两式代入(8),得

$$x=9-7u-7v.$$

而 x 为非负整数,所以只有三组解,即

$$(x,y,z)=(9,0,0),(2,0,3),(2,4,0).$$

8. 太阳神的牛

据说阿基米德出过一道题,有人将它译成打油诗,前八行是

西西里岛牛真多,
这些牛属阿波罗.
牛的颜色有四种,
杂色身上像花朵.
白如云彩映日光,
黑似海浪在扬波.
更有红色最鲜艳,
仿佛战神在吐火.

后面就说简单些.设 W,X,Y,Z 分别表示四种颜色的公牛数,w,x,y,z 分别表示相应的四种颜色的母牛数,则有

$$W=Z+\left(\frac{1}{2}+\frac{1}{3}\right)X,$$

$$X=Z+\left(\frac{1}{4}+\frac{1}{5}\right)Y,$$

$$Y=Z+\left(\frac{1}{6}+\frac{1}{7}\right)W,$$

$$w=\left(\frac{1}{3}+\frac{1}{4}\right)(X+x),$$

$$x=\left(\frac{1}{4}+\frac{1}{5}\right)(Y+y),$$

$$y=\left(\frac{1}{5}+\frac{1}{6}\right)(Z+z),$$

$$z=\left(\frac{1}{6}+\frac{1}{7}\right)(W+w).$$

问太阳神有多少头牛?四种颜色的公牛、母牛各有多少?

解　先看前三个方程.W,Y,X 分别被 42,20,6 整除.令 $W=42W'$,$Y=20Y'$,

$X=6X'$，则

$$42W'-5X'=Z,$$
$$6X'-9Y'=Z,$$
$$20Y'-13W'=Z.$$

写成矩阵形式，并做初等变换（交换两行，将某行同时乘以一个非零的数，将某行加到另一行），得到

$$\begin{pmatrix}42 & -5 & & 1\\ & 6 & -9 & 1\\ -13 & & 20 & 1\end{pmatrix}\to\begin{pmatrix}42 & -5 & & 1\\ 42 & 1 & -9 & 2\\ -13 & & 20 & 1\end{pmatrix}$$
$$\to\begin{pmatrix}6\times 42 & 0 & -45 & 11\\ 42 & 1 & -9 & 2\\ -13 & & 20 & 1\end{pmatrix}\to\begin{pmatrix}5 & & 335 & 30\\ 42 & 1 & -9 & 2\\ -13 & & 20 & 1\end{pmatrix}$$
$$\to\begin{pmatrix}1 & 0 & 67 & 6\\ 42 & 1 & -9 & 2\\ -13 & & 20 & 1\end{pmatrix}\to\begin{pmatrix}1 & 0 & 67 & 6\\ 0 & 1 & -2823 & -250\\ 0 & 0 & 891 & 79\end{pmatrix}.$$

由最后一行（即 $891Y'=79Z$）得

$$Z=891k,\quad Y'=79k\quad (k\text{ 为自然数}).$$

代入第二行（即 $X'=2823Y'-250Z$）得

$$X'=2823\times 79k-250\times 891k=267k.$$

代入第一行得

$$W'=6Z-67Y'=53k.$$

所以

$$W=42W'=2226k,$$
$$X=6X'=1602k,$$
$$Y=20Y'=1580k,$$
$$Z=891k.$$

再看后四个方程. 去分母，即

$$12w=7x+11214k,\tag{1}$$
$$20x=9y+14220k,\tag{2}$$
$$30y=11z+9801k,\tag{3}$$
$$42z=13w+28938k.\tag{4}$$

$20\times(1)+7\times(2)$，得

$$20\times 12w = 20\times 11214k + 7\times 9y + 7\times 14220k,$$

即

$$80w = 7\times 3y + 107940k. \tag{5}$$

(5)×10+(3)×7,得

$$800w = 77z + 1148007k. \tag{6}$$

(6)×6+(4)×11,得

$$4800w = 143w + 7206360k,$$

即

$$4657w = 7206360k.$$

因此 $k=4657h$(4657 是质数),$h\in\mathbb{N}$.从而

$$W = 10366482h,\quad w = 7206360h,$$
$$X = 7460514h,\quad x = 4893246h,$$
$$Y = 7358060h,\quad y = 3515820h,$$
$$Z = 4149387h,\quad z = 5439213h.$$

(在拙著《趣味数论》中无解题过程,且 x 值误为 $4843246h$.)即使取 $h=1$,牛的总数是50389082,已超过五千万.

练　习　6

1. 求下列方程的整数解.

(1) $306x-360y=630$.

(2) $127x-52y+1=0$.

(3) $29x=2632y+1$.

(4) $13d\equiv 1(\mathrm{mod}\ 2436)$.

2. 求下列方程的正整数解.

(1) $3x-5y=7$.

(2) $3x+11y=64$.

3. 小明的生日月份乘以31,日期乘以12,再相加得122.求小明的生日.

4. 面值为10元、20元和50元的人民币共50张,总值为800元.这三种人民币各有多少张?

5．一个自然数除以 7 余 1，除以 8 余 2，除以 9 余 3．求这个数．

6．一个自然数除以 11 余 3，除以 12 余 2，除以 13 余 1．求这个数．

7．二数余一，五数余二，七数余三，九数余四．问本数．（选自杨辉《续古摘奇算法》）

8．将“韩信点兵”一节中 3，5，7 换成 3，7，11，求与 70，21，15 相对应的数．

9．今有数不知总，以五累减之无剩，以七百一十五累减之剩十，以二百四十七累减之剩一百四十，以三百九十一累减之剩二百四十五，以一百八十七累减之剩一百零九．问总数若干？（选自黄宗宪《求一术通解》）

10．一个自然数末四位为 2002，且被 2003 整除，这个数最小是多少？

11．不能表示成

$$2008x + 2009y + 2010z$$

（x,y,z 为正整数）的最大整数是多少？

12．不能表示成

$$12x + 21y + 28z$$

（x,y,z 为非负整数）的最大整数是多少？

13．设 a,b 为正整数，方程 $ax + by = c$ 恰有 n 个正整数解．求证：c 的最大值为 $(n+1)ab$，最小值为 $(n-1)ab + a + b$．

解　答　6

1．(1) 两边同时除以 18 得 $17x - 20y = 35$，所以 $y = \frac{35}{-20} = \frac{-1}{3} = -6 \pmod{17}$，即 $y = 17k - 6$，从而 $x = (20y + 35) \div 17 = 20k - 5$（$k$ 为整数）．

(2) $x = \frac{-1}{127} = \frac{51}{23} = \frac{51}{75} = \frac{17}{25} = \frac{225}{25} = 9 \pmod{52}$，即 $x = 9 + 52t$，$y = (127x + 1) \div 52 = 127t + 22$（$t$ 为整数）．

(3) 2632 大，29 小，宜以 29 为模．由 $2632y \equiv -1 \pmod{29}$，得 $y = \frac{-1}{2632} = \frac{28}{22} = \frac{14}{11} = \frac{14-58}{11} = -4$，$x = \frac{1 - 4 \times 2632}{29} = -363$．所以 $x = -363 + 2632k$，$y = -4 + 29k$，即 $x = 2269 + 2632k$，$y = 25 + 29k$（$k \in \mathbb{Z}$）．

(4) $13d + 2436y = 1$．$y = \frac{1}{2436} = \frac{1}{5} = \frac{1-26}{5} = -5$，$d = \frac{2436 \times 5 + 1}{13} = 937$．

一般地，有 $d=937+2436k(k\in\mathbb{Z})$.

2. (1) $x_0=4, y_0=1$ 是一组解，通解为 $x=4+5t, y=1+3t$（t 为非负整数）.

(2) 显然 $1\leqslant y\leqslant 5$，经检验 $y=2, x=14$；$y=5, x=3$ 是解.

3. 设小明生日是 x 月 y 日，则 $31x+12y=122$. 显然 x 小于4并且为偶数，所以 $x=2$，$y=5$.

4. 设10元、20元、50元的人民币分别有 x 张、y 张、z 张，则

$$x+y+z=50,$$
$$x+2y+5z=80.$$

两式相减得 $y+4z=30$，所以得表6.1.

表6.1

z	0	1	2	3	4	5	6	7
y	30	26	22	18	14	10	6	2
x	20	23	26	29	32	35	38	41

由表可以看出，50元的人民币每增加1张，20元的就减少4张，10元的就增加3张.

5. 由 $7\times8\times9=504$，知通解为 $504k-6$（k 为正整数）.

6. 由 $11+3=14$，知通解为 $14+11\times12\times13k$（k 为非负整数）.

7. 这个数的2倍加1被5,7,9整除，故由 $(5\times7\times9-1)\div2=157$，知通解为 $157+630k$（k 为非负整数）.

8. $\dfrac{1}{7\times11}=\dfrac{1}{2}=\dfrac{1+3}{2}=2 \pmod 3$，$2\times77=154$.

$\dfrac{1}{3\times11}=\dfrac{1}{-2}=\dfrac{-1+7}{2}=3 \pmod 7$，$3\times(3\times11)=99$.

$\dfrac{1}{3\times7}=\dfrac{1}{-1}=11-1=10 \pmod{11}$，$10\times(3\times7)=210$.

9. $715=5\times11\times13$，$247=13\times19$，$391=17\times23$，$187=11\times17$.

设这个数为 $5x$，则

$$5x\equiv10(\text{mod }11\times13),\ \equiv140(\text{mod }19),\ \equiv245(\text{mod }17\times23);$$
$$x\equiv2(\text{mod }11\times13),\ \equiv28(\text{mod }19),\ \equiv49(\text{mod }17\times23).$$

于是 $x=49+17\times23k$（k 为整数）. 从而

$$49+17\times23k\equiv28(\text{mod }19),$$
$$k\equiv\frac{49-28}{2\times4}\equiv\frac{21+19}{2\times4}\equiv5(\text{mod }19),$$

$$x = 49 + 17 \times 23 \times 5 + 17 \times 23 \times 19h（h \text{ 为整数}）.$$

因为

$$49 + 17 \times 23 \times 5 \equiv 5 + 6 \times 5 \equiv 2 \pmod{11},$$

$$49 + 17 \times 23 \times 5 \equiv 10 + 4 \times 10 \times 5 \equiv -3 \times 8 \equiv 2 \pmod{13},$$

所以 $x = 49 + 17 \times 23 \times 5 + 17 \times 23 \times 19 \times 11 \times 13n$（$n$ 为整数）满足要求.故所求最小的数是

$$5 \times (49 + 17 \times 23 \times 5) = 5 \times 2004 = 10020.$$

又解 设这个数为 x，则

$$x \equiv 0 \pmod 5,$$
$$x \equiv 10 \pmod{715},$$
$$x \equiv 140 \pmod{247},$$
$$x \equiv 245 \pmod{391},$$
$$x \equiv 109 \pmod{187}.$$

注意到 $715 = 5 \times 11 \times 13$，$247 = 13 \times 19$，$391 = 17 \times 23$，$187 = 11 \times 17$，所以上面的方程组即

$$x \equiv 0 \pmod 5,$$
$$x \equiv 10 \pmod 5, x \equiv 10 \pmod{11}, x \equiv 10 \pmod{13},$$
$$x \equiv 140 \pmod{13}, x \equiv 140 \pmod{19},$$
$$x \equiv 245 \pmod{17}, x \equiv 245 \pmod{23},$$
$$x \equiv 109 \pmod{11}, x \equiv 109 \pmod{17}.$$

其中 mod 11 的有 $x \equiv 10 \pmod{11}$ 与 $x \equiv 109 \pmod{11}$，因为 $109 \equiv 10 \pmod{11}$，所以这两个同余方程实际上是一个.这样的（模相同的）方程如果不一致，就会产生矛盾，无解.现在并没有出现这样的情况.方程组实际上相当于

$$x \equiv 10 \pmod{715},$$
$$x \equiv 245 \pmod{391},$$
$$x \equiv 140 \equiv 7 \pmod{19}.$$

将第一个方程 $x = 715y + 10$ 代入第二个方程，得

$$y = \frac{245 - 10}{715} = \frac{235}{715} = \frac{47}{143} = \frac{47 + 391 \times 5}{143}$$
$$= \frac{4 + 30 \times 5}{11} = 14 \pmod{391},$$

所以

$$x = 279565z + 715 \times 14 + 10 = 279565z + 10020.$$

代入第三个方程，得

$$279565z + 10020 \equiv 7 \pmod{19},$$

从而

$$279565z \equiv 0 \pmod{19}, \quad z = 19k.$$

又

$$279565 \times 19 = 5311735,$$

所以

$$x = 5311735k + 10020 \quad (k \in \mathbb{Z}).$$

故最小的正整数解为 10020.

注　本题解法很多，应力求简便.

10. 设这个数为 $10000x + 2002$，则

$$\begin{aligned} x &= \frac{-2002}{10000} = \frac{1}{10000} = \frac{1 + 2003 \times 3}{10000} \\ &= \frac{601}{1000} = \frac{661}{100} = \frac{667}{10} \\ &= 267 \pmod{2003}. \end{aligned}$$

故所求数为 2672002.

又解　设这个数为 $2003x$，则

$$2003x \equiv 2002 \pmod{10000}.$$

于是

$$\begin{aligned} &3x \equiv 2 \pmod{2000}, \\ &x = \frac{2}{3} = \frac{2 \times 2000 + 2}{3} = 1334, \\ &2003x = 2003 \times 1334 = 2672002. \end{aligned}$$

故所求数为 2672002.

11. $2 \times (1004 \times 1005 + 2009) = 2022058$ 是所求的最大整数.

一方面，$2022058 - 2009 - 2008 - 2010 = 2016031$ 不能表示成 $2008x + 2009y + 2010z$，其中 x, y, z 为非负整数，所以 2022058 不能表示成 $2008x + 2009y + 2010z$，其中 x, y, z 为正整数.

另一方面，$n > 2022058$ 时，

$$n - 2008 - 2009 - 2010 > 2016031,$$

所以

$$n - 2008 - 2009 - 2010 = 2008x + 2009y + 2010z,$$

其中 x, y, z 为非负整数. 从而

$$n = 2008(x + 1) + 2009(y + 1) + 2010(z + 1),$$

其中 $x+1,y+1,z+1$ 都是正整数.

注 化归为第6节例题.

12. 一般地，设 a,b,c 两两互质，则不能表示成

$$abx+bcy+caz(x,y,z\text{ 为非负整数}) \tag{1}$$

的最大整数是 $2abc-ab-bc-ca$.

一方面，若存在非负整数 x,y,z，使得

$$2abc-ab-bc-ca=abx+bcy+caz,$$

则

$$2abc=ab(x+1)+bc(y+1)+ca(z+1). \tag{2}$$

因为 $c\nmid ab$，所以 $c\mid(x+1)$，故 $x+1\geqslant c$. 同理可得 $y+1\geqslant a,z+1\geqslant b$. 于是

$$(2)\text{式右边}\geqslant abc+abc+abc=3abc>2abc,$$

矛盾.

因此，$2abc-ab-bc-ca$ 不能表示成(1).

另一方面，设整数 $u>2abc-ab-bc-ca$，则可令

$$u=c(ab-a-b+1)+v,$$

其中 $v>abc-ab-c$.

因为 $(ab,c)=1$，所以存在非负整数 z,t，使得

$$v=abz+ct.$$

从而

$$u=c(ab-a-b+1+t)+abz.$$

因为 $(a,b)=1$，所以存在非负整数 x,y，使得

$$ab-a-b+1+t=ax+by.$$

从而

$$u=acx+bcy+abz,$$

其中 x,y,z 均为非负整数.

在本题中，$a=3,b=4,c=7$，所以答案为

$$2\times3\times4\times7-3\times4-4\times7-7\times3=107.$$

注 第7节例5表明108可以表示成所述形式.

13. $c=(n+1)ab$ 时，方程

$$ax+by=c \tag{1}$$

有 y_0 最小的正整数解 (x_0,y_0)，这里 $y_0=a,x_0=nb$. 一般解为 $y=y_0+at,x=x_0-bt$，t 可取 $0,1,\cdots,n-1$ 这 n 个值，相应的 y 最大为 $y_0+(n-1)a=na$，x 最小为 $x_0-(n-1)b=b$.

$c>(n+1)ab$ 时,(1)中 y_0 最小的正整数解(x_0,y_0)满足 $y_0\leqslant a$,$ax_0=c-by_0\geqslant c-ab>(n+1)ab-ab=nab$,从而 $x_0>nb$.所以(1)至少有 $n+1$ 个解,即 $x_0,x_0-b,\cdots,x_0-nb$ 及相应的 $y_0,y_0+a,\cdots,y_0+na$.

再者,若(1)恰有 n 个正整数解$(x_i,y_i)(i=0,1,\cdots,n-1)$,诸 y_i 中 y_0 值最小,则 $a\geqslant y_0\geqslant 1$,$x_0\geqslant 1+(n-1)b$(其他 $n-1$ 个解 x 为 $x_0-b,x_0-2b,\cdots,x_0-(n-1)b$,相应的 y 为 $y_0+a,y_0+2a,\cdots,y_0+(n-1)a$).所以

$$c=ax_0+by_0\geqslant a(1+(n-1)b)+by_0\geqslant(n-1)ab+a+b.$$

同时 $ax+by=(n-1)ab+a+b$ 恰有 n 个解,即$(1+(n-1)b,1)$,$(1+(n-2)b,1+a)$,$(1+(n-3)b,1+2a)$,$\cdots$,$(1,1+(n-1)a)$.

第7章 同 余

著名数学家高斯发明的同余，是数论中极为重要的概念与工具.本章专门介绍同余的各种应用.

1. 如来佛的手掌

孙悟空一个筋斗，能翻十万八千里.

十万八千里，可谓远矣！

可是，仍在如来佛的手掌之中.

说起变化，一类是少变多，一变十，十变百，百变千，千变万.另一类则是多变少，万变千，千变百，百变十，十变一.于是十万八千里可缩成十万八千纳米，仍然未出如来佛掌心.

整数集是无穷集，里面的数多矣！不仅有十万八千，比它大的数多至无穷.

但有一个方法，可将无穷集化为有穷集，便于我们处理.

这个方法就是取一个大于1的自然数 m，将全体整数按照它们除以 m 所得的余数分为 m 类.例如取 $m=5$，无穷集 $\mathbb{Z}$ 就变成五元集 $\mathbb{Z}_5=\{0,1,2,3,4\}$.

这就是前面已经说过的同余：如果整数 a，b 的差 $a-b$ 被 m 整除，那么就称 a，b 关于 mod m 同余，将 a，b 放在同一类，记为 $a\sim b$ 或

$$a\equiv b(\text{mod } m). \tag{1}$$

在第3章第3节我们已经说过同余式(1)的一些性质，这里再做进一步的讨论.

显然，这里的同余关系“$\sim$”具有反身性、对称性与传递性，即

(ⅰ) $a\sim a$.

(ⅱ) 若 $a\sim b$，则 $b\sim a$.

(ⅲ) 若 $a\sim b$，$b\sim c$，则 $a\sim c$.

所以，可根据“$\sim$”进行分类.有同余关系的放在同一类，没有同余关系的放在不同类.这样可将整数集 $\mathbb{Z}$ 分为 m 类，称为 mod m 的剩余类.

每一类可取一个代表，例如 $0,1,2,\cdots,m-1$ 这 m 个数就可充作 m 个类的代表，称这组代表为 mod m 的完全剩余系，简称完系.

m 是奇数 $2k+1$ 时，$0,\pm1,\cdots,\pm k$ 也是完系.

m 是偶数 $2k$ 时，$0,\pm1,\cdots,\pm(k-1),k$ 也是完系.

mod m 的完系常记为 $\mathbb{Z}_m$.

mod m 可以看成是一个由全体整数 $\mathbb{Z}=\{0,\pm1,\pm2,\cdots\}$到完系$\{0,1,\cdots,m-1\}$的映射.这个映射中,$m$ 的倍数都映射成同一个数 0,m 的倍数加 1 都映射成 1,…,$km+(m-1)\to m-1$(k 为整数).而完系中的每一个数都有(无穷多个)整数映射为它.

一般地,如果从集合 X 到 Y 有一个映射,将 X 中的数 x 映射为 Y 中的数 y,那么就称 y 为 x 的**像**,x 为 y 的**原像**.如果 Y 中的每个数都有原像,那么就称映射为**满射**.上面的 mod m 就是一个满射.

mod m 将无穷集合(全体整数 $\mathbb{Z}$)变为有穷集合(m 个数).于是,一切都易于掌握.这就是如来佛的神通.

$\mathbb{Z}$ 变为 $\mathbb{Z}_m$ 后,其中相应的运算也大大简化了.例如 $m=6$ 时,mod 6 有

$$183\to3,\quad 59\to5,$$

即 $183\equiv3\pmod 6$,等等,从而

$$183\times59\to3\times5=3,$$

即 185×59 的积除以 6 余 3.最后的 $3\times5=3$ 是 $3\times5\equiv3\pmod 6$的省略写法.在不致混淆时,我们常这样写.

完系自身也可做各种映射.例如对 $m=6$ 的完系$\{0,1,\cdots,5\}$,取定一个数 a,用 a 乘完系中每一个数 x,这是一个完系 $M=\{0,1,2,3,4,5\}$到自身的映射.在 $a=2$ 时,

$$0\to0,1\to2,2\to4,3\to0,4\to2,5\to4 \tag{2}$$

(例如 $2\times4=8=2$,这就是上面的 $4\to2$,再如 $2\times5=10=4$).这个映射不是满射.因为 1,3,5 都不是像,没有原像(没有一个整数乘 2 后,与 1,3,5 mod 6 同余).

如果取定 $a=5$,那么情况就有所不同:

$$0\to0,1\to5,2\to4,3\to3,4\to2,5\to1. \tag{3}$$

现在完系中每一个数都是像,都有原像(例如 1 是 5 的像,5 是 1 的原像).所以现在的映射是一个满射.

$a=2$ 与 $a=5$ 时的映射还有一个不同点,即(2)中的像 0,2,4 都不止有一个原像(各有两个原像),而(3)中的像都恰有一个原像.

每个像都恰有一个原像,也就是说不同的原像都有不同的像,这样的映射称为**单射**.

上面 $a=5$ 时的映射是单射,也是满射,这并不是偶然的.

例 1 设 m 为大于 1 的自然数,a 与 m 互质,证明以下映射是单射,也是满射:

$$x\to ax, \tag{4}$$

其中 x 是完系$\{0,1,2,\cdots,m-1\}$中的数.

证明 如果 $ax=ay$,也就是

$$ax\equiv ay\pmod m,$$

那么因为 a 与 m 互质，所以上式两边约去 a，得

$$x \equiv y \pmod{m},$$

即每个像只有一个原像（也就是 $x \neq y$ 时，像 $ax \neq ay$）. 故映射(4)是单射.

因为完系$\{0,1,\cdots,m-1\}$有 m 个数，每个数 x 有一个像，映射是单射，所以这 m 个像互不相同. 因此 m 个像就是$\{0,1,\cdots,m-1\}$中的 m 个数. 换句话说，即完系$\{0,1,\cdots,m-1\}$中的数也都是像. 故映射(4)是满射.

注　事实上，有限集到它自身的映射如果是单射，那么它也一定是满射.

例 2　设 m 为大于 1 的自然数，a 与 m 互质. 证明：对任意整数 b，同余方程

$$ax \equiv b \pmod{m} \tag{5}$$

有解.

证明　例 1 已经说过映射 $x \to ax$ 是满射，所以必存在 x，使得 ax 在 b 所在的剩余类中，即(5)有解.

2. 苹果与抽屉

将 5 个苹果放进 4 个抽屉，必有一个抽屉中苹果个数 $\geqslant 2$.

这是大家熟悉的抽屉原理. 它有广泛的应用，只是我们要适当地选择“苹果”与“抽屉”.

设 m 为大于 1 的自然数. mod m 产生 m 个抽屉. 1 号抽屉装与 1 同余(mod m)的整数，2 号抽屉装与 2 同余(mod m)的整数，$\cdots$，$m-1$ 号抽屉装与 $m-1$ 同余(mod m)的整数，0 号抽屉也就是 m 号抽屉装被 m 整除的整数.

例 1　设自然数 a 与 m 互质，证明：一定存在自然数 n，使得

$$a^n \equiv 1 \pmod{m}. \tag{1}$$

证明　考虑

$$a, a^2, a^3, \cdots. \tag{2}$$

(2)中无穷多个数作为“苹果”落入上述 m 个“抽屉”中，必有一个抽屉中有 2 个苹果，即存在自然数 k,h($k<h$)，满足

$$a^h \equiv a^k \pmod{m}. \tag{3}$$

因为 a 与 m 互质，a^k 与 m 互质，所以(3)的两边同时除以 a^k 得

$$a^{h-k} \equiv 1 \pmod{m}.$$

注 (2)可以从 $a^0=1$ 开始. 又由于 a 与 m 互质，没有落入 0 号"抽屉"的"苹果"，所以(2)只要有 m 项，就会有 2 项在同一个剩余类("抽屉")中，所以满足(1)的最小的 $n \leqslant m-1$.

例 2 证明：如果 m 与 10 互质，那么

$$11, 111, 1111, \cdots \tag{4}$$

中必有一个是 m 的倍数.

证明 仍以 mod m 产生的 m 个剩余类为"抽屉". (4)中必有两个数满足

$$\underbrace{111\cdots11}_{h\text{个}1} \equiv \underbrace{11\cdots11}_{k\text{个}1} \pmod{m},$$

其中 $h>k$，且都是自然数.

于是，移项合并得

$$\underbrace{11\cdots1}_{h-k\text{个}1}\underbrace{00\cdots0}_{k\text{个}0} \equiv 0 \pmod{m}. \tag{5}$$

因为 m 与 10 互质，所以(5)的两边同时除以 10^k 得

$$\underbrace{11\cdots11}_{h-k\text{个}1} \equiv 0 \pmod{m}.$$

例 3 设 m 为大于 1 的自然数. 证明：从任意 m 个自然数

$$a_1, a_2, \cdots, a_m$$

中可以选出若干个数，它们的和被 m 整除(包括一个数被 m 整除的情况在内).

证明 考虑 m 个数

$$a_1, a_1+a_2, a_1+a_2+a_3, \cdots, a_1+a_2+\cdots+a_m. \tag{6}$$

如果(6)中有一个数被 m 整除，结论已经成立.

如果(6)中每个数都不被 m 整除，那么这 m 个数落入 $m-1$ 个 mod m 的"抽屉"中，所以必存在自然数 $k<h\leqslant m$，满足

$$a_1+a_2+\cdots+a_h \equiv a_1+a_2+\cdots+a_k \pmod{m},$$

因此

$$a_{k+1}+a_{k+2}+\cdots+a_h \equiv 0 \pmod{m}.$$

注 上述三例，证法相同. 著名数学家、教育家波利亚(G. Polya，1887—1985)曾说过："一个想法使用一次是一个技巧，经过多次使用就可成为一种方法."所以，上面采用 mod m 的剩余类作抽屉，是一种值得学习的方法.

3. $\mathbb{Z}_p$ 的构造

模 m 为质数的情况特别重要，我们再用点篇幅加以说明.

设 p 为奇质数（$p=2$ 时的情况在上一章已经讨论过）. 每个整数 a 均与 $\{0,1,2,\cdots,p-1\}$ 中的一个数同余（mod p），因此 mod p 将全体整数分为 p 个类. 每个类可以用 $\{0,1,2,\cdots,p-1\}$ 中的一个数作为代表. 例如 $p=17$ 时，每个整数与

$$\{0,1,2,\cdots,16\}$$

中的一个数同余（mod 17）.

我们称 $0,1,2,\cdots,p-1$ 为 mod p 的一个完全剩余类，简称完系，记为 $\mathbb{Z}_p$. $\mathbb{Z}_p^*=\mathbb{Z}_p-\{0\}$ 称为缩化剩余系，简称缩系. 当然也可取其他的数作为代表. 例如 mod 17 时，$\{1,2,\cdots,16,17\}$，$\{0,\pm1,\pm2,\cdots,\pm8\}$ 也都可以作为完系. 记这个完系为 $\mathbb{Z}_p$，并在其中定义加法与乘法如下：

设 $a,b\in\mathbb{Z}_p$，则 $a+b$，ab 即它们 mod p 时所在的剩余类. 例如 $p=17$ 时，

$$8+16\equiv7\pmod{17},\tag{1}$$

我们就说在 $\mathbb{Z}_{17}$ 中，

$$8+16=7.\tag{2}$$

(2)其实只是(1)的一种简单记法，省去了 mod 17，并将同余符号“≡”简记为“=”.

乘法也是如此，例如在 $\mathbb{Z}_{17}$ 中，

$$8\times16\equiv-8\equiv9\pmod{17}$$

即

$$8\times16=9.$$

在 $\mathbb{Z}_p$ 中可以进行加法的逆运算（即减法）. 例如，由(2)得

$$7-16=8\ (\equiv7-(-1)\pmod{17}).$$

在整数集 $\mathbb{Z}$ 中，除数不为 0 时可进行除法，在 $\mathbb{Z}_p$ 中也是如此. 首先，$a\neq0$ 即 $a\not\equiv0\pmod{p}$，亦即 $p\nmid a$. 如果 $p\nmid a$，那么 a,p 互素. 由裴蜀定理知存在整数 u,v，使得

$$ua+vp=1,$$

即

$$ua \equiv 1(\text{mod } p). \tag{3}$$

这表明每个 $a(a \neq 0)$都对应一个“逆”u 满足(3),通常可简记为

$$u = \frac{1}{a}.$$

这就好像在整数集中,若

$$u \times 3 = 1,$$

则

$$u = \frac{1}{3}.$$

更一般地,如果 $a \neq 0$,那么对任意 b,在(3)的两边同时乘以 b 得

$$(bu) \cdot a \equiv b(\text{mod } p),$$

即存在一个数 $x = bu$,满足

$$xa \equiv b(\text{mod } p),$$

也常简记为

$$x = \frac{b}{a}.$$

例 1　在 $\mathbb{Z}_{13}$中,求 4 的逆元.

解　问题即求 x,满足

$$4x \equiv 1(\text{mod } 13).$$

在同余式右边加上 39(3 个 13)得

$$4x \equiv 40(\text{mod } 13),$$

从而

$$x \equiv 10(\text{mod } 13).$$

这一过程可写成

$$x = \frac{1}{4} = \frac{1 + 13 \times 3}{4} = 10,$$

即“分数”$\frac{1}{4}$的分子(或分母)可加上或减去模的倍数,使其可以约分,化为“整数”.

例 2　在 $\mathbb{Z}_{17}$中,求方程

$$5x = 8$$

的解.

解　$x = \frac{8}{5} = \frac{8 + 17}{5} = 5.$

用近代代数的语言来说,$\mathbb{Z}_p$ 是一个加法群,$\mathbb{Z}_p^*$ 是一个乘法群,还可以说 $\mathbb{Z}_p$ 是一个有限域.

4. Wilson 定理

由第1节所学内容知 $\mathbb{Z}_p$ 具有如下的重要性质：

设 p 为素数，$a\in\mathbb{Z}_p^*$，则 a 与 p 互质，且

$$a\times 1, a\times 2, \cdots, a\times (p-1)$$

这 $p-1$ 个数属于 $\mathbb{Z}_p^*$ 中 $p-1$ 个不同的类，即它们与

$$1, 2, \cdots, p-1$$

仅是排列的顺序可能不同而已.

因此，对于任意 $a, b\in\mathbb{Z}_p^*$，必有 $i\in\mathbb{Z}_p^*$，满足

$$ai\equiv b\pmod p.$$

特别地，对于 $a\in\mathbb{Z}_p^*$，必有唯一的 $i\in\mathbb{Z}_p^*$，满足

$$ai\equiv 1\pmod p,$$

其中 i 称作 a 的逆，可以写成 a^{-1} 或 $\frac{1}{a}$.

当然，还有当且仅当 $i\equiv 0\pmod p$ 时，

$$ai\equiv 0\pmod p.$$

这些在上一节已有证明，这里再由第1节所学内容给出一个新的证明.

根据上面的性质，对于每个 $i\in\{1,2,\cdots,p-1\}$，$\mathbb{Z}_p^*$ 中均有一个唯一的 j，满足

$$ij\equiv 1\pmod p.$$

i 不同时，j 也不同. 于是 $\mathbb{Z}_p^*$ 中的数互相配对，其中 $1\times 1=1$，$(-1)\times(-1)=1$（即 $(p-1)(p-1)\equiv 1\pmod p$）是自身配对的.

例1 证明：满足方程

$$x^2\equiv 1\pmod p \tag{1}$$

的 x 只有 $x=\pm 1$，即 $\mathbb{Z}_p^*$ 中只有1与 -1 是自身配对的.

证明 由(1)得

$$(x+1)(x-1)\equiv 0\pmod p,$$

即 $p\mid(x+1)(x-1)$.

因为 p 为质数,所以 $p\mid(x+1)$ 或 $p\mid(x-1)$,从而 $x\equiv\pm1\pmod p$.

在 p 为奇质数时,将 $1,2,\cdots,p-1$ 这 $p-1$ 个数相乘,每两个配对的数相乘为 $1\pmod p$,只有 1 与 -1 没有配对,所以

$$(p-1)!\equiv1^{\frac{p-3}{2}}\times1\times(-1)=-1\pmod p.$$

$p=2$ 时,

$$(p-1)!=1\equiv-1\pmod 2.$$

因此,有 Wilson 定理:

若 p 为质数,则

$$(p-1)!+1\equiv0\pmod p.$$

下面的例 2 可以说是 Wilson 定理的逆定理.

例 2　若 $n>1$,且

$$(n-1)!+1\equiv0\pmod n,\tag{2}$$

证明:n 为质数.

证明　若 n 不是质数,设 $n=pn_1$,其中 p 为质数,$n_1>1$,则

$$n-1=pn_1-1\geqslant2p-1>p,$$

所以 $p\mid(n-1)!$,故

$$(n-1)!+1\equiv1\pmod p,$$

这与(2)矛盾.

因此,n 必为质数.

例 3　设质数 $p\equiv1\pmod 4$,证明:存在 $x\in\mathbb{Z}_p$,满足

$$x^2\equiv-1\pmod p.\tag{3}$$

证明　由 Wilson 定理得

$$(p-1)(p-2)\cdot\cdots\cdot2\cdot1\equiv-1\pmod p,$$

即

$$(-1)^{\frac{p-1}{2}}\left(\left(\frac{p-1}{2}\right)\left(\frac{p-3}{2}\right)\cdot\cdots\cdot2\cdot1\right)^2\equiv-1\pmod p,$$

所以 $x=\left(\frac{p-1}{2}\right)!$ 满足(3).

注　形如 $p=4k-1$ 的质数不具有上述性质,这一点将在下节例 5 证明.

例 4　设质数 $p\equiv1\pmod 4$,证明:存在自然数 a,b,满足

$$a^2+b^2=p,\tag{4}$$

例如 $13=2^2+3^2$.

证明　由例 3 知存在自然数 x,y,满足

$$x^2+y^2=mp, \tag{5}$$

m 为自然数,可设 $|x|,|y|\leqslant\frac{p-1}{2}$,从而 $m<p$. 与第 4 章第 6 节类似,取

$$x\equiv x_1,\quad y\equiv y_1\pmod m,\quad |x_1|,|y_1|\leqslant\frac{m}{2},$$

则

$$x_1^2+y_1^2=rm, \tag{6}$$

其中自然数 $r<m$.

由(5)、(6)得

$$m^2rp=(x^2+y^2)(x_1^2+y_1^2)=(xx_1+yy_1)^2+(xy_1-x_1y)^2.$$

$$u_1^2=(xx_1+yy_1)^2\equiv(x^2+y^2)^2\equiv m^2p^2\equiv 0\pmod{m^2},$$

$$u_2^2=(xy_1-x_1y)^2\equiv(xy-xy)^2=0\pmod{m^2},$$

所以

$$rp=u_1^2+u_2^2,$$

从而由无穷递降法得出存在自然数 a,b 满足(4).

在第 12 章第 98 题还有一个稍有不同的证明.

5. Fermat 小定理

在 p 为质数时,对任一个不被 p 整除的整数 a,上节说过

$$a\times 1,a\times 2,\cdots,a\times(p-1)$$

与

$$1,2,\cdots,p-1$$

只是顺序不同(当然是在 mod p 的前提下). 因此乘积

$$(a\times 1)(a\times 2)\cdots(a\times(p-1))\equiv 1\times 2\times\cdots\times(p-1)\pmod p,$$

即

$$a^{p-1}\times(p-1)!\equiv(p-1)!\pmod p. \tag{1}$$

因为 p 是质数,所以 $p \nmid (p-1)!$.在(1)的两边约去 $(p-1)!$,得

$$a^{p-1} \equiv 1(\bmod p). \tag{2}$$

(2)称为 **Fermat 小定理**,是法国数学家费马(P. Fermat,1601—1665)发现的,用处非常广泛.

在(2)的两边同时乘以 a 得

$$a^{p} \equiv a(\bmod p),$$

此式对任意的整数 a(即使 a 被 p 整除)均成立.

例 1　证明:$2^{83} \equiv 1(\bmod 167)$.

证明　因为 167 是质数,所以由 Fermat 小定理得

$$2^{83} \equiv 169^{83} = 13^{166} \equiv 1(\bmod 167).$$

例 2　如果

$$a^{n} \equiv 1(\bmod p), \tag{3}$$

并且 n 是使(3)成立的最小的正整数,求证:$n \mid (p-1)$.

证明　设 $p-1=qn+r$,其中 q,r 为非负整数,$r<n$,则

$$1 \equiv a^{p-1} = a^{qn+r} = (a^{n})^{q} \cdot a^{r} \equiv a^{r}(\bmod p).$$

因为 $0 \leqslant r < n$,而 n 为使(3)成立的最小的正整数,所以 $r=0$,即 $n \mid (p-1)$.

例 3　求最小的正整数 n,使得

$$21^{n} = 167x + 2,$$

其中 x 为整数.

解　求最小的正整数 n,使得

$$2^{5n} = 32^{n} \equiv 2(\bmod 167),$$

即

$$2^{5n-1} \equiv 1(\bmod 167).$$

由例 1 得

$$2^{83} \equiv 1(\bmod 167),$$

而刚刚说过,满足

$$2^{k} \equiv 1(\bmod 167) \tag{4}$$

的最小的自然数 k 一定是 83 的约数.83 是质数,它的约数只有 1 与自身.显然 $k=1$ 不满足(4),所以 $k=83$,即 83 是满足(4)的最小的自然数,从而 $5n-1$ 是 83 的倍数.

因为

$$83+1, 2\times 83+1, 3\times 83+1, \cdots$$

中,第一个 5 的倍数是 $3\times 83+1$,所以最小的 n 是

$$(3\times 83+1)\div 5=50.$$

例 4 设 p 为奇质数，若

$$x^2\equiv a(\bmod p)$$

有解，则称 a 为 mod p 的平方剩余，否则称 a 为 mod p 的非平方剩余. 证明：在 $p=4k-1(k\in\mathbb{N})$时，-1 为非平方剩余.

证明 若

$$x^2\equiv -1(\bmod p)$$

有解，则

$$(-1)^{2k-1}\equiv x^{2(2k-1)}=x^{p-1}\equiv 1(\bmod p). \tag{5}$$

但

$$(-1)^{2k-1}=-1,$$

所以由(5)得

$$-1\equiv 1(\bmod p),$$

从而 $p\mid 2$，这与 p 为奇质数相矛盾. 因此 -1 为非平方剩余.

例 5 设 p 为 $4k-1$ 的质数，证明：p 不能写成两个平方数的和.

证明 若 $p=a^2+b^2$，其中 $a,b\in\mathbb{Z}$，则因为 $p\neq a^2$，所以 $b\neq 0$. 同理可得 $a\neq 0$. 显然 $p>a^2$，所以$(p,a)=1$.

由 $p=a^2+b^2$，得

$$-a^2\equiv b^2(\bmod p). \tag{6}$$

因为$(a,p)=1$，所以存在 $c\in\mathbb{Z}_p^*$，使得

$$ac\equiv 1(\bmod p).$$

在(6)的两边同时乘以 c^2 得

$$-1\equiv (cb)^2(\bmod p),$$

这与 -1 为非平方剩余矛盾.

例 6 怎么尽快证明 $9^{24}-1$ 被 13 整除？

解 因为 $9^{24}-1=(3^3)^{16}-1$ 被 3^3-1，即 $26=2\times 13$ 整除，所以 $9^{24}-1$ 被 13 整除.

又解 因为 9 与质数 13 互质，所以由 Fermat 小定理知 $9^{12}-1$ 被 13 整除，更有 $9^{24}-1$ 被 13 整除.

有一位文史专家(尤其擅长鲁迅研究与反右运动研究)名叫朱正，他年轻时曾独立发现 Fermat 小定理，并写在他的一本随笔中询问是否正确. 我买了他的这本书并写信告诉他这是数学中已有的结论，从此结交(他比我大十岁以上)，后来他每出书都寄给我一本.

6. 组　合　数

本节讨论一些与组合数 C_m^n 有关的同余问题.

例 1　设 m,n 为正整数,p 为质数,并且 m,n 的 p 进制可表示为

$$m = a_0 + a_1 p + \cdots + a_k p^k \quad (a_k \neq 0),$$
$$n = b_0 + b_1 p + \cdots + b_k p^k.$$

证明:

(ⅰ) 如果对所有 $0 \leqslant i \leqslant k$ 均有 $a_i \geqslant b_i$,那么

$$C_m^n \equiv C_{a_0}^{b_0} C_{a_1}^{b_1} \cdots C_{a_n}^{b_n} \pmod p.$$

(ⅱ) 若(ⅰ)中条件不满足,则 $p \mid C_m^n$.

证明　约定 $C_a^0 = 1$,$C_a^b = 0(b > a)$,因为

$$\begin{aligned}(x+1)^m &= \prod_{j=0}^{k}(x+1)^{a_j p^j} \\ &\equiv \prod_{j=0}^{k}(x^{p^j}+1)^{a_j} \pmod p \\ &= \prod_{j=0}^{k}\sum_{r_j=0}^{a_j} C_{a_j}^{r_j} x^{r_j p^j} \\ &= \sum_{r=0}^{m} \prod_{\substack{\sum r_j p^j = r \\ 0 \leqslant r_j \leqslant a_j \\ 0 \leqslant j \leqslant k}} C_{a_j}^{r_j} x^r,\end{aligned}$$

所以 x^n 的系数

$$C_m^n \equiv \prod_{0 \leqslant j \leqslant k} C_{a_j}^{b_j} \pmod p,$$

并且在(ⅰ)的条件不成立时,$\prod C_{a_j}^{b_j} \equiv 0 \pmod p$,即 $C_m^n \equiv 0 \pmod p$.

例 1 的结果称为 Lucas 定理.

例 2　证明:对所有素数 p 与 $1 \leqslant k \leqslant p-1$,有

$$\frac{1}{p} C_p^k \equiv \frac{(-1)^{k-1}}{k} \pmod p.$$

证明 因为

$$\begin{aligned}
\text{左边} &= \frac{1}{k}C_{p-1}^{k-1} \\
&= \frac{1}{k}\cdot\frac{(p-1)(p-2)\cdots(p-(k-1))}{(k-1)!} \\
&\equiv \frac{1}{k}\cdot\frac{(-1)(-2)\cdots(-(k-1))}{(k-1)!} \pmod p \\
&= \frac{(-1)^{k-1}}{k},
\end{aligned}$$

所以 $1\leqslant k\leqslant p-1$ 时，有

$$C_p^k \equiv 0 \pmod p.$$

例 3 j 是自然数，p 是素数，$p-1\nmid j$，证明：

（ⅰ）$1^j+2^j+\cdots+(p-1)^j\equiv 0 \pmod p$.

（ⅱ）$\frac{1}{1^j}+\frac{1}{2^j}+\cdots+\frac{1}{(p-1)^j}\equiv 0 \pmod p$.

证明 （ⅰ）不妨设 $1\leqslant j<p-1$（即根据 Fermat 小定理，用 j 除以 $p-1$ 所得正余数代替 j）. 方程

$$x^j-1\equiv 0 \pmod p$$

至多有 j 个根（与通常数域上的因式定理类似）. 所以存在 x，$1\leqslant x<p$，而 $x^j\not\equiv 1 \pmod p$. 对这样的 x，因为

$$x\cdot 1, x\cdot 2, \cdots, x(p-1)$$

仍是 mod p 的缩系，所以

$$(x\cdot 1)^j+(x\cdot 2)^j+\cdots+(x\cdot(p-1))^j\equiv 1^j+2^j+\cdots+(p-1)^j \pmod p,$$

即

$$(x^j-1)(1^j+2^j+\cdots+(p-1)^j)\equiv 0 \pmod p.$$

因为 $x^j-1\not\equiv 0$，所以（ⅰ）成立，即

$$1^j+2^j+\cdots+(p-1)^j\equiv 0 \pmod p.$$

（ⅱ）因为 $\frac{1}{1},\frac{1}{2},\cdots,\frac{1}{p-1}$ 也构成 mod p 的缩系$\left(\text{即用满足 } ij\equiv 1 \pmod p \text{ 的 } j \text{ 代替 } \frac{1}{i}\right)$，所以（ⅱ）成立.

在 p 为质数时，由于 mod p 的缩系 $\mathbb{Z}_p^*$ 是可以做除法的域，因此许多问题都变得容易了.

7. 铅刀一割

偶尔看到几个题,手痒,也做一做.

例1 证明:素数 $p>3$ 时,有

$$p^3 \Big| \sum_{k=1}^{p-1} (\mathrm{C}_p^k)^2.$$

证明 由于 $\mathrm{C}_p^k = \frac{p}{k}\mathrm{C}_{p-1}^{k-1}$,因此只需证明

$$\sum_{k=1}^{p-1} \left(\frac{1}{k}\mathrm{C}_{p-1}^{k-1}\right)^2 \equiv 0 (\bmod\ p).$$

而设 $hk \equiv 1(\bmod\ p)$,则

$$\begin{aligned}\sum_{k=1}^{p-1} \left(\frac{1}{k}\mathrm{C}_{p-1}^{k-1}\right)^2 &\equiv \sum_{h=1}^{p-1} h^2 \left(\frac{(p-1)(p-2)\cdots(p-k+1)}{(k-1)(k-2)\cdots 1}\right)^2 \\ &\equiv \sum_{h=1}^{p-1} h^2 = \frac{1}{6}(p-1)p(2p-1) \equiv 0(\bmod\ p).\end{aligned}$$

例2 证明:对所有素数 $p>3$,有

$$\sum_{j=1}^{p-1} \frac{1}{j} \equiv 0(\bmod\ p^2), \tag{1}$$

$$\mathrm{C}_{2p}^p \equiv 2(\bmod\ p^3). \tag{2}$$

证明 因为

$$2\sum_{j=1}^{p-1} \frac{1}{j} = \sum_{j=1}^{p-1}\left(\frac{1}{j} + \frac{1}{p-j}\right) = p\sum_{j=1}^{p-1} \frac{1}{j(p-j)},$$

而由例1的最后部分知

$$\sum_{j=1}^{p-1} \frac{1}{j(p-j)} \equiv -\sum_{j=1}^{p-1} \frac{1}{j^2} \equiv 0(\bmod\ p),$$

所以(1)成立.

因为

$$\mathrm{C}_{2p}^p = \frac{(2p)(2p-1)\cdots(p+1)}{p(p-1)\cdots 1} = 2 \times \frac{(p+(p-1))\cdots(p+1)}{(p-1)\cdots 1}$$

$$\equiv 2\left(1 + p \times \sum_{j=1}^{p-1} \frac{1}{j} + p^2 \times \sum_{1 \leqslant i < j \leqslant p-1} \frac{1}{ij}\right),$$

且

$$2\sum_{1 \leqslant i < j \leqslant p-1} \frac{1}{ij} + \sum_{j=1}^{p-1} \frac{1}{j^2} = \sum_{j=1}^{p-1} \frac{1}{j} \times \sum_{i=1}^{p-1} \frac{1}{i} = \left(\sum_{j=1}^{p-1} \frac{1}{j}\right)^2 \equiv 0 \pmod p,$$

$$\sum_{j=1}^{p-1} \frac{1}{j^2} \equiv 0 \pmod p,$$

所以

$$\sum_{1 \leqslant i < j \leqslant p-1} \frac{1}{ij} \equiv 0 \pmod p,$$

$$C_{2p}^p \equiv 2 \pmod{p^3},$$

故(2)成立.

例 3 素数 $p>2$,证明:

$$\sum_{i=0}^{p} C_p^i C_{p+i}^i \equiv 2^p + 1 \pmod{p^2}. \tag{3}$$

证明 因为

$$2^p = (1+1)^p = \sum_{i=0}^{p} C_p^i,$$

所以

$$\begin{aligned}\sum_{i=0}^{p} C_p^i C_{p+i}^i - (2^p + 1) &= \sum_{i=1}^{p-1} C_p^i C_{p+i}^i + C_{2p}^p - \left(\sum_{i=1}^{p} C_p^i + 2\right) \\ &= \sum_{i=1}^{p-1} C_p^i (C_{p+i}^i - 1) + (C_{2p}^p - 2).\end{aligned}$$

因为 $1 \leqslant i \leqslant p-1$ 时,由上节例 2 得

$$C_p^i \equiv 0 \pmod p,$$

由本节例 2 得

$$C_{2p}^p - 2 \equiv 0 \pmod{p^2},$$

又

$$\begin{aligned}C_{p+i}^i &= \frac{(p+i)(p+i-1)\cdots(p+1)}{i!} \\ &\equiv \frac{i(i-1)\cdots 1}{i!} = 1 \pmod p,\end{aligned}$$

所以

$$\sum_{i=1}^{p-1} C_p^i (C_{p+i}^i - 1) + (C_{2p}^p - 2) = 0 \pmod{p^2},$$

即(3)成立.

例4　素数 $p>5$,证明:

$$(p-1)!+1\neq p^k \quad (k\text{ 为自然数}).$$

证明　显然有 $(p-1)!+1>p$.若

$$(p-1)!+1=p^k \quad (k\geqslant 2),$$

则因为

$$p^k=(1+(p-1))^k\equiv 1+k(p-1)(\operatorname{mod}(p-1)^2),$$

所以

$$(p-1)!\equiv k(p-1)(\operatorname{mod}(p-1)^2).$$

由 $2<\dfrac{p-1}{2}<p-1$,得 $(p-1)^2\mid(p-1)!$,所以 $(p-1)\mid k$,

$$(p-1)!+1=p^k\geqslant p^{p-1}>(p-1)!+1,$$

矛盾.

例5　p 为奇素数,证明:

$$1^{p-1}+2^{p-1}+\cdots+(p-1)^{p-1}\equiv p+(p-1)!(\operatorname{mod} p^2).$$

证明　对于 $1\leqslant a\leqslant p-1$,令

$$a^{p-1}\equiv 1+pr_a(\operatorname{mod} p^2),$$

又令

$$(p-1)!+1\equiv pr(\operatorname{mod} p^2),$$

则

$$1^{p-1}+2^{p-1}+\cdots+(p-1)^{p-1}\equiv(p-1)+p\sum r_a. \tag{4}$$

而

$$\begin{aligned}(pr-1)^{p-1}&\equiv((p-1)!)^{p-1}\\&=1^{p-1}\cdot 2^{p-1}\cdot\cdots\cdot(p-1)^{p-1}\\&\equiv(1+pr_1)(1+pr_2)\cdots(1+pr_{p-1})\\&\equiv 1+p\sum r_a(\operatorname{mod} p^2),\end{aligned} \tag{5}$$

所以比较(4)、(5)得

$$\begin{aligned}1^{p-1}+2^{p-1}+\cdots+(p-1)^{p-1}&\equiv p-2+(pr-1)^{p-1}\\&\equiv p-2+1-(p-1)pr\\&\equiv p-1+pr\\&\equiv p+(p-1)!(\operatorname{mod} p^2).\end{aligned}$$

8. 完系三题

例1 设 $a_1,a_2,\cdots,a_n$ 是 mod n 的完系，$b_1,b_2,\cdots,b_n$ 也是 mod n 的完系. 问 $a_1+b_1,a_2+b_2,\cdots,a_n+b_n$ 是否仍为 mod n 的完系?

解 如果 $a_1,a_2,\cdots,a_n$ 是 mod n 的完系，那么

$$a_1+a_2+\cdots+a_n\equiv 1+2+\cdots+n=\frac{n(n+1)}{2}\pmod n.$$

如果 $b_1,b_2,\cdots,b_n$ 也是 mod n 的完系，那么

$$\begin{aligned}&(a_1+b_1)+(a_2+b_2)+\cdots+(a_n+b_n)\\&=(a_1+a_2+\cdots+a_n)+(b_1+b_2+\cdots+b_n)\\&\equiv\frac{n(n+1)}{2}+\frac{n(n+1)}{2}\\&=n(n+1)\equiv 0\pmod n.\end{aligned}$$

但$\frac{n(n+1)}{2}$仅在 n 为奇数时才能被 n 整除，即当且仅当 n 为奇数时，$\frac{n(n+1)}{2}\equiv 0\pmod n$.

因此，在 n 为偶数时，$a_1+b_1,a_2+b_2,\cdots,a_n+b_n$ 不是 mod n 的完系.

在 n 为奇数时，$a_1+b_1,a_2+b_2,\cdots,a_n+b_n$ 可以是 mod n 的完系，这时只要取 $b_i\equiv a_i\pmod n$，则 $a_1+b_1,a_2+b_2,\cdots,a_n+b_n$ 即

$$2a_1,2a_2,\cdots,2a_n.$$

因为 n 为奇数，$(2,n)=1$，所以 $2a_1,2a_2,\cdots,2a_n$ 是 mod n 的完系，即 $a_1+b_1,a_2+b_2,\cdots,a_n+b_n$ 是 mod n 的完系.

例2 求所有的正整数 n，使得存在 $1,2,\cdots,n$ 的一个排列 $a_1,a_2,\cdots,a_n$，满足 $a_1+1,a_2+2,\cdots,a_n+n$ 是 mod n 的完系，$a_1-1,a_2-2,\cdots,a_n-n$ 也是 mod n 的完系.

解 若 $a_1,a_2,\cdots,a_n$ 是上述的排列，则

$$1+2+\cdots+n\equiv(a_1+1)+(a_2+2)+\cdots+(a_n+n)\pmod n,$$

从而 $n\mid\left(a_1+a_2+\cdots+a_n=\frac{n(n+1)}{2}\right)$，$n$ 是奇数.

此外，还有

$$(a_1+1)^2+(a_2+2)^2+\cdots+(a_n+n)^2+(a_1-1)^2+(a_2-2)^2+\cdots+(a_n-n)^2$$
$$\equiv 2(1^2+2^2+\cdots+n^2)\pmod n,$$

从而 $n\mid 2(a_1^2+a_2^2+\cdots+a_n^2)=\dfrac{n(n+1)(2n+1)}{3}$，所以 $3\nmid n$.

反之，若 n 为奇数且 $3\nmid n$，取

$$a_i\equiv 2i\pmod n,$$

且 $1\leqslant a_i\leqslant n$，则易知 $a_1,a_2,\cdots,a_n$ 是 $1,2,\cdots,n$ 的一个排列，所以 $a_i-i\equiv i(1\leqslant i\leqslant n)$ 是 mod n 的完系，$a_i+i\equiv 3i(1\leqslant i\leqslant n)$ 也是 mod n 的完系.

例 3 求所有的整数 $n\geqslant 2$，使得存在 $1,2,\cdots,n$ 的一个排列 $a_1,a_2,\cdots,a_n$，满足 $a_1+a_2+\cdots+a_k(1\leqslant k\leqslant n)$ 是 mod n 的完系.

解 对于 $k=2,3,\cdots,n$，差

$$(a_1+a_2+\cdots+a_k)-(a_1+a_2+\cdots+a_{k-1})=a_k$$

不是零类，因为 $a_1+a_2+\cdots+a_k$，$a_1+a_2+\cdots+a_{k-1}$ 不同类.

所以 a_1 必为零类，即 $a_1=n$，故

$$a_1+a_2+\cdots+a_n=\frac{n(n+1)}{2}$$

不是零类，从而 n 为偶数.

反之，若 n 为偶数 $2k$，则排列 $n,1,n-2,3,\cdots\left(a_i=\begin{cases}n-i+1, & 若\ i\ 为奇数,\\ i-1, & 若\ i\ 为偶数\end{cases}\right)$ 即为所求.

事实上，若 $j=2h+1(h=0,1,\cdots,k-1)$，则

$$a_1+a_2+\cdots+a_j=0+1+(-2)+3+(-4)+\cdots+(2h-1)+(-2h)$$
$$\equiv -h\pmod n.$$

若 $j=2h(h=1,2,\cdots,k)$，则

$$a_1+a_2+\cdots+a_j=0+1+(-2)+\cdots+(2h-3)-(2h-2)+(2h-1)$$
$$\equiv h\pmod n.$$

符合本题要求.

9. 有，还是没有

例 1 是否存在一个 2 的（正整数）幂，其各位数字均不为 0，并且将它的数字重排后，仍可得到一个 2 的幂？

解 设 2^m 重排数字后得到 2^n.

不妨设 $m>n$. 因为数字相同，所以

$$2^m \equiv 2^n \pmod 9,$$

即

$$2^{m-n} \equiv 1 \pmod 9.$$

又 2^m 与 2^n 的位数相同，所以

$$2^m < 2^n \times 2^4,$$

即

$$m - n \leqslant 3.$$

但 $2^1, 2^2, 2^3 \pmod 9$ 均不与 1 同余，这个矛盾表明所说的数不存在.

例 2 设 p 为素数，c 为整数. 证明：存在无穷多个自然数 x，满足

$$x \equiv c,\ x^x \equiv c,\ x^{x^x} \equiv c, \cdots \pmod p.$$

证明 $p \mid c$ 时，结论显然，取 x 为 p 的倍数即可.

$p \nmid c$ 时，存在无穷多个 x，满足

$$\begin{cases} x \equiv c \pmod p, \\ x \equiv 1 \pmod{p-1}. \end{cases}$$

从而对任一自然数 k，有

$$x^k \equiv 1 \pmod{p-1},$$

$$x^{x^k} \equiv x \equiv c \pmod p.$$

以 $1, x, x^x, x^{x^x}, \cdots$ 代替 k 即得结论.

例 3 是否存在无穷多个正整数 n，使得对任意正整数 k，均有 $n \cdot 2^k + 1$ 为合数？

解 mod 24 的剩余类有 24 个，k 必在其中之一，从而有以下情况：

$k \equiv 0 \pmod 2$ （即 $k \equiv 0, \pm 2, \pm 4, \pm 6, \pm 8, \pm 10, 12 \pmod{24}$），

$k\equiv 0 \pmod 3$ （即 $k\equiv \pm 3, \pm 9 \pmod{24}$），

$k\equiv 1 \pmod 4$ （即 $k\equiv 1,5,-7,-11 \pmod{24}$），

$k\equiv 3 \pmod 8$ （即 $k\equiv 3,11 \pmod{24}$），

$k\equiv 7 \pmod{12}$ （即 $k\equiv 7,-5 \pmod{24}$），

$k\equiv 23 \pmod{24}$.

因为 $2^{24}\equiv 1(\text{mod } 3,5,7,13,17,241)$，所以上面的 k 分别满足

$$2^k\equiv 1 \pmod 3,$$
$$2^k\equiv 1 \pmod 7,$$
$$2^k\equiv 2 \pmod 5,$$
$$2^k\equiv 2^3 \pmod{17},$$
$$2^k\equiv 2^7 \pmod{13},$$
$$2^k\equiv 2^{23} \pmod{241}.$$

由中国剩余定理知存在无穷多个 m，满足

$$m\equiv 1(\text{mod } 2,3,7)\equiv 2 \pmod 5$$
$$\equiv 2^3 \pmod{17}\equiv 2^7 \pmod{13}\equiv 2^{23} \pmod{241}.$$

从而对任意的 k，至少有一个同余式 $m\equiv 2^k \pmod p$，$p\in\{3,5,7,13,17,241\}$成立.

令 $n>241$ 满足

$$mn\equiv -1 \pmod{3\times 5\times 7\times 13\times 17\times 241},$$

则对所有 k，

$$n\times 2^k+1\equiv 0 \pmod p$$

至少对一个 $p\in\{3,5,7,13,17,241\}$成立.

$n\times 2^k+1$ 是合数.

例 4 证明：有无穷多个自然数不能写成 a^2+p 的形式，即不能写成一个平方数加上一个质数.

证明 对任意自然数 n，若

$$(3n+2)^2=a^2+p,$$

则

$$p=(3n+2)^2-a^2=(3n+2+a)(3n+2-a).$$

因为 p 为质数，所以

$$\begin{cases}3n+2-a=1, & (1)\\ 3n+2+a=p. & (2)\end{cases}$$

但(1)+(2)，得

$$p = 6n + 3 = 3(2n + 1),$$

与 p 为质数矛盾.

所以 $(3n+2)^2$ 不能写成 a^2+p 的形式.

例 5 给定正整数 $k,h(k\neq h)$.证明:存在无穷多个 n,使得 $n+k,n+h$ 都是两个平方数(正整数的平方)的和.

证明 若 $k-h=4m$,其中 m 为正整数,则对任意正整数 b,

$$n = (m+1)^2 + b^2 - k = (m-1)^2 + b^2 - h$$

即为所求.

若 $k-h=2m+1$,其中 m 为正整数,则对任意正整数 b,

$$n = (m+1)^2 + b^2 - k = m^2 + b^2 - h$$

即为所求.

若 $k-h=1$,则对任意正整数 a,

$$n = (a+1)^2 + (2a)^2 - h = (a-1)^2 + (2a+1)^2 - k$$

即为所求.

若 $k-h=4m-2$,其中 m 为正整数,则对任意正整数 a,

$$n = (a+m)^2 + (a-m)^2 - k = (a+m-1)^2 + (a-m+1)^2 - h$$

即为所求.

例 6 证明:

(ⅰ) 没有大于 1 的自然数 n,满足 $n\mid(2^n-1)$.

(ⅱ) 有无穷多个自然数 n,满足 $n\mid(2^n+1)$.

(ⅲ) 有无穷多个自然数 n,满足 $n\mid(2^n+2)$.

(ⅳ) 没有大于 1 的自然数 n,满足 $n\mid(2^{n-1}+1)$.

(ⅴ) 对任意自然数 a,有无穷多个合数 n,满足 $n\mid(a^{n-1}-a)$.

证明 (ⅰ) 设 p 为 n 的最小质因数.

$p=2$ 时,$2\nmid(2^n-1)$.

$p>2$ 时,设 $n=p^{\alpha}m$,m 的质因数均大于 p,所以 $(m,p-1)=1$.存在整数 k,h,使得

$$km + h(p-1) = 1 \quad (\text{可设 } k>0,h<0,k\text{ 为奇数}),$$

$$2^{kn} = 2^{p^{\alpha}km} \equiv 2^{km} = 2^{1-h(p-1)} \equiv 2 \pmod p.$$

从而

$$2^n \not\equiv 1 \pmod p.$$

(ⅱ) 取 $n=3^k$ 即可.$2^3+1\equiv 0 \pmod 3$.设 $2^{3^k}+1\equiv 0 \pmod{3^k}$,则 $2^{3^k}=-1+t\cdot 3^k$

$(t\in\mathbb{Z})$,从而 $2^{3^{k+1}}=(-1+t\cdot 3^k)^3\equiv -1 \pmod{3^{k+1}}$.

(ⅲ) $n=2$ 时满足 $n\mid(2^n+2)$,$(n-1)\mid(2^n+1)$.

设有 n 同时满足以上两式,则由后一式 n 为偶数,并且 $2^n+1=k(n-1)$,k 为奇数.

令 $m=2^n+2$,则

$$\begin{aligned}2^m+2&=2(2^{2^n+1}+1)=2(2^{k(n-1)}+1)\\&=2(2^{n-1}+1)(2^{(k-1)(n-1)}-\cdots+1)\end{aligned}$$

被 $2(2^{n-1}+1)$ 整除,即被 m 整除.

又设 $2^n+2=hn$,h 为奇数,则 $m-1=2^n+1$,

$$2^m+1=2^{2^n+2}+1=2^{hn}+1=(2^n+1)(2^{(h-1)n}-\cdots+1)$$

被 $m-1$ 整除.

于是,由 $n=2$ 开始,得到一串数字 $2,6,66,\cdots,n,\cdots$ 同时满足 $n\mid(2^n+2)$,$(n-1)\mid(2^n+1)$.

(ⅳ) 设 $n\mid(2^{n-1}+1)$,则 n 为奇数.设 $n=\prod_{i=1}^{k}p_i^{\alpha_i}$,$p_i$ 为奇质数$(1\leqslant i\leqslant k)$.

设 $p_i-1=2^{\beta_i}t_i$,t_i,β_i 为正整数,$2\nmid t_i(i=1,2,\cdots,k)$.

又设 $\beta_1=\min\limits_{1\leqslant i\leqslant n}\beta_i$,则

$$n-1=\prod(1+2^{\beta_i}t_i)^{\alpha_i}-1\equiv 1-1=0 \pmod{2^{\beta_1}}.$$

所以 $n-1=2^{\beta_1}T$,T 为正整数.从而

$$\begin{aligned}&2^{2^{\beta_1}T}+1=2^{n-1}+1\equiv 0\pmod{n},\\&2^{2^{\beta_1}T}\equiv -1\pmod{p_1},\\&2^{2^{\beta_1}t_1T}\equiv(-1)^{t_1}=-1\pmod{p_1},\end{aligned}$$

即

$$2^{(p_1-1)T}\equiv -1\pmod{p_1}.$$

但由 Fermat 小定理得 $1\equiv -1\pmod{p_1}$,与 p_1 为奇质数矛盾.

(ⅴ) 令 $n=2p$,p 为奇质数,则在 $p\nmid a$ 时,有

$$a^{n-1}-a=a^{2p-1}-a\equiv a^p-a\equiv 0\pmod{p},$$

而 $2\mid(a^{n-1}-a)$,所以 $2p\mid(a^{n-1}-a)$.

***例 7** 证明:对每个自然数 $k\geqslant 2$,存在无穷多个合数 n,满足

$$n\mid(a^{n-k}-1),$$

其中 a 为任一与 n 互质的数.

证明 本例需用到本章第 14 节中说到的 Dirichlet 定理及第 8 章第 4 节的 Euler 定理.

设 $k = p_1^{\alpha_1} p_2^{\alpha_2} \cdots p_t^{\alpha_t}$，$p_1 < p_2 < \cdots < p_t$，存在无穷多个质数（Dirichlet 定理）

$$p = (p_1 - 1)(p_2 - 1)\cdots(p_t - 1)s + 1,$$

而且显然 $p > k$，当然 p 与 k 互质. 令 $n = kp$，则

$$\varphi(n) = \varphi(k)\varphi(p) = \varphi(k)(p-1),$$

$$n - k = k(p-1) = p_1 p_2 \cdots p_t \varphi(k) s.$$

从而由 Euler 定理得

$$a^{n-k} \equiv a^{\varphi(k) p_1 \cdots p_t s} \equiv 1 \pmod{k},$$

$$a^{n-k} \equiv a^{k(p-1)} \equiv 1 \pmod{p}.$$

于是

$$a^{n-k} \equiv 1 \pmod{n}.$$

10. 伪　素　数

如果 p 是质数，那么由 Fermat 小定理得

$$2^p \equiv 2 \pmod{p}.$$

反过来，如果

$$2^n \equiv 2 \pmod{n}, \tag{1}$$

那么 n 是否一定是质数？

答案是“否”. 满足(1)的 n 可能是合数. 如果 n 是合数，且满足(1)，我们就称 n 为伪素数或伪质数.

例 1　证明：

$$2^{341} \equiv 2 \pmod{341}. \tag{2}$$

证明　$341 = 11 \times 31$ 是合数，且

$$2^{340} = (2^{10})^{34} \equiv 1^{34} = 1 \pmod{11},$$

$$2^{340} = 2^{30\times 11+10} = (2^{30})^{11} \cdot 2^{10} \equiv 2^{10} = 1024 \equiv 1 \pmod{31},$$

所以

$$2^{340} \equiv 1 \pmod{314},$$

即(2)成立.

所以 341 是伪素数，而且是最小的伪素数.

伪素数不但有，而且有无穷多个.

例 2　设 a 为伪素数，证明：2^a-1 也是伪素数.

证明　因为 a 为伪素数，所以 a 是合数. 设 $a=bc$，$b>1$，$c>1$，则

$$\begin{aligned}2^a-1&=2^{bc}-1=(2^c)^b-1\\&=(2^c-1)(2^{c(b-1)}+2^{c(b-2)}+\cdots+2+1),\end{aligned}$$

所以 2^a-1 是合数.

因为 a 为伪素数，$2^a\equiv2(\bmod a)$，即 $2^a=2+ka$，k 为整数，所以

$$\begin{aligned}2^{2^a-1}&=2^{1+ka}=2(2^{ka}-1)+2\\&=2(2^a-1)(2^{a(k-1)}+2^{a(k-2)}+\cdots+1)+2\\&\equiv2(\bmod 2^a-1).\end{aligned}$$

因此 2^a-1 是伪素数.

例 2 表明伪素数有无穷多个，但 341 及由例 2 得出的伪素数都是奇的伪素数.

有没有偶的伪素数？

偶的伪素数姗姗来迟，直到 1950 年，第一个偶的伪素数才被莱默(D. H. Lehmer，1905—1991)发现.

这个数是 161038，它是偶的伪素数中最小的. 虽然找到这个数犹如大海捞针，但是证明它是伪素数却不困难.

例 3　证明：161038 是伪素数.

证明　首先，$161038=2\times73\times1103$ 是合数.

其次，因为 $161037=9\times29\times617$，所以

$$2^{161037}-1=(2^9)^{29\times617}-1=(2^{29})^{9\times617}-1,$$

既被 2^9-1 整除，也被 $2^{29}-1$ 整除. 而且

$$(2^9-1,2^{29}-1)=2^{(9,29)}-1=2-1=1,$$

即 2^9-1 与 2^{29-1} 互质，所以 $2^{161037}-1$ 被 $(2^9-1)(2^{29}-1)$ 整除.

最后，因为

$$\begin{aligned}2^9-1&=511=7\times73,\\2^{29}-1&=536870911=1103\times486737,\end{aligned}$$

所以

$$2^{161038}-2=2(2^{161037}-1)$$

被 $2\times73\times1103=161038$ 整除，即 161038 是伪素数.

目前人们已经证明偶的伪素数有无穷多个.

11. 美　丽　数

一个自然数 n，如果既可以写成 n 个整数的和，又可以写成这 n 个整数的积，那么就称其为美丽数.

1 显然不是美丽数，2，3，4 都不是美丽数，

$$5 = 5 \times 1^2 \times (-1)^2 = 5 + 1 + 1 + (-1) + (-1)$$

是美丽数.

不超过 2024 的数中，有多少个美丽数？

在 $n = 4k + 1(k \geqslant 1)$ 时，

$$n = n \times 1^{2k} \times (-1)^{2k} = n + 1 \times 2k + (-1) \times 2k$$

是美丽数.

在 $n = 4k + 2(k \geqslant 1)$ 时，若存在整数 $a_1, a_2, \cdots, a_n$，满足

$$a_1 a_2 \cdots a_n = a_1 + a_2 + \cdots + a_n = 4k + 2,$$

则因为 $4k + 2$ 是"半偶数"（即只能被 2 整除，不能被 4 整除），所以 $a_1, a_2, \cdots, a_n$ 中恰有一个偶数，但这时它们的和为奇数，矛盾. 所以 $4k + 2$ 不是美丽数.

在 $n = 4k + 3(k \geqslant 1)$ 时，若存在整数 $a_1, a_2, \cdots, a_n$，满足

$$a_1 a_2 \cdots a_n = a_1 + a_2 + \cdots + a_n = 4k + 3,$$

则 $a_1, a_2, \cdots, a_n$ 全为奇数. 设其中有 h 个 $\equiv -1 \pmod 4$，则

$$a_1 a_2 \cdots a_n \equiv (-1)^h \equiv 4k + 3 \equiv -1 \pmod 4,$$

所以 h 为奇数，$2h \equiv 2 \pmod 4$，从而

$$a_1 + a_2 + \cdots + a_n \equiv (-1)h + (n - h) = n - 2h \equiv n - 2 \not\equiv n \pmod 4,$$

矛盾表明 $4k + 3$ 不是美丽数.

在 $n = 8k(k \geqslant 1)$ 时，

$$\begin{aligned} n &= (-2) \times 4k \times (-1)^{2k+1} \times 1^{6k+3} \\ &= (-2) + 4k + (-1) \times (2k + 1) + 1 \times (6k + 3), \end{aligned}$$

所以 n 是美丽数.

在 $n = 8k + 4(k \geqslant 1)$ 时，

$$n=(-2)\times(4k+2)\times(-1)^{2k-1}\times1^{6k+3}$$
$$=(-2)+(4k+2)+(-1)\times(2k-1)+1\times(6k+3),$$
所以 n 是美丽数.

于是,在 5～2024 这 2020 个连续数中有 1010 个美丽数,在 1～2024 中有 1011 个美丽数.

12. 神龙见首尾

神龙见首不见尾?

也不尽然,有时首尾皆可见,却不见身子.

1995^{1995}是一个极大的数,写出来像一条巨龙.它有多少位?它的前五位是多少?末五位又是多少?

它的位数与前五位是对数的问题.

用普通的科学计算器(一般手机均可下载)就有(这里 lg 是以 10 为底的对数,即 $\log_{10}$)

$$\lg 1995^{1995}=1995\times\lg 1995=6583.386085542,$$
其中最后的 2 是四舍五入的结果,即可能是 21…舍掉 2 后面的数,也可能是 16…进为 2.

6583.386085542 的整数部分是 6583,通常称为首数,

$$1995^{1995} \text{ 的位数} = \text{首数} + 1,$$
即 1995^{1995}是 6584 位数.

6583.386085542 的小数部分(通常称为尾数)是 0.386085542.

再用计算器求得

$$10^{0.386085542}=2.432683141127,$$
它表明 6584 位数 $1995^{1995}=24326\cdots$,前五位为 24326(其实第六、七位也应是正确的,0.386085542 的末位的误差不致影响太大).

1995^{1995}的末五位可用同余的办法来求,即求

$$1995^{1995}\equiv ?\pmod{10^5}.$$

因为 $10^5=5^5\times2^5$,而 $5\mid1995$,所以 $5^5\mid1995^{1995}$,即

$$1995^{1995} \equiv 0(\bmod 5^5). \tag{1}$$

再看看

$$1995^{1995} \equiv ?(\bmod 2^5).$$

我们有

$$1995 \equiv 11(\bmod 32),$$
$$11^2 = 121 \equiv -7(\bmod 32),$$
$$11^4 = 49 \equiv 17(\bmod 32),$$
$$11^8 = 289 \equiv 1(\bmod 32),$$

所以

$$1995^{1995} \equiv 11^{1995} \equiv 11^3 \equiv 11 \times (-7)(\bmod 32).$$

由(1)可设 $1995^{1995} = 3125k$，所以

$$3125k \equiv 21k \equiv 11 \times (-7)(\bmod 32),$$
$$3k \equiv -11 \equiv 21(\bmod 32),$$
$$k \equiv 7(\bmod 32).$$

从而

$$1995^{1995} \equiv 7 \times 3125 = 21875(\bmod 10^5),$$

即 1995^{1995} 的末五位为 21875.

1995^{1995} 这样巨大的 6584 位数，我们能见到它的前五位为 24326，末五位为 21875. 但中间的数字是多少？全在云雾之中，看不清！

注 用类似的方法可求出 2995^{2995} 的末五位.

$$2995^{2995} \equiv 0(\bmod 5^5),$$
$$2995^{2995} \equiv 19^{2995}(\bmod 32),$$
$$19^2 = 361 \equiv 9(\bmod 32),$$
$$19^4 \equiv 81 \equiv 17(\bmod 32),$$
$$19^8 \equiv 289 \equiv 1(\bmod 32),$$
$$2995^{2995} \equiv 19^{2995} \equiv 19^3 \equiv 11(\bmod 32).$$

再由 $3125k \equiv 11(\bmod 32)$，得

$$21k \equiv 11(\bmod 32),$$
$$k \equiv -1 \equiv 31(\bmod 32),$$
$$31 \times 3125 = 96875.$$

所以 2995^{2995} 的末五位为 96875.

如果求 1995^{1995} 的末三位，那就简单不少.

$$1995^{1995} \equiv 3^{1995} \equiv 3 \pmod 8,$$
$$125k \equiv 3 \pmod 8,$$
$$k \equiv -1 \pmod 8,$$
$$1000 - 125 = 875,$$

即 1995^{1995} 的末三位为 875.

当然,采用同余求末 n 位的方法可以变通,不限于上面两种.

13. 神　仙　数

如果大于 2 的正整数 n 具有以下性质,那么就称其为神仙数:任意平方数除以 n,所得的余数(小于 n 的非负整数)仍为平方数.

(ⅰ) 证明:$n = 16$ 是神仙数.

(ⅱ) 小于 16 的数中还有哪些是神仙数?

(ⅲ) 证明:形如 $4k + 2$(k 为自然数)的数不是神仙数.

(ⅳ) 证明:$n > 5$ 且 $n \equiv 1 \pmod 4$ 时,n 不是神仙数.

(ⅴ) 证明:$n > 3$ 且 $n \equiv -1 \pmod 4$ 时,n 不是神仙数.

(ⅵ) 证明:任何神仙数都小于 441.

(ⅶ) 求出所有的神仙数.

解　(ⅰ) 设 $m = 8k + r$,其中 $0 \leqslant r < 8$,则

$$m^2 \equiv r^2 \pmod{16}.$$

在 $r \leqslant 3$ 时,$r^2 \leqslant 16$.

在 $r = 4, 5, 6, 7$ 时,

$$r^2 \equiv 0, 9, 4, 1 \pmod{16},$$

所以 16 是神仙数.

(ⅱ) 因为 $3^2 \equiv 3 \pmod 6$,$3^2 \equiv 2 \pmod 7$,$4^2 \equiv 7 \pmod 9$,$4^2 \equiv 6 \pmod{10}$,$4^2 \equiv 5 \pmod{11}$,$4^2 \equiv 3 \pmod{13}$,$4^2 \equiv 2 \pmod{14}$,$5^2 \equiv 10 \pmod{15}$,所以 6,7,9,10,11,13,14,15 都不是神仙数.

因为 $m^2 \equiv 0, 1 \pmod 3$,$m^2 \equiv 0, 1 \pmod 4$,$m^2 \equiv 0, 1, 4 \pmod 5$,$m^2 \equiv 0, 1, 4 \pmod 8$,

$m^2 \equiv 0,1,4,9 \pmod{12}$，所以 3,4,5,8,12,16 是神仙数.

事实上，只有这些数是神仙数.

（ⅲ）若 n 为神仙数，则对于 $m^2 > n$，有

$$m^2 \equiv r^2 \pmod{n},$$

其中 $m^2 = qn + r^2, 0 \leqslant r^2 < n$.

从而 $qn = m^2 - r^2 = (m+r)(m-r)$ 为奇数或者 4 的倍数，所以形如 $4k+2$ 的数不是神仙数.

（ⅳ）在（ⅱ）中已有 $n = 9, 13$ 都不是神仙数. $n = 17$ 时，

$$6^2 - 17 \times 2 = 2 \pmod{17},$$

2 不是平方数，所以 17 不是神仙数.

取 k，使得

$$(2k)^2 > n > (2(k-1))^2.$$

在 $k \geqslant 4$ 时，

$$2k^2 < (2(k-1))^2 < n,$$

所以

$$(2k)^2 - n < n.$$

而

$$(2k)^2 - n \equiv -1 \pmod{4},$$

所以 $(2k)^2 - n$ 不是平方数，n 不是神仙数.

在 $k = 3$ 时，满足

$$(2k)^2 = 36 > n > 16$$

的 $n = 17, 21, 25, 29, 33$. 除 17 外，其他数均满足

$$(2k)^2 = 6^2 - n < n,$$

从而仍有 n 不是神仙数.

因此 $n > 5$ 且 $n \equiv 1 \pmod{4}$ 时，n 不是神仙数.

（ⅴ）取 k，使得

$$k^2 > 2n > (k-1)^2.$$

在 $k \geqslant 6$ 时，

$$k^2 < \frac{3}{2}(k-1)^2 < 3n,$$

所以

$$k^2 - 2n < n.$$

而 $n\equiv -1 \pmod 4$时，

$$k^2-2n\equiv 2,3 \pmod 4,$$

所以 k^2-2n 不是平方数，n 不是神仙数.

在 $n\geqslant 15$ 时，$k\geqslant 6$. 因此 $n\geqslant 3$ 且 $n\equiv -1 \pmod 4$时，n 不是神仙数.

(ⅵ) 令 $q=[\sqrt{n}]$，$M=[(\sqrt{2}-1)q]$，则

$$(q+1)^2>n,$$

$$(q+M)^2-n<(\sqrt{2}q)^2-n\leqslant n.$$

若 n 是神仙数，则

$$(q+k)^2-n \quad (k=1,2,\cdots,M)$$

是小于 n 的平方数. 设

$$b_k^2=(q+k)^2-n,$$

则

$$b_M^2<n, \quad b_M\leqslant q,$$

$$b_k^2-b_{k-1}^2=(q+k)^2-(q+k-1)^2=2q+2k-1,$$

从而 b_k-b_{k-1}为正奇数. 因为

$$b_k+b_{k-1}<2b_M<2q,$$

所以

$$b_k-b_{k-1}>1,$$

从而正奇数 $b_k-b_{k-1}\geqslant 3$. 又

$$b_M-b_1=\sum_{k=2}^{M}(b_k-b_{k-1})\geqslant 3(M-1),$$

于是(因为 $b_M\leqslant q$)

$$q-1\geqslant 3(M-1)=3[(\sqrt{2}-1)q]-3>3(\sqrt{2}-1)q-3-3,$$

从而

$$q<\frac{5}{3\sqrt{2}-4}=\frac{5(3\sqrt{2}+4)}{2}<20.7,$$

即必须有

$$q\leqslant 20,$$

所以

$$n\leqslant(20+1)^2-1=440.$$

(ⅶ) 只需对 17～440 内的 n 逐一验证，而且只需验证形如 $4h$ ($h\in\mathbb{N}$)的数. 列表如下：

m^2	n	m^2-n	m^2	n	m^2-n
484	440	44	289	224	65
⋮	436	48	⋮	⋮	⋮
⋮	432	52	289	212	77
⋮	428	56	256	208	48
484	424	60	⋮	⋮	⋮
441	420	21	256	164	92
484	416	68	225	160	65
441	412	29	⋮	⋮	⋮
⋮	⋮	⋮	225	148	77
441	396	45	196	144	52
484	392	92	⋮	⋮	⋮
441	388	53	196	136	60
⋮	⋮	⋮	169	132	37
441	364	77	⋮	⋮	⋮
400	360	40	169	124	45
⋮	⋮	⋮	196	120	76
400	340	60	⋮	⋮	⋮
441	336	105	196	100	96
⋮	⋮	⋮	144	96	48
441	324	117	⋮	⋮	⋮
400	320	80	144	84	60
⋮	⋮	⋮	100	80	20
400	304	96	⋮	⋮	⋮
361	300	61	100	68	32
⋮	⋮	⋮	81	64	17
361	284	77	81	60	21

400	280	120	64	56	8
⋮	⋮	⋮	64	52	12
400	260	140	81	48	33
361	256	105	64	44	20
⋮	⋮	⋮	64	40	24
361	244	117	64	36	28
324	240	84	49	32	17
⋮	⋮	⋮	36	28	8
324	228	96	36	24	12
			25	20	5

因此,神仙数只有 3,4,5,8,12,16.

当然验证的方法不止一种,上面采用的是逐个验证法,下面换一种方法.

$$22^2 = 484 = 242 \times 2.$$

在 243～440 内形如 $4k$ 的数中,只有 420,384,340,288 与 484 的差为平方数(当然是偶数的平方).而 $441-420=21$,$441-384=57$,$441-340=101$,$441-288=153$ 都不是平方数,所以大于 242 的数都不是神仙数.

$$16^2 = 256 = 128 \times 2.$$

在 129～242 内形如 $4k$ 的数中,只有 156,192,220 与 256 的差为平方数.而 $289-156=133$,$289-192=97$,$289-256=33$ 都不是平方数,$225-128=97$ 也不是平方数,所以大于 124 的数都不是神仙数.

$$14^2 = 144 = 72 \times 2.$$

在 73～124 内形如 $4k$ 的数中,只有 108,80 与 144 的差为平方数.而 $169-108=61$,$169-80=89$ 都不是平方数,$100-72=28$ 也不是平方数,所以大于 68 的数都不是神仙数.

$$9^2 = 81.$$

在 41～68 内形如 $4k$ 的数中,只有 56 与 81 的差为平方数.而 $64-56=8$,$64-40=24$,$64-36=28$ 都不是平方数,所以大于 32 的数都不是神仙数.

在 19～32 内形如 $4k$ 的数中,只有 32 与 36 的差为平方数.而 $49-32=17$ 不是平方数,所以大于 16 的数都不是神仙数.

因此,神仙数只有 3,4,5,8,12,16 这 6 个.

14. 自然数的等差数列

模 m 的每一个同余类组成一个公差为 m 的等差数列.

$m=2$ 时,同余类中的自然数形成两个等类数列：

$$1,3,5,7,\cdots,$$

$$2,4,6,8,\cdots,$$

即正奇数数列与正偶数数列.

$m=1$ 时,数列就由全体整数(或全体自然数)组成.

反之,一个自然数的等差数列(a,d 均为自然数)

$$a,a+d,a+2d,\cdots \tag{1}$$

构成 mod d 的一个剩余类(不包含小于 a 的数).

在 a,d 的最大公约数$(a,d)>1$ 时,(1)中每一项都是(a,d)的倍数,至多 $a(=(a,d)$时)这一项为素数.

在$(a,d)=1$ 时,(1)中有多少素数呢？最小的是多大？

这些都是问题.

比较容易得到的结论是$(a,d)=1$ 时,(1)中一定有合数(不可能全是素数).

事实上,对任意 $k\in\mathbb{N}$,

$$a+(ka)d=a(1+kd)$$

就是 a 的倍数. $a>1$ 时,一定是合数. 如果 $a=1$,那么用第二项 $a+d$ 作为第一项,同样得出(1)中有无穷多项合数(即 $a_2(1+kd)$).

当然合数众多,质数稀少. 但 Dirichlet 有一个重要的定理.

Dirichlet 定理 设 a,d 是互质的整数,则等差数列 $a+nd(n=0,1,2,\cdots)$中有无限多个质数.

这个定理用解析方法不难证明,但用初等方法证明则很难,很难,至今仍未找到.

虽然不存在无穷多项完全由质数组成的等差数列,但可以构造出较长的全由质数组成的等差数列. 如最小的全由质数组成的 10 项等差数列

$$199+210n \quad (0\leqslant n\leqslant 9),$$

最小的 27 项等差数列

$$43142746595714191 + 5283234035979900n \quad (0 \leqslant n \leqslant 26).$$

2004 年，Green 与 Tao(陶哲轩)证明了一个漂亮的结论，解决了一个 200 年来悬而未决的问题.

Green-Tao 定理　对任何 $n \geqslant 3$，存在一个 n 项等差数列，全由质数组成.

例 1　若有 $n \geqslant 3$ 项的全由正的质数组成的等差数列，证明：小于 n 的所有质数的积整除公差.

证明　设 a, d 为自然数，

$$a, a + d, \cdots, a + (n - 1)d \tag{2}$$

全是质数.

若有质数 $p < n$，而 $p \nmid d$，则 p 个数

$$a, a + d, \cdots, a + (p - 1)d$$

mod p 互不同余，其中有一个是 p 的倍数.

设 $p \mid (a + jd)(0 \leqslant j \leqslant p - 1)$. 因为数列中的数全为质数，所以 $p = a + jd$，从而 $a \leqslant p < n$. 这时 $a + ad$ 有 a(质数)与 $1 + d$ 两个大于 1 的因数，因而 $a + ad$ 是合数. 而 $a + ad$(注意 $a \leqslant n - 1$)又是(2)的项，应为质数，矛盾表明 $\prod\limits_{\text{质数} p < n} p \,\Big|\, d$.

练习 7 第 20 题中有另一种证法.

例 1 说明了在项数 n 增加时，公差不得不大.

例 2　求出所有的递增的等差数列，各项为质数，并且项数大于公差.

解　上题(2)中 $n > d$，但

$$\prod_{\text{质数} p < n} p \,\Big|\, d,$$

从而

$$n > \prod_{\text{质数} p < n} p.$$

设小于 n 的全部质数为 $p_1, p_2, \cdots, p_k$，则类似于欧几里得质数无限的证明，在 $k > 1$ 时下一个质数

$$p_{k+1} \leqslant p_1 p_2 \cdots p_k - 1.$$

于是

$$n \leqslant p_{k+1} \leqslant p_1 p_2 \cdots p_k - 1 \leqslant d - 1 < d,$$

矛盾. 从而 $k = 1, n = 3, d = 2$. 故所求数列为

$$3, 5, 7.$$

例 3 证明:存在一个严格递增的自然数序列 $a_1,a_2,\cdots$,使得对任意自然数的等差数列 $b_1,b_2,\cdots$,序列 $a_1+b_1,a_2+b_2,\cdots$ 中仅有有限多个质数.

证明 取 $a_n=(n^2)!\ (n=1,2,\cdots)$.

设 $b_1,b_2,\cdots$ 为自然数的等差数列,公差为 d.

在 $k\geqslant\max\{b_1,d\}$ 时,

$$b_k=b_1+(k-1)d\leqslant k\max\{b_1,d\}\leqslant k^2,$$

从而在 $n>k$ 时,a_n+b_n 被 b_n 整除,不是质数.

15. 大显身手

前面已说过数学归纳法是一种极其重要的方法.本节将举若干例子说明如何运用数学归纳法.

数学归纳法将大显身手.

例 1 已知 k 为正偶数,$x_1=1,x_{n+1}=k^{x_n}+1(n=1,2,\cdots)$.证明:

(ⅰ) $x_{n-1}\mid x_n(n=2,3,\cdots)$.

(ⅱ) $x_n^2\mid x_{n-1}x_{n+1}(n=2,3,\cdots)$.

证明 (ⅰ) $n=2$ 时,显然成立.

假设 $x_{n-1}\mid x_n$,记 $a=x_{n-1},x_n=k^a+1=ab$,b 为正奇数,则

$$k^{k^a+1}+1=k^{ab}+1=(ab-1)^b+1=\sum_{h=0}^{b-1}(-1)^h\mathrm{C}_b^h(ab)^{b-h}$$

是 ab 的倍数,即 $x_n\mid x_{n+1}$.

(ⅱ) 记法同(ⅰ),则

$$\begin{aligned}a(k^{ab}+1)&=a((ab-1)^b+1)\\&=a(1+(-1)^b+ab^2(-1)^{b-1}+\cdots)\\&=a^2b^2\text{ 的倍数}\quad(\text{其中省略部分为 }a^2b^2\text{ 的倍数}),\end{aligned}$$

即 $x_n^2\mid x_{n-1}x_{n+1}$.

例 2 已知 a,b,c,d 为整数,$a-b+c-d$ 是 $a^2-b^2+c^2-d^2$ 的奇因数.证明:对 $n\in\mathbb{N}$,$(a-b+c-d)\mid(a^n-b^n+c^n-d^n)$.

证明 因为

$$(a-b+c-d)\mid(a^2-b^2+c^2-d^2),$$

$$(a-b+c-d)\mid((a+c)^2-(b+d)^2),$$

所以相减得

$$(a-b+c-d)\mid 2(ac-bd).$$

又因为 $a-b+c-d$ 是奇数,所以

$$(a-b+c-d)\mid(ac-bd).$$

$n=1,2$ 时,$(a-b+c-d)\mid(a^n-b^n+c^n-d^n)$.

设 $n\geqslant 3$ 并且 n 换成较小的数时,结论成立.

记 $m=a-b+c-d$,则因为

$$a^{n-1}+c^{n-1}\equiv b^{n-1}+d^{n-1}\pmod m,$$

$$a+c\equiv b+d\pmod m,$$

所以

$$(a+c)(a^{n-1}+c^{n-1})\equiv(b+d)(b^{n-1}+d^{n-1})\pmod m.$$

从而

$$\begin{aligned}a^n-b^n+c^n-d^n&\equiv bd(b^{n-2}+d^{n-2})-ac(a^{n-2}+c^{n-2})\\&\equiv bd(b^{n-2}+d^{n-2}-a^{n-2}-c^{n-2})\equiv 0\pmod m,\end{aligned}$$

于是结论成立.

归纳假设"n 换成较小的数时,结论成立",对证明 $n\in\mathbb{N}$ 时结论成立起到了重要作用.

例 3 证明:对所有大于 1 的整数 n,$1^1+3^3+\cdots+(2^n-1)^{2^n-1}$ 被 2^n 整除,但不被 2^{n+1} 整除.

证明 记 $S_n=1^1+3^3+\cdots+(2^n-1)^{2^n-1}$.

$n=2$ 时,显然 $4\mid(1^1+3^3=28)$,$8\nmid 28$

设 $2^n\mid S_n$,$2^{n+1}\nmid S_n$,则 $S_n=2^n m$,m 为奇数,

$$S_{n+1}=S_n+\sum_{\substack{k=1\\2\nmid k}}^{2^n-1}(k+2^n)^{k+2^n}.$$

因为对奇数 $2h+1$,

$$(2h+1)^{2^n}=1+\mathrm{C}_{2^n}^1 2^{2^n}h^{2^n}\equiv 1\pmod{2^{n+2}},$$

所以对奇数 k,

$$(k+2^n)^{k+2^n}=(k+2^n)^{2^n}(k+2^n)^k$$

$$\equiv (k+2^n)^k \pmod{2^{n+2}}$$
$$\equiv k^k + k^k 2^n = (2^n+1)k^k \pmod{2^{n+2}},$$

从而

$$S_{n+1} \equiv S_n + (2^n+1)\sum_{\substack{k=1 \\ 2\nmid k}}^{2^n-1} k^k$$
$$= (2^n+2)S_n = 2^{n+1}(2^{n-1}+1)m \pmod{2^{n+2}}.$$

又 $2^{n-1}+1$ 与 m 为奇数,所以 $2^{n+1} \mid S_{n+1}$,$2^{n+2} \nmid S_{n+1}$,结论成立.

例 4 设 $a_1, a_2, \cdots$ 为递增的自然数的无穷数列,且满足 $a_n \mid (a_1+a_2+\cdots+a_{n-1})$ $(n \geqslant 2022)$. 证明:存在 n_0,使得当 $n \geqslant n_0$ 时,$a_n = a_1+a_2+\cdots+a_{n-1}$.

证明 已知存在自然数数列 $x_{2022}, x_{2023}, \cdots$,满足

$$a_1+a_2+\cdots+a_{n-1} = x_n a_n \quad (n \geqslant 2022), \tag{1}$$

于是

$$x_{n+1}a_{n+1} - x_n a_n = a_n, \tag{2}$$

从而

$$x_{n+1} = \frac{a_n}{a_{n+1}}(x_n+1) < x_n+1,$$

即 $x_{n+1} \leqslant x_n$ $(n \geqslant 2022)$.

因为不存在严格递减的自然数的无穷数列,所以存在 $n_0 \geqslant 2022$,使得当 $n \geqslant n_0$ 时,$x_{n+1} = x_n = k$,k 为一固定的自然数.

于是(2)成为

$$a_n = k(a_{n+1} - a_n), \tag{3}$$

从而 $k \mid a_n$.

假设 $k^j \mid a_n$,其中 j 为自然数,则可令

$$a_n = k^j b_n \quad (n \geqslant n_0).$$

由(3)得

$$b_n = k(b_{n+1} - b_n),$$

于是 $k \mid b_n$. 从而 $k^{j+1} \mid a_n$,即对一切自然数 j,有 $k^{j+1} \mid a_n$.

由此可得 $k=1$,(1)成为

$$a_1+a_2+\cdots+a_{n-1} (= x_n a_n) = a_n.$$

例 5 设 $a_1 = 2$,$a_{n+1} = 2^{a_n} + 2$ $(n \geqslant 1)$. 证明:对所有 $n \in \mathbb{N}$,$a_n \mid a_{n+1}$.

证明 用归纳法证明“$a_n \mid a_{n+1}$,并且 $(a_n - 1) \mid (a_{n+1} - 1)$”.

$n=1$ 时,结论显然成立.

假设 $n\geqslant 2$ 时，上述结论对 $n-1$ 成立.

$a_n\mid a_{n+1}$ 即 $(2^{a_{n-1}-1}+1)\mid(2^{a_n-1}+1)$，只需证明 $\dfrac{a_n-1}{a_{n-1}-1}$ 是奇数. 由归纳假设知它已是一个整数，而 a_{n-1}，a_n 均为偶数，所以它是奇数.

要证 $\dfrac{a_{n+1}-1}{a_n-1}$ 是整数，即证 $(2^{a_{n-1}}+1)\mid(2^{a_n}+1)$，因而只需证明 $\dfrac{a_n}{a_{n-1}}$ 是奇数. 由归纳假设知它是整数，而 $a_n\equiv a_{n-1}\equiv 2\pmod 4$，所以它是奇数. 从而结论成立.

本题加强归纳假设（增加一个结论），效果显然.

例 6　证明：每个足够大的自然数 n 都可以写成 2022 个正整数的和，即 $n=a_1+a_2+\cdots+a_{2022}$，而且 $a_i\mid a_{i+1}(i=1,2,\cdots,2021)$.

证明　用归纳法证明"对任意大于 1 的自然数 k，存在正整数 n_k，当 $n\geqslant n_k$ 时，$n=a_1+a_2+\cdots+a_k$，且 $a_i\mid a_{i+1}$，$a_i<a_{i+1}(1\leqslant i\leqslant k-1)$".

$k=2$ 时，可取 $n_2=3$，在 $n\geqslant 3$ 时，有 $n=1+(n-1)$.

假设已有 n_k 存在，取 $n_{k+1}=4n_k^3$，则在 $n\geqslant n_{k+1}$ 时，设 $n=2^r(2m+1)$，其中 r，m 为非负整数.

若 $m\geqslant n_k$，则 $m=a_1+a_2+\cdots+a_k$ 满足上述要求，$n=2^r+2^{r+1}a_1+2^{r+1}a_2+\cdots+2^{r+1}a_k$ 亦满足要求.

若 $m<n_k$，则令 $q=\left[\dfrac{r}{2}\right]$，$2^q\geqslant n_k$，所以

$$2^q+1=a_1+a_2+\cdots+a_k$$

满足上述要求，从而

$$2^{2q}=1+(2^q-1)(2^q+1)=1+(2^q-1)a_1+\cdots+(2^q-1)a_k,$$

$$n=2^\varepsilon(2m+1)+2^\varepsilon(2m+1)(2^q-1)a_1+\cdots+2^\varepsilon(2m+1)(2^q-1)a_k,$$

其中 $\varepsilon=r-2q=0$ 或 1.

因此，结论对一切 k 均成立.

练　习　7

1. 已知 $17!=355687\overline{ab}8096000$. 求两位数 $\overline{ab}$.

2. 设 $f(x)=x^{x^{x^x}}$（这里 a^{b^c} 表示 a 的 b^c 次幂）. 求 $f(17)+f(18)+f(19)+f(20)$ 的

末两位数字.

3. 设 2010^{2010} 的个位为 2 的正因数个数为 n. n 被 2010 除,余数是多少?

4. 求 $2003^{2002^{2001}}$ 的末三位数字.

5. 证明:$641 \mid (2^{32}+1)$.

6. 甲国货币称为甲元,乙国货币称为乙元.在甲国,1 甲元可换 10 乙元.在乙国,1 乙元可换 10 甲元.

一商人有 1 甲元,他可以在两国自由兑换货币.证明:他不论怎么兑换,都不能使手中的两种货币数量相等.

7. 求 $\dfrac{2020\times 2019\times \cdots \times 1977}{44!}$ 除以 2021 的余数.

8. 求最小的正整数 m,使得 m^2-m+11 是至少四个质数(不一定不同)的乘积.

9. 证明:每个大于 1 的整数 n 都有一个小于 n^4 的倍数,这倍数的十进制表示中至多有 4 个不同的数字.

10. 求整数 n,其不但满足 $100\leqslant n\leqslant 999$,而且 n^2 的末三位数为 n.

11. 证明:对每个正整数 n,存在一个 n 位的正整数被 5^n 整除,并且每位数字均为奇数.

12. 证明:对所有自然数 n,1981^n 的数字和 $S(1981^n)$ 不小于 19.

13. 设 p 为素数,整数 x,y,z 满足 $0<x<y<z<p$,并且 x^3,y^3,z^3 除以 p 的余数相同.证明:$(x+y+z)\mid(x^2+y^2+z^2)$.

14. 设 a,b 为自然数,$(4ab-1)\mid(4a^2-1)^2$.证明:$a=b$.

15. 设整数 $a\geqslant 2$.如果 n 是合数,并且

$$a^{n-1}\equiv 1 \pmod n,$$

则称 n 为 a 伪素数.证明:对任意给定的整数 $a\geqslant 2$,有无穷多个 a 伪素数.

16. 如果 n 为合数,并且对任意整数 $a\geqslant 2$,均有 $n\mid(a^n-a)$,那么 n 称为绝对伪素数.试证明绝对伪素数存在.

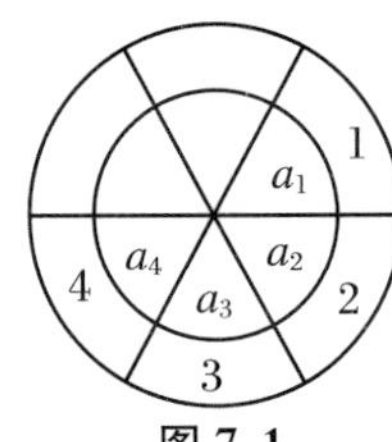

图 7.1

17. 有两个同心圆盘,各分成 n 个相等的小扇形.外盘固定,内盘可以转动,如图 7.1 所示.外盘依顺时针顺序填上 $1,2,\cdots,n$,内盘则依任意顺序填上 $1,2,\cdots,n$.能否转动内盘,使两盘的小扇形对齐,但没有一对相同的数对齐?

18. 设 $n\geqslant 3$.证明:存在 n 个两两不同的正整数 $a_1,a_2,\cdots,a_n$,使得对所有的 $i(1\leqslant i\leqslant n)$,满足

$$a_1a_2\cdots a_n/a_i\equiv -1 \pmod{a_i}.$$

19. 设整数 $n\geqslant 3$. 证明:存在 n 个两两不同的整数 $a_1,a_2,\cdots,a_n$,使得对 $1\leqslant i\leqslant n$,乘积 $a_1a_2\cdots a_{i-1}a_{i+1}\cdots a_n$ 除以 a_i 的余数为 1.

20. 一个递增的等差数列由 n 个质数组成,$n>2$. 试用归纳法证明:$P_n\mid d$,其中 d 为公差,$P_n=\prod\limits_{p<n}p$.

21. 证明:存在无穷多个自然数 n,满足 $n^2\mid(3^n+2^n)$.

22. 设 a,b,c,d 为自然数,并且 $ab=cd$. 证明:对所有的自然数 k,$a^k+b^k+c^k+d^k$ 是合数.

23. 不用 Dirichlet 定理,证明以下结论:

(ⅰ) 设 n 为大于 2 的整数,一定存在无穷多个质数 p,使得 $n\nmid(p-1)$.

(ⅱ) 存在无穷多个形如 $3k+2$ 的质数.

(ⅲ) 存在无穷多个形如 $4k+3$ 的质数.

24. 对每个整数 $a_0>1$,定义数列 $a_1,a_2,\cdots$如下:

$$a_{n+1}=\begin{cases}b, & \text{若 } a_n \text{ 是平方数 } b^2,\\ a_n+3, & \text{其他情况}.\end{cases}$$

试求满足下述条件的所有 a_0:存在一个数 A,使得对无穷多个 n,有 $a_n=A$.

25. 证明:对任一自然数 n,存在质数 $p=a^2+b^2$,其中 $a>n$,$b>n$.

解　答　7

1. 17! 就是 $17\times16\times15\times14\times\cdots\times2\times1$.

如果有好的计算器,算出 17! 只是举手之劳.但没有数位多的计算器,17! 可不容易算.幸而现在已经给出结果,只有两位数字不清楚.

显然 $99\mid 17!$,而

$$100\equiv1(\text{mod }99),$$

所以

$$\begin{aligned}0&\equiv355687\overline{ab}8096000\equiv3+55+68+\overline{7a}+\overline{b8}+9+60(\text{mod }99)\\&=240+33+\overline{ba}\equiv2+40+33+\overline{ba}\equiv75+\overline{ba}(\text{mod }99),\end{aligned}$$

$$\overline{ba}=99-75=24,$$

$$\overline{ab}=42.$$

又解 显然 $7\times11\times13=1001\mid17!$，而

$$1000\equiv-1\pmod{1001},$$

所以

$$\begin{aligned}0&\equiv355687\overline{ab}8096000\equiv687-355+96-\overline{ab8}\pmod{1001}\\&=428-\overline{ab8}\pmod{1001},\end{aligned}$$

$$\overline{ab8}\equiv428\pmod{1001},$$

$$\overline{ab8}=428,$$

$$\overline{ab}=42.$$

注 在十进制中，99 与 100 接近，1001 与 1000 接近，所以 mod 99 或 mod 1001 往往是合适的选择.

2. 本题即求$(f(17)+f(18)+f(19)+f(20))$除以 100，余数是多少. 因为 $100=4\times25$，所以可以先看 mod 4 与 mod 25 的结果.

$$17^{17^{17^{17}}}+18^{18^{18^{18}}}+19^{19^{19^{19}}}+20^{20^{20^{20}}}\equiv1+0+(-1)+0=0\pmod 4).$$

$18^4=324^2\equiv(-1)^2=1\pmod{25}$，所以

$$f(18)\equiv1\pmod{25}.$$

$20^2\equiv0\pmod{25}$，所以

$$f(20)\equiv0\pmod{25}.$$

$17^2=289\equiv14\pmod{25}$，$17^4\equiv196\equiv-4\pmod{25}$，$17^5\equiv-68\equiv7\pmod{25}$，$17^{10}\equiv49\equiv-1\pmod{25}$，$17^{20}\equiv1\pmod{25}$，且 $17^4\equiv(-3)^4=81\equiv1\pmod{20}$，$17^{17}\equiv1\pmod 4$，所以 $17^{17^{17}}\equiv17\pmod{20}$，从而

$$f(17)\equiv17^{17}=17^{10}\times17^5\times17^2\equiv(-1)\times7\times14=-2\times49\equiv2\pmod{25}.$$

$19^2=361\equiv11\pmod{25}$，$19^4\equiv11^2=121\equiv-4\pmod{25}$，$19^{20}\equiv(-4)^5=-1024\equiv1\pmod{25}$，所以 $19^{19^{19}}\equiv-1\pmod{20}$，从而

$$f(19)\equiv19^{-1}\equiv\frac{1}{19}\equiv\frac{1+3\times25}{19}\equiv4\pmod{25}.$$

于是

$$f(17)+f(18)+f(19)+f(20)\equiv2+1+4+0=7\pmod{25}.$$

因为

$$f(17)+f(18)+f(19)+f(20)\equiv32\pmod 4,$$

$$f(17)+f(18)+f(19)+f(20)\equiv32\pmod{25},$$

所以

$$f(17)+f(18)+f(19)+f(20)\equiv32\pmod{100},$$

即所求末两位数字是32.

注 (1) $17^{20}\equiv 1, 19^{20}\equiv 1 \pmod{25}$. 一般地，在 a 与25互质时，$a^{20}\equiv 1 \pmod{25}$. 这是欧拉定理的特殊情况.

(2) 因为 $17^{20}\equiv 1 \pmod{25}$，所以我们先考察 $17^{17^{17}}\equiv ? \pmod{20}$，然后得出 $17^{17^{17^{17}}}\equiv ? \pmod{25}$. 而 $17^4\equiv 1 \pmod{20}$，所以考察 $17^{17}\equiv ? \pmod{4}$，便可得到 $17^{17^{17}}\equiv ? \pmod{20}$.

3. $2010=2\times 3\times 5\times 67$. 满足要求的因数形如

$$2^a\times 3^b\times 67^c,\quad 1\leqslant a\leqslant 2010,\quad 0\leqslant b,c\leqslant 2010, \tag{1}$$

并且

$$2^a\times 3^b\times 67^c\equiv 2 \pmod{5}. \tag{2}$$

(2)即

$$2^{a-b+c}\equiv 2 \pmod{5}. \tag{3}$$

因为 $2^1\equiv 2, 2^2\equiv -1, 2^3\equiv -2, 2^4\equiv 1 \pmod{5}$，所以(3)等价于

$$a-b+c\equiv 1 \pmod{4}. \tag{4}$$

满足 $a\equiv 1 \pmod{4}$ 的 a 有 $\left[\frac{2010}{4}\right]+1=503$ 个. 这时由(4)得

$$b\equiv c \pmod{4}. \tag{5}$$

满足 $b\equiv 1,2,3,0 \pmod{4}$ 的 b 的个数分别为503，503，502，503. c 也是如此. 所以满足(5)的 (b,c) 有 $503^2\times 3+502^2$ 个. 这时 (a,b,c) 的个数是

$$503\times(503^2\times 3+502^2).$$

其他情况下，满足 $a\equiv 2,3,0 \pmod{4}$ 的 a 的个数分别为503，502，502，讨论与此类似. 于是

$$\begin{aligned}
n &= 503\times(503^2\times 3+502^2)+503\times(503^2\times 2+503\times 502\times 2)\\
&\quad +502\times(503^2\times 2+503\times 502\times 2)+502\times(503^2\times 2+503\times 502\times 2)\\
&= 503\times(503^2\times 5+502^2\times 5+503\times 502\times 6)\\
&= 503\times(5\times(503-502)^2+(4\times 502)\times(4\times 503))\\
&= 503\times(5+2008\times 2012)\\
&\equiv 503\times(5-2\times 2)=503 \pmod{2010},
\end{aligned}$$

即所求余数是503.

4. 因为

$$\begin{aligned}
2003^{2002^{2001}} &\equiv 3^{2002^{2001}} = 3^{2^{2001}\times 1001^{2001}} = 9^{2^{2000}\times 1001^{2001}}\\
&= (10-1)^k \quad (k=2^{2000}\times 1001^{2001}\text{ 为偶数})\\
&\equiv 1-10k+C_k^2\times 10^2 \pmod{10^3},
\end{aligned}$$

$$k \equiv 2^{2000} \pmod{10^2},$$

显然

$$k \equiv 0 \pmod 4,$$
$$k \equiv 2^{20\times 100} \equiv 1 \pmod{25},$$

从而

$$k = 25t + 1 \equiv 0 \pmod 4,$$
$$t \equiv 3 \pmod 4,$$
$$k \equiv 76 \pmod{100},$$
$$C_k^2 \equiv \frac{1}{2}k(k-1) \equiv \frac{1}{2} \times 6 \times 5 \equiv 0 \pmod{10},$$

所以

$$2^{2003^{2002^{2001}}} \equiv 1 - 10 \times 76 \equiv 1000 - 760 + 1 = 241 \pmod{1000},$$

即所求末三位数字组成的数为 241.

5. 因为

$$641 = 2^7 \times 5 + 1,$$

所以

$$2^7 \times 5 \equiv -1 \pmod{641}. \qquad (1)$$

又因为

$$641 = 625 + 16 = 5^4 + 2^4,$$

所以

$$5^4 \equiv -2^4 \pmod{641}. \qquad (2)$$

由(1)、(2)得

$$1 \equiv 2^{28} \times 5^4 \equiv 2^{28} \times (-2^4) = -2^{32} \pmod{641},$$

因此

$$2^{32} + 1 \equiv 0 \pmod{641}.$$

6. 令 D = 商人手中甲元货币数 − 乙元货币数，则开始时，$D = 1$.

每次兑换，若将 n 元换为另一种货币，则 $D - n - 10n$ 或 $D + n + 10n$，即恒有

$$D \equiv 1 \pmod{11},$$

所以 $D \neq 0$.

7. 首先，连续 44 个整数 1977，1978，…，2020 之积被 44! 整除，即 $\dfrac{2020 \times 2019 \times \cdots \times 1977}{44!}$ 是一个正整数.

其次,2021 不是质数(查一下质数表即知),因为

$$2021 = 43 \times 47.$$

44! 没有质因数 47,而

$$42 \times 47 = 2021 - 47 = 1974,$$

因此

$$1977 \equiv 3, 1978 \equiv 4, \cdots, 2020 \equiv 46,$$

$$\frac{2020 \times 2019 \times \cdots \times 1977}{44!} \equiv \frac{46! \div 2}{44!} \equiv \frac{46 \times 45}{2}$$

$$\equiv \frac{(-1) \times (-2)}{2} \equiv 1 \equiv 1975 \pmod{47}. \qquad (1)$$

又

$$\frac{2020 \times 2019 \times \cdots \times 1977}{44!} = \frac{2020 \times 2019 \times \cdots \times 1979}{42!} \times \frac{1978 \times 1977}{43 \times 44}$$

$$\equiv \frac{(-1) \times (-2) \times \cdots \times (-42)}{42!} \times \frac{46 \times 1977}{44}$$

$$\equiv \frac{3 \times (-1)}{1} = -3 \equiv 1975 \pmod{43}, \qquad (2)$$

故由(1)、(2)得

$$\frac{2020 \times 2019 \times \cdots \times 1977}{44!} \equiv 1975 \pmod{2021}.$$

8. 因为 $2 \mid m(m-1)$,所以 $2 \nmid (m^2 - m + 11)$. 又

$$m^2 - m + 11 \equiv \pm 1 \pmod 3,$$

$$m^2 - m + 11 \equiv 1, \pm 2 \pmod 5,$$

$$m^2 - m + 11 \equiv -1, \pm 2, \pm 3 \pmod 7,$$

所以 $m^2 - m + 11$ 不以 2,3,5,7 为因数.

如果 $m^2 - m + 11 = 11^4$,那么

$$m(m-1) = 11 \times (11-1)(11^2 + 11 + 1)$$

$$= 11 \times 5 \times 2 \times 7 \times 19 = 110 \times 133,$$

但这个方程无整数解.

如果 $m^2 - m + 11 = 11^3 \times 13$,那么

$$m(m-1) = 11 \times 1572 = 11 \times 3 \times 4 \times 131 = 132 \times 131,$$

所以 $m = 132$.

9. 取整数 k,使

$$2^{k-1} \leqslant n < 2^k.$$

$k \leqslant 10$ 时，n 的倍数至多 4 位，就取 n 作为 n 的倍数即可. 设 $k > 10$.

考虑小于或等于 k 位的数，其十进制表示中仅用 2 个数字 1,0，这样的数有 2^k 个. 因为 $2^k > n$，所以其中必有两个数 mod n 同余，它们的差是 n 的倍数. 这个差至多有 4 个不同的数字即 0,1,8,9，而且小于 $10^k < 16^{k-1} \leqslant n^4$.

10. 由题意得

$$n^2 - n \equiv 0 \pmod{100},$$

从而

$$(n-1)n \equiv 0 \pmod{2^3 \times 5^3}.$$

因为 $(n-1,n)=1$，并且 $99 \leqslant n-1 < n < 1000$，所以只有两种可能：

(ⅰ) $n \equiv 0 \pmod{125}$，$n-1 \equiv 0 \pmod 8$.

(ⅱ) $n-1 \equiv 0 \pmod{125}$，$n \equiv 0 \pmod 8$.

前一种情况下，$n = 125t$，$t \in \{1,2,3,4,5,6,7\}$，从而

$$n - 1 = 125t - 1 \equiv 0 \pmod 8.$$

只有 $t=5$ 满足要求，故 $n = 125 \times 5 = 625$.

后一种情况下，$n = 125t + 1$，$t \in \{1,2,3,4,5,6,7\}$，从而

$$5t + 1 \equiv 0 \pmod 8.$$

只有 $t=3$ 满足要求，故 $n = 125 \times 3 + 1 = 376$.

11. $n=1$ 时，5 为所求.

$n=2$ 时，75 为所求.

假设已有 $\overline{a_1 a_2 \cdots a_n} = 5^n \times b$，其中 b 为正整数，则因为 $2j+1$ $(j=0,1,2,3,4)$ 跑遍 mod 5 的完系，而 2^n 与 5 互质，所以 $(2j+1) \times 2^n + b$ 也跑遍 mod 5 的完系. 存在 j_0，使得

$$5 \mid ((2j_0 + 1) \times 2^n + b),$$

这时

$$(2j_0 + 1) \times 10^n + \overline{a_1 a_2 \cdots a_n} = ((2j_0 + 1) \times 2^n + b) \times 5^n$$

被 5^{n+1} 整除.

因此 $\overline{a_0 a_1 a_2 \cdots a_n}$ 被 5^{n+1} 整除，其中 $a_0 = 2j_0 + 1$. 从而结论成立.

12. 因为

$$S(1981^n) \equiv 1981^n \equiv 1 \pmod 9,$$

所以

$$S(1981^n) \equiv \{1,10,19,\cdots\}.$$

又因为 1981^n 的个位为 1，所以 $S(1981^n) > 1$. $1981^n - 1$ 被 1980 整除，因而被 11

整除.

设 1981^n 的奇数位数字和为 S_1，偶数位数字和为 S_2，则 $S_1 \equiv S_2+1 \pmod{11}$.

若 $S_1+S_2=10$，则 $|S_1-S_2| \leqslant 10$，并且 $|S_1-S_2|$ 是偶数. 因此与 $S_1 \equiv S_2+1 \pmod{11}$ 矛盾.

从而 $S(1981^n) \geqslant 19$.

13. 因为 $0<x<y<z<p$，所以 $p>3$. 又因为

$$x^3-y^3=(x-y)(x^2+xy+y^2) \equiv 0 \pmod{p},$$

而 $0<y-x<p$，所以

$$x^2+xy+y^2 \equiv 0 \pmod{p}. \tag{1}$$

同理可得

$$y^2+yz+z^2 \equiv 0 \pmod{p}, \tag{2}$$

$$z^2+zx+x^2 \equiv 0 \pmod{p}. \tag{3}$$

(2) − (1)，得

$$(z-x)(x+y+z) \equiv 0 \pmod{p}.$$

因为 $0<z-x<p$，所以

$$x+y+z \equiv 0 \pmod{p}.$$

但 $0<x+y+z<3p$，所以

$$x+y+z=p \text{ 或 } 2p.$$

(1) + (2) + (3)，得

$$2(x^2+y^2+z^2)+xy+yz+zx \equiv 0 \pmod{p}. \tag{4}$$

又

$$(x+y+z)^2=x^2+y^2+z^2+2(xy+yz+zx) \equiv 0 \pmod{p}, \tag{5}$$

2×(4) − (5)，得

$$3(x^2+y^2+z^2) \equiv 0 \pmod{p}.$$

因为 $p>3$，所以

$$x^2+y^2+z^2 \equiv 0 \pmod{p}. \tag{6}$$

在 $x+y+z=p$ 时，结论已经成立.

在 $x+y+z=2p$ 时，因为 $x^2 \equiv x \pmod{2}$，等等，所以

$$x^2+y^2+z^2 \equiv x+y+z \equiv 0 \pmod{2}. \tag{7}$$

又因为 $(2,p)=1$，所以由(6)、(7)得

$$x^2+y^2+z^2 \equiv 0 \pmod{2p},$$

即 $(x+y+z) \mid (x^2+y^2+z^2)$.

14. 易知

$$4a^2b \equiv a \pmod{4ab-1}. \tag{1}$$

又由已知得

$$b^2(4a^2-1)^2 \equiv 0 \pmod{4ab-1},$$

展开即

$$(4a^2b)^2 - 2\times 4a^2b^2 + b^2 \equiv 0 \pmod{4ab-1}.$$

利用(1)得

$$a^2 - 2ab + b^2 \equiv 0 \pmod{4ab-1},$$

即

$$(a-b)^2 = c(4ab-1), \quad c \in \mathbb{N}. \tag{2}$$

若 $a \neq b$，不妨设 $a > b$.

设 (a,b) 满足(2)，且 $a+b$ 最小.这时由二次方程 $x^2-2b(1+2c)x+b^2+c=0$ 的韦达定理，a 与

$$a' = 2b(1+2c) - a = \frac{b^2+c}{a}$$

都适合这个二次方程，即 (a',b) 也满足(2).

a' 也是自然数，而

$$c = \frac{(a-b)^2}{4ab-1} < (a-b)^2 < a^2 - b^2,$$

所以

$$a' = \frac{b^2+c}{a} < \frac{b^2+(a^2-b^2)}{a} = a,$$

$$a' + b < a + b,$$

这与 $a+b$ 的最小性矛盾.

因此必有 $a=b$.

15. 取奇素数 $p \nmid a(a^2-1)$，这样的 p 有无穷多个，$p > a(a^2-1)$ 即满足要求.令 $n = \dfrac{a^{2p}-1}{a^2-1}$，则

$$n = \frac{(a^p-1)(a^p+1)}{(a-1)(a+1)} = (a^{p-1}+a^{p-2}+\cdots+1)(a^{p-1}-a^{p-2}+\cdots+1)$$

是合数，而且

$$a^{n-1}-1 = a^{\frac{a^{2p}-a^2}{a^2-1}} - 1 = a^{\frac{a^2(a^{p-1}-1)(a^{p-1}+1)}{a^2-1}} - 1.$$

因为 $p \nmid a(a^2-1)$，所以 $p \mid (a^{p-1}-1)$，并且 $p \left| \dfrac{a^{p-1}-1}{a^2-1} \right.$，$2p \left| \dfrac{a^2(a^{p-1}-1)(a^{p-1}+1)}{a^2-1} \right.$，

从而$(a^{2p}-1)|(a^{n-1}-1)$,更有$a^{n-1}-1\equiv 0(\bmod n)$.

16. 561就是绝对伪素数.

首先,$561=3\times 11\times 17$.

其次,

$$a^{561}-a=a(a^{560}-1)=a((a^2)^{280}-1)=a((a^{10})^{56}-1)$$
$$=a((a^{16})^{35}-1).$$

所以$a^{561}-a$被$a(a^2-1),a(a^{10}-1),a(a^{16}-1)$整除,而

$$3\mid a(a^2-1),\quad 11\mid a(a^{10}-1),\quad 17\mid a(a^{16}-1),$$

故

$$a^{561}-a\equiv 0(\bmod 3\times 11\times 17),$$

即561是绝对伪素数.

17. 在n是偶数时,一定能做到.不妨设$a_1=1$,又设内盘的i在顺时针顺序的第b_i个位置$(i=1,2,\cdots,n)$.

有n次转动,可以使内盘与外盘的扇形对齐,即不动,绕圆心逆时针旋转$\frac{2\pi}{n},\frac{4\pi}{n}$,$\cdots,\frac{2(n-1)\pi}{n}$.

在上述n次转动中,每个数只有一次与相同的数对齐.因此,n次转动中,对齐的数对共有n对.

如果每次转动都有对齐的数对,那么在每次转动中,对齐的数对恰好有一对.

因此在$i\neq j$时,$b_j-b_i\not\equiv j-i(\bmod n)$(否则在$i$与$i$对齐时,$j$与$j$对齐),即$b_j-j\not\equiv b_i-i(\bmod n)$.于是

$$b_1-1,b_2-2,\cdots,b_n-n$$

互不同余$(\bmod n)$,它们组成$\bmod n$的完系.所以

$$\sum_{i=1}^{n}(b_i-i)\equiv\sum_{i=1}^{n}i=\frac{n(1+n)}{2}(\bmod n).\tag{1}$$

因为n是偶数,所以$1+n$是奇数,$\frac{n(1+n)}{2}\div n=\frac{1+n}{2}$不是整数,即$\frac{n(1+n)}{2}$不被$n$整除,(1)不是0.

另一方面,$b_1,b_2,\cdots,b_n$也是$1,2,\cdots,n$的一个排列.

$$\sum_{i=1}^{n}(b_i-i)=\sum_{i=1}^{n}b_i-\sum_{i=1}^{n}i=\sum_{i=1}^{n}i-\sum_{i=1}^{n}i=0,\tag{2}$$

这与(1)不是0矛盾.

因此,总可以通过上述旋转,使得没有一对相同的数对齐.

在 n 是奇数时，可以找到一种内盘的填数法，使得对上述 n 个旋转，总有相同的数对齐．填法是令 $a_{2i-1}=i(i=1,2,\cdots,n;a_{n+i}=a_i)$．事实上，在逆时针旋转$\frac{2\pi}{n}\times(i-1)$时，内圈的 i 与外圈的 i 重合$(i=1,2,\cdots,n)$．

18．$n=3$ 时，2，3，7 满足要求．

假设已有 $a_1,a_2,\cdots,a_n$ 满足要求．令

$$a_{n+1}=a_1a_2\cdots a_n+1,$$

则

$$a_1a_2\cdots a_n\equiv-1(\bmod a_{n+1}),$$

并且对 $1\leqslant i\leqslant n$，有

$$a_1a_2\cdots a_{n+1}/a_i\equiv-a_{n+1}\equiv(-1)\times1=-1(\bmod a_i),$$

因此 $a_1,a_2,\cdots,a_{n+1}$满足要求．

19．$n=3$ 时，2，3，5 满足要求．

由上题知 $n\geqslant4$ 时，存在 $b_1,b_2,\cdots,b_{n-1}$互不相同，而且对 $1\leqslant i\leqslant n-1$，有

$$b_1b_2\cdots b_{n-1}/b_i\equiv-1(\bmod b_i).$$

令 $a_1=b_1,a_2=b_2,\cdots,a_{n-1}=b_{n-1},a_n=b_1b_2\cdots b_{n-1}-1$，则

$$a_1a_2\cdots a_{n-1}=b_1b_2\cdots b_{n-1}\equiv1(\bmod a_n),$$

并且对一切 $1\leqslant i\leqslant n-1$，有

$$\begin{aligned}a_1a_2\cdots a_n/a_i&=b_1b_2\cdots b_{n-1}/b_i\cdot a_n\\&\equiv-1\cdot(-1)=1(\bmod a_i),\end{aligned}$$

因此 $a_1,a_2,\cdots,a_n$ 合乎要求．

注　上题用归纳法，本题利用上题结论，不需要用归纳法．

20．$n=3$ 时，$a,a+d,a+2d$ 均为质数，所以 $a+2d$ 为奇质数，a 为奇质数，d 为偶数，$P_3=\prod\limits_{p<3}p=2,P_3\mid d$．

设结论对 $n-1$ 成立，则 $P_{n-1}\mid d$．

若 $n-1$ 不是质数，$P_n=P_{n-1}$，则 $P_n\mid d$．

若 $n-1$ 是质数，而$(n-1)\nmid d$，则

$$d,2d,\cdots,(n-1)d$$

走遍 mod $n-1$ 的剩余系，从而

$$a+d,a+2d,\cdots,a+(n-1)d$$

也走遍 mod $n-1$ 的剩余类．于是存在 $k,1\leqslant k\leqslant n-1$，使得

$$a+kd\equiv0(\bmod n-1).$$

但 $a+kd$ 与 $n-1$ 均为质数,所以

$$a+kd=n-1.$$

而 $P_{n-1}+1=\prod_{p<n-1}p+1\geqslant n-1$,所以

$$a+kd\geqslant 2+d\geqslant 2+P_{n-1}>n-1,$$

矛盾!矛盾表明 $(n-1)\mid d$,即 $P_n\mid d$.

注 第14节例1中已有一证明,这里采用归纳法,给出另一证明.

21. $n=1$ 时满足要求,因为 $3^1+2^1=5$ 被 1^2 整除.

$n=5$ 可以作为下一个例子,因为 $3^5+2^5=243+32=275=11\times 5^2$ 被 5^2 整除.

更一般地,设已有 $3^n+2^n=an^2$,我们证明 $3^{an}+2^{an}$ 被 $(an)^2$ 整除.

首先,a 是奇数.

其次,

$$\begin{aligned}3^{an}+2^{an}&=(3^n)^a+2^{an}\\&=(an^2-2^n)^a+2^{an}\\&=-2^{an}+\sum_{k=1}^{a}C_a^k(-2^n)^{a-k}(an^2)^k+2^{an}\\&=\sum_{k=1}^{a}C_a^k(-2^n)^{a-k}(an^2)^k\\&\equiv a(-2^n)^{a-1}(an^2)\equiv 0(\bmod a^2n^2).\end{aligned}$$

因此,满足要求的 n 有无穷多个.

22. 记 $\frac{a}{c}=\frac{d}{b}=\frac{m}{n}$,其中 m,n 为互质的自然数,则 $m\mid a$,设 $a=mu$,$c=nu$,其中 u 为自然数.同样,设 $d=mv$,$b=nv$,其中 v 为自然数.于是

$$a+b+c+d=(m+n)(u+v)$$

为合数.

因为 $ab=cd$,所以 $a^kb^k=c^kd^k$.用 a^k,b^k,c^k,d^k 代替上面的 a,b,c,d,即得 $a^k+b^k+c^k+d^k$ 为合数.

又解 设 $a+b+c+d=p$ 为素数,则

$$a+b\equiv -c-d(\bmod p),$$

$$ab\equiv(-c)(-d)(\bmod p),$$

因此 x 的一次多项式

$$(x-a)(x-b)-(x+c)(x+d)$$

的系数被 p 整除,从而多项式在 $x=a$ 处的值

$$-(a+c)(a+d)$$

是 p 的倍数.

因为 p 为质数，所以 $p\mid(a+c)$ 或 $p\mid(a+d)$，但 $p>a+c$，$p>a+d$，这不可能. 矛盾表明 $a+b+c+d$ 为合数.

23. (ⅰ) 显然 $p=2$ 时，满足 $n\nmid(p-1)$.

若只有有限多个质数满足 $n\nmid(p-1)$，设它们为 $p_1=2,p_2,\cdots,p_k$，则

$$a=np_1p_2\cdots p_k-1 \tag{1}$$

是大于 1 的整数. 设质数 $q\mid a$，则 $q\neq p_i(1\leqslant i\leqslant k)$，从而 $n\mid(q-1)$. 于是，有分解式

$$a=q_1q_2\cdots q_h,$$

并且

$$a=q_1q_2\cdots q_h\equiv 1(\bmod n). \tag{2}$$

而由(1)得

$$a\equiv -1(\bmod n), \tag{3}$$

(2)、(3)矛盾. 所以存在无穷多个质数 p，使得 $n\nmid(p-1)$.

(ⅱ) 取 $n=3$，则有无穷多个质数 p，满足 $3\nmid(p-1)$，因此 $p\neq 3k+1$. 当然也有 $p\neq 3k(k>1)$，所以有无穷多个质数 $p=3k+2$.

(ⅲ) 取 $n=4$，则由(ⅰ)知存在无穷多个 $p\neq 4k+1$. 当然也有 $p\neq 4k+2,4k$，所以有无穷多个质数 $p=4k+3$.

注 (ⅱ)、(ⅲ)都是 Dirichlet 定理的特殊情况.

24. 显然，若数列 $a_0,a_1,a_2,\cdots$ 满足要求，则对任意 k，$a_k,a_{k+1},\cdots$ 也满足条件. 反之亦然.

$a_0=3k+2$(k 为非负整数)时，因为

$$a_n\equiv 2(\bmod 3)$$

不为平方数，所以恒有

$$a_{n+1}=a_n+3,$$

即 $\{a_n\}$ 严格递增. $a_0=3k+2$ 不满足要求.

$a_0=3$ 时，各项为 $3,6,9,3,6,9,\cdots$，所以 $3,6,9$ 均满足要求.

设 $a_0=3,6,\cdots,9k^2$(逐个加 3)均满足要求，则在 $a_0=9k^2+3$ 时，数列为

$$9k^2+3,9k^2+6,\cdots,$$

都是 3 的倍数，逐一走过，直至下一个平方数，当然是 $9(k+1)^2$. 再然后即 $3(k+1)$ $(<9k^2)$，而 $3(k+1)$ 满足要求.

因此，一切形如 $3k$ 的数满足要求.

若 $a_0=4$,则 $a_1=2$,而前面已说过2不满足要求.数列

$$7,10,13,16,4,\cdots$$

不满足要求,所以

$$a_0=7,10,13,16$$

不满足要求.

设 $a_0=4,7,10,\cdots,(3k+1)^2$ 不满足要求,则在 $a_0=(3k+1)^2+3$ 时,数列成为

$$(3k+1)^2+3,(3k+1)^2+6,\cdots,(3k+2)^2,3k+2,$$

不满足要求.同样,数列

$$(3k+2)^2+3,(3k+2)^2+6,\cdots,(3k+4)^2,3k+4,\cdots$$

不满足要求.

因此,一切形如 $3k+1$ 的数不满足要求.

满足要求的 a_0 为 $3k$(k 为非负整数).

25. 取质数 $q\equiv-1\pmod 4$,且 $q>n$.

因为质数 $q>n$,所以 $(4(1^2+q)^2(2^2+q)^2\cdots(n^2+q)^2,q)=(4\times(n!)^4,q)=1$.从而由 Dirichlet 定理,存在质数 $p=4(1^2+q)^2(2^2+q)^2\cdots(n^2+q)^2k-q$.

显然 $p\equiv-q\equiv1\pmod 4$,所以有

$$p=a^2+b^2.$$

不妨设 $b>a$.

如果 $a\leqslant n$,那么

$$\begin{aligned}b^2&=p-a^2=4(1^2+q)^2(2^2+q)^2\cdots(n^2+q)^2k-q-a^2\\&=(a^2+q)(4(1^2+q)^2(2^2+q)^2\cdots(a^2+q)\cdots(n^2+q)^2k-1).\end{aligned}$$

因为 $(a^2+q,4(1^2+q)^2(2^2+q)^2\cdots(a^2+q)\cdots(n^2+q)^2k-1)=(a^2+q,-1)=1$,所以 a^2+q,$4(1^2+q)^2(2^2+q)^2\cdots(a^2+q)\cdots(n^2+q)^2k-1$ 均为平方数,但后者 $\equiv-1\pmod 4$,不是平方数.矛盾表明 $a>n$.

注 可以证明对任意实数 $c>d\geqslant0$,存在质数 $p=a^2+b^2$,且 $c>\dfrac{a}{b}>d$.

第8章 数论函数

数论中有很多重要的函数，函数的值是整数，自变量的值也大多是自然数或整数，例如$d(n)$, $\sigma(n)$, $\varphi(n)$, $\mu(n)$等. 本章就来讨论它们.

1. $[x]$

取整函数$[x]$表示不超过 x 的最大整数，它的自变量 x 取实数值，但函数值$[x]$一定是整数. 例如$[8.15]=8$，$[\sqrt{5}]=2$，$[\pi]=3$.

注意$[-1.4]=-2$，而不是-1.

$[x]$也常记作$\lfloor x \rfloor$，并被称为地板函数.

相应地，$\lceil x \rceil$表示不小于 x 的最小整数，被称为天花板函数. 例如

$$\left\lceil \frac{10}{3} \right\rceil = 4, \quad \left\lceil \frac{-200}{7} \right\rceil = -28.$$

由定义知恒有

$$[x] \leqslant x < [x]+1,$$

其中等号当且仅当 x 为整数时成立.

例 1 假设正整数 x 满足

$$\left[\frac{x+1}{3}\right]+\left[\frac{x+2}{3}\right]+\left[\frac{x+3}{6}\right]=48, \tag{1}$$

求 x.

解 由(1)得

$$\frac{x+1}{3}+\frac{x+2}{6}+\frac{x+3}{6} \geqslant 48,$$

即

$$\frac{2}{3}x \geqslant 47-\frac{1}{6},$$

$$x \geqslant \frac{3 \times 47}{2}-\frac{1}{4}=70\frac{1}{4},$$

所以

$$x \geqslant 71.$$

又在 x 为整数时，设

$$x=qn+r, \quad 0 \leqslant r < n,$$

则

$$q=\left[\frac{x}{n}\right]=\frac{x-r}{n}\geqslant\frac{x-(n-1)}{n}.$$

所以由(1)得

$$\frac{x+1-2}{3}+\frac{x+2-5}{6}+\frac{x+3-5}{6}\leqslant 48,$$

即

$$x\leqslant 73.$$

$x=71,72,73$ 均合乎要求.

例2　设 x,y 为正实数,若对所有自然数 n,都有

$$[nx]=[ny],$$

证明:$x=y$.

证明　若 $x\neq y$,不妨设 $x<y$.取自然数 n,使其满足$\frac{1}{n}<y-x$,则必有有理数$\frac{m}{n}$在 x,y 之间,即

$$x<\frac{m}{n}<y$$

$\left(这样的\frac{m}{n}有无穷多个\right)$.从而

$$[nx]\leqslant m-1<m\leqslant[ny],$$

与已知矛盾.所以 $x=y$.

例2的条件"对所有自然数 n,都有$[nx]=[ny]$"可减弱为"对无穷多个自然数 n,都有$[nx]=[ny]$".

例3　已知正实数 $\alpha\geqslant\gamma\geqslant\delta$,$\beta$ 也是正实数,并且集合$\{\alpha,\beta\}\neq\{\gamma,\delta\}$.若对所有正整数 n,都有

$$[\alpha n][\beta n]=[\gamma n][\delta n],\tag{2}$$

证明:$\alpha>\gamma\geqslant\delta>\beta$.

证明　若 $\alpha=\gamma$,则取 n 足够大$\left(n>\frac{1}{\gamma}\right)$,$n\gamma>1$,(2)化为

$$[\beta n]=[\delta n].$$

由例2知 $\beta=\delta$,这与$\{\alpha,\beta\}\neq\{\gamma,\delta\}$矛盾.因此 $\alpha>\gamma$.

$\alpha>\gamma$ 时,$[\alpha n]\geqslant[\gamma n]$.所以(在 n 充分大,$\gamma n>1$ 时)

$$[\beta n]\leqslant[\delta n].$$

若 $\beta>\delta$,则与例2一样,导致

$$[\delta n]<[\beta n]$$

的矛盾.因此 $\beta\leqslant\delta$.

而 $\beta=\delta$ 时,又与上面一样导致 $\alpha=\gamma$.因此只有 $\beta<\delta$.

所以 $\alpha>\gamma\geqslant\delta>\beta$.

注意上面所说的"n 充分大".

例 2、例 3 为下面的例 4 做了准备.

例 4 已知正实数 $\alpha,\beta,\gamma,\delta$,若对任意 $n\in\mathbb{N}$,都有

$$[\alpha n][\beta n]=[\gamma n][\delta n],$$

且$\{\alpha,\beta\}\neq\{\gamma,\delta\}$,证明:$\alpha\beta=\gamma\delta$,且 $\alpha,\beta,\gamma,\delta$ 为正整数.

证明 不妨设 $\alpha\geqslant\beta,\gamma\geqslant\delta,\alpha\geqslant\gamma$,则由例 3 知

$$\alpha>\gamma\geqslant\delta>\beta.$$

采用二进制设

$$\alpha=A.a_1a_2\cdots a_n\cdots,$$

其中 A 为正整数或 0,$a_i\in\{0,1\}$,$i=1,2,\cdots$.不用循环节为 1 的小数表示:若 $a_n=0$ 而 $a_{n+1}=a_{n+2}=\cdots=1$,则将 a_n 改为 1 而后面的 $a_{n+1},a_{n+2},\cdots$全去掉(即改为 0).例如 $0.11\cdots=0.\dot{1}=1=1.00\cdots$,改用 1 表示(循环节为 0).

相应地,设 $\beta=B.b_1b_2\cdots,\gamma=C.c_1c_2\cdots,\delta=D.d_1d_2\cdots$.

又记$\overline{A\,a_1a_2\cdots a_k}=A_k$,等等.

显然 $A\geqslant C\geqslant D\geqslant B$,且

$$AB=CD.\tag{3}$$

首先,证明 $B\neq0$(从而 A,B,C,D 都是正整数).

若 $B=0$,则由(3)得 $D=0$.设 $b_1,b_2,\cdots$中第一个非 0 的为 b_i,则

$$[2^i\beta]=1.$$

由

$$A_{i-1}\cdot0=C_{i-1}D_{i-1},$$

得 $D_{i-1}=0$.

由 $A_iB_i=C_iD_i$,得

$$(2A_{i-1}+a_i)\cdot1=(2C_{i-1}+c_i)d_i,$$

从而 $d_i=1,A_{i-1}=C_{i-1},a_i=c_i,A_i=C_i$.

因为 $\alpha>\gamma$,所以可设 α 与 γ(左数)第一个不同的数字为 $a_j=1,c_j=0$(显然 $j>i$),这时 $C_{j-1}=A_{j-1},D_{j-1}=B_{j-1}$.由

$$(2A_{j-1}+1)(2B_{j-1}+b_j)=2A_{j-1}(2B_{j-1}+d_j),$$

得 $b_j=0$，$(0<)B_{j-1}=A_{j-1}d_j$，所以 $d_j=1>c_j$，$C_{j-1}>D_{j-1}$，$B_{j-1}=A_{j-1}=C_{j-1}>D_{j-1}=B_{j-1}$，矛盾表明 $B=0$ 不成立．从而 A,B,C,D 都是正整数．

其次证明 $\alpha,\beta,\gamma,\delta$ 都是整数(即 A,B,C,D)．

否则，它们的小数部分不全为0．设 a_k,b_k,c_k,d_k 中至少有一个为1．

若 $a_k=b_k=1$，则 $c_k=d_k=1$(反之亦然)．这时

$$A_{k-1}B_{k-1}=C_{k-1}D_{k-1},\tag{4}$$

且

$$(2A_{k-1}+1)(2B_{k-1}+1)=(2C_{k-1}+1)(2D_{k-1}+1),$$

从而

$$A_{k-1}+B_{k-1}=C_{k-1}+D_{k-1}.\tag{5}$$

由(4)、(5)立得 $A_{k-1}=C_{k-1}$，$B_{k-1}=D_{k-1}$．

然后与前面相同(沿用字母 j)，由 $\alpha>\gamma,\cdots,B_{j-1}=\cdots>B_{j-1}$，得到矛盾．

若 $a_k=1$，$b_k=0$，则 $c_kd_k=0$，c_k 或 $d_k=0$，

$$(2A_{k-1}+1)\cdot 2B_{k-1}=(2C_{k-1}+c_k)(2D_{k-1}+d_k),$$

从而 $B_{k-1}=C_{k-1}$ 或 D_{k-1}．再由(4)得 $A_{k-1}=D_{k-1}$ 或 C_{k-1}，所以仍有 $A_{k-1}=C_{k-1}$(注意到 $A_{k-1}\geqslant C_{k-1}\geqslant D_{k-1}\geqslant B_{k-1}$)．

$a_k=0$，$b_k=1$ 或 $c_k=0$，$d_k=1$ 或 $c_k=1$，$d_k=0$ 时也均如此，同上导致矛盾．

因此 $\alpha,\beta,\gamma,\delta$ 都是正整数，并且 $\alpha\beta=\gamma\delta$．

例5 是否有一个二元多项式 $f(x,y)$，虽不是常数，但对一切 α，均有

$$f([\alpha],[3\alpha])=0?$$

解 $f(x,y)=(y-3x)(y-3x-1)(y-3x-2)$ 即为所求．因为设 $\alpha-[\alpha]=\{\alpha\}$($\alpha$ 的“小数部分”)，则

$$[3\alpha]=3[\alpha]+[3\{\alpha\}]$$

$$=\begin{cases}3[\alpha], & 若\{\alpha\}<\dfrac{1}{3},\\ 3[\alpha]+1, & 若\dfrac{1}{3}\leqslant\{\alpha\}<\dfrac{2}{3},\\ 3[\alpha]+2, & 若\{\alpha\}\geqslant\dfrac{2}{3},\end{cases}$$

所以 $f([\alpha],[3\alpha])=0$．

例6 设 h,k 为互素的自然数．证明：

$$\sum_{j=1}^{k-1}\left[\frac{jh}{k}\right]=\sum_{i=1}^{h-1}\left[\frac{ik}{h}\right]=\frac{(k-1)(h-1)}{2}.$$

证明　如图 8.1 所示，以原点 O，$A(k,0)$，$B(k,h)$，$C(0,h)$ 为顶点的矩形内部（不包括四条边）共有

$$(k-1)(h-1)$$

个格点.

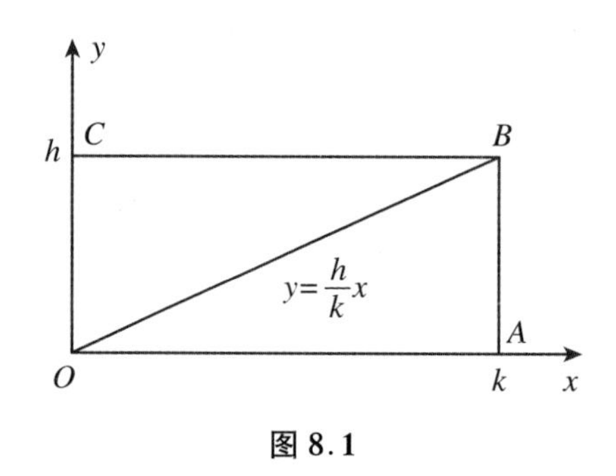

图 8.1

直线 OB 方程为 $y=\frac{h}{k}x$.

在 OB 上方，矩形内部有 $\sum_{i=1}^{h-1}\left[\frac{ik}{h}\right]$ 个格点.

在 OB 下方，矩形内部有 $\sum_{j=1}^{k-1}\left[\frac{jh}{k}\right]$ 个格点.

在 OB 上（不包括 O，B）没有格点（x 为整数 j 时，$y=\frac{h}{k}j$ 不是整数，$j=1,2,\cdots,k-1$）.

所以

$$\sum_{j=1}^{k-1}\left[\frac{jh}{k}\right]+\sum_{i=1}^{h-1}\left[\frac{ik}{h}\right]=(k-1)(h-1).$$

由于矩形是中心对称图形，故

$$\sum_{j=1}^{k-1}\left[\frac{jh}{k}\right]=\sum_{i=1}^{h-1}\left[\frac{ik}{h}\right]=\frac{1}{2}(k-1)(h-1).$$

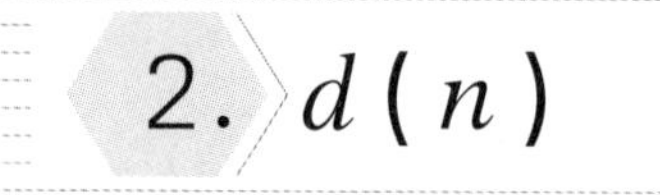

2. $d(n)$

$d(n)$ 表示自然数 n 的正因数的个数（也有些书上用 $\tau(n)$ 表示）. 例如 6 有 4 个正因数，即 1，2，3，6，所以 $d(6)=4$.

一般地,设 $n=p_1^{\alpha_1}p_2^{\alpha_2}\cdots p_k^{\alpha_k}(p_1<p_2<\cdots<p_k)$为 n 的质因数分解式,则

$$d(n)=(\alpha_1+1)(\alpha_2+1)\cdots(\alpha_k+1).$$

例1　证明:对任意的自然数 m,可以找到一个无穷的等差数列$\{a_n\}$,各项为自然数,且满足 $m\mid d(a_n)$.

证明　取 $a_n=2^{m-1}(2n+1)(n=0,1,2,\cdots)$,则

$$d(a_n)=d(2^{m-1})d(2n+1)=md(2n+1)$$

被 m 整除.

若自变量为自然数的数论函数 $f(n)$具有性质:$(m,n)=1$时,

$$f(mn)=f(m)f(n),$$

则称 $f(n)$为积性函数.

显然 $d(n)$是积性函数.

例2　设 m 为大于1的自然数.数列$\{a_n\}$定义为

$$a_1=m,\quad a_2=d(a_1),\quad \cdots,\quad a_n=d(a_{n-1})\quad (n=1,2,\cdots).$$

证明:

(ⅰ)自某个 N 起,恒有 $a_n=2$.

(ⅱ)适当选择 m,可使 N 任意大.

证明　(ⅰ)$m>1$时,$d(m)\geqslant 2$(1与 m 为其因数),并且 $m>2$时,$d(m)\leqslant m-1$($m-1$不是 m 的因数).

因此,$m=2$时,恒有 $a_n=2(n=1,2,\cdots)$.

$m>2$时,a_n 递减,且有下界2,因而必有最小值,最小值为2(否则下一个值更小),即存在自然数 N,当 $n\geqslant N$ 时,$a_n=2$.

(ⅱ)对给定的 N,设 $a_N=2$.取奇素数 p,令

$$a_{N-1}=p,\quad a_{N-2}=2^{p-1},\quad \cdots,\quad a_k=2^{a_{k+1}-1},\quad \cdots,\quad a_1=m=2^{a_2-1},$$

则这样的 $m=a_1$,产生 $a_2=d(a_1),\cdots,a_{k+1}=d(a_k),\cdots,a_{N-2}=d(a_{N-3})=d(2^{2^{p-1}-1})=2^{p-1},a_{N-1}=d(a_{N-2})=p,a_N=d(p)=2$.

例3　证明:对任意自然数 n,总有

$$d(1)+d(3)+\cdots+d(2n-1)\leqslant d(2)+d(4)+\cdots+d(2n).$$

证明　奇数$1,3,\cdots,2n-1$的(正)因数都是奇数,即形如 $2k-1(k=1,2,\cdots,n)$的数.设 $2k-1$ 作为 $1,3,\cdots,2n-1$ 中某些数的因数,共出现 t 次,则 $2n-1\geqslant 2k-1$ 的 $2t-1$倍,即

$$(2t-1)(2k-1)\leqslant 2n-1,$$

所以

$$t \leqslant \left[\frac{1}{2}\left(\frac{2n-1}{2k-1}+1\right)\right] = \left[\frac{1}{2}\left(\frac{2n-1}{2k-1}-1\right)\right]+1 = \left[\frac{n-k}{2k-1}\right]+1.$$

而 $2k-1$ 也可作为 $2,4,\cdots,2n$ 的因数，即 $1,2,\cdots,n$ 的因数，共出现 $\left[\frac{n}{2k-1}\right]$ 次. $2k$ 也可作为 $2,4,\cdots,2n$ 的因数（当然不是 $1,3,\cdots,2n-1$ 的因数），至少出现 1 次. 因为

$$\left[\frac{n}{2k-1}\right]+1 \geqslant \left[\frac{n-k}{2k-1}\right]+1 \quad (k=1,2,\cdots,n),$$

所以

$$d(1)+d(3)+\cdots+d(2n-1) \leqslant d(2)+d(4)+\cdots+d(2n).$$

例 4 涉及 $d(n)$（在 n 很大时）的估计.

例 4 证明：

（ⅰ）$d(n) \leqslant 2\sqrt{n}$.

（ⅱ）对任意 $\varepsilon>0$，都有一个正的常数 $C(\varepsilon)$，使得

$$d(n) \leqslant C(\varepsilon)n^{\varepsilon}.$$

证明 （ⅰ）设 a 为 n 的因数，则 $\frac{n}{a}$ 也为 n 的因数. a 与 $\frac{n}{a}$ 中必有一个小于或等于 $\sqrt{n}$，因此 $d(n) \leqslant 2\sqrt{n}$.

（ⅱ）

$$\begin{aligned}\frac{d(n)}{n^{\varepsilon}} &= \prod_{p^{\alpha}\parallel n}\frac{\alpha+1}{p^{\alpha\varepsilon}} \leqslant \prod_{\substack{p\geqslant 2^{\frac{1}{\varepsilon}}\\ p^{\alpha}\parallel n}}\frac{\alpha+1}{p^{\alpha\varepsilon}}\prod_{\substack{p<2^{\frac{1}{\varepsilon}}\\ p^{\alpha}\parallel n}}\frac{\alpha+1}{p^{\alpha\varepsilon}} \\ &\leqslant \prod_{\substack{p\geqslant 2^{\frac{1}{\varepsilon}}\\ p^{\alpha}\parallel n}}\frac{\alpha+1}{2^{\alpha}}\prod_{\substack{p<2^{\frac{1}{\varepsilon}}\\ p^{\alpha}\parallel n}}\left(1+\frac{\alpha}{p^{\alpha\varepsilon}}\right) \leqslant \prod_{p<2^{\frac{1}{\varepsilon}}}\left(1+\frac{\alpha}{p^{\alpha\varepsilon}}\right).\end{aligned}$$

因为 $p\geqslant 2$，$p^{\alpha\varepsilon}\geqslant 2^{\alpha\varepsilon}=\mathrm{e}^{\alpha\varepsilon\log 2}\geqslant \alpha\varepsilon\log 2$，所以

$$d(n) \leqslant C(\varepsilon)n^{\varepsilon},$$

其中 $C(\varepsilon)=\prod\limits_{p<2^{\frac{1}{\varepsilon}}}\left(1+\frac{1}{\varepsilon\log 2}\right)$ 是仅与 ε 有关（与 n 无关）的常数.

（ⅰ）表明 $d(n)$ 的阶不超过 $\frac{1}{2}$（即 $\sqrt{n}$ 的阶）.（ⅱ）表明 $d(n)$ 的阶低于任意的正数 ε（即 n^{ε} 的阶）. 这在解析数论中相当重要.

3. $\sigma(n)$

$\sigma(n)$表示自然数 n 的所有(正)因数的和,即

$$\sigma(n)=\sum_{d\mid n}d.$$

设 n 的质因数分解式为 $p_1^{\alpha_1}p_2^{\alpha_2}\cdots p_k^{\alpha_k}$,则

$$\begin{aligned}\sigma(n)&=\sum_{\substack{0\leqslant\beta_i\leqslant\alpha_i\\ i=1,2,\cdots,k}}p_1^{\beta_1}p_2^{\beta_2}\cdots p_k^{\beta_k}\\&=(1+p_1+\cdots+p_1^{\alpha_1})(1+p_2+\cdots+p_2^{\alpha_2})\cdots(1+p_k+\cdots+p_k^{\alpha_k})\\&=\prod_{i=1}^{k}\frac{p_i^{\alpha_i+1}-1}{p_i-1}.\end{aligned}$$

显然 $\sigma(n)$为积性函数.

例 1 证明:有无穷多个奇数 n,满足 $\sigma(n)>2n$.

证明 $945=3^3\times5\times7$.

$\sigma(945)=(1+3+3^2+3^2)(1+5)(1+7)=1920>2\times945$.

对于与 $2\times3\times5\times7$ 互质的 m,有

$$\sigma(945m)=\sigma(945)\sigma(m)>2\times945\times m.$$

于是有无穷多个奇数 $945m$ 满足要求.

注 945 是满足 $\sigma(n)>2n$ 的最小奇数.

显然 $\sigma(n)>n$.若 $\sigma(n)=2n$,则 n 称为完全数,例如 6 是完全数.很多书中介绍过完全数,本书从略.

例 2 证明:若 $\sigma(n)=5n$,则 n 的不同质因数的个数多于 5.

证明 若 $n=p_1^{\alpha_1}p_2^{\alpha_2}\cdots p_k^{\alpha_k}$ 为 n 的分解式,$k\leqslant5$,则

$$\begin{aligned}\sigma(n)&=\frac{p_1^{\alpha_1+1}-1}{p_1-1}\cdot\frac{p_2^{\alpha_2+1}-1}{p_2-1}\cdot\cdots\cdot\frac{p_k^{\alpha_k+1}-1}{p_k-1}\\&\leqslant\frac{p_1^{\alpha_1+1}}{p_1-1}\cdot\frac{p_2^{\alpha_2+1}}{p_2-1}\cdot\cdots\cdot\frac{p_k^{\alpha_k+1}}{p_k-1}\\&=\frac{p_1}{p_1-1}\cdot\frac{p_2}{p_2-1}\cdot\cdots\cdot\frac{p_k}{p_k-1}\cdot n\end{aligned}$$

$$<\frac{2}{2-1}\cdot\frac{3}{3-1}\cdot\frac{5}{4}\cdot\frac{7}{6}\cdot\frac{11}{10}n$$

$$=\frac{77}{16}n<5n,$$

与已知矛盾.矛盾表明 $k>5$.

例 3 证明:存在无穷多个 m,使

(ⅰ)

$$\sigma(x)=m \tag{1}$$

的解数大于 1.

(ⅱ)(1)的解数大于 2.

证明 (ⅰ)取 $m=3(5^k-1)(k=1,2,\cdots)$,则

$$\sigma(6\times 5^{k-1})=\sigma(11\times 5^{k-1})=3(5^k-1).$$

(ⅱ)同(ⅰ)可得

$$\sigma(14\times 13^{k-1})=\sigma(15\times 13^{k-1})=\sigma(23\times 13^{k-1})=2(13^k-1).$$

例 4 设 k 为大于 1 的整数.证明:

$$\sigma(n)=n+k \tag{2}$$

仅有有限多个解.特别地,$k=2$ 时,(2)无解;$k=3$ 时,(2)仅有一解 $n=4$.

证明 $1,n$ 都是n 的因数.若

$$\sigma(n)=n+2=n+1+1,$$

则表明 n 除了因数 $1,n$ 外还有与它们不同的因数,这个因数当然大于 1,所以 $\sigma(n)>n+1+1=n+2$,即 $\sigma(n)=n+2$ 无解.

若 $\sigma(n)=n+3=n+1+2$,则 n 除了因数 $1,n$ 外还有一个因数 2,从而 $n=2m$,并且 $m=2,n=4$.

现在设 $k>3$,因为 n 除了因数 $1,n$ 外还有其他因数,所以 n 不是质数.这时有两种情况:

(ⅰ)$n=ab,(a,b)=1$ 并且 $a>1,b>1$.此时

$$n+k=\sigma(n)=\sigma(a)\sigma(b)\geqslant(1+a)(1+b)$$

$$=1+a+b+n\geqslant 1+2\sqrt{ab}+n=1+2\sqrt{n}+n.$$

(ⅱ)$n=p^l$,p 为素数,$l>1$.此时

$$n+k=\sigma(n)=\sigma(p^l)>n+p^{l-1}\geqslant n+\sqrt{n}.$$

于是总有 $k>\sqrt{n}$,从而 $n<k^2$,即仅有有限多个 n 满足(2).

例 5 设 $n>9$.证明:$1,2,\cdots,n$ 中至少有$\left[\frac{n}{6}\right]$个数不在集合$\{\sigma(m)\mid m\in\mathbb{N}\}$中.

解 区间$\left(\frac{n}{3}-1,\frac{n}{2}\right]$中有$\left[\frac{n}{6}\right]$个整数$k$.因为$n>9$,所以$k\geqslant 3$,且

$$\sigma(2k)\geqslant 1+2+k+2k=3(k+1)>n.$$

又$2k\leqslant n$,所以$\sigma(1),\sigma(2),\cdots,\sigma(n)$中有$\left[\frac{n}{6}\right]$个数大于$n$,即$n$个数$1,2,\cdots,n$中有$\left[\frac{n}{6}\right]$个数不是$\sigma(x)(x\leqslant n)$.

因为$x>n$时,$\sigma(x)\geqslant 1+x>n$,所以这$\left[\frac{n}{6}\right]$个数当然也不是$\sigma(x)(x>n)$.

于是,$1,2,\cdots,n$中至少有$\left[\frac{n}{6}\right]$个数$\notin\{\sigma(m)\mid m\in\mathbb{N}\}$.

下面的例6也指出有无穷多的自然数$\notin\{\sigma(m)\mid m\in\mathbb{N}\}$.

例6 证明:对于$k>1$,$\sigma(n)=3^k$无解.

证明 $\sigma(n)$是积性函数,若$n=ab$,$(a,b)=1$,则$\sigma(n)=\sigma(a)\sigma(b)$.所以如果$\sigma(n)=3^k$,那么$\sigma(a)$,$\sigma(b)$也都是3的幂.因此,只需证明对任一质数$p$及自然数$l$,$\sigma(p^l)=3^k$无解,则$\sigma(n)=3^k$也一定无解.

下面分几种情况来证明.

(ⅰ)$p=2$.

$$\sigma(2^l)=1+2+\cdots+2^l=2^{l+1}-1.$$

若$\sigma(2^l)=3^k$,则

$$2^{l+1}-1=3^k. \tag{3}$$

(3)两边mod 3得

$$(-1)^{l+1}-1\equiv 0 \pmod 3,$$

所以$l+1$为偶数$2h$,(3)成为

$$2^{2h}-1=(2^h+1)(2^h-1)=3^k. \tag{4}$$

又$(2^h+1,2^h-1)=(2,2^h-1)=1$,所以

$$2^h-1=1,$$

解得$h=1$,代入(4)得$k=1$,与$k>1$矛盾.

(ⅱ)$p=3$.

因为

$$\sigma(3^l)=1+3+\cdots+3^l\equiv 1 \pmod 3,$$

所以

$$\sigma(3^l)\neq 3^k.$$

(ⅲ)$p>3$且$p\equiv -1 \pmod 3$.

若 $\sigma(p^l)=1+p+\cdots+p^l=3^k\equiv 0 \pmod 3$，则 l 是奇数 $2h-1(h\in\mathbb{N})$. 从而

$$\sigma(p^l)=\frac{p^{l+1}-1}{p-1}=\frac{p^h-1}{p-1}(p^h+1).$$

因为 p^h+1 是偶数，而 3^k 是奇数，所以 $\sigma(p^l)\neq 3^k$.

（iv）$p>3$ 且 $p\equiv 1 \pmod 3$.

$$\sigma(p^l)=1+p+\cdots+p^l\equiv l+1 \pmod 3.$$

若 $\sigma(p^l)=3^k$，则 $l+1=3h(h\in\mathbb{N})$.

$$\sigma(p^l)=\frac{p^{3h}-1}{p-1}=\frac{p^h-1}{p-1}(p^{2h}+p^h+1).$$

而

$$\begin{aligned}(p^h-1,p^{2h}+p^h+1)&=(p^h-1,p^{2h}+2p^h)=(p^h-1,p^h+2)\\&=(p^h-1,3)=1\text{ 或 }3,\end{aligned}$$

所以

$$\frac{p^h-1}{p-1}=1\text{ 或 }3.$$

但 $h\geqslant 2$ 时，$\frac{p^h-1}{p-1}\geqslant p+1>4$，矛盾；$h=1$ 时，$\sigma(p^2)=p^2+p+1=(p-1)^2+3p\equiv 3 \pmod 9\neq 3^k$.

综上所述，$\sigma(n)=3^k$ 无解.

我们知道 $\sigma(n)>n$，但在 n 为质数时，$\sigma(n)=1+n$，即 $\sigma(n)$ 有时与 n 仅相差 1.

例 7 证明 $\frac{\sigma(n)}{n}$ 无界.

例 7　令 $a_n=\frac{\sigma(n)}{n}$，证明：

（i）a_n 无界.

（ii）有无限多个 n，满足

$$a_n>\max_{1\leqslant i\leqslant n-1}a_i.$$

证明　（i）因为 $\frac{\sigma(n!)}{n!}>\sum_{k=1}^{n}\frac{1}{k}\left(\frac{n!}{k}\text{ 是 }n!\text{ 的因数}\right)$，而

$$\begin{aligned}\sum_{k=1}^{2^{t+1}}\frac{1}{k}&=1+\frac{1}{2}+\left(\frac{1}{3}+\frac{1}{4}\right)+\left(\frac{1}{5}+\frac{1}{6}+\frac{1}{7}+\frac{1}{8}\right)\\&\quad+\cdots+\left(\frac{1}{2^t+1}+\frac{1}{2^t+2}+\cdots+\frac{1}{2^{t+1}}\right)\\&>\frac{1}{2}\times 2^{t+1}=2^t,\end{aligned}$$

所以 $\sum_{k=1}^{n}\frac{1}{k}$ 无界，$\frac{\sigma(n!)}{n!}$ 无界，$\frac{\sigma(n)}{n}$ 无界.

（ⅱ）若仅有有限多个 n 满足

$$a_n > \max_{1\leqslant i\leqslant n-1} a_i, \tag{5}$$

则存在自然数 N_1，当 $n>N_1$ 时，

$$a_n \leqslant \max_{1\leqslant i\leqslant n-1} a_i.$$

令 $M=\max\{a_1,a_2,\cdots,a_{N_1}\}$，则 $a_{N_1+1}\leqslant M$，$a_{N_2+1}\leqslant M$，…，即一切 $a_n\leqslant M$，与 a_n 的无界性矛盾.因此，有无限多个 n 满足(5).

4. $\varphi(n)$

设 n 为自然数，$\varphi(n)$表示不大于 n 并且与 n 互质的自然数的个数，即

$$\varphi(n)=\sum_{\substack{1\leqslant d<n\\(d,n)=1}}1,$$

则 $\varphi(n)$称为欧拉函数.

例如 $\varphi(1)=1$，$\varphi(2)=1$，而 1，2，…，9 中与 10 互质的有 1，3，7，9 四个数，所以 $\varphi(10)=4$.

显然 p 为质数时，$\varphi(p)=p-1$，即缩系 $\mathbb{Z}_p^*$ 中的元数.

同样地，在 mod n 的剩余类中有 $\varphi(n)$个类，这些类中的数与 n 互质.在这些类中各取一个数，就得到 $\varphi(n)$个数，称这 $\varphi(n)$个数为 mod n 的一个缩系，记为 $\mathbb{Z}_n^*$.$\varphi(n)$就是缩系 $\mathbb{Z}_n^*$ 中的元数.

定理 1 $\varphi(n)$是积性函数，即若自然数 a，b 互质，则

$$\varphi(ab)=\varphi(a)\varphi(b).$$

证明 $\varphi(ab)$就是下面的 a 行 b 列的数表中与 ab 互质的数的个数：

$$\begin{matrix}
1 & 2 & \cdots & k & \cdots & b\\
b+1 & b+2 & \cdots & b+k & \cdots & 2b\\
2b+1 & 2b+2 & \cdots & 2b+k & \cdots & 3b\\
\cdots & \cdots & & \cdots & & \cdots\\
(a-1)b+1 & (a-1)b+2 & \cdots & (a-1)b+k & \cdots & ab
\end{matrix}$$

在第一行中有 $\varphi(b)$个数与 b 互质，其余的数不与 b 互质．每个不与 b 互质的数所在的列中，每一个数都不与 b 互质，因而也不与 ab 互质．将这些列全部删去，留下的仅有 $\varphi(b)$列．

$0,1,\cdots,a-1$ 构成 mod a 的一个完系．由于 a 与 b 互质，所以

$$0\cdot b+j,1\cdot b+j,\cdots,(a-1)b+j$$

也是 mod a 的完系($j=1,2,\cdots,b$)．与 $0,1,\cdots,a-1$ 一样，其中有 $\varphi(a)$个与 a 互质，其余的不与 a 互质．这样，$\varphi(b)$列共有 $\varphi(a)\varphi(b)$个数，这些数既与 a 互质，又与 b 互质，因而与 ab 互质．所以

$$\varphi(ab)=\varphi(a)\varphi(b).$$

根据这个定理，要算出 $\varphi(n)$，只需要将 n 分解为质因数连乘积 $p_1^{\alpha_1}p_2^{\alpha_2}\cdots p_s^{\alpha_s}$，从而

$$\varphi(n)=\prod_{i=1}^{s}p_i^{\alpha_i}.$$

而对于质数 p 的幂 p^α，显然 $1,2,\cdots,p^\alpha$ 中，只有 p 的倍数 $p,2p,\cdots,p^\alpha$ 这 $\frac{p^\alpha}{p}=p^{\alpha-1}$ 个数不与 p^α 互质．与 p^α 互质的数，即

$$\varphi(p^\alpha)=p^\alpha-p^{\alpha-1}=p^{\alpha-1}(p-1).$$

从而

$$\varphi(n)=\varphi\left(\prod_{i=1}^{s}p_i^{\alpha_i}\right)=\prod_{i=1}^{s}p_i^{\alpha_i-1}(p_i-1).$$

如果 a,b 都与 n 互质，那么 ab 也与 n 互质，因此在 mod n 的缩系中可以做乘法．在 n 为质数 p 时，我们已经知道在 mod p 的缩系中可以做除法(即 $\mathbb{Z}_p$ 为域)．在 mod n 的缩系中同样可以做除法吗？

在缩系中可以做除法，即设 a,b 为 mod n 的缩系中的两个元素，则一定存在 x，使

$$ax\equiv b(\mathrm{mod}\ n),$$

并且 x 在 mod n 的缩系中．理由如下：

设 $b_1,b_2,\cdots,b_{\varphi(n)}$ 为一缩系，那么由于 a 与 n 互质，

$$a\cdot b_1,a\cdot b_2,\cdots,a\cdot b_{\varphi(n)}$$

mod n 互不同余(为什么？)，并且均与 n 互质，所以它们也是 mod n 的缩系，其中必有一个与 b 在同一类，也就是 $ax\equiv b(\mathrm{mod}\ n)$有解．

由于 $ab_1,ab_2,\cdots,ab_{\varphi(n)}$ 是缩系，所以我们有

$$(a\cdot b_1)(a\cdot b_2)\cdots(a\cdot b_{\varphi(n)})\equiv b_1b_2\cdots b_{\varphi(n)}(\mathrm{mod}\ n),$$

约去(与 n 互质的) $b_1b_2\cdots b_{\varphi(n)}$，得

$$a^{\varphi(n)}\equiv 1(\mathrm{mod}\ n).$$

这就是著名的欧拉定理.

定理2 (欧拉定理)如果$(a,n)=1$,那么

$$a^{\varphi(n)}\equiv 1(\bmod n).$$

当$n=p$时,$\varphi(n)=p-1$,所以费马小定理是欧拉定理的特殊情况.

例1 求(ⅰ)$\varphi(n)=\varphi(2n)$,(ⅱ)$\varphi(2n)=\varphi(3n)$,(ⅲ)$\varphi(3n)=\varphi(4n)$的解.

解 (ⅰ)若n为奇数,则

$$\varphi(2n)=\varphi(2)\varphi(n)=\varphi(n).$$

若$n=2^{\alpha}m,\alpha\geqslant 1,2\nmid m$,则

$$\varphi(n)=\varphi(2^{\alpha})\varphi(m)=2^{\alpha-1}\varphi(m),$$

$$\varphi(2n)=\varphi(2^{\alpha+1})\varphi(m)=2^{\alpha}\varphi(m),$$

两者不相等.

所以当且仅当n为奇数时,$\varphi(n)=\varphi(2n)$.

(ⅱ)设$n=2^{\alpha}3^{\beta}m$,其中$(6,m)=1$,α,β为非负整数,则有以下情况:

(a) $\alpha=\beta=0$.此时

$$\varphi(2n)=\varphi(2m)=\varphi(m),$$

$$\varphi(3n)=\varphi(3m)=\varphi(3)\varphi(m)=2\varphi(m),$$

两者不相等.

(b) $\alpha=0,\beta>0$.此时

$$\varphi(2m)=\varphi(3^{\beta})\varphi(m)=3^{\beta-1}\times 2\varphi(m),$$

$$\varphi(3n)=\varphi(3^{\beta+1})\varphi(m)=3^{\beta}\varphi(m),$$

两者不相等.

(c) $\alpha>0,\beta=0$.此时

$$\varphi(2n)=\varphi(2^{\alpha+1})\varphi(m)=2^{\alpha}\varphi(m),$$

$$\varphi(3n)=\varphi(2^{\alpha})\varphi(3)\varphi(m)=2^{\alpha-1}\times 2\varphi(m)=2^{\alpha}\varphi(m),$$

两者相等.

(d) $\alpha>0,\beta>0$.此时

$$\varphi(2n)=\varphi(2^{\alpha+1})\varphi(3^{\beta})\varphi(m)=2^{\alpha+1}3^{\beta-1}\varphi(m),$$

$$\varphi(3n)=\varphi(2^{\alpha})\varphi(3^{\beta+1})\varphi(m)=2^{\alpha}3^{\beta}\varphi(m),$$

两者不相等.

因此,解n为不被3整除的偶数.

(ⅲ)仿照(ⅱ),解n为不被3整除的奇数.

例2 证明:有无穷多个自然数m,使方程

$$\varphi(n) = m \tag{1}$$

（ⅰ）无解.

（ⅱ）至少有一个解.

（ⅲ）至少有一个解，且所有的解均为偶数.

（ⅳ）恰有两个解.

（ⅴ）恰有三个解.

（ⅵ）解数多于 s，s 为任一给定的自然数.

证明　（ⅰ）n 有奇质因数 p 时，$\varphi(n)$被 $p-1$ 整除，因而是偶数. $n=2^k(k>1)$时，$\varphi(n)$被 2^{k-1}整除，也是偶数. 而 $\varphi(1)=\varphi(2)=1$，因此在 m 为大于 1 的奇数时，(1)无解(当然这并非无解的必要条件)

（ⅱ）若 $m=2^k$，则(1)有解 $n=2^{k+1}$.

（ⅲ）取 $m=2^{32+2^t}$，t 为大于 5 的自然数，则

$$\varphi(2^{33+2^t}) = m.$$

另一方面，若奇数 n 为解，则 n 的奇质因数均为 $2^{2^h}+1$ 形($a^{2k+1}+1$ 不是质数)，且在 n 的分解式中指数均为 1，即

$$n = \prod(2^{2^h}+1),$$

从而

$$\varphi(n) = 2^{\sum 2^h}.$$

(1)成为

$$\sum 2^h = 32 + 2^t.$$

由二进制的唯一性知最小的 $h=5$，但 $2^{2^5}+1$ 并不是质数($2^{2^5}+1=641\times6700471$). 因此奇数 n 不是解.

（ⅳ）取 $m=2\times3^{6k+1}$，$k\in\mathbb{N}$，则 $n=3^{6k+2}$与 $n=2\times3^{6k+2}$是(1)的两个解.

而且设 n 为

$$\varphi(n) = 2\times3^{6k+1}$$

的解. 显然 n 不是 2 的幂($\varphi(2^h)=2^{h-1}$). 若 n 至少有 2 个不同的奇质因数，则 $4\mid\varphi(n)$. 所以 n 恰有一个质因数 p.

设 $n=p^\alpha$ 或 $2p^\alpha$，$\alpha\in\mathbb{N}$.

$p=3$ 时，因为 $\varphi(n)=2\times3^{\alpha-1}$，所以 $\alpha=6k+2$，$n=3^{6k+2}$或 $2\times3^{6k+2}$.

$p>3$ 时，因为 $p\nmid m$，所以 $n=p$ 或 $2p$，且

$$\varphi(n) = p-1 = 2\times3^{6k+1},$$

$$p = 1 + 2 \times 3^{6k+1} \equiv 1 - 3^{6k} \equiv 1 - 1 = 0 \pmod 7,$$

即 $p=7$.但 $\varphi(7)=\varphi(14)=6=2\times3\neq m$.

因此(1)恰有两个解.

(Ⅴ)取 $m=12\times7^{12k+1}$,$k\in\mathbb{N}$,则

$$n = 3 \times 7^{12k+2}, 4 \times 7^{12k+2}, 6 \times 7^{12k+2}$$

为三个解.

而且设 n 为(1)的解,则因为 $8\nmid m$,所以 n 的奇质因数至多有 2 个.

若 n 仅有一个奇质因数 p,则因为 $2\mid(p-1)$,$4\parallel m$,所以

$$n = 2^{\alpha} \times p^{\beta} \quad (\alpha \leqslant 2).$$

$\alpha=0$ 和 1 时,

$$\varphi(n) = p^{\beta-1}(p-1) = 12 \times 7^{12k+1}. \tag{2}$$

因为

$$5 < 12 \times 7^{12k+1} + 1 \equiv 2 \times 2^{12k+1} + 1 \equiv 2^2 + 1 \equiv 0 \pmod 5,$$

所以 $12\times7^{12k+1}+1$ 不是质数.(2)中 $\beta>1$,$p=7$.但 $12\nmid(7-1)$,上式不成立.

$\alpha=2$ 时,

$$p^{\beta-1}(p-1) = 6 \times 7^{12k+1}. \tag{3}$$

因为

$$43 < 6 \times 7^{12k+1} + 1 \equiv 42 \times (49 \times 7)^{4k} + 1 \equiv -(-1)^{4k} + 1 \equiv 0 \pmod{43},$$

所以 $6\times7^{12k+1}+1$ 不是质数.(3)中 $\beta>1$,$p=7$,$\beta=12k+2$,$n=4\times7^{12k+2}$.

若 n 恰有两个奇质因数 $p<q$,则因为 $4\parallel m$,所以 $n=p^{\alpha}q^{\beta}$ 或 $2p^{\alpha}q^{\beta}$,

$$\varphi(n) = p^{\alpha-1}q^{\beta-1}(p-1)(q-1) = 12 \times 7^{12k+1}.$$

设 $s<t$,且

$$p = 4s + 3 \quad (s\text{ 为非负整数}),$$

$$q = 4t + 3 \quad (t\text{ 为自然数}),$$

则

$$p^{\alpha-1}q^{\beta-1}(2s+1)(2t+1) = 3 \times 7^{12k+1}.$$

$t=1$ 时,$2t+1=3$,所以 $s=0$,$q=7$,$p=3$,$\alpha=1$,$\beta=12k+2$,$n=3\times7^{12k+2}$ 或 $6\times7^{12k+2}$.

$t>1$ 时,$2t+1>3$,所以 $2t+1=7^h$ 或 $3\times7^h(h>0)$.

若 $2t+1=7^h$,则 $q=2\times7^h+1$ 被 3 整数,与 q 为质数矛盾.同样,若 $2s+1=7^h$,$h>0$,则 p 被 3 整除,矛盾.

因此 $2t+1=3\times7^h$,$h>0$,这时 $2s+1=1$,$s=0$,$p=3$,$\alpha=1$.

$q=6\times7^h+1$ 不被 3 与 7 整除，所以 $\beta=1$，并且

$$7^h = 7^{12k+1},$$

从而

$$q = 6\times7^{12k+1}+1.$$

但上面已说 $6\times7^{12k+1}+1$ 被 43 整除，不是质数.

因此，只有上面 $t=1$ 的情况合乎要求.

（ⅵ）设前 s 个素数满足 $p_1<p_2<\cdots<p_s$.

取 $m = \prod_{i=1}^{s}(p_i-1)$，则

$$x_i = p_1\cdots p_{i-1}(p_i-1)p_{i+1}\cdots p_s \quad (i=1,2,\cdots,s)$$

及

$$x_{s+1} = p_1p_2\cdots p_s$$

是方程(1)的 $s+1$ 个解.

事实上，$1\leqslant i\leqslant s$ 时，$p_i-1=p_1^{\alpha_1}\cdots p_{i-1}^{\alpha_{i-1}}$，所以

$$x_i = p_1^{\alpha_1+1}\cdots p_{i-1}^{\alpha_{i-1}+1}p_{i+1}\cdots p_s,$$

$$\varphi(x_i) = p_1^{\alpha_1}\cdots p_{i-1}^{\alpha_{i-1}}(p_1-1)\cdots(p_{i-1}-1)(p_{i+1}-1)\cdots(p_s-1)$$

$$= m.$$

例 3　设 n 为合数.求证：

$$\varphi(n)\leqslant n-\sqrt{n}.$$

证明　设 p 为 n 的最小质因数，则 $p\leqslant\sqrt{n}$.从而

$$\varphi(n)\leqslant n-\frac{n}{p}\quad\left(\frac{n}{p}\text{ 为 }1,2,\cdots,n\text{ 中 }p\text{ 的倍数的个数,这些倍数均不与 }n\text{ 互质}\right)$$

$$\leqslant n-\frac{n}{\sqrt{n}} = n-\sqrt{n}.$$

例 4　证明:若 $n\geqslant1$，则

$$\sum_{d\mid n}\varphi(d) = n. \tag{4}$$

证明　考虑整数 $1,2,\cdots,n$，根据它们与 n 的最大公约数分类，即 $(a,n)=d$ 时，将 a 归入类 C_d 中（例如 $n=12$ 时，$1,2,\cdots,12$ 被分成以下六类：$C_1=\{1,3,5,7,11\}$，$C_2=\{2,10\}$，$C_3=\{3,9\}$，$C_4=\{4,8\}$，$C_6=\{6\}$，$C_{12}=\{12\}$）.

这样，每一个 a 恰好归于一个类.因此

$$n = \sum_{d\mid n}(C_d\text{ 的元素个数}).$$

由于 $(a,n)=d$，即 $\left(\frac{a}{d},\frac{n}{d}\right)=1$，而 $\frac{a}{d}$ 的个数就是 $1,2,\cdots,\frac{n}{d}$ 中与 $\frac{n}{d}$ 互质的数的个

数,即 $\varphi\left(\frac{n}{d}\right)$,所以 C_d 中的元数为 $\varphi\left(\frac{n}{d}\right)$.从而

$$n=\sum_{d\mid n}\varphi\left(\frac{n}{d}\right). \tag{5}$$

当 d 跑遍 n 的因数时,$\frac{n}{d}$ 也跑遍 n 的因数,所以

$$\sum_{d\mid n}\varphi\left(\frac{n}{d}\right)=\sum_{\delta\mid n}\varphi(\delta)\quad\left(\delta=\frac{n}{d}\right).$$

(5)成为

$$n=\sum_{\delta\mid n}\varphi(\delta),$$

这其实就是(4).

5. $\mu(n)$

函数 $\mu(n)$ 定义为

$$\mu(n)=\begin{cases}1, & n=1,\\(-1)^k, & n\text{ 为 }k\text{ 个不同质数的积},\\0, & n\text{ 被一个质数的平方整除}.\end{cases}$$

这个函数称为莫比乌斯(Möbius)函数.

例 1 证明:$\mu(n)$是积性函数.

证明 即证明对$(a,b)=1$,$\mu(ab)=\mu(a)\mu(b)$.

若 a 和 b 中有一个被某个质数的平方整除,则 $\mu(ab)=0=\mu(a)\mu(b)$.

若 a 和 b 都不被任何质数的平方整除,则由$(a,b)=1$ 得 ab 也不被任何质数的平方整除.设 a 有 m 个不同的质因数,b 有 n 个不同的质因数,则 ab 有 $m+n$ 个不同的质因数,所以

$$\mu(ab)=(-1)^{m+n}=(-1)^m\cdot(-1)^n=\mu(a)\mu(b).$$

例 2 证明:

$$\sum_{d\mid n}\mu(d)=\begin{cases}1, & \text{若 } n=1,\\0, & \text{若 } n>1.\end{cases}$$

证明　$n=1$ 时，$\sum_{d\mid n}\mu(d)=\mu(1)=1$.

$n>1$ 时，设 $n=p_1^{\alpha_1}p_2^{\alpha_2}\cdots p_m^{\alpha_m}$，则因为在 d 被某个质数的平方整除时，$\mu(d)=0$，所以

$$\begin{aligned}\sum_{d\mid n}\mu(d)&=\sum_{d\mid p_1p_2\cdots p_m}\mu(d)\\&=\mu(1)+\sum_{i=1}^{m}\mu(p_i)+\sum_{i<j}\mu(p_ip_j)+\cdots+\mu(p_1p_2\cdots p_m)\\&=1+C_m^1\cdot(-1)+C_m^2\cdot(-1)^2+\cdots+C_m^m\cdot(-1)^m\\&=(1-1)^m=0.\end{aligned}$$

例 2 的结论看似简单，却很有用处.

例 3　证明：$\sum_{d\mid n}|\mu(d)|=2^k$，$k$ 为不同质因数的个数.

证明　用上题的符号得

$$\begin{aligned}\sum_{d\mid n}|\mu(d)|&=\sum_{d\mid p_1p_2\cdots p_m}|\mu(d)|\\&=1+C_m^1+C_m^2+\cdots+C_m^m\\&=(1+1)^m=2^m.\end{aligned}$$

例 4　设 n 是大于 1 的正整数，$n=\prod_{i=1}^{s}p_i^{\alpha_i}$. 证明：

$$\sum_{d\mid n}\frac{\mu(d)}{d}=\left(1-\frac{1}{p_1}\right)\left(1-\frac{1}{p_2}\right)\cdots\left(1-\frac{1}{p_s}\right).$$

证明　因为

$$\begin{aligned}\sum_{d\mid n}\frac{\mu(d)}{d}&=\sum_{d\mid p_1p_2\cdots p_s}\frac{\mu(d)}{d}\\&=1+\sum_{i=1}^{s}\frac{\mu(p_i)}{p_i}+\sum_{i<j}\frac{\mu(p_ip_j)}{p_ip_j}+\cdots+\frac{\mu(p_1p_2\cdots p_s)}{p_1p_2\cdots p_s}\\&=1+\sum_{i=1}^{s}\frac{(-1)}{p_i}+\sum_{i<j}\frac{(-1)^2}{p_ip_j}+\cdots+\frac{(-1)^s}{p_1p_2\cdots p_s}\\&=\left(1-\frac{1}{p_1}\right)\left(1-\frac{1}{p_2}\right)\cdots\left(1-\frac{1}{p_s}\right),\end{aligned}$$

所以 $n\sum_{d\mid n}\frac{\mu(d)}{d}=\varphi(n)$.

又证

$$\frac{\varphi(n)}{n}=\frac{1}{n}\sum_{\substack{(d,n)=1\\d\leqslant n}}1=\frac{1}{n}\sum_{d\leqslant n}\sum_{\delta\mid(d,n)}\mu(\delta)$$

$$= \frac{1}{n}\sum_{\delta|n}\mu(\delta)\sum_{\substack{\delta|d\\ d\leqslant n}}1 = \frac{1}{n}\sum_{\delta|n}\mu(\delta)\frac{n}{\delta} = \sum_{\delta|n}\frac{\mu(\delta)}{\delta}.$$

(注意和号的交换).

例5　证明:

$$\sum_{d^2|n}\mu(d) = \mu^2(n).$$

证明　n 是1或不以质数平方为因数时,

$$\sum_{d^2|n}\mu(d) = \mu(1) = 1 = \mu^2(n).$$

n 以质数平方为因数时,设 $n = n_1^2 m$, $n_1 > 1$, m 不以质数平方为因数,则 $d^2 | n$ 即 $d | n_1$.因此由例2得

$$\sum_{d^2|n}\mu(d) = \sum_{d|n_1}\mu(d) = 0 = \mu^2(n).$$

例6　设 $M(x) = \sum\limits_{n\leqslant x}\mu(n)$,求 $\sum\limits_{n\leqslant x}M\left(\frac{x}{n}\right)$.

解

$$\sum_{n\leqslant x}M\left(\frac{x}{n}\right) = \sum_{n\leqslant x}\sum_{d\leqslant\frac{x}{n}}\mu(d) \overset{\text{设}r=nd}{=\!=} \sum_{r\leqslant x}\left(\sum_{d|r}\mu(d)\right).$$

由例2,内和 $\sum\limits_{d|r}\mu(d) = \begin{cases}1, & r = 1,\\ 0, & r \neq 1,\end{cases}$ 所以仅在 $r=1$ 时内和为1,其余情况均为0,

$$\sum_{n\leqslant x}M\left(\frac{x}{n}\right) = 1.$$

例7　设 $\Lambda(n) = \begin{cases}\log p, & \text{若 } n = p^{\alpha}, p \text{ 为质数}, \alpha \text{ 为自然数},\\ 0, & \text{其他}.\end{cases}$ 证明:

$$\Lambda(n) = -\sum_{d|n}\mu(d)\log d.$$

证明　先证

$$\sum_{d|n}\Lambda(d) = \log n.$$

事实上,设 n 的分解式为 $p_1^{\alpha_1}p_2^{\alpha_2}\cdots p_k^{\alpha_k}$,则

$$\sum_{d|n}\Lambda(d) = \sum_{\substack{\beta\leqslant\alpha\\ p|n}}\Lambda(p^{\beta}) = \sum_{\substack{\beta\leqslant\alpha\\ p|n}}\log p$$

$$= \sum_{p|n}\log p^{\alpha} = \log n.$$

因此

$$-\sum_{d|n}\mu(d)\log d=-\sum_{d|n}\mu(d)\sum_{\delta|d}\Lambda(\delta)$$

$$=\sum_{\delta|n}\Lambda(\delta)\sum_{\substack{\delta|d\\ d|n}}(-\mu(d)).$$

注意到最后一式的内和中有 $\mu(d)$，所以 d 无平方因子. 而 $\Lambda(\delta)$ 表明 δ 只是一个质因数 p，所以 $-\mu(d)=-\mu(p\delta')=\mu(\delta')$，其中 $\delta'\left|\frac{n}{\delta}\right.$. 于是上式可进一步化为

$$\sum_{\delta|n}\Lambda(\delta)\sum_{\delta'\left|\frac{n}{\delta}\right.}\mu(\delta')=\Lambda(n)$$

$\left(\right.$由例 2 知仅在 $\frac{n}{\sigma}=1$ 时，$\sum_{\delta'\left|\frac{n}{\delta}\right.}\mu(\delta')\neq 0\left.\right)$.

6. Dedekind 和

设 h 与 k 为互质的自然数. 定义

$$((x))=\begin{cases}x-[x]-\frac{1}{2}, & \text{若 } x \text{ 不是整数},\\ 0, & \text{若 } x \text{ 是整数}.\end{cases}$$

不难证明 $((x))$ 有以下性质:

性质 1 若 $j\equiv j'(\bmod k)$，则

$$\left(\left(\frac{jh}{k}\right)\right)=\left(\left(\frac{j'h}{k}\right)\right).$$

性质 2 $\sum_{j=1}^{k}\left(\left(\frac{jh}{k}\right)\right)=0.$

证明 因为 $(h,k)=1$，所以 j 跑遍 mod k 的完系时，jh 也跑遍完系. 从而

$$\sum_{j=1}^{k}\left(\left(\frac{jh}{k}\right)\right)=\sum_{j=1}^{k}\left(\left(\frac{j}{k}\right)\right)=\sum_{j=1}^{k-1}\left(\frac{j}{k}-\frac{1}{2}\right)=\frac{1}{k}\cdot\frac{1}{2}k(k-1)-\frac{1}{2}(k-1)=0.$$

性质 3 $\sum_{j=1}^{k}\frac{j}{k}\left(\left(\frac{jh}{k}\right)\right)=\sum_{j=1}^{k}\left(\left(\frac{j}{k}\right)\right)\left(\left(\frac{jh}{k}\right)\right)=\sum_{j(\bmod k)}\left(\left(\frac{j}{k}\right)\right)\left(\left(\frac{jh}{k}\right)\right).$

证明 注意到 $j=k$ 时，$\left(\left(\frac{jh}{k}\right)\right)=0$，所以

$$\sum_{j=1}^{k}\left(\left(\frac{j}{k}\right)\right)\left(\left(\frac{jh}{k}\right)\right)=\sum_{j=1}^{k}\left(\frac{j}{k}-\frac{1}{2}\right)\left(\left(\frac{jh}{k}\right)\right)$$
$$=\sum_{j=1}^{k}\frac{j}{k}\left(\left(\frac{jh}{k}\right)\right)-\frac{1}{2}\sum_{j=1}^{k}\left(\left(\frac{jh}{k}\right)\right)$$
$$=\sum_{j=1}^{k}\frac{j}{k}\left(\left(\frac{jh}{k}\right)\right).$$

称 $S(h,k)=\sum_{j=1}^{k}\frac{j}{k}\left(\left(\frac{jh}{k}\right)\right)$ 为 Dedekind 和.

例 1　求 $S(1,k)$.

解

$$S(1,k)=\sum_{j=1}^{k}\frac{j}{k}\left(\left(\frac{j}{k}\right)\right)=\sum_{j=1}^{k-1}\frac{j}{k}\left(\frac{j}{k}-\frac{1}{2}\right)=\frac{1}{k^2}\sum_{j=1}^{k-1}j^2-\frac{1}{2k}\sum_{j=1}^{k-1}j$$
$$=\frac{1}{k^2}\cdot\frac{(k-1)k(2k-1)}{6}-\frac{1}{2k}\cdot\frac{1}{2}(k-1)k$$
$$=\frac{1}{6k}(k-1)(2k-1)-\frac{1}{4}(k-1)$$
$$=\frac{(k-1)(k-2)}{12k}.$$

例 2　求 $S(2,k)$，k 为奇数.

解

$$S(2,k)=\sum_{j=1}^{k}\frac{j}{k}\left(\left(\frac{2j}{k}\right)\right)=\sum_{j=1}^{k-1}\frac{j}{k}\left(\frac{2j}{k}-\left[\frac{2j}{k}\right]-\frac{1}{2}\right)$$
$$=\frac{2}{k^2}\cdot\frac{(k-1)k(2k-1)}{6}-\frac{1}{2k}\cdot\frac{k(k-1)}{2}-\frac{1}{k}\sum_{j=\frac{k+1}{2}}^{k-1}j$$
$$=\frac{k-1}{24k}(8(2k-1)-6k)-\frac{1}{4k}\left(k-1+\frac{k+1}{2}\right)(k-1)$$
$$=\frac{(k-1)(k-5)}{24k}.$$

本节主要证明

$$S(h,k)+S(k,h)=-\frac{1}{4}+\frac{1}{12}\left(\frac{h}{k}+\frac{k}{h}+\frac{1}{hk}\right),\tag{1}$$

这称为 Dedekind 和的互倒公式.

先看一个 $h=3$，$k=4$ 的例子.

因为

$$S(3,4)=\sum_{j=1}^{3}\frac{j}{4}\left(\frac{3}{4}j-\left[\frac{3}{4}j\right]-\frac{1}{2}\right)$$

$$=\frac{1}{4}\left(\frac{3}{4}-\frac{1}{2}\right)+\frac{2}{4}\left(\frac{3}{4}\times 2-1-\frac{1}{2}\right)+\frac{3}{4}\left(\frac{9}{4}-2-\frac{1}{2}\right)$$

$$=\frac{3}{16}(1^2+2^2+3^2)-\frac{1}{2}\left(\frac{1}{4}+\frac{2}{4}+\frac{3}{4}\right)-\frac{2}{4}-\frac{3}{4}\times 2$$

$$=\frac{21}{8}-\frac{1}{2}\times\frac{3}{2}-2=-\frac{1}{8},$$

$$S(4,3)=\frac{4}{9}(1^2+2^2)-\frac{1}{2}\left(\frac{1}{3}+\frac{2}{3}\right)\frac{1}{3}-\frac{4}{3}$$

$$=\frac{20}{9}-\frac{1}{2}-\frac{5}{3}=\frac{1}{18},$$

$$S(3,4)+S(4,3)=-\frac{1}{8}+\frac{1}{18}=-\frac{5}{72},$$

$$-\frac{1}{4}+\frac{1}{12}\left(\frac{3}{4}+\frac{4}{3}+\frac{1}{12}\right)=-\frac{1}{4}+\frac{1}{12}\times\frac{13}{6}=-\frac{5}{72},$$

所以(1)成立.

现在证明(1).

$$2hS(h,k)=\sum_{j=1}^{k-1}\frac{2jh}{k}\left(\frac{jh}{k}-\left[\frac{jh}{k}\right]-\frac{1}{2}\right)$$

$$=\sum_{j=1}^{k-1}\left(\left(\frac{jh}{k}\right)^2-2\frac{jh}{k}\left[\frac{jh}{k}\right]\right)+\sum_{j=1}^{k-1}\left(\frac{j^2h^2}{k^2}-\frac{jh}{k}\right)$$

$$=\sum_{j=1}^{k-1}\left(\frac{jh}{k}-\left[\frac{jh}{k}\right]\right)^2-\sum_{j=1}^{k-1}\left[\frac{jh}{k}\right]^2+\sum_{j=1}^{k-1}\left(\frac{j^2h^2}{k^2}-\frac{jh}{k}\right).$$

记 $q_i=\left[\frac{jh}{k}\right]$，$r_j=jh-qk$. 因为 $(h,k)=1$，所以 j 跑遍 mod k 的完系(缩系)时，jh，r_j 也跑遍 mod k 的完系(缩系). 所以

$$2hS(h,k)=\frac{1}{k^2}\sum_{j=1}^{k-1}r^2-\sum_{j=1}^{k-1}q_j(q_j+1)+\sum_{j=1}^{k-1}q_j+\sum_{j=1}^{k-1}\left(\frac{j^2h^2}{k^2}-\frac{jh}{k}\right).$$

由第1节例6得

$$\sum_{j=1}^{k-1}\left[\frac{jh}{k}\right]=\sum_{i=1}^{h-1}\left[\frac{ik}{h}\right]=\frac{1}{2}(k-1)(h-1),$$

即 $\sum_{j=1}^{k-1}q_j=\frac{1}{2}(k-1)(h-1)$.

设 $N_v(1\leqslant v\leqslant h)$ 为

$$\left[\frac{hj}{k}\right]=v-1 \tag{2}$$

的 j 的个数.因为 $v<h$ 时(2)即

$$v-1<\frac{hj}{k}<v$$

的 j 的个数,上式即

$$\frac{k(v-1)}{h}<j<\frac{kv}{h},$$

所以

$$N_v=\left[\frac{kv}{h}\right]-\left[\frac{k(v-1)}{h}\right]\quad(1\leqslant v\leqslant h-1).$$

而 $v=h$ 时,

$$\frac{k(h-1)}{h}<j<k,$$

所以

$$N_h=k-1-\left[\frac{k(h-1)}{h}\right]=k-\left[\frac{k(h-1)}{h}\right]-1.$$

以上结果也可通过观察第1节例6中矩形 $OABC$ 内的格点而得到.

由上述结果得

$$\begin{aligned}2hS(h,k)&=\frac{1}{k^2}\sum_{r=1}^{k-1}r^2-\sum_{v=1}^{h}v(v-1)N_v+\frac{1}{2}(k-1)(h-1)+\sum_{j=1}^{k-1}\left(\frac{h^2}{k^2}j^2-\frac{h}{k}j\right)\\&=\frac{h^2+1}{k^2}\sum_{r=1}^{k-1}r^2-\sum_{r=1}^{h}v(v-1)N_v-\frac{k-1}{2}\\&=\frac{h^2+1}{6k}(k-1)(2k-1)-\frac{k-1}{2}-\sum_{v=1}^{h}v(v-1)N_v,\end{aligned}$$

$$\begin{aligned}\sum_{v=1}^{h}v(v-1)N_v&=\sum_{v=1}^{h}v(v-1)\left(\left[\frac{kv}{h}\right]-\left[\frac{k(v-1)}{h}\right]\right)-h(h-1)\\&=\sum_{v=1}^{h-1}\left[\frac{kv}{h}\right](v(v-1)-v(v+1))+kh(h-1)-h(h-1)\\&=-2\sum_{k=1}^{h-1}v\left[\frac{kv}{h}\right]+(k-1)(h-1)h\\&=2h\sum_{k=1}^{h-1}\frac{v}{h}\left(\frac{kv}{h}-\left[\frac{kv}{h}\right]-\frac{1}{2}\right)-2\sum_{v=1}^{h-1}\frac{kv^2}{h}+\sum_{v=1}^{h-1}v+(k-1)(h-1)h\\&=2hS(k,h)-\frac{2k}{6}(h-1)(2h-1)+\frac{h(h-1)}{2}+(k-1)(h-1)h.\end{aligned}$$

因此

$$\begin{aligned}12hkS(h,k)+12hkS(k,h)&=(h^2+1)(k-1)(2k-1)-3k(k-1)\\&\quad+2k^2(h-1)(2h-1)-3kh(h-1)(2k-1)\\&=h^2+k^2-3hk+1,\end{aligned}$$

即(1)成立.

7. 复　盘

棋手下完棋复盘，有助于提高棋力.

做题，也应当总结、回顾，最好再写一遍.

最近，有人问我一道题：

n,q 为给定整数，$q\geqslant 2$，求证：

$$n\left|\ \sum_{m\mid n}\varphi\left(\frac{n}{m}\right)C_{mq-1}^{m-1}\right.. \tag{1}$$

我久疏战阵，本不想做，但看了看，觉得可做. 想法是先证明 $\sum\limits_{m\mid n}\varphi\left(\dfrac{n}{m}\right)C_{mq-1}^{m-1}$ 是积性函数，再证明当 n 为质数幂 p^{α} 时，(1)成立.

想法很好，中间有事打岔，再来做时，想到

$$n=\sum_{m\mid n}\varphi\left(\frac{n}{m}\right), \tag{2}$$

便以为可证明对于 $m\mid n$，有

$$\varphi\left(\frac{n}{m}\right)C_{qm-1}^{m-1}\equiv\varphi\left(\frac{n}{m}\right)(\mathrm{mod}\ n). \tag{3}$$

这却是一条错误的路. 做了几步，未细推敲，竟以为做出，匆匆写了答案发出，晚上一想，错啦！无法再做，因为近来睡眠不好，要细想，必失眠，而且心脏也不舒服. 于是发出征解，请大家来做. 王建伟很快有了解答，我也根据他的解法，整理一解答发出. 现在我已有三种解法.

解法 1　即王建伟的解法，也就是我一开始的想法. 积性不必证，先从简单情况做起.

在 n 为质数 p 时,

$$\begin{aligned}\sum_{m\mid p}\varphi\left(\frac{p}{m}\right)\mathrm{C}_{mq-1}^{m-1} &= \varphi(p)+\varphi(1)\mathrm{C}_{pq-1}^{p-1}\\ &= p-1+\frac{(pq-1)(pq-2)\cdots(pq-p+1)}{(p-1)(p-2)\cdots 1}\\ &\equiv -1+\frac{(p(q-1)+p-1)+(p(q-1)+p-2)+\cdots+(p(q-1)+1)}{(p-1)(p-2)\cdots 1}\\ &\equiv -1+\frac{(p-1)(p-2)\cdots 1}{(p-1)(p-2)\cdots 1}=0 \pmod p.\end{aligned}$$

初战告捷,而且解法中需要将 $\varphi(p)=p-1$ 中的 -1 与 $\varphi(1)\mathrm{C}_{pq-1}^{p-1}$ 合在一起处理.这一简单的例子即说明上面(3)的不当,实在是年老昏聩了!

接下去,考虑 $n=p^\alpha$,此时

$$\begin{aligned}\sum_{m\mid p^\alpha}\varphi\left(\frac{p^\alpha}{m}\right)\mathrm{C}_{mq-1}^{m-1} &= \sum_{0\leqslant\beta\leqslant\alpha}\varphi(p^{\alpha-\beta})\mathrm{C}_{qp^\beta-1}^{p^\beta-1}\\ &= p^{\alpha-1}(p-1)+\sum_{0<\beta<\alpha}p^{\alpha-\beta-1}(p-1)\mathrm{C}_{qp^\beta-1}^{p^\beta-1}+\mathrm{C}_{qp^\alpha-1}^{p^\alpha-1}\\ &= -p^{\alpha-1}+\sum_{0<\beta<\alpha}(p^{\alpha-\beta}-p^{\alpha-\beta-1})\mathrm{C}_{qp^\beta-1}^{p^\beta-1}+\mathrm{C}_{qp^\alpha-1}^{p^\alpha-1}\\ &= \sum_{0\leqslant\beta<\alpha}p^{\alpha-\beta-1}(\mathrm{C}_{qp^{\beta+1}-1}^{p^{\beta+1}-1}-\mathrm{C}_{qp^\beta-1}^{p^\beta-1}) \pmod{p^\alpha}.\end{aligned}$$

因为

$$\begin{aligned}\mathrm{C}_{qp^{\beta+1}-1}^{p^{\beta+1}-1} &= \prod_{1\leqslant t\leqslant p^{\beta+1}-1}\frac{(q-1)p^{\beta+1}+t}{t}\\ &= \prod_{\substack{1\leqslant t\leqslant p^{\beta+1}-1\\ p\nmid t}}\frac{(q-1)p^{\beta+1}+t}{t}\cdot\prod_{\substack{1\leqslant t\leqslant p^{\beta+1}-1\\ p\mid t}}\frac{(q-1)p^{\beta+1}+t}{t}\\ &= \prod_{\substack{1\leqslant t\leqslant p^{\beta+1}-1\\ p\nmid t}}\frac{(q-1)p^{\beta+1}+t}{t}\cdot\prod_{1\leqslant t\leqslant p^{\beta}-1}\frac{(q-1)p^{\beta}+t}{t}\\ &\equiv \prod_{\substack{1\leqslant t\leqslant p^{\beta+1}-1\\ p\nmid t}}\frac{t}{t}\cdot\mathrm{C}_{qp^\beta-1}^{p^\beta-1}=\mathrm{C}_{qp^\beta-1}^{p^\beta-1}\pmod{p^{\beta+1}},\end{aligned}$$

所以

$$\begin{aligned}\sum_{m\mid p^\alpha}\varphi\left(\frac{p^\alpha}{m}\right)\mathrm{C}_{qm-1}^{m-1} &\equiv \sum_{0\leqslant\beta\leqslant\alpha}p^{\alpha-\beta-1}\cdot s_\beta p^{\beta+1}\quad (s_\beta\ 为整数)\\ &\equiv 0\pmod{p^\alpha}.\end{aligned}$$

对更一般的 n，设 p 为 n 的一个质因数，$n=p^{\alpha}d$，$p\nmid d$，则

$$\sum_{m|n}\varphi\left(\frac{n}{m}\right)C_{qm-1}^{m-1}=\sum_{c|d}\varphi\left(\frac{d}{c}\right)\sum_{m|p^{\alpha}}\varphi\left(\frac{p^{\alpha}}{m}\right)C_{mcq-1}^{mc-1}.$$

与上面相似，可得 $\sum\limits_{m|n}\varphi\left(\frac{n}{m}\right)C_{qm-1}^{m-1}\equiv 0(\bmod p^{\alpha})$. 对 n 的其他质因数有同样结果，从而(1)成立.

解法 2 考虑 qn 颗珠子，其中 n 颗黑，其余白. 将它们排在一个图上，有多少种排法？

如果图被等分为 qn 份，依次标为 $1,2,\cdots,qn$，且将这些有标号的位置视为不同的，那么结论很简单，就是 C_{qn}^{n}.

但如果图上没有标号，问题就复杂得多.

这两者的差别以 $n=3,q=2$ 为例说明一下.

如图 8.2 所示，前 6 种是有标号的、不同的，但取消标号后是同一种，也就是说这 1 种无标号的加上标号可成为不同的 6 种.

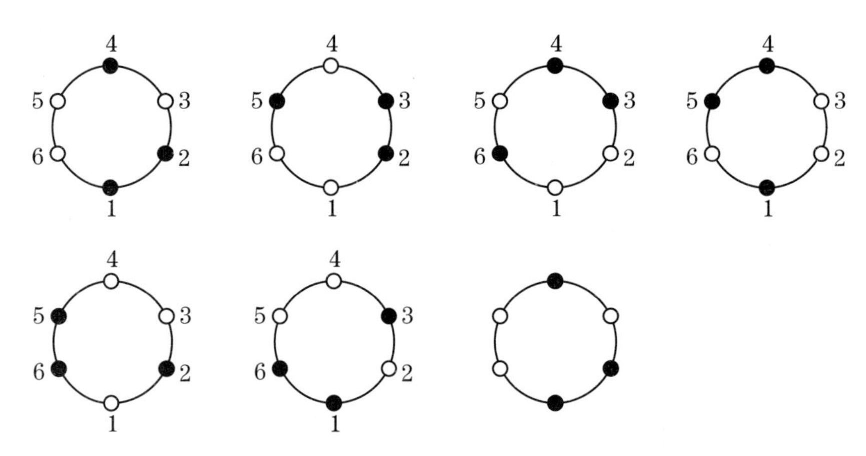

图 8.2

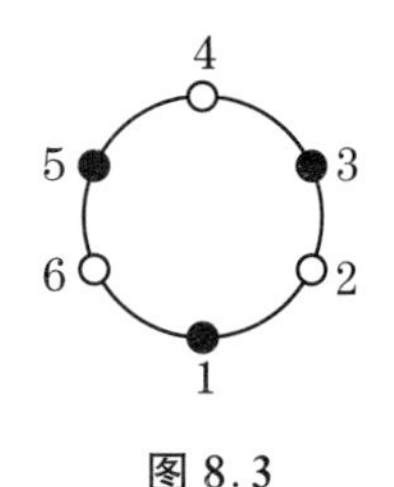

图 8.3

不妨记黑色为 1，白色为 0. 用 a_i 表示标号 i 处的数(为 1 或 0，即为黑或白).

若存在自然数 k，满足

$$a_i=a_{i+k}\quad(i=1,2,\cdots,qn)$$

(约定 $a_{i+qn}=a_i$)，则称 k 为周期. 例如图 8.3，其周期为 2.

显然 a_1 到 a_k 中，为 1 的个数 $m\mid n$，而且 $k=qm$.

设最小周期为 $k=qm$ 的无标号的排法有 $A(k)$ 种，则每一种产生 k 个有标号的排法(将第一个标为 $1,2,\cdots,k$，共有 k 种)，k 不同时这些有标号的排法当然也不同.

反之，C_{qn}^{n} 个有标号的排法均可按周期做如上分类（前面图 8.2 中 6 个最小周期为 6 的有标号的排列，由同一个无标号的排列产生）.

因此

$$C_{qn}^{n}=\sum_{m\mid n}qmA(qm). \tag{4}$$

熟知 $f(n)=\sum_{d\mid n}g(d)$ 与 $g(n)=\sum_{d\mid n}\mu(d)f\left(\frac{n}{d}\right)$ 等价（可见拙著《算两次》第 8 章例 11）. 由这个反转公式得

$$qnA(qn)=\sum_{m\mid n}\mu\left(\frac{n}{m}\right)C_{qm}^{m}. \tag{5}$$

于是，无标号的总排法有

$$\sum_{m\mid n}A(qm)=\sum_{m\mid n}\frac{1}{qm}\sum_{d\mid m}\mu\left(\frac{m}{d}\right)C_{qd}^{d}\quad\left(\text{因为 } d\mid m, m\mid n\text{，所以可令 } m=dt\text{，则 } d\mid n, t\,\Big|\,\frac{n}{d}\right)$$

$$=\sum_{d\mid n}\frac{1}{qd}C_{qd}^{d}\sum_{t\mid\frac{n}{d}}\frac{\mu(t)}{t}=\frac{1}{qn}\sum_{d\mid n}C_{qd}^{d}\,\frac{n}{d}\sum_{t\mid\frac{n}{d}}\frac{\mu(t)}{t}$$

$$=\frac{1}{qn}\sum_{d\mid n}C_{qd}^{d}\varphi\left(\frac{n}{d}\right)=\frac{1}{n}\sum_{d\mid n}C_{qd-1}^{d-1}\varphi\left(\frac{n}{d}\right)$$

种. 所以当然有 $n\,\Big|\sum_{d\mid n}C_{qd-1}^{d-1}\varphi\left(\frac{n}{d}\right)$.

这种做法即《算两次》中第 8 章例 12、13 的做法，只不过将 2^{d} 换成了 C_{qd}^{d}. 但那里用“项链”一词或许不当，因为项链可以翻转.

解法 3　如果能直接证明上面无标号的总排法数为 $\frac{1}{qn}\sum_{d\mid n}C_{qd}^{d}\varphi\left(\frac{n}{d}\right)$，那么(1)当然成立.

首先，注意到 C_{qn}^{n} 是全部有标号的排列数，其中每个周期为 qn 的无标号的排列出现 qn 次（参见图 8.2）.

其次，最小周期为 qd 的无标号的排列在 C_{qt}^{t} $(d\mid t)$ 中出现 qd 次. 因此在 $\sum_{d\mid n}C_{qd}^{d}\varphi\left(\frac{n}{d}\right)$ 中出现的总次数为

$$\sum_{d\mid t}qd\varphi\left(\frac{n}{t}\right)=\sum_{\frac{n}{t}\mid\frac{n}{d}}qd\varphi\left(\frac{n}{t}\right)=qd\cdot\frac{n}{d}=qn.$$

于是无标号的排列数即 $\frac{1}{qn}\sum_{d\mid n}C_{qd}^{d}\varphi\left(\frac{n}{d}\right)$.

练　习　8

1. m 为偶数时，方程 $\varphi(n)=m$ 是否一定有解？

2. 证明：对任意自然数 a,b，有无穷多个自然数 m,n，满足

$$\frac{\varphi(m)}{\varphi(n)}=\frac{a}{b}.$$

3. 设 n 为大于 1 的自然数. 证明：有无穷多个自然数 m，满足

$$\frac{\varphi(m)}{m}=\frac{\varphi(n)}{n}.$$

4. 求出所有满足 $\varphi(n)\mid n$ 的自然数 n.

5. 证明：对任意自然数 k，都有自然数 n，使得

$$\varphi(n+k)=\varphi(n).$$

6. 证明：对任意自然数 m，存在自然数 n，使得

$$\varphi(n)-\varphi(n-1)>m,$$

且

$$\varphi(n)-\varphi(n+1)>m.$$

7. 设 k,h 为互质的正整数. 证明：

$$6k\sum_{j=1}^{k-1}\left[\frac{jh}{k}\right]^2+6h\sum_{i=1}^{h-1}\left[\frac{ik}{h}\right]^2$$

被 $\sum_{j=1}^{k-1}\left[\frac{jh}{k}\right]+\sum_{i=1}^{h-1}\left[\frac{ik}{h}\right]$ 整除.

8. 证明：对每个自然数 m，存在自然数 x,y，使得 $x-y\geqslant m$，并且 $\sigma(x^2)=\sigma(y^2)$.

9. 求所有使 $\sigma(n)$ 为奇数的自然数 n.

10. 证明：

（ⅰ）有无穷多个不同的正整数 x,y，同时满足

$$d(x)=d(y),\quad \varphi(x)=\varphi(y),\quad \sigma(x)=\sigma(y).$$

（ⅱ）有无穷多个不同的正整数 $x<y<z$，满足

$$d(x)=d(y)=d(z),\quad \varphi(x)=\varphi(y)=\varphi(z),\quad \sigma(x)=\sigma(y)=\sigma(z).$$

11. 用 $\pi(x,z)$ 表示满足下列条件的 n 的个数：

（ⅰ）$n\leqslant x$.

（ⅱ）$(n,P_z)=1$，这里 P_z 为所有$\leqslant z$ 的质数的乘积.

证明：

$$\left|\pi(x,z)-x\prod_{p\leqslant z}\left(1-\frac{1}{p}\right)\right|\leqslant 2^z.$$

12. 已知自然对数的底 e 对所有自然数 n，满足

$$\left(1+\frac{1}{n}\right)^n<\mathrm{e}<\left(1+\frac{1}{n}\right)^{n+1}.$$

证明：

$$\sigma(n)\leqslant n(1+\log n).$$

13. 证明：存在正的常数 c_1,c_2，使得

$$c_1n^2\leqslant\varphi(n)\sigma(n)\leqslant c_2n^2.$$

14. 已知 $a_1,a_2,\cdots,a_n$ 是有理数，并且对所有的自然数 k，$a_1^k+a_2^k+\cdots+a_n^k$ 为整数. 证明：$a_1,a_2,\cdots,a_n$ 为整数.

15. $\sum\limits_a{}^*$ 表示 a 跑遍 n 的缩系. 证明：

$$\sum_a{}^*(a-1,n)=\varphi(n)d(n)\quad(约定(0,n)=n).$$

解 答 8

1. $m=2\times 5^{2k}(k\in\mathbb{N})$时，若 $\varphi(n)=m$，则 n 至多有一个奇质因数(否则 $4|m$).

若 $n=2^\alpha$，则 $\varphi(n)=2^{\alpha-1}\neq m$.

若 p 为 n 的奇质因数，则 $n=2p^\beta$ 或 $p^\beta(\beta\in\mathbb{N})$，$\varphi(n)=p^{\beta-1}(p-1)$. 在 $\beta>1$ 时，$p=5$. 但 $p-1=4$，$\varphi(n)\neq m$. 在 $\beta=1$ 时，$p-1=m=2\times 5^{2k}$，即 $p=2\times 5^{2k}+1\equiv 2+1\equiv 0(\bmod 3)$，所以 $p=3$. 但 $\varphi(6)=\varphi(3)=2$ 均小于 m.

因此，$\varphi(n)=m$ 无解.

2. 不妨设$(a,b)=1$. 取 c 与ab 互质. 令

$$m=a^2bc,\quad n=ab^2c,$$

则

$$\varphi(m)=a\varphi(a)\varphi(b)\varphi(c),\quad \varphi(n)=b\varphi(a)\varphi(b)\varphi(c),$$

从而

$$\frac{\varphi(m)}{\varphi(n)}=\frac{a}{b}.$$

3. 设 p 为 n 的质因数，$n=p^{\alpha}n_1$，$\alpha>0$，$p\nmid n_1$，则

$$\frac{\varphi(n)}{n}=\frac{p-1}{p}\cdot\frac{\varphi(n_1)}{n_1}.$$

令 $m=p^{\beta}n_1$，$\beta\in\mathbb{N}$，则

$$\frac{\varphi(m)}{m}=\frac{\varphi(n)}{n}.$$

4. $n=1,2^{\alpha},2^{\alpha}3^{\beta}(\alpha,\beta\in\mathbb{N})$时显然满足要求.

反之，设 $n=p_1^{\alpha_1}p_2^{\alpha_2}\cdots p_t^{\alpha_t}(p_1<p_2<\cdots<p_t)$满足 $\varphi(n)\mid n$ 且 $n>1$，则

$$(p_1-1)(p_2-1)\cdots(p_t-1)\mid p_1p_2\cdots p_t.$$

若 $t\geqslant 3$，则 $4\mid(p_1-1)(p_2-1)(p_3-1)$，而 $4\nmid p_1p_2\cdots p_t$，所以 $t\leqslant 2$.

若 $t=1$，则$(p_1-1)\mid p_1$，从而 $p_1=2$，$n=2^{\alpha}$.

若 $t=2$，则$(p_1-1)(p_2-1)\mid p_1p_2$，从而 $p_1=2$，$(p_2-1)\mid 2$. 所以 $p_2=3$，$n=2^{\alpha}\cdot 3^{\beta}$，$\alpha,\beta\in\mathbb{N}$.

5. 若 k 为奇数，令 $n=k$.

若 k 为偶数，令 p 为不整除k 的最小质数，$n=(p-1)k$，则 $n+k=pk$，$\varphi(n+k)=(p-1)\varphi(k)$.

设 $p-1=p_1^{\alpha_1}p_2^{\alpha_2}\cdots p_t^{\alpha_t}$，则 $p_1p_2\cdots p_t\mid k$.

设 $k=p_1^{\beta_1}p_2^{\beta_2}\cdots p_t^{\beta_t}h$，$(p_1p_2\cdots p_t,h)=1$，则 $n=p_1^{\alpha_1+\beta_1}\cdots p_t^{\alpha_t+\beta_t}h$，从而

$$\varphi(n)=p_1^{\alpha_1+\beta_1-1}\cdots p_t^{\alpha_t+\beta_t-1}\prod_{i=1}^{t}(p_i-1)\varphi(h),$$

$$\begin{aligned}\varphi(n+k)&=(p-1)p_1^{\beta_1-1}\cdots p_t^{\beta_t-1}\prod_{i=1}^{t}(p_i-1)\varphi(h)\\&=p_1^{\alpha_1+\beta_1-1}\cdots p_t^{\alpha_t+\beta_t-1}\prod_{i=1}^{t}(p_i-1)\varphi(h)\\&=\varphi(n).\end{aligned}$$

6. 取 $n=p=4k+3$，p 为质数，且 $2k>m$，则

$$\begin{aligned}&\varphi(n)=p-1=4k+2,\\&\varphi(n-1)=\varphi(4k+2)=\varphi(2k+1)\leqslant 2k,\\&\varphi(n+1)=\varphi(4k+4)=2\varphi(k+1)\leqslant 2k.\end{aligned}$$

所以

$$\varphi(n)-\varphi(n-1)\geqslant 2k+2>m,$$

$$\varphi(n) - \varphi(n+1) \geqslant 2k + 2 > m.$$

7. 由第1节例6得

$$\begin{aligned}
6k\sum_{j=1}^{k-1}\left[\frac{jh}{k}\right]^2 &= 6k\sum_{j=1}^{k-1}\left[\frac{jh}{k}\right]\left(\left[\frac{jh}{k}\right]+1\right) - 3k(k-1)(h-1) \\
&= 12k\sum_{j=1}^{k-1}\sum_{i=1}^{\left[\frac{jh}{k}\right]} i - 3k(k-1)(h-1) \\
&= 12k\sum_{i=1}^{h-1} i \sum_{j=\left[\frac{ki}{h}\right]+1}^{k-1} 1 - 3k(k-1)(h-1)
\end{aligned}$$

$$\left(i \leqslant \left[\frac{jh}{k}\right] < \frac{jh}{k}, \text{即 } j > \frac{ik}{h}, \text{从而 } j \geqslant \left[\frac{ik}{h}\right]+1\right)$$

$$\begin{aligned}
&= 12k\sum_{i=1}^{h-1} i\left(k-1-\left[\frac{ki}{h}\right]\right) - 3k(k-1)(h-1) \\
&= -12k\sum_{i=1}^{h-1} i\left[\frac{ki}{h}\right] + 6k(k-1)h(h-1) - 3k(k-1)(h-1) \\
&= 6h\sum_{i=1}^{h-1}\left(\left(\frac{ki}{h}\right)^2 - 2\cdot\frac{ki}{h}\left[\frac{ki}{h}\right] + \left[\frac{ki}{h}\right]^2 - \left(\frac{ki}{h}\right)^2 - \left[\frac{ki}{h}\right]^2\right) \\
&\quad + 3k(k-1)(h-1)(2h-1) \\
&= 6h\sum_{i=1}^{h-1}\frac{1}{h^2}\left(ki - \left[\frac{ki}{h}\right]h\right)^2 - \frac{6k^2}{h}\sum_{i=1}^{h-1} i^2 - 6h\sum_{i=1}^{h-1}\left[\frac{ki}{h}\right]^2 \\
&\quad + 3k(k-1)(h-1)(2h-1).
\end{aligned}$$

因为$(k, h) = 1$,所以 i 跑遍 mod h 的完系(缩系)时,$ki, ki - \left[\frac{ki}{h}\right]h$ 也都跑遍 mod h的完系(缩系).于是

$$\begin{aligned}
6h\sum_{i=1}^{h-1}\frac{1}{h^2}\left(ki - \left[\frac{ki}{h}\right]h\right)^2 - \frac{6k^2}{h}\sum_{i=1}^{h-1} i^2 &= \frac{6}{h}\sum_{r=1}^{h-1} r^2 - \frac{6k^2}{h}\sum_{i=1}^{h-1} i^2 \\
&= \frac{1-k^2}{h}(h-1)h(2h-1) \\
&= (1-k^2)(h-1)(2h-1).
\end{aligned}$$

从而

$$\begin{aligned}
6k\sum_{j=1}^{k-1}\left[\frac{jh}{k}\right]^2 + 6h\sum_{i=1}^{h-1}\left[\frac{ik}{h}\right]^2 &= (1-k^2)(h-1)(2h-1) \\
&\quad + 3k(k-1)(h-1)(2h-1) \\
&= (k-1)(h-1)(2k-1)(2h-1).
\end{aligned}$$

因此 $6k\sum_{j=1}^{k-1}\left[\frac{jh}{k}\right]^2+6h\sum_{i=1}^{h-1}\left[\frac{ik}{h}\right]^2$ 被 $(k-1)(h-1)$ 整除. 再利用第 1 节例 6 即可得证.

注 本题亦可用第 6 节的(1)的证法.

8. 取自然数 $n>m$，且 $(n,10)=1$，令

$$x=5n,\quad y=4n,$$

则

$$\sigma(x^2)=\sigma(25n^2)=\sigma(25)\sigma(n^2)=21\sigma(n^2),$$
$$\sigma(y^2)=\sigma(16n^2)=\sigma(16)\sigma(n^2)=21\sigma(n^2).$$

9. 设 $n=2^{\alpha}p_1^{\alpha_1}p_2^{\alpha_2}\cdots p_k^{\alpha_k}$，$p_1<p_2<\cdots<p_k$ 为奇质数，则 $\sigma(n)=(2^{\alpha+1}-1)\cdot\prod_{i=1}^{k}(1+p_i+\cdots+p_i^{\alpha_i})$ 为奇数时，所有 α_i 为偶数，即 $n=m^2$ 或 $2m^2$，m 为自然数. 反之，$n=m^2$ 或 $2m^2$ 时，上面的 α_i 均为偶数，$\sigma(n)$ 为奇数.

10. (i)

$$x=3^k\times568=3^k\times8\times71,$$
$$y=3^k\times638=3^k\times2\times11\times29.$$

(ii)

$$x=2^3\times3^3\times5^k\times71\times113,$$
$$y=2^3\times3\times5^k\times29\times37\times71,$$
$$z=2\times3^3\times5^k\times11\times29\times113.$$

11. 因为

$$\begin{aligned}\pi(x,z)&=\sum_{\substack{n\leqslant x\\(n,P_z)=1}}1\\&=\sum_{n\leqslant z}\sum_{d\mid(n,P_z)=1}\mu(d)\quad\text{（利用第 5 节例 2 生成内和）}\\&=\sum_{d\mid P_z}\mu(d)\sum_{d\mid n\leqslant x}1=\sum_{d\mid P_z}\mu(d)\left[\frac{x}{d}\right]\\&=\sum_{d\mid P_z}\mu(d)\cdot\frac{x}{d}+\sum_{d\mid P_z}\mu(d)\left(\left[\frac{x}{d}\right]-\frac{x}{d}\right),\end{aligned}$$

且由第 5 节例 4 得

$$\sum_{d\mid P_z}\mu(d)\cdot\frac{x}{d}=x\sum_{d\mid P_z}\frac{\mu(d)}{d}=x\prod_{p\leqslant z}\left(1-\frac{1}{p}\right),$$

而

$$\left|\sum_{d\mid P_z}\mu(d)\left(\left[\frac{x}{d}\right]-\frac{x}{d}\right)\right|\leqslant\sum_{d\mid P_z}|\mu(d)|\cdot\left|\left[\frac{x}{d}\right]-\frac{x}{d}\right|\leqslant\sum_{d\mid P_z}1=2^z,$$

所以

$$\left|\pi(x,z)-x\prod_{p\leqslant z}\left(1-\frac{1}{p}\right)\right|\leqslant 2^z.$$

12. 由 $\mathrm{e}<\left(1+\dfrac{1}{n}\right)^{n+1}$,取对数得

$$1<(n+1)\log\left(1+\frac{1}{n}\right),$$

即

$$\frac{1}{n+1}<\log\frac{n+1}{n}=\log(n+1)-\log n.$$

将 $n+1$ 换成 $2,3,\cdots,n$,并将所得的不等式相加,得

$$\begin{aligned}\frac{1}{2}+\frac{1}{3}+\cdots+\frac{1}{n}&<(\log n-\log(n-1))+\cdots+(\log 2-\log 1)\\&=\log n.\end{aligned}$$

从而

$$\begin{aligned}\sigma(n)&=\sum_{d\mid n}d=\sum_{\delta\mid n}\frac{n}{\delta}=n\sum_{\delta\mid n}\frac{1}{\delta}\\&\leqslant n\sum_{\delta\leqslant n}\frac{1}{\delta}=n\left(1+\sum_{2\leqslant\delta\leqslant n}\frac{1}{\delta}\right)\\&=n(1+\log n).\end{aligned}$$

13. 因为

$$\frac{\varphi(n)}{n}=\prod_{p\mid n}\left(1-\frac{1}{p}\right),$$

$$\frac{\sigma(n)}{n}=\prod_{p\mid n}\left(1+\frac{1}{p}+\frac{1}{p^2}+\cdots+\frac{1}{p^\alpha}\right),$$

所以

$$\frac{\varphi(n)\sigma(n)}{n^2}=\prod_{p^\alpha\parallel n}\left(1-\frac{1}{p^{\alpha+1}}\right),$$

从而

$$\varphi(n)\sigma(n)\leqslant n^2.$$

又

$$\frac{\varphi(n)\sigma(n)}{n^2}\geqslant\prod_{p\mid n}\left(1-\frac{1}{p^2}\right)>\prod_{\text{所有质数}p}\left(1-\frac{1}{p^2}\right),$$

$$\prod_{\substack{\text{所有质}\\ \text{数}p}}\left(1-\frac{1}{p^2}\right)>\prod_{m=2}^{\infty}\left(1-\frac{1}{m^2}\right)$$

$$=\frac{1\times 3}{2^2}\times\frac{2\times 4}{3^2}\times\cdots\times\frac{(m-1)(m+1)}{m^2}\times\cdots$$

$$=\frac{1}{2},$$

所以 $c_1=\frac{1}{2},c_2=1$.

注 熟悉更多的知识后，知道

$$\prod\left(1-\frac{1}{p^2}\right)=\frac{1}{\zeta(2)}=\left(1+\frac{1}{2^2}+\frac{1}{3^2}+\cdots\right)^{-1}=\frac{6}{\pi^2}.$$

14. 设 D 为 $a_1,a_2,\cdots,a_n$ 的公分母，即

$$a_i=\frac{x_i}{D},\quad x_i(1\leqslant i\leqslant n)\text{为整数}.$$

由已知，对所有的 $k\in\mathbb{N}$，有

$$D^k\mid(x_1^k+x_2^k+\cdots+x_n^k).$$

设 p 为 D 的质因数，这时 $x_1,x_2,\cdots,x_n$ 应不全被 p 整除（否则可与公分母 D 约去 p，使 D 减少）. 不妨设其中有 m 个不被 p 整除，则由欧拉定理知

$$x_1^{\varphi(p^k)},x_2^{\varphi(p^k)},\cdots,x_n^{\varphi(p^k)}$$

中不被 p 整除的 x_i，将有 $x_i^{\varphi(p^k)}\equiv 1(\bmod p^k)$. 而被 p 整除的 x_i，由于 $\varphi(p^k)>k$，$x_i^{\varphi(p^k)}\equiv 0(\bmod p^k)$，所以

$$x_1^{\varphi(p^k)}+x_2^{\varphi(p^k)}+\cdots+x_n^{\varphi(p^k)}\equiv m(\bmod p^k).$$

但由已知可得 $p^{\varphi(p^k)}$ 整除上式左边，而 $\varphi(p^k)>k$，所以 $m\equiv 0(\bmod p^k)$，取 k 充分大，即知 $m=0$.

于是 $D=1$，$a_1,a_2,\cdots,a_n$ 为整数.

15. 首先设 $n=p^\alpha$，p 为质数，α 为正整数. $\bmod p^\alpha$ 的缩系共有 $\varphi(p^\alpha)=p^{\alpha-1}(p-1)$ 个，其中可以写成 $1+pk$ 的有 $p^{\alpha-1}$ 个（$0\sim p^{\alpha-1}-1$）.

剩下的 $p^{\alpha-1}(p-1)-p^{\alpha-1}=p^\alpha-2p^{\alpha-1}$ 个 a，$(a-1,p^\alpha)=1$，对 $\sum_a{}^*$ 的贡献为 $p^\alpha-2p^{\alpha-1}$.

$a=1$ 对 $\sum_a{}^*$ 的贡献为 p^α.

$a=1+kp^{\alpha-1}$（$p\nmid k$）的个数为 $p-1$，每个均有 $(a-1,p^\alpha)=p^{\alpha-1}$，总贡献为 $p^{\alpha-1}(p-1)$.

$a=1+kp^{\alpha-2}(p\nmid k)$的个数为 p^2-p,每个均有$(a-1,p^\alpha)=p^{\alpha-2}$,总贡献为 $p^{\alpha-2}(p^2-p)=p^{\alpha-1}(p-1)$.

……

$a=1+kp(p\nmid k)$的个数为 $\varphi(p^{\alpha-1})=p^{\alpha-1}-p^{\alpha-2}$,$(a-1,p^\alpha)=p$,总贡献为 $p(p^{\alpha-1}-p^{\alpha-2})=p^{\alpha-1}(p-1)$.

因此

$$\begin{aligned}\sum_a{}^*(a-1,p^\alpha)&=(\alpha-1)(p^\alpha-p^{\alpha-1})+p^\alpha+p^\alpha-2p^{\alpha-1}\\&=(\alpha+1)(p^\alpha-p^{\alpha-1})\\&=\varphi(p^\alpha)d(p^\alpha),\end{aligned}$$

即对于 $n=p^\alpha$,结论成立.

下面讨论更一般的情况.

因为 $\varphi(n)$,$d(n)$都是积性函数,所以只需证明 $\sum\limits_a{}^*(a-1,n)$ 也是积性函数.

设$(m,n)=1$,而且

$$\sum_a{}^*(a-1,m)=d(m)\varphi(m),$$

$$\sum_a{}^*(a-1,n)=d(n)\varphi(n),$$

则我们有

$$a=um+vn,$$

其中 u 跑遍 mod n 的缩系,v 跑遍 mod m 的缩系,a 跑遍 mod mn 的缩系.所以

$$\begin{aligned}\sum_a{}^*(a-1,mn)&=\sum_a{}^*(um+vn-1,mn)\\&=\sum_a{}^*(um+vn-1,m)(um+vn-1,n)\\&=\sum_a{}^*(vn-1,m)(um-1,n)\\&=\sum_a{}^*(a-1,m)\sum_a{}^*(a-1,n)\\&=\varphi(m)d(m)\varphi(n)d(n)\\&=\varphi(mn)d(mn),\end{aligned}$$

即 $\sum\limits_a{}^*(a-1,n)$是 n 的积性函数,并且恒有

$$\sum_a{}^*(a-1,n)=\varphi(n)d(n).$$

第9章 原根

“一生二，二生三，三生万物”.

通过加法，1可以生成全体自然数. 1是自然数的加法生成元. 对于大于1的自然数n，任一与n互质的自然数是 $\mathbb{Z}_n$ 的加法生成元.

对于缩系 $\mathbb{Z}_n^*$，有没有乘法生成元呢？这就是本章要研讨的内容.

1. 阶

设 n 为大于 1 的自然数，考虑 mod n 的缩系，对于缩系中的任一个元素 a，由欧拉定理得

$$a^{\varphi(n)} \equiv 1 \pmod{n}.$$

因此，对于缩系中的任一元素 a，方程

$$a^{x} \equiv 1 \pmod{n} \tag{1}$$

一定有正整数解，$x = \varphi(n)$就是一个解.

方程(1)可能还有其他的正整数解，在这些正整数解中一定有一个最小的，我们称之为 a mod n 的阶，记为 $\mathrm{ord}_n a$. 这里 ord 是英文 order 的简写. 例如 $n = 7$ 时，对于 $a = 2$，我们有

$$2^1 \equiv 2, \quad 2^2 \equiv 4, \quad 2^3 \equiv 1 \pmod{7},$$

所以

$$\mathrm{ord}_7 2 \equiv 3.$$

类似地，可以得出下面表 9.1.

表 9.1

a	1	2	3	4	5	6
$\mathrm{ord}_7 a$	1	3	6	3	6	2

在不致混淆时，$\mathrm{ord}_n a$ 有时记为 $\mathrm{ord}\, a$.

定理 1 设 $\mathrm{ord}_n a = d$，正整数 x 满足(1)，则

$$d \mid x.$$

证明 做带余除法得

$$x = qd + r,$$

其中 q，r 为整数，并且

$$0 \leqslant r < d.$$

由 d 的最小性得 $x \geqslant d$，所以 $q \geqslant 1$. 因为

$$a^r \equiv a^r \cdot a^{qd} = a^{qd+r} = a^x \equiv 1 \pmod n,$$

所以 r 也满足(1).

但 $r<d$,所以由 d 的最小性知必有 $r=0$,从而

$$x = qd,$$

即 x 被 d 整除.

推论 对于任一个 mod n 缩系中的 a,$\varphi(n)$被 $\mathrm{ord}_n\, a$ 整除.

例1 求 $\mathrm{ord}_{17}\, 5$.

解 $\varphi(17)=16$,它的约数只有 1,2,4,8,16.由推论知 $\mathrm{ord}_{17}\, 5$ 应是这几个数中的某一个.因为

$$5^1 \equiv 5,\quad 5^2 \equiv 8,\quad 5^4 \equiv 64 \equiv 13,\quad 5^8 \equiv 169 \equiv -1 \pmod{17},$$

所以

$$5^{16} \equiv 1 \pmod{17},$$

即 $\mathrm{ord}_{17}\, 5 = 16$.

例2 证明:若 $\mathrm{ord}_n\, a = d$,则

$$1, a, a^2, \cdots, a^{d-1} \tag{2}$$

mod n 互不同余.

证明 若存在整数 $i, j, 0 \leqslant i < j \leqslant d-1$,满足

$$a^i \equiv a^j \pmod n,$$

则

$$a^{j-i} \equiv 1 \pmod n.$$

因为 $0<j-i<d$,与阶的定义矛盾,所以(2)中的数互不同余.

例3 证明:若 $\mathrm{ord}_n\, a = d$,t 为自然数,则

$$\mathrm{ord}_n\, a^t = d_1,\quad d_1 = \frac{d}{(t,d)}.$$

证明 设 $\mathrm{ord}_n\, a^t = d_1$,则

$$(a^t)^{d_1} \equiv 1 \pmod n,$$

即 $a^{td_1} \equiv 1 \pmod n$.

由定理1得 $d \mid td_1$,从而

$$\frac{d}{(t,d)} \,\Big|\, d_1.$$

另一方面

$$(a^t)^{\frac{d}{(t,d)}} = (a^d)^{\frac{t}{(t,d)}} \equiv 1 \pmod n,$$

而 d_1 是使

$$(a^t)^x \equiv 1 \pmod{n}$$

成立的最小的正整数 x，所以

$$d_1 = \frac{d}{(t,d)}.$$

由例 3 可知当且仅当 $(t,d)=1$ 时，$\text{ord}_n a^t = d$.

例 4 设 $\text{ord}_n a = d_1$，$\text{ord}_n b = d_2$. 证明：$\text{ord}_n(ab) = d_1 d_2$ 的充分必要条件是 $(d_1,d_2)=1$.

证明 显然

$$(ab)^{[d_1,d_2]} = a^{[d_1,d_2]} b^{[d_2,d_2]} \equiv 1 \pmod{n}.$$

设 $\text{ord}_n(ab)=t$，则

$$(ab)^t \equiv 1 \pmod{n},$$

并且

$$t \mid [d_1,d_2], \tag{3}$$

更有

$$t \mid d_1 d_2 \tag{4}$$

充分性. 设 $(d_1,d_2)=1$，则我们有

$$1 \equiv (ab)^{td_1} = (a^{d_1})^t b^{td_1} \equiv b^{td_1} \pmod{n},$$

所以

$$d_2 \mid td_1.$$

因为 $(d_1,d_2)=1$，所以 $d_2 \mid t$. 同理 $d_1 \mid t$. 所以 $d_1 d_2 \mid t$. 结合(4)得 $t = d_1 d_2$.

必要性. 若 $t = d_1 d_2$，则结合(3)得

$$d_1 d_2 \mid [d_1,d_2],$$

从而

$$d_1 d_2 = [d_1,d_2],$$

$$(d_1,d_2) = 1.$$

一般地，不一定有 $\text{ord}_n(ab) = [d_1,d_2]$，如

$$\text{ord}_{10}(3\times 3) = 2 \neq [\text{ord}_{10} 3, \text{ord}_{10} 3] = 4,$$

$$\text{ord}_{10}(3\times 7) = 1 \neq [\text{ord}_{10} 3, \text{ord}_{10} 7] = 4.$$

例 5 设 p 为 $4k+3$ 形的质数，$\text{ord}_p a = d$，求 $\text{ord}_p(-a)$.

解 $d \mid (p-1)$，即 $d \mid (4k+2)$.

(ⅰ) 若 d 为偶数 $2h$，则 $h \mid (2k+1)$，h 为奇数.

$$(a^h+1)(a^h-1)=a^{2h}-1\equiv 0 \pmod p.$$

因为 p 为质数,所以 $p\mid(a^h-1)$或 $p\mid(a^h+1)$.

但 $\mathrm{ord}_p a=2h$,所以 $p\nmid(a^h-1)$.从而 $p\mid(a^h+1)$,即

$$a^h\equiv -1 \pmod p,$$

$$(-a)^h=-a^h\equiv-(-1)=1 \pmod p. \tag{5}$$

另一方面,若 $\mathrm{ord}_p(-a)=c$,则

$$(-a)^c\equiv 1 \pmod p,$$

$$a^{2c}=(-a)^{2c}\equiv 1 \pmod p.$$

因此 $d\mid 2c$,即 $h\mid c$.而(5)表明 $c\mid h$,所以

$$\mathrm{ord}_p(-a)=c=h=\frac{d}{2}.$$

(ⅱ)若 d 为奇数,设 $\mathrm{ord}_p(-a)=c$,则

$$(-a)^c\equiv 1 \pmod p, \tag{6}$$

因而有

$$a^{2c}=(-a)^{2c}=((-a)^c)^2\equiv 1 \pmod p,$$

所以 $d\mid 2c$.

因为 d 为奇数,所以 $d\mid c$.

另一方面,因为

$$(-a)^{2d}=a^{2d}\equiv 1 \pmod p,$$

所以

$$c\mid 2d.$$

从而 $c=d$ 或$c=2d$.但 $c=d$ 时

$$(-a)^c=(-a)^d=-a^d\equiv -1 \pmod p,$$

与(6)不符,所以

$$\mathrm{ord}_p(-a)=c=2d.$$

2. 原 根 (一)

如果 n 是大于1的自然数,a 在缩系 $\mathbb{Z}_n^*$ 中,并且

$$\mathrm{ord}_n a = \varphi(n),$$

那么 a 就称为 mod n 的原根或 n 的原根.

原根是否一定存在?

可以先看一些例子.

mod 4 时, $\varphi(4)=2$,因为

$$3^1 = 3, \quad 3^2 \equiv 1 \pmod 4,$$

所以 3 是 mod 4 的原根.

mod 5 时, $\varphi(5)=4$,因为

$$2^1 = 2, \quad 2^2 = 4, \quad 2^3 \equiv 3, \quad 2^4 \equiv 1 \pmod 5,$$

所以 2 是 mod 5 的原根,而且 $2^3 \equiv 3$ 也是 mod 5 的原根. mod 5 有 $\varphi(\varphi(5))=2$ 个原根.

mod 6 时, $\varphi(6)=2$,因为

$$5^1 = 5, \quad 5^2 \equiv 1 \pmod 6,$$

所以 5 是 mod 6 的原根.

mod 7 时, $\varphi(7)=6$,因为

$$3^2 \equiv 2, \quad 3^3 \equiv 6 \equiv -1, \quad 3^6 \equiv 1 \pmod 7,$$

所以 3 是 mod 7 的原根,而且 $3^5 \equiv 5$ 也是 mod 7 的原根. mod 7 有 $\varphi(\varphi(7))=\varphi(6)=2$ 个原根.

mod 8 时, $\varphi(8)=4$,因为

$$3^2 \equiv 5^2 \equiv 7^2 \equiv 1 \pmod 8,$$

所以 mod 8 没有原根.

mod 9 的原根是 2 与 5.

mod 10 时, $\varphi(10)=4$,因为

$$3^2 = 9, \quad 3^3 \equiv 7, \quad 3^4 \equiv 1 \pmod{10},$$

所以 3,7 是 mod 10 的原根.

mod 11 时, $\varphi(11)=10$,因为

$$2^2 = 4, \quad 2^3 = 8, \quad 2^4 \equiv 5, \quad 2^5 \equiv 10, \quad 2^6 \equiv 9,$$
$$2^7 \equiv 7, \quad 2^8 \equiv 3, \quad 2^9 \equiv 6, \quad 2^{10} \equiv 1,$$

所以 2,8,7,6 是 mod 11 的原根.

mod 12 时, $\varphi(12)=2\times 2=4$,因为

$$5^2 \equiv 1, \quad 7^2 \equiv 1, \quad 11^2 \equiv 1,$$

所以 mod 12 没有原根.

于是,我们看到并不是对所有的自然数 n, mod n 均有原根.

本节将证明质数 p 必有原根.

定理 每个质数 p 均有 $\varphi(p-1)$ 个原根.

证明 $p=2$ 时,1 就是唯一的原根.以下设 p 为奇质数.

将 $1,2,\cdots,p-1$ 按照它们 mod p 的阶分类.阶为 1 的只有一个元素,即 1.

设阶为 d 的元素有 $\Psi(d)$ 个,则 $\Psi(1)=1$.

我们要证明 $\Psi(p-1)>0$.

由上节推论知 $d\mid(p-1)$,于是

$$\sum_{d\mid(p-1)}\Psi(d)=p-1. \tag{1}$$

若 $\Psi(d)\neq 0$,设 $\mathrm{ord}_p\, a=d$,则 a 是方程

$$x^d\equiv 1 \pmod p \tag{2}$$

的一个解.

$1,a,a^2,\cdots,a^{d-1} \pmod p$ 互不相同,而且都是(2)的解.

如果一个整系数多项式 $f(x)$ 有 d 个不同的根 $a_i(1\leqslant i\leqslant d)$,那么

$$f(x)=(x-a_1)(x-a_2)\cdots(x-a_d)h(x),$$

其中 $h(x)$ 为整系数多项式.对于系数在 $\mathbb{Z}_p^*$ 中的多项式同样成立(证明也相同.当然 a_i 不同应指 a_i 互不同余(mod p)).所以

$$x^d-1\equiv(x-1)(x-a)(x-a^2)\cdots(x-a^{d-1}) \pmod p \tag{3}$$

(因为两边次数相同,所以 $h(x)$ 为常数.又 x^d 的系数相同,所以 $h(x)$ 为常数 1).

因为 p 为质数,所以对任一 x,只有与 $1,a,\cdots,a^{d-1}$ 中某一个同余时,才能使(3)右边为 0,即方程(2)的根只有上述 d 个.

但阶为 d 的 a^t,必须 $(t,d)=1$(上节例 3 的结论),所以在 $1,a,\cdots,a^{d-1}$ 中(从而在 $1,2,\cdots,p-1$ 中)阶为 d 的数只有 $\varphi(d)$ 个.

因此

$$\Psi(d)=\begin{cases}0, & 若\ x^d\equiv 1 \pmod p\ 无解,\\ \varphi(d), & 若\ x^d\equiv 1 \pmod p\ 有解,\end{cases}$$

即对一切 d,

$$\Psi(d)\leqslant\varphi(d). \tag{4}$$

但我们有(第 8 章第 4 节例 4)

$$\sum_{d\mid n}\varphi(d)=p-1, \tag{5}$$

所以由(1)、(5)得

$$\sum_{d\mid n}(\varphi(d)-\Psi(d))=0. \tag{6}$$

而由(4)得

$$\sum_{d|n}(\varphi(d)-\Psi(d))\geqslant 0, \tag{7}$$

于是比较(6)、(7)、(4)即知对一切 $d\mid n$，有

$$\Psi(d)=\varphi(d).$$

特别地，有

$$\Psi(p-1)=\varphi(p-1)>0.$$

于是 mod p 有原根，而且有 $\varphi(p-1)$个原根.

设 g 为 mod p 的一个原根，则当且仅当$(t,p-1)=1$时，g^t 是 mod p 的原根.

求原根往往通过试验完成.

例 1 求 mod 23 的原根.

解 先试绝对值最小的 2(1 当然不用考虑)，$\mathrm{ord}_{23}\,2\mid 22$ 即 $\mathrm{ord}_{23}\,2$ 是 2，11 或 22.

$$2^2=4,\quad 2^4=16,\quad 2^6=4\times16\equiv-5\pmod{23},$$

$$2^{12}\equiv25\equiv2,\quad 2^{11}\equiv1\pmod{23}.$$

而原根 g 应满足 $g^{22}\equiv1\pmod{23}$，且 22 为最小，现在 $2^{11}\equiv1\pmod{23}$，可见 2 是某个 g 的平方.

显然 $2+23=25=5^2$. 因为

$$5^2\equiv2,\quad 5^4\equiv2^4=4,$$

$$5^{11}\equiv2^5\times5\equiv4^5\equiv-1\pmod{23},$$

所以 $\mathrm{ord}_{23}\,5=22$，从而 5 是 mod 23 的原根.

例 2 求 mod 41 的原根.

解 因为

$$\varphi(41)=40=2^3\times5,$$

$$2^2=4,\quad 2^5=32\equiv-9\pmod{41},$$

$$2^{10}\equiv81\equiv-1\pmod{41},$$

$$2^{20}\equiv1\pmod{41},$$

所以 2 不是原根，仍然是某个原根 g 的平方. 又

$$2+41\times7=289=17^2,$$

$$17^{20}\equiv2^{10}\equiv-1\pmod{41},$$

所以 $\mathrm{ord}_{41}\,17=40$，从而 17 是 mod 41 的原根.

当然 mod 41 还有其他原根，在 $1\leqslant i\leqslant40$ 并且$(i,40)=1$时，17^i 也是 mod 41 的原根，共 $\varphi(40)=2^2\times4=16$ 个，它们是

$17, 17^3, 17^7, 17^9, 17^{11}, 17^{13}, 17^{17}, 17^{19}, 17^{21}, 17^{23}, 17^{27}, 17^{29}, 17^{31}, 17^{33}, 17^{37}, 17^{39}$.

再具体些,即

$$17 \equiv -24 \pmod{41},$$
$$17^3 \equiv 2 \times 17 = 34 \equiv -7 \pmod{41},$$
$$17^7 \equiv 2^3 \times 17 \equiv -28 \equiv 13 \pmod{41},$$
$$17^9 \equiv 2^4 \times 17 \equiv 26 \equiv -15 \pmod{41},$$
$$17^{11} \equiv 2 \times (-15) = -30 \equiv 11 \pmod{41},$$
$$17^{13} \equiv 22 \equiv -19 \pmod{41},$$
$$17^{17} \equiv 88 \equiv 6 \pmod{41},$$
$$17^{19} \equiv 12 \pmod{41}.$$

因此,6,7,11,12,13,15,17,19,22,24,26,28,29,30,34,35 这 16 个数是 mod 41 的原根.

3. 原 根 (二)

本节将证明奇质数的幂必有原根,即下面的定理.

定理 1 设 p 为奇质数,α 为自然数,则 p^α 有 $\varphi(\varphi(p^\alpha))$ 个原根.

证明 设 g 为 mod p 的原根,则

$$g^{p-1} = 1 + kp, \tag{1}$$

这里 k 为整数.

如果 $p \mid k$,那么用 $g+p$ 代替 g,而

$$(g+p)^{p-1} = g^{p-1} + (p-1)pg^{p-2} + \cdots$$

省略号里的项都至少被 p^2 整除,所以

$$(g+p)^{p-1} \equiv 1 + (p-1)pg^{p-2} \pmod{p^2},$$

即

$$(g+p)^{p-1} = 1 + k'p,$$

其中 $p \nmid k'$.

因此,不妨假定(1)中的 k 不被 p 整除.

这时，我们可以证明

$$g^{\varphi(p^{\alpha})}=1+k_{\alpha}p^{\alpha},\quad p\nmid k_{\alpha}.\tag{2}$$

事实上，在 $\alpha=1$ 时即(1).假设已有

$$g^{\varphi(p^{\alpha-1})}=1+k_{\alpha-1}p^{\alpha-1},\quad p\nmid k_{\alpha-1},\tag{3}$$

那么在 $\alpha\geqslant 2$ 时，

$$\begin{aligned}g^{\varphi(p^{\alpha})}&=(1+k_{\alpha-1}p^{\alpha-1})^{p}\\&\equiv 1+k_{\alpha-1}p^{\alpha}\pmod{p^{\alpha+1}}\\&\quad(2(\alpha-1)+1=\alpha+1+\alpha-2\geqslant\alpha+1)\\&=1+k_{\alpha}p^{\alpha},\quad p\nmid k_{\alpha}.\end{aligned}$$

于是，(2)对一切 α 成立.

如果 g 不是 mod p^{α} 的原根，那么有

$$g^{d}\equiv 1\pmod{p^{\alpha}},\tag{4}$$

这里 d 是 $\varphi(p^{\alpha})$ 的真因数.

但 g 是 mod p 的原根，由(4)导出 $g^{d}\equiv 1\pmod{p}$，所以 $(p-1)\mid d$. d 又为 $\varphi(p^{\alpha})=p^{\alpha-1}(p-1)$ 的真因数，所以 d 必为 $p^{\alpha-2}(p-1)=\varphi(p^{\alpha-1})$ 的因子，这就导致

$$g^{\varphi(p^{\alpha-1})}\equiv 1\pmod{p^{\alpha}},\tag{5}$$

然而(5)与(3)矛盾.

这表明 g 一定是 mod p^{α} 的原根.

设 g 为 mod p^{α} 的原根，则其他的原根全在

$$1,g,g^{2},\cdots,g^{\varphi(p^{\alpha})-1}$$

中，而且当且仅当 $(t,\varphi(p^{\alpha}))=1$ 时，g^{t} 为 mod p^{α} 的原根，所以 mod p^{α} 的原根共有 $\varphi(\varphi(p^{\alpha}))$ 个.

例 1　证明：g 是否为 n 的原根，取决于

$$1,g,g^{2},\cdots,g^{\varphi(n)-1}\tag{6}$$

是否为 mod n 的缩系.

证明　若 g 为 n 的原根，则(6)中的 $\varphi(n)$ 个数 mod n 互不同余，且均与 n 互质，组成 mod n 的缩系.

反之，若(6)为 mod n 的缩系，则 $(g,n)=1$，用 g 乘以各数得

$$g,g^{2},g^{3},\cdots,g^{\varphi(n)},$$

仍为 mod p 的缩系，即与(6)相同，所以

$$g^{\varphi(n)}\equiv 1\pmod{n},$$

且 $1,2,\cdots,\varphi(n)-1$ 均非 g 的阶，从而 g 为原根.

例 2　证明:若 p 为奇质数,g 为 p^u 的原根,则 g 或 $g+p^u$ 是 $2p^u$ 的原根.

证明　$g^{\varphi(p^u)} \equiv (g+p^u)^{\varphi(p^u)} \equiv 1 \pmod{p^u}$.

如果 g 为奇数,那么

$$g^{\varphi(p^u)} \equiv 1 \pmod 2,$$

因此

$$g^{\varphi(p^u)} \equiv 1 \pmod{2p^u}.$$

如果 g 为偶数,那么

$$(g+p^u)^{\varphi(p^u)} \equiv 1 \pmod 2,$$

因此

$$(g+p^u)^{\varphi(p^u)} \equiv 1 \pmod{2p^u}.$$

另一方面,若

$$g^c \equiv 1 \pmod{2p^u},$$

则

$$g^c \equiv 1 \pmod{p^u}.$$

因为 g 为 p^u 的原根,所以 $\varphi(p^u) \mid c$.

若

$$(g+p^u)^c \equiv 1 \pmod{2p^u},$$

则同理可得到 $\varphi(p^u) \mid c$.

因此,g 或 $g+p^u$ 是 $2p^u$ 的原根.

2 以 1 为原根,4 以 3 为原根.上节开始已指出 8 没有原根.

定理 2　$\alpha \geqslant 3$ 时,2^α 没有原根.但存在 $x \in \mathbb{Z}_{2^\alpha}^*$,使得 x 的阶为 $2^{\alpha-2}$,即 $\varphi(2^{\alpha-1})$.

证明　熟知对于奇数 $2k+1(k \in \mathbb{N})$,有

$$(2k+1)^2 \equiv 1 \pmod 8.$$

假设已有

$$(2k+1)^{2^{\alpha-2}} \equiv 1 \pmod{2^\alpha}, \tag{7}$$

则在 $\alpha > 3$ 时,

$$\begin{aligned}(2k+1)^{2^{\alpha-1}} &= ((2k+1)^{2^{\alpha-2}})^2 \\ &= (1+h\cdot 2^\alpha)^2 \quad (h \in \mathbb{Z}) \\ &= 1+h\cdot 2^{\alpha+1}+h^2 2^{2\alpha} \\ &\equiv 1 \pmod{2^{\alpha+1}}\end{aligned}$$

因此(7)对一切 $\alpha \geqslant 3$ 成立,而 $\varphi(2^\alpha)=2^{\alpha-1}$,所以 $2^\alpha(\alpha \geqslant 3)$没有原根.

另一方面,3 mod 8 的阶为 2,设 $\alpha > 3$,且 $x \bmod 2^{\alpha-1}$的阶为 $\varphi(2^{\alpha-2})=2^{\alpha-3}$,则

$$x^{2^{\alpha-3}} = 1 + 2^{\alpha-1}k \quad (k \text{ 为奇数}),$$

$$x^{2^{\alpha-2}} = (1 + 2^{\alpha-1}k)^2 = 1 + 2^{\alpha}k + 2^{2(\alpha-1)}k^2 = 1 + 2^{\alpha}h \quad (h \text{ 为奇数}),$$

即 $x \bmod 2^{\alpha}$ 的阶为 $2^{\alpha-2}$.

例 3 证明:若 n_1, n_2 为大于 1 的自然数,且$(n_1, n_2) = 1$,$a \bmod n_1$ 的阶为 d_1,$a \bmod n_2$的阶为 d_2,则 $a \bmod n_1 n_2$ 的阶为$[d_1, d_2]$.

证明 设 $a \bmod n_1 n_2$ 的阶为 d,则

$$a^d \equiv 1(\bmod n_1 n_2) \equiv 1(\bmod n_i) \quad (i = 1,2).$$

因此 $d_1 \mid d, d_2 \mid d, [d_1, d_2] \mid d$.

另一方面,因为 $d_i \mid [d_1, d_2](i = 1,2)$,所以

$$a^{[d_1, d_2]} \equiv 1(\bmod n_i) \quad (i = 1,2).$$

因为$(n_1, n_2) = 1$,所以

$$a^{[d_1, d_2]} \equiv 1(\bmod n_1 n_2),$$

从而 $d \mid [d_1, d_2]$.

综合以上两方面,得 $d = [d_1, d_2]$.

定理 3 设 p 为奇质数,m 是大于 2 的自然数,与 p 互质,u 为自然数,则 $n = mp^u$ 无原根.

证明 对任一 $a \in \mathbb{Z}_n^*$,设 $a \bmod m$ 的阶为d_1,$a \bmod p^u$ 的阶为d_2,则由例 3 得

$$d = [d_1, d_2].$$

因为 $d_1 \mid \varphi(m), d_2 \mid \varphi(p^u)$,所以

$$d \leqslant [\varphi(m), \varphi(p^u)].$$

但 $m > 2$,$\varphi(m)$与 $\varphi(p^u)$都是偶数,因此

$$d \leqslant \frac{1}{2}\varphi(m)\varphi(p^u) = \frac{1}{2}\varphi(n).$$

从而 a 不是原根,n 没有原根.

综上所述,当且仅当 $n \in \{2, 4, p^u, 2p^u\}$时,$n$ 有原根(p 为奇质数,$u \in \mathbb{N}$).

4. 指　　数

设 p 为奇质数,g 为 $\bmod p$ 的一个原根,则

$$g, g^2, \cdots, g^{p-1} \pmod{p}$$

互不相同,恰好构成 mod p 的缩系.

如果 $a \in \mathbb{Z}_p^*$,并且

$$a \equiv g^{\delta} \pmod{p} \quad (1 \leqslant \delta \leqslant p-1),$$

那么 δ 就称为 a 关于底数 g mod p 的指数,简称为 a 的指数,记为 ind a.

例如 $p=7$ 时,3 是原根,且

$$3, \quad 3^2 \equiv 2, \quad 3^3 \equiv 6, \quad 3^4 \equiv 4, \quad 3^5 \equiv 5, \quad 3^6 \equiv 1 \pmod{7}.$$

这时 3,2,6,4,5,1 的指数(以 3 为底数)分别为 1,2,3,4,5,6,或者说 1,2,3,4,5,6(关于底数 3)的指数分别为 6,2,1,4,5,3.

很多书中附有指数表以供专用,下面就是指数表($3 \leqslant p \leqslant 37$)(表 9.2).

表 9.2

p \ a	1	2	3	4	5	6	7	8	9	10	11	12	13	14	15	16	17	18	19	20	21	22	23	24	25	26	27	28	29	30	31	32	33	34	35	36
3	2	1																																		
5	4	1	3	2																																
7	6	2	1	4	5	3																														
11	10	1	8	2	4	9	7	3	6	5																										
13	12	1	4	2	9	5	11	3	8	10	7	6																								
17	16	14	1	12	5	15	11	10	2	3	7	13	4	9	6	8																				
19	18	1	13	2	16	14	6	3	8	17	12	15	5	7	11	4	10	9																		
23	22	2	16	4	1	18	19	6	10	3	9	20	14	21	17	8	7	12	15	5	13	11														
29	28	1	5	2	22	6	12	3	10	23	25	7	18	13	27	4	21	11	9	24	17	26	20	8	16	19	15	14								
31	30	24	1	18	20	25	28	12	2	14	23	19	11	22	21	6	7	26	4	8	29	17	27	13	10	5	3	16	9	15						
37	36	1	26	2	23	27	32	3	16	24	30	28	11	33	13	4	7	17	35	25	22	31	15	29	10	12	6	34	21	14	9	5	20	8	19	18

例如 $p=7$ 时,1,2,3,4,5,6 的指数分别为 6,2,1,4,5,3.

表中指数为 1 的数就是原根,而 1 的指数为 $p-1$.

指数表在解形如

$$x^n \equiv a \pmod{m}$$

的同余方程时极为有用.

例 1　解同余方程

$$x^8 \equiv 41 \pmod{23}. \tag{1}$$

解　由表 9.2 得出 5 为原根，而 18 的指数为 12，即 $41\equiv 18\equiv 5^{12}\pmod{23}$.

设 x 的指数为 y，则

$$5^{8y}\equiv 5^{12}\pmod{23},$$

从而

$$5^{8y-12}\equiv 1\pmod{23}.$$

因为 5 为原根，所以

$$8y-12\equiv 0\pmod{22},$$

即

$$4y\equiv 6\pmod{11},$$
$$y\equiv 3\times 4y\equiv 3\times 6\equiv 7\pmod{11}.$$

故

$$y\equiv 7 \text{ 或 } 18\pmod{22}.$$

再由上面的表 9.2 中找出指数为 7，18 的数，得

$$x\equiv 17 \text{ 或 } 6\pmod{23}.$$

以上过程可简化如下：

取对数（一般地，对于同余方程 $x^n\equiv a\pmod{p}$，我们有 $ny=\operatorname{ind} a\pmod{p-1}$，其中 $y=\operatorname{ind} x$，这一步称为“取对数”），由(1)得

$$8y\equiv 12\pmod{22},$$

解得

$$y\equiv 7,18\pmod{22},$$

从而

$$x\equiv 17,6\pmod{23},$$

例 2　解方程

$$x^6\equiv 4\pmod{17}.$$

解　取对数得

$$6y\equiv 12\pmod{16},$$
$$3y\equiv 6\pmod{8},$$
$$y\equiv 2\pmod{8},$$
$$y\equiv 2,10\pmod{16},$$
$$x\equiv 9,8\pmod{17}.$$

ind 与 log 有很多类似之处.

例 3　设 $a,b\in\mathbb{Z}_p^*$，求证：

(ⅰ) $\operatorname{ind} ab \equiv \operatorname{ind} a + \operatorname{ind} b \pmod{p-1}$.

(ⅱ) $\operatorname{ind} \frac{a}{b} \equiv \operatorname{ind} a - \operatorname{ind} b \pmod{p-1}$.

(ⅲ) $\operatorname{ind} a^n \equiv n \operatorname{ind} a \pmod{p-1}$.

如果将 $a \equiv g^x \pmod{p}$ 记为 $x = \operatorname{ind}_g a$，以强调原根（底数）为 g，那么对于原根 g_1，g_2，有换底公式：

(ⅳ) $\operatorname{ind}_{g_1} a \equiv \frac{\operatorname{ind}_{g_2} a}{\operatorname{ind}_{g_2} g_1} \pmod{p-1}$.

证明 (ⅰ) 设 $a \equiv g^x$，$b \equiv g^y \pmod{p}$，则

$$ab \equiv g^{x+y} \pmod{p},$$

即

$$\operatorname{ind} ab \equiv x + y = \operatorname{ind} a + \operatorname{ind} b \pmod{p-1}.$$

(ⅱ) 符号同(ⅰ)，则

$$\frac{a}{b} \equiv ab^{-1} \equiv g^{x-y} \pmod{p},$$

即

$$\operatorname{ind} \frac{a}{b} \equiv x - y = \operatorname{ind} a - \operatorname{ind} b \pmod{p-1}.$$

(ⅲ) 由(ⅰ)立得.

(ⅳ) 设 $a \equiv g_1^x \equiv g_2^y$，$g_1 \equiv g_2^t \pmod{p}$，则

$$g_1^x \equiv g_2^{xt} \equiv g_2^y \pmod{p},$$

所以

$$x \equiv \frac{y}{t} \pmod{p-1},$$

即

$$\operatorname{ind}_{g_1} a = x \equiv \frac{\operatorname{ind}_{g_2} a}{\operatorname{ind}_{g_2} g_1} \pmod{p-1},$$

例 4 解方程

$$3x^4 \equiv 5 \pmod{7}.$$

解 取对数得

$$1 + 4y \equiv 5 \pmod{6},$$

即

$$2y \equiv 2 \pmod{3},$$
$$y \equiv 1 \pmod{3},$$

从而

$$y \equiv 1,4 \pmod{6},$$
$$x \equiv 3,4 \pmod{7}.$$

5. 编　　码

在古代，如果甲有一件事需要告诉在另一地的乙，他可以写一封信寄去. 在路途遥远时，可能很迟信才到达.

现在有了手机，发个微信就解决了.

在没有发明手机时，可以用电报.

电报首先将文字变成数码(数码再转成二进制发出)，例如中国汉字“速返”二字，标准的代码是

速　6643

返　6604

用 4 位的码可以表示 0000～9999 这 $10^4=10000$ 个汉字. 汉字与数码的对应可以在一本普通的电码本上查到. 当然，如果需要保密，那么就得用特别的电码本.

外国文字很多是由字母组成的，编码更为简单. 例如英语有 26 个字母，可以对应于 00～25，即有下面表 9.3.

表 9.3

字母	A	B	C	D	E	F	G	H	I	J	K	L	M	N	O	P	Q	R	S	T	U	V	W	X	Y	Z
数码	00	01	02	03	04	05	06	07	08	09	10	11	12	13	14	15	16	17	18	19	20	21	22	23	24	25

于是，一个词 SECRET 就是

18 04 02 17 04 19

通常 4 个数码一组，即

$$1804 \quad 0217 \quad 0419 \tag{1}$$

(如果最后没有 4 个数码，通常补上 2 个数码 23，即增加一个字母 X.)

发出去后，对方再用上面的表将数码变回字母即可(数码变成二进制，再由二进制

变回,可用机器直接完成,这里从略).

如果需要加密变成密码,有很多方法.

据说当年恺撒(Julius Caesar)的办法是将每个字母的数码 P 换成 $C(0\leqslant P,C\leqslant 25)$,而 $C\equiv P+3\pmod{26}$.

这样,上面的(1)就变成

$$2107\quad 0520\quad 0722 \tag{2}$$

收到的"词"是 VHFUHW.

再将每个字母换成前三位的字母,得到 SECRET.

但这种"线性的"密码太容易被破译了,尤其现在有了电子计算机之后,可以迅速地搜索各种可能,在瞬间得出结果.

现在常用的方法是利用乘方加密.

下面先说一说如何求乘方的剩余类.

例 1　求 1907^{29} 除以质数 2633 所得的余数 $r(0\leqslant r\leqslant 2632)$.

解　若直接乘方,显然 1907^{29} 是一个很大的数,再除以 2633 也很麻烦.

较好的算法是先将 29 表示成二进制,即

$$29=1+4+8+16(=(11101)_2).$$

然后陆续算出

$$\begin{aligned}
1907^1 &= 1907,\\
1907^2 &= 476+1381\times 2633\equiv 476\pmod{2633},\\
476^2 &= 138+86\times 2633\equiv 138\pmod{2633},\\
138^2 &= 613+7\times 2633\equiv 613\pmod{2633},\\
613^2 &= 1883+142\times 2633\equiv 1883\pmod{2633}.
\end{aligned}$$

从而

$$\begin{aligned}
1907^{29} &= 1907\times 1907^4\times 1907^8\times 1907^{16}\\
&\equiv 1907\times 138\times 613\times 1883\\
&\equiv 2499\times 613\times 1883\\
&\equiv 2114\times 1883\\
&\equiv 2199\pmod{2633},
\end{aligned}$$

即

$$1907^{29}\equiv 2199\pmod{2633}.$$

用乘方加密时,先选定一个素数 p 作为模,例如 $p=2633$,再取一个与 $p-1=2632$ 互质的数 e 作为幂指数,例如 $e=29$,这时,一段话

THIS IS AN EXAMPLE

先译为数码(四个一组)

$$\begin{matrix} 1907 & 0818 & 0818 & 0013 \\ 0423 & 0012 & 1511 & 0423 \end{matrix} \tag{3}$$

(最后添上字母 X,即数码 23,补足四位.)

将每个四位的数码 P 变为 C,$C\equiv P^{29}(\bmod 2633)$.例如

$$2199 \equiv 1907^{29}(\bmod 2633).$$

类似地得到其他数码 P 变成的 C,即(3)变成

$$\begin{matrix} 2199 & 1745 & 1745 & 1206 \\ 2437 & 2425 & 1729 & 2437 \end{matrix} \tag{4}$$

为了将(3)解密,需要找一个整数 d,满足

$$de \equiv 1(\bmod p-1) \quad (0 \leqslant d < 2632).$$

对于 $p=2633$,$e=29$,d 满足 $29d\equiv 1(\bmod 2632)$,解出(参见练习 6 第 1(3)题)

$$d = 2269.$$

于是,对(4)中每一个四元组 C,有

$$C^d \equiv (P^e)^d \equiv P^{ed} \equiv P(\bmod 2633).$$

例如上面 $P^e\equiv 2199(\bmod 2633)$.用例 1 的方法可算出 $2199^{2269}\equiv 1907(\bmod 2633)$.

上述计算稍繁,但用手机上的科学计算器即可轻松完成.对于通常使用的高速电子计算机来说,只是瞬间的事.

上面的方法,加密的一方需要知道加密的密钥 e 和素数 p(往往得很大的素数),而解密的一方需要知道解密的密钥 d 和素数 p.当然,如果解密的一方知道 e 与 p,也能用上面的方法算出 d,从而解码.但如果 e,p(或 d,p)只知其一,那是很难破解的,尤其在 p 很大时,连机器也为之束手无策.

Rivest、Shamir 与 Adleman 进一步发明了公开密钥体系.他们用两个不同的大素数 p,q 的积 $n=pq$ 作为模,代替上面的素数 p,密钥 $e(0<e<\varphi(n))$则与 $\varphi(n)=(p-1)(q-1)$互素.

同样地,对于任一四位的块 P,令

$$C \equiv P^e(\bmod n) \quad (0 < C < n),$$

而解密的密钥 d 满足

$$de \equiv 1(\bmod p(n)),$$

这时

$$C^d \equiv P^{de} \equiv P(\bmod n).$$

例如 PUBLIC KEY 先译为数码

$$1520\quad 0111\quad 0802\quad 1004\quad 2423$$

(每四位一组,最后用23补足.)

取 $n=43\times 59=2537$(实际上采用远远大于这两个数的素数,这里为了说明方法,所取的素数43,59比较小),$e=13$,由

$$C\equiv P^{13}(\bmod 2537)$$

给出的数码为

$$0095\quad 1648\quad 1410\quad 1299\quad 1084$$

而解密的密钥 d 满足 $0<d<42\times 58$ 及

$$13d\equiv 1(\bmod 42\times 58),$$

解出 $d=937$(参见练习6第1(4)题).

有了 n 和 d 即可解密.

注意现在可以将 n,e 均公开,在 n 为很大的合数(两个大素数 p,q 的积)时,分解 n 是一件极困难的事.用那时的计算机计算,如果 n 的位数为75,则需要104天;如果 n 的位数为100,则需要74年;如果 n 的位数为300,则需要 4.9×10^{13} 个世纪.

所以可以放心大胆地将 n 与 e 公开,不怕敌方破解,"公开密钥"就由此得名.

练 习 9

1. 由第2节例3知6是41的原根.

(i) 建立以6为底的指数表(mod 41).

(ii) 求出3 mod 41的阶.

(iii) 求出 $\mathrm{ind}_6 23$ 与 $\mathrm{ind}_7 23$.

2. 解方程:

(i) $13^x\equiv 5(\bmod 23)$.

(ii) $3x^{14}\equiv 2(\bmod 23)$.

(iii) $2^x\equiv x(\bmod 13)$.

3. $f(x)$是一个首项系数为1的整系数多项式,n 为大于1的自然数.问 $f(x)\equiv 0(\bmod n)$是否一定有解?

4. p 为奇质数,α 为大于1的自然数,g 是mod p^2 的原根,证明:g 也是 mod $p^{\alpha-1}$ 的

原根.

5. 求一个自然数 g,使得对所有的自然数 α,g 是 11^{α} 的原根.

6. 求 $12^{7}+17^{27}$ 除以 31 所得的余数.

7. 设 n 的分解式为

$$n = 2^{u_0} p_1^{u_1} p_2^{u_2} \cdots p_r^{u_r} \quad (u_0 \geqslant 0, u_j \geqslant 1, j = 1,2,\cdots,r).$$

证明:方程

$$x^k \equiv 1 (\mathrm{mod}\ n)$$

对所有 $x \in \mathbb{Z}_n^*$ 均成立时,k 的最小值为

$$k = [\varphi(2^{\lambda}), \varphi(p_1^{u_1}), \varphi(p_2^{u_2}), \cdots, \varphi(p_r^{u_r})],$$

其中

$$\lambda = \begin{cases} u_0 - 1, & 若\ u_0 > 2, \\ u_0, & 若\ u_0 \leqslant 2. \end{cases}$$

若 $n=39816$,k 为多少?

8. 求 423^{29} 除以 2633 所得的余数 $r(0 \leqslant r < 2633)$.

9. 设 $n=pq=4386607$,$\varphi(n)=4382136$,求质数 p,q.

10. 设 p 为质数,g 为 p 的一个原根,并且 $g^2 \equiv g+1 (\mathrm{mod}\ p)$. 证明:$g-1$ 也是 p 的原根.

11. 设 q 为质数,p 为 a^q-1 的质因数. 证明:$p \equiv 1 (\mathrm{mod}\ q)$ 或 $a \equiv 1 (\mathrm{mod}\ p)$.

12. 设 q 为质数,$b=a^{q^{k-1}}(k \in \mathbb{N})$. 证明:$1+b+b^2+\cdots+b^{q-1}$ 的质因数 p 满足 $p=q$ 或 $p \equiv 1 (\mathrm{mod}\ q^k)$.

13. 若 $x^{78} \equiv 1 (\mathrm{mod}\ n)$ 对一切 $x \in \mathbb{Z}_n^*$ 均成立,求 n 的最大值.

14. 若 k 为已知自然数,且 $x^k \equiv 1 (\mathrm{mod}\ n)$ 对一切 $x \in \mathbb{Z}_n^*$ 均成立,求 n 的最大值.

解　答　9

1. (ⅰ) $6^2=36, 6^3 \equiv 11, 6^4 \equiv 25, 6^5 \equiv 27, 6^6 \equiv 39, 6^7 \equiv 29, 6^8 \equiv 10, 6^9 \equiv 19, 6^{10} \equiv 32, 6^{11} \equiv 28, 6^{12} \equiv 4, 6^{13} \equiv 24, 6^{14} \equiv 21, 6^{15} \equiv 3, 6^{16} \equiv 18, 6^{17} \equiv 26, 6^{18} \equiv 33, 6^{19} \equiv 34, 6^{20} \equiv 40, 6^{20+k} \equiv 41-6^k (\mathrm{mod}\ 41)$.

从而得表 9.4.

表 9.4

a	1	2	3	4	5	6	7	8	9	10	11	12	13	14	15	16	17	18	19	20
$\text{ind}_6\, a$	40	26	15	12	22	1	39	38	30	8	3	27	31	25	37	24	33	16	9	34
a	21	22	23	24	25	26	27	28	29	30	31	32	33	34	35	36	37	38	39	40
$\text{ind}_6\, a$	14	29	36	13	4	17	5	11	7	23	28	10	18	19	21	2	32	35	6	20

（ⅱ）由表 9.4 得 $3\equiv 6^{15}$，$(40,15)=5$，所以 3 的阶为 $\dfrac{40}{5}=8$.

（ⅲ）由表 9.4 得

$$\text{ind}_6\, 23 = 36,\quad \text{ind}_6\, 7 = 39.$$

由换底公式得

$$\text{ind}_7\, 23 \equiv \frac{\text{ind}_6\, 23}{\text{ind}_6\, 7} \equiv \frac{36}{39} \equiv -36 \equiv 4 \pmod{40}.$$

2.（ⅰ）取对数得

$$14x \equiv 1 \pmod{22},$$

但 $2\mid 14$，$2\mid 22$，而 $2\nmid 1$，所以无解.

（ⅱ）取对数得（$y=\text{ind}\ x$）

$$16 + 14y \equiv 2 \pmod{22},$$

即

$$7y \equiv -7 \pmod{11},$$
$$y \equiv -1 \equiv 10 \pmod{11},$$
$$y \equiv 10,21 \pmod{22},$$
$$x \equiv 9,14 \pmod{23}.$$

（ⅲ）2 为 mod 13 的原根，在表 9.2 中查出

$$2^{10} \equiv 10 \pmod{13},$$

所以 $x=10$ 是一解.

但并非只有这一解，事实上，对于满足 $2^d\equiv a \pmod{13}$ 的每一对 a，d，均存在 k，h，使得

$$a + 13k = d + 13h. \tag{1}$$

取 $k=h=d-a$，则(1)成立，所以

$$x \equiv a + 13k \equiv 13d - 12a \pmod{156}.$$

（$156=12\times 13$ 是 12，13 的最小公倍数.）

对于$(a,d)=(1,12)$，$(2,1)$，$(3,4)$，$(4,2)$，$(5,9)$，$(6,5)$，$(7,11)$，$(8,3)$，$(9,8)$，

(10,10),(11,7),(12,6),分别得到

$$
\begin{aligned}
x &\equiv 13\times 12-12=144,\\
x &\equiv 13\times 1-12\times 2=-11\equiv 145,\\
x &\equiv 13\times 4-12\times 3=16,\\
x &\equiv 13\times 2-12\times 4=-22\equiv 134,\\
x &\equiv 13\times 9-12\times 5=57,\\
x &\equiv 13\times 5-12\times 6=-7\equiv 149,\\
x &\equiv 13\times 11-12\times 7=59,\\
x &\equiv 13\times 3-12\times 8=-57\equiv 99,\\
x &\equiv 13\times 8-12\times 9=-4\equiv 152,\\
x &\equiv 13\times 10-12\times 10=10,\\
x &\equiv 13\times 7-12\times 11=-41\equiv 115,\\
x &\equiv 13\times 6-12\times 12=-66\equiv 90 \pmod{156}.
\end{aligned}
$$

所以本题的解为 144,145,16,134,57,149,59,99,152,10,115,90(mod 156).

3. 不一定有解.如 $f(x)=x^2-3$, $n=8$ 时就没有解,因为 $x^2\equiv 0,1,4 \pmod 8$.

4. 设 $g \bmod p^{\alpha-1}$ 的阶为 d,则

$$d \mid \varphi(p^{\alpha-1})=p^{\alpha-2}(p-1). \tag{1}$$

由

$$g^d\equiv 1 \pmod{p^{\alpha-1}},$$

得

$$g^d=1+kp^{\alpha-1}\quad (k\in\mathbb{Z}),$$

所以

$$
\begin{aligned}
g^{dp} &= (1+kp^{\alpha-1})^p\\
&= 1+kp^{\alpha}+\frac{p(p-1)}{2}k^2p^{2\alpha-2}\\
&\equiv 1 \pmod{p^{\alpha}}.
\end{aligned}
$$

因为 g 为 mod p^α 的原根,所以

$$\varphi(p^\alpha)\mid dp,$$

即 $p^{\alpha-1}(p-1)\mid dp$.与(1)比较即得 $d=p^{\alpha-2}(p-1)$,所以 g 也为 mod $p^{\alpha-1}$ 的原根.

5. 在第 2 节开始已指出 2 是 11 的原根.

又 $2^{10}=1024=1+11\times 93=1+5\times 11+8\times 11^2$,因此由第 3 节定理 1 的证明知 2 是对一切 $\alpha>1$, mod 11^α 的原根.

6. 由表 9.2 得 $12\equiv 3^{19} \pmod{31}$,所以

$$12^7 \equiv 3^{19\times7} = 3^{133} \equiv 3^{13} \equiv 24 \pmod{31}.$$

同理可得

$$17^{27} \equiv 3^{7\times27} = 3^{189} \equiv 3^9 \equiv 29 \pmod{31}.$$

所以

$$12^7 + 17^{27} \equiv 24 + 29 \equiv 22 \pmod{31},$$

即所求余数为22.

7. 设 $x\in\mathbb{Z}_n^*$,则 $x\in\mathbb{Z}_{p_j}^*(1\leqslant j\leqslant r)$.

因为 $\varphi(p_j^{u_j})\mid k$,所以

$$x^k \equiv 1 \pmod{p_j^{u_j}} \quad (1\leqslant j\leqslant r). \tag{1}$$

在 $u_0=1$ 或 2 时,x 为奇数,

$$x^{\varphi(2^\lambda)} = x^\lambda \equiv 1 \pmod{2^{u_0}}. \tag{2}$$

在 $u_0>2$ 时,由第3节定理2得

$$x^{\varphi(2^\lambda)} \equiv 1 \pmod{2^{u_0}}, \tag{3}$$

所以

$$x^k \equiv 1 \pmod{n}. \tag{4}$$

反之,设(4)对一切 $x\in\mathbb{Z}_n^*$ 均成立,则(1)对一切 $x\in\mathbb{Z}_{p_j}^*$ 均成立.取 $x=g_j$ 为 mod $p_j^{u_j}$ 的原根,则由

$$g_j^k \equiv 1 \pmod{p_j^{u_j}},$$

得

$$\varphi(p_j^{u_j}) \mid k \quad (1\leqslant j\leqslant r).$$

再由第3节定理2知存在 x,阶为 $\varphi(2^\lambda)$,$\varphi(2^\lambda)\mid k$.因此$[\varphi(2^\lambda),\varphi(p_1^{u_1}),\cdots,\varphi(p_r^{u_r})]\mid k$.从而 k 的最小值为$[\varphi(2^\lambda),\varphi(p_1^{u_1}),\cdots,\varphi(p_r^{u_r})]$.又

$$n = 39816 = 2^3\times3^2\times7\times79,$$

$$\varphi(2^3) = 2,\quad \varphi(3^2) = 3\times2,\quad \varphi(7) = 6,\quad \varphi(79) = 78,$$

所以 $k=78$.

8.

$$13 = 8+4+1,$$

$$2423^2 = 5870929 \equiv 311,$$

$$311^2 = 96721 \equiv 315,$$

$$315^2 = 99225 \equiv 282,$$

$$r \equiv 2423^{8+4+1} \equiv 2423\times315\times282 \equiv 1084 \pmod{2537}.$$

9. 因为

$$\begin{aligned}4382136 &= \varphi(n) = (p-1)(q-1)\\ &= 4386607 - p - q + 1,\end{aligned}$$

所以

$$\begin{aligned}&p + q = 4472,\\ &(p-q)^2 = (p+q)^2 - 4n = 4472^2 - 4 \times 4386607,\\ &|p-q| = \sqrt{2452356} = 1566,\\ &\{p,q\} = \{3019,1453\}.\end{aligned}$$

10. 因为 $g^2 \equiv g+1 \pmod p$，所以

$$g(g-1) \equiv 1 \pmod p.$$

设 $g-1 \pmod p$ 的阶为 b，则 $b \mid (p-1)$，并且 $(g-1)^b \equiv 1 \pmod{11}$，所以

$$g^b \equiv g^b(g-1)^b = (g(g-1))^b \equiv 1^b \equiv 1 \pmod p.$$

因为 g 为原根，所以 $(p-1) \mid b$. 从而 $b = p-1$，$g-1$ 为原根.

11. 因为 $a^q \equiv 1 \pmod p$，所以 $a \pmod p$ 的阶 d 整除 q. 又 q 为质数，所以 $d=1$ 或 $d=q$. $d=1$ 时，$a \equiv 1 \pmod p$；$d=q$ 时，由于 $a^{p-1} \equiv 1 \pmod p$，所以 $q \mid (p-1)$.

12. 若 $b \equiv 1 \pmod p$，则 $1+b+\cdots+b^{q-1} \equiv q \equiv 0 \pmod p$，所以 $p=q$.

若 $b \not\equiv 1 \pmod p$，则 $a^{q^{k-1}} \not\equiv 1 \pmod p$，而 $1+b+\cdots+b^{q-1} = \dfrac{b^q-1}{b-1} \equiv 0 \pmod p$，所以 $b^q \equiv 1$，$a^{q^k} = b^q \equiv 1 \pmod p$.

因此 $a \pmod p$ 的阶是 q^k，$q^k \mid (p-1)$，即 $p \equiv 1 \pmod{q^k}$.

13. $78 = 2 \times 3 \times 13$.

第 7 题已有 $n = 2^3 \times 3^2 \times 7 \times 79 = 39816$ 时，$x^{78} \equiv 1 \pmod n$ 对一切 $x \in \mathbb{Z}_n^*$ 成立.

另一方面，设 $x^{78} \equiv 1 \pmod n$ 对一切 $x \in \mathbb{Z}_n^*$ 成立，则对奇质数 p，$p^n \parallel n$，有

$$x^{78} \equiv 1 \pmod{p^u}.$$

取 x 为 mod p^u 的原根，得 $\varphi(p^u) \mid 78$.

满足 $u>1$ 且 $\varphi(p^u) \mid 78$ 的奇质数 p 只有 3.

满足 $\varphi(p) \mid 78$ 的奇质数 p 只有 3，7，79.

于是 $n = 2^{\alpha_0} 3^{\alpha_1} 7^{\alpha_2} 79^{\alpha_3}$.

因为 $3^{78} \equiv 3^{2+4\times 14} \equiv 3^2 = 9 \not\equiv 1 \pmod{2^4}$，所以 $2^4 \nmid n$，$\alpha_0 \leqslant 3$.

取 3^3 的原根 g，则 $\varphi(3^3) = 3^2 \times 2 \nmid 78$，所以 $9^{78} \not\equiv 1 \pmod{3^3}$，$3^3 \nmid n$，$\alpha_1 \leqslant 2$.

同理可得 $7^2 \nmid n$（因为 $\varphi(7^2) \nmid 78$），$79^2 \nmid n$，即 $\alpha_2 \leqslant 1$，$\alpha_3 \leqslant 1$.

因此 n 的最大值为 $2^3 \times 3^2 \times 7 \times 79 = 39816$.

14. 设 p 为奇质数，$\varphi(p^u) \mid k$，而 $\varphi(p^{u+1}) \nmid k$（n 为自然数），则所求为

$$n = 2^h \prod_{\text{上述}p} p^u, \quad h = \begin{cases} 1, & \text{若 } k \text{ 为奇数},\\ a+2, & \text{若 } 2^a \parallel k, a \geqslant 1.\end{cases}$$

证明与第13题类似.

首先,对于奇质数 $p\mid n$,因为 $\varphi(p^u)\mid k$,所以

$$x^k\equiv 1(\bmod p^k).$$

在 $2^a\parallel k,a\geqslant 1$ 时,

$$x^{2^{h-2}}=x^{2^a}\equiv 1(\bmod 2^h),$$

所以 $x^k\equiv 1(\bmod 2^h)$.

因此 $x^k\equiv 1(\bmod n)$.

其次,若 k 为奇数,则 $3^k\not\equiv 1(\bmod 4)$,$4\nmid n$.

若 $2^a\parallel k,a\geqslant 1$,则由第3节定理2知 $x \bmod 2^{a+3}$ 的阶为 2^{a+1},因此 $2^{h+1}\nmid n$.

若 p 为奇素数,$\varphi(p^u)\mid k$,而 $\varphi(p^{u+1})\nmid k$,则对 $\bmod p^{k+1}$ 的原根 g,$g^{\varphi(p^u)}\not\equiv 1(\bmod p^{u+1})$,因此 $p^{u+1}\nmid n$.

综上所述,n 的最大值为 $2^h\prod\limits_{\text{上述}p}p^u$.

第 10 章 高次不定方程

第6章讨论了一次不定方程.

本章研讨高次不定方程. 它的内容远比一次不定方程广泛、深刻，而且有许多尚未解决的问题.

1. 勾 股 数

我国古人很早就知道“勾三股四弦五”，即如果直角三角形的直角边为 3 与 4，那么斜边为 5. 数字 3，4，5 满足

$$3^2+4^2=5^2.$$

一般地，直角三角形两条直角边的平方和等于斜边的平方. 这称为勾股定理. 国外多称之为毕达哥拉斯定理(Pythagoras，约前 580—前 500). 据说当年毕氏发现这个定理时，惊喜若狂，杀了一百头牛庆祝. 所以这一定理也称为百牛定理.

满足

$$x^2+y^2=z^2 \tag{1}$$

的正整数 x,y,z 称为勾股数.

5，12，13；7，24，25；33，56，65；…都是勾股数.

一般地，设正整数 x,y,z 满足(1)，我们求出 x,y,z 的表达式.

如果 x 是奇数，那么 y,z 一奇一偶. 在 y 奇 z 偶时，

$$x^2+y^2\equiv 1+1=2 \pmod 4),$$

$$z^2\equiv 0 \pmod 4).$$

与(1)矛盾，所以 y 偶 z 奇. 因此 x,y 中至少有一个是偶数，不妨设 y 为偶数.

由(1)得

$$y^2=z^2-x^2, \tag{2}$$

通过分解因式，(2)可化为

$$\frac{z+x}{y}=\frac{y}{z-x}. \tag{3}$$

$\frac{z+x}{y}$ 中 $z+x,y$ 都是正整数，经过约分后成为既约分数 $\frac{a}{b}$，其中 a,b 都是自然数，而且互质. 因此，由(3)得

$$\begin{cases} az-ax=by, & (4)\\ bz+bx=ay. & (5)\end{cases}$$

将(4)、(5)看作关于 z,x 的方程组(a,b,y 作为已知数),解得

$$z=\frac{a^2+b^2}{2ab}y,$$

$$x=\frac{a^2-b^2}{2ab}y.$$

注意到$(a,a^2+b^2)=(a,b^2)=1$,$(b,a^2+b^2)=(b,a^2)=1$,而 z 为整数,所以a,b 都是整数$\frac{y}{2}$的约数,即$\frac{y}{2ab}$是整数.设

$$y=2ab\cdot d \quad (d\text{ 为自然数}), \tag{6}$$

则

$$x=(a^2-b^2)d, \tag{7}$$

$$z=(a^2+b^2)d. \tag{8}$$

(6)、(7)、(8)就是勾股数的表达式,其中 a,b,d 都是任意的自然数,a,b 互质(这一约束可以取消),$a>b$.

例如,取 $a=8,b=5,d=1$,得 $x=39,y=80,z=89$.

如果勾股数 x,y,z 两两互质,那么 x,y,z 就称为本原的勾股数.显然勾股数 x,y,z 中,只要有两个互质,那么剩下的一个也与它们都互质.如果 x,y,z 是本原的,那么公式(6)、(7)、(8)中 $d=1$,$(a,b)=1$,而且 y 是偶数,x 是奇数,a,b 一奇一偶.

边长都是正整数的直角三角形称为勾股三角形.

例1 证明:对任意正整数 n,存在 n 个勾股三角形,面积相同,互不全等.

证明 $a=3,b=4,c=5$ 是一个勾股三角形.

假设已有 n 个勾股三角形,边长满足 $a_k<b_k<c_k(k=1,2,\cdots,n)$,面积相同,而斜边 $c_k(k=1,2,\cdots,n)$互不相同.

令

$$a'_k=2c_1(b_1^2-a_1^2)a_k,\quad b'_k=2c_1(b_1^2-a_1^2)b_k,\quad c'_k=2c_1(b_1^2-a_1^2)c_k,$$

$$a_{n+1}=(b_1^2-a_1^2)^2,\quad b_{n+1}=4a_1b_1c_1^2,\quad c_{n+1}=4a_1^2b_1^2+c_1^4,$$

则

$$a_k'^2+b_k'^2=4c_1^2(b_1^2-a_1^2)^2c_k^2=c_k'^2,$$

$$\begin{aligned}a_{n+1}^2+b_{n+1}^2&=(b_1^2-a_1^2)^4+16a_1^2b_1^2c_1^4\\&=(c_1^4-4a_1^2b_1^2)^2+16a_1^2b_1^2c_1^4\\&=c_1^8+8a_1^2b_1^2c_1^4+16a_1^4b_1^4=c_{n+1}^2,\end{aligned}$$

所以(a'_k,b'_k,c'_k) $(k=1,2,\cdots,n)$,$(a_{n+1},b_{n+1},c_{n+1})$组成 $n+1$ 个勾股三角形.斜边 $2c_1(b_1^2-a_1^2)c_k(k=1,2,\cdots,n)$为不等的偶数,而 c_{n+1}为奇数.这 $n+1$ 个勾股三角形的

面积均为$2a_1b_1c_1^2(b_1^2-a_1^2)^2$.

例 2 证明:存在无穷多个直角三角形,边长为有理数,互不全等,并且面积都是 6.

证明 在上题中,存在 n 个直角三角形,边长为整数,互不全等,并且面积都是 6 的倍数乘以平方数,即 $6m^2$.将边长除以 m,即得到 n 个直角三角形,其边长为有理数,互不全等,并且面积都是 6.

这种三角形的个数应为无穷.假如最多只有 k 个,那么取 $n>k$ 就产生矛盾.

例 3 证明:勾股三角形的面积不能是平方数.

证明 假设有一个勾股三角形的面积为平方数,它的三边为自然数 x,y,z,且 $x^2+y^2=z^2$,面积 $\Delta=\frac{1}{2}xy$ 为平方数k^2.

如果$(x,y)=d$,那么 $\Delta=\frac{1}{2}\left(\frac{x}{d}\right)\left(\frac{y}{d}\right)d^2$ 被 d^2 整除.分别用$\frac{x}{d},\frac{y}{d},\frac{z}{d},\frac{\Delta}{d}$代替$x,y,z,\Delta$,即用相似比为 $1:d$ 的三角形代替原来的三角形,面积仍为平方数$\left(\frac{k}{d}\right)^2$.因此可设$(x,y,z)$是本原的.

由勾股数的公式可设

$$x=a^2-b^2,\quad y=2ab,\quad z=a^2+b^2,$$

且$(a,b)=1$,a,b 一奇一偶,从而 $a,b,a+b,a-b$ 两两互质.因为

$$k^2=\frac{1}{2}xy=(a-b)(a+b)ab,$$

所以 $a,b,a+b,a-b$ 都是平方数.

设 $a=p^2,b=q^2,a+b=u^2,a-b=v^2$,则

$$(u+v)(u-v)=u^2-v^2=2q^2.$$

因为 u,v 都是奇数,所以 $u-v,u+v$ 都是偶数,且

$$(u-v,u+v)=(u-v,2u)=2(u-v,u)=2(u,v)=2.$$

从而 $u-v,u+v$ 中一个是 $2r^2$,另一个是 $4s^2$.

因为

$$\begin{aligned}(r^2)^2+(2s^2)^2&=\frac{1}{4}((2r^2)^2+(4s^2)^2)\\&=\frac{1}{4}((u-v)^2+(u+v)^2)\\&=\frac{1}{2}(u^2+v^2)\\&=\frac{1}{2}((a+b)+(a-b))\\&=a=p^2,\end{aligned}$$

所以 $r^2, 2s^2, p$ 组成勾股三角形，其面积为

$$\frac{1}{2}r^2 \times (2s^2) = r^2 s^2.$$

而

$$r^2 s^2 = \frac{1}{4}q^2 = \frac{1}{4}b < (a^2 - b^2)ab = \Delta,$$

即我们得出一个新的勾股三角形，面积仍为平方数，但小于原来的勾股三角形的面积.

同样，由这个新的勾股三角形又可得出一个更新的面积更小（但仍为平方数）的勾股三角形，如此无限递降下去. 但这与自然数的最小数原理矛盾，因此面积为平方数的勾股三角形不存在.

这就是 Fermat 爱用的无穷递降法. 在表述上，也可先设定一开始的勾股三角形面积已经最小，然后造出一个面积更小（面积仍为平方数）的勾股三角形，这就产生了矛盾.

无穷递降法实质上就是数学归纳法，只是归纳法是由小到大（由 1 到 n），无限递降法则由大到小. 归纳法可用于否定一个命题，也可用于证明一个命题成立. 无穷递降法则用于否定（当然，否定命题 P 即肯定命题 $\bar{P}$）.

例 4　证明：对每个正整数 n，存在 n 个互不全等的勾股三角形，周长相同.

证明　取 n 个本原的勾股三角形 (a_k, b_k, c_k) $(k=1,2,\cdots,n)$，周长分别为 $s_k = a_k + b_k + c_k$ $(k=1,2,\cdots,n)$. 令

$$s = s_1 s_2 \cdots s_n,$$

$$a'_k = \frac{a_k s}{s_k}, \quad b'_k = \frac{b_k s}{s_k}, \quad c'_k = \frac{c_k s}{s_k},$$

则 (a'_k, b'_k, c'_k) 仍为勾股三角形，周长均为 s.

因为 (a'_k, b'_k, c'_k) 所成三角形与 (a_k, b_k, c_k) 所成三角形相似 $(k=1,2,\cdots,n)$，而本原的勾股数 $(a_1, b_1, c_1), (a_2, b_2, c_2), \cdots, (a_n, b_n, c_n)$ 所成三角形互不相似，所以 $(a'_1, b'_1, c'_1), (a'_2, b'_2, c'_2), \cdots, (a'_n, b'_n, c'_n)$ 互不相似，当然也互不全等.

例 5　证明：对正整数 n 及边长为 a, b, c 的勾股三角形，存在一个相似的勾股三角形，每条边长都是幂，幂指数都大于 n（不一定相同）.

证明　将每条边乘以 $a^x b^y c^z$，其中 x, y, z 为给定的正整数，得出相似的勾股三角形，希望

$$x + 1 \equiv 0 \pmod{2n}, \tag{9}$$

$$x \equiv 0 \pmod{2n-1}, \tag{10}$$

$$x \equiv 0 \pmod{2n+1}. \tag{11}$$

由(10)、(11)得 $x=k(2n-1)(2n+1)$，代入(9)得

$$-k+1\equiv 0(\mathrm{mod}\ 2n).$$

取 $k=1$，即 $x=4n^2-1$，则 $a\cdot a^x=(a^{2n})^{2n}$.

同样，由

$$y+1\equiv 0(\mathrm{mod}\ 2n-1),$$
$$y\equiv 0(\mathrm{mod}\ 2n),$$
$$y\equiv 0(\mathrm{mod}\ 2n+1),$$

得 $y=2n(n-1)(2n+1)$，$b\cdot b^y=(b^{2n^2-1})^{2n-1}$.

由

$$z+1\equiv 0(\mathrm{mod}\ 2n+1),$$
$$z\equiv 0(\mathrm{mod}\ 2n),$$
$$z\equiv 0(\mathrm{mod}\ 2n-1),$$

得 $z=2n^2(2n-1)$，$c\cdot c^z=(c^{2n^2-2n+1})^{2n+1}$.

于是

$$a^{x+1}b^yc^z=(a^{2n}b^{(n-1)(2n+1)}c^{n(2n-1)})^{2n},$$
$$a^xb^{y+1}c^z=(a^{2n+1}b^{2n^2-1}c^{2n^2})^{2n-1},$$
$$a^xb^yc^{z+1}=(a^{2n-1}b^{2n(n-1)}c^{2n^2-2n+1})^{2n+1}$$

均为幂指数大于 n 的幂. 而($a^{x+1}b^yc^z, a^xb^{y+1}c^z, a^xb^yc^{z+1}$)是与原三角形相似的勾股三角形.

例 6 有无本原的勾股三角形，周长为整数的幂，幂指数为给定的正整数 n？

解 设 $a,b(a>b)$为互质的自然数，则 $a^2-b^2, 2ab, a^2+b^2$ 三条边组成本原的勾股三角形，周长

$$s=(a^2-b^2)+2ab+(a^2+b^2)=2a(a+b).$$

取自然数 $t>n$，则 $a=2^{n-1}t^n$ 为偶数，且

$$2^n-\left(2-\frac{1}{t}\right)^n=\left(2-\left(2-\frac{1}{t}\right)\right)\left(2^{n-1}+2^{n-2}\left(2-\frac{1}{t}\right)+\cdots+\left(2-\frac{1}{t}\right)^{n-1}\right)$$
$$<\frac{1}{t}\cdot t2^{n-1}=2^{n-1},$$

即

$$\left(2-\frac{1}{t}\right)^n>2^n-2^{n-1}=2^{n-1},$$

所以

$$(2t-1)^n>2^{n-1}t^n=a.$$

令 $b=(2t-1)^n-a$，则 b 为正整数．又 a 为偶数，所以 b 为奇数．从而

$$s=2a(a+b)=2^n t^n(2t-1)^n,$$

$$(a,b)=(t^n,(2t-1)^n)=(t,1)=1.$$

因此 a,b 符合上述要求，即有无穷多个本原的勾股三角形，周长为 n 次幂．

例7　求面积与周长相等的勾股三角形．

解　设边长为$(x,y,z)(x\leqslant y)$，则

$$\begin{cases}x^2+y^2=z^2, & (12)\\ x+y+z=\dfrac{1}{2}xy. & (13)\end{cases}$$

由(13)得

$$z=\frac{1}{2}xy-x-y,$$

代入(12)得

$$4x^2+4y^2=(xy-2x-2y)^2,$$

整理(约去不为零的因式 xy)得

$$xy-4(x+y)+8=0,$$

即

$$(x-4)(y-4)=8,$$

从而

$$(x,y)=(5,12)\text{或}(6,8),$$

故所求三角形为(5,12,13)或(6,8,10)．

例8　求出所有边长为有理数，且面积与周长相等的直角三角形，并说明其个数是有限的还是无限的．

解　将三角形的边长扩大到 d 倍，使各边均为整数且互质，这时边长分别为

$$x=m^2-n^2,\quad y=2mn,\quad z=m^2+n^2,$$

其中 m,n 为正整数，互质，且一奇一偶，$m>n$．

由题意得

$$d(x+y+z)=\frac{1}{2}xy,$$

即

$$d\cdot 2m(m+n)=mn(m^2-n^2),$$

所以

$$d=\frac{n(m-n)}{2}.$$

原三角形的边长分别为

$$\frac{x}{d}=\frac{2(m+n)}{n},\quad \frac{y}{d}=\frac{4m}{m-n},\quad \frac{z}{d}=\frac{2(m^2+n^2)}{n(m-n)}.$$

由 m,n 的任意性知这样的直角三角形有无穷多个.

2. 平方数的和与差

本节讨论与平方数的和、差有关的不定方程.

例 1 证明:任两个正整数的平方和与平方差不能同为平方数.

证明 设 x,y,u,v 为正整数,并且

$$\begin{cases}x^2+y^2=u^2, & (1)\\ x^2-y^2=v^2. & (2)\end{cases}$$

在这种正整数 u 中,取 u 为最小的.这时 x,y 当然互质,一奇一偶,u,v 同为奇数,并且

$$(u^2,v^2)=(x^2+y^2,x^2-y^2)=(x^2,y^2)=1.$$

因为

$$x^2=\frac{1}{2}(u^2+v^2)=\left(\frac{u+v}{2}\right)^2+\left(\frac{u-v}{2}\right)^2,$$

所以由勾股数的结论得

$$\frac{u+v}{2}=m^2-n^2,\quad \frac{u-v}{2}=2mn$$

或

$$\frac{u+v}{2}=2mn,\quad \frac{u-v}{2}=m^2-n^2,$$

其中 m,n 互质,且一奇一偶.

从而

$$y^2=\frac{1}{2}(u^2-v^2)=2\times\frac{u+v}{2}\times\frac{u-v}{2}=4mn(m^2-n^2).$$

因为 m,n 互质,所以

$$m=p^2,\quad n=q^2,\quad m^2-n^2=r^2,$$

$m+n$,$m-n$ 也都是平方数,即 p^2+q^2,p^2-q^2 也都是平方数.但 $p^2+q^2<x^2+y^2$,这与 u 的最小性矛盾.

因此方程组(1)、(2)无正整数解.

与例1的结论相反,下面的方程组却有无穷多组正整数解.

例2　证明:方程组

$$\begin{cases} x^2+y^2=u^2+1, \\ x^2-y^2=v^2+1 \end{cases}$$

有无穷多组正整数解.

证明　取 $x=8m^4+1$,$y=8m^3$,则

$$\begin{aligned} x^2\pm y^2 &= (8m^4+1)^2\pm(8m^3)^2 \\ &= 16m^4(2m^2\pm1)^2+1. \end{aligned}$$

如果将 u^2+1,v^2+1 改为 u^2-1,v^2-1,情况又如何呢?

例3　方程组

$$\begin{cases} x^2+y^2=u^2-1, \\ x^2-y^2=v^2-1 \end{cases}$$

有无正整数解?若有,有多少组?若无,为什么?

解　因为

$$(2n^2)^2\pm(2n)^2=(2n^2\pm1)^2-1,$$

所以方程组有无穷多组正整数解.

例1中的 u^2-v^2 在例2中改为 u^2+1,v^2+1,在例3中改为 u^2-1,v^2-1.若改为 u^2+1,v^2-1,又如何呢?

例4　方程组

$$\begin{cases} x^2+y^2=u^2+1, \\ x^2-y^2=v^2-1 \end{cases}$$

有解,如

$$\begin{cases} 13^2+11^2=17^2+1, \\ 13^2-11^2=7^2-1, \end{cases}\quad \begin{cases} 89^2+79^2=119^2+1, \\ 89^2-79^2=41^2-1, \end{cases}$$

但不知是否有无穷多解.哪位读者知道?

例5　证明:有无穷多组平方数 x^2,y^2,z^2 满足

$$x^2+y^2,\quad y^2+z^2,\quad z^2+x^2$$

均为平方数.

证明

$$x = a(4b^2 - c^2),$$
$$y = b(4a^2 - c^2),$$
$$z = 4abc$$

满足条件,其中 a,b,c 为勾股数.

例 6 证明:有无穷多组平方数 x^2,y^2,z^2,t^2 满足

$$x^2 + y^2 + z^2, \quad x^2 + y^2 + t^2, \quad x^2 + t^2 + z^2, \quad y^2 + t^2 + z^2$$

均为平方数.

证明 令

$$x = (a^2 - 1)(a^2 - 9)(a^2 + 3),$$
$$y = 4a(a - 1)(a + 3)(a^2 + 3),$$
$$z = 4a(a + 1)(a - 3)(a^2 + 3),$$
$$t = 2a(a^2 - 1)(a^2 - 9),$$

则

$$x^2 + y^2 + z^2 = ((a^2 + 3)(a^4 + 6a^2 + 9))^2,$$
$$x^2 + y^2 + t^2 = ((a - 1)(a + 3)(a^4 - 2a^3 + 10a^2 + 6a + 9))^2,$$
$$x^2 + z^2 + t^2 = ((a + 1)(a - 3)(a^4 + 2a^3 + 10a^2 - 6a + 9))^2,$$
$$y^2 + z^2 + t^2 = (2a(3a^4 + 2a^2 + 27))^2.$$

下面讨论两个四次方的问题.

例 7 证明:方程 $x^4 - y^4 = z^4$ 无正整数解.

证明 若有正整数解,则

$$y^4 + z^4 = x^4.$$

不妨设$(x,y)=1$,这时$(y,z)=1$.由勾股数的结论得

$$x^2 = m^2 + n^2,$$
$$y^2 = m^2 - n^2 \text{ 或 } 2mn.$$

但由例 1 的结果,$y^2 = m^2 - n^2$ 不成立.

如果 $y^2 = 2mn$,那么

$$x^2 \pm y^2 = (m \pm n)^2,$$

仍与例 1 的结果矛盾.

推论 没有正整数对,它们的平方和与平方差均为平方数的 k 倍(k 为正整数).

证明 若 $x^2 + y^2 = ku^2, x^2 - y^2 = kv^2$,则

$$x^4 - y^4 = (kuv)^2,$$

与上面的结论矛盾.

例8　证明:没有勾股三角形的三条边都是平方数,即 $x^4+y^4=z^4$ 无正整数解.

证明　若有解,则

$$z^4-y^4=(x^2)^2,$$

与例7的结论矛盾.

于是,Fermat 大定理 $x^n+y^n=z^n(n>2)$ 无正整数解,在 $n=4$ 时被证明.

证明 $x^4+y^4=z^4$ 无正整数解的第一人是 Fermat. 正是为了证明这个命题,他发明了无穷递降法,参见下面的例9(例1也采用了这一方法).

例9　证明:方程 $x^4+y^4=z^2$ 无正整数解.

证明　设正整数 x,y,z 满足

$$x^4+y^4=z^2,\tag{3}$$

且 z 已最小.

如果有质数 $p\mid(x,y)$,则 $p^4\mid z^2,p^2\mid z$,

$$\left(\frac{x}{p}\right)^4+\left(\frac{y}{p}\right)^4=\left(\frac{z}{p^2}\right)^2$$

与 z 的最小性矛盾. 所以 $(x,y)=1$.

由勾股数的结果可设

$$x^2=a^2-b^2,\tag{4}$$

$$y^2=2ab,\tag{5}$$

$$z=a^2+b^2,\tag{6}$$

其中正整数 a,b 互质,且 a 奇 b 偶.

由(4)得 $x^2+b^2=a^2$,所以又有

$$x=c^2-d^2,$$

$$b=2cd,$$

$$a=c^2+d^2,$$

其中正整数 c,d 互质,且 c 奇 d 偶. 代入(5)得

$$y^2=4cd(c^2+d^2).$$

易知 c,d,c^2+d^2 两两互质,从而均为平方数.

设 $c=r^2,d=s^2,c^2+d^2=t^2$,则

$$r^4+s^4=t^2,$$

故 (r,s,t) 是(3)的另一组正整数解. 但由(6)知

$$t=\sqrt{a}<z,$$

这与 z 的最小性矛盾.

所以(3)无正整数解.

从而没有勾股三角形,勾与股皆为平方数.

例 10 证明:没有勾股三角形,面积为平方数的 2 倍.

证明 设勾股三角形的勾、股为

$$x = m^2 - n^2,$$

$$y = 2mn,$$

其中 m,n 为正整数,一奇一偶,并且$(m,n)=1$.

若面积

$$\frac{1}{2}xy = mn(m^2 - n^2) = 2u^2,$$

其中 u 为正整数,则因为

$$(m, m^2 - n^2) = (m, n) = 1,$$

$$(n, m^2 - n^2) = (n, m^2) = 1,$$

所以

$$mn = 2v^2$$

$$m^2 - n^2 = w^2$$

其中 v,w 为正整数,且 $vw = u$,即 $x = m^2 - n^2 = w^2$ 与 $y = 2mn = (2v)^2$ 均为平方数.这是不可能的.

3. Congruent 数

这里的“Congruent”怎么译?

Congruent 常译为同余,即我们前面已经多次说过的(第 3 章即已出现).但这里译为同余,似乎并不确切(意义完全不同).这里应当是和谐、调和、一致的意思.在几何公理中,这词被译为全等或合同.我们姑且称它为合同吧.

合同数的定义似乎也在变迁,最初是在自然数的范围中.

定义 1 设 h 是自然数,如果存在自然数 z,使得 $z^2 + h$,$z^2 - h$ 都是平方数,那么 h 就称为合同数(congruent number).

例如 $h=24$,这时 $z=5$.因为

$$5^2+24=49,\quad 5^2-24=1$$

都是平方数,所以 24 是合同数.

例子中的 5 是最常见的勾股三角形的斜边,而两条直角边为 3,4,面积为 6,24 是面积的 4 倍.

例 1　证明:如果 h 是一个勾股三角形的面积的 4 倍,那么 h 是合同数.

证明　设勾股三角形的三边分别为 x,y,z,则

$$\begin{aligned}h &= 2xy,\\ z^2+h &= x^2+y^2+2xy=(x+y)^2,\\ z^2-h &= x^2+y^2-2xy=(x-y)^2.\end{aligned}$$

例 1 的逆命题也成立.

例 2　证明:如果 h 是合同数,那么 h 是一个勾股三角形的面积的 4 倍.

证明　设 $z^2+h=a^2$,$z^2-h=b^2$,其中 a,b 都是自然数.

因为 a,b 奇偶性相同,所以 $a+b$,$a-b$ 都是偶数,$x=\frac{1}{2}(a+b)$,$y=\frac{1}{2}(a-b)$都是整数.又

$$\begin{aligned}x^2+y^2 &= \frac{1}{4}((a+b)^2+(a-b)^2)=\frac{1}{2}(a^2+b^2)\\ &= \frac{1}{2}(z^2+h+z^2-h)=z^2,\end{aligned}$$

所以 x,y,z 构成勾股三角形,并且

$$\begin{aligned}2h &= (z^2+h)-(z^2-h)=a^2-b^2\\ &= (a+b)(a-b)=2x\cdot 2y=8\times\frac{1}{2}xy,\end{aligned}$$

$h=2xy$ 是面积$\frac{1}{2}xy$ 的 4 倍.

于是,对每一组勾股数(x,y,z),都可得出一个合同数 $h=2xy$,而且每个合同数都可以这样得出.

至此,合同数的问题似乎已完全解决,但是一波方平,一波又起.数学家们是不喜欢风平浪静的,他们常常抛出新的问题,"兴风作浪".

"风浪"很容易"兴起",只需将定义稍作修改.

定义 2　设 h 是自然数,如果存在正有理数 r,使得 r^2+h,r^2-h 都是有理数的平方,那么 h 就称为合同数.

与定义 1 的差别在于"平方数(整数的平方)"放宽为"有理数的平方".差别虽小,影

响却甚大.现在关于合同数的研究波澜壮阔,而且与椭圆曲线、模函数等都产生了密切的联系.

以下所说的合同数即是定义 2 中所说的合同数.

例 3 证明:5,6,7 都是合同数

证明 因为

$$\left(\frac{41}{12}\right)^2+5=\left(\frac{49}{12}\right)^2,$$

$$\left(\frac{41}{12}\right)^2-5=\left(\frac{31}{12}\right)^2,$$

$$\left(\frac{5}{2}\right)^2+6=\left(\frac{7}{2}\right)^2,$$

$$\left(\frac{5}{2}\right)^2-6=\left(\frac{1}{2}\right)^2,$$

$$\left(\frac{337}{120}\right)^2+7=\left(\frac{463}{120}\right)^2,$$

$$\left(\frac{337}{120}\right)^2-7=\left(\frac{113}{120}\right)^2,$$

所以 5,6,7 都是合同数.

猜想:若 h 无平方因数,则在

$$h\equiv 5,6,7 \pmod 8$$

时,h 是合同数.

这里 h 无平方因数,即对任一质数 p,$p^2\nmid h$.

注 24 是定义 1 中的合同数,它有平方因数 4,而 24 除以 4,得到定义 2 中的合同数 6.因此,就像勾股数通常指本原的勾股数,合同数也指无平方因数的合同数.

例 4 在同余于 1 或 3(mod 8)的数中搜索,第一个合同数是多少?

解 因为

$$\left(\frac{881}{120}\right)^2-41=\frac{776161}{14400}-41=\frac{185761}{14400}=\left(\frac{431}{120}\right)^2,$$

$$\left(\frac{881}{120}\right)^2+41=\frac{776161}{14400}+41=\frac{1366561}{14400}=\left(\frac{1169}{120}\right)^2,$$

所以 41 是合同数,而且是这种类型的合同数中最小的一个.

设 x 是一个正实数,合同数 $h<x$ 并且 $h\equiv 1,2,3 \pmod 8$.记这种合同数的个数为 $H(x)$,则猜测 $\frac{H(x)}{x}\to 0\ (x\to+\infty)$.即

猜测 如果 h 无平方因数且 $h\equiv 1,2,3 \pmod 8$,那么 h 是合同数的概率为 0.

定义1中的合同数是一个勾股三角形的面积的4倍，对于定义2中的合同数，有类似的结论.

定理1 设 h 无平方因数，当且仅当 h 为合同数时，有一个边长为有理数的直角三角形，面积为 h.

证明 若 h 为合同数，则有正有理数 r 满足

$$r^2 + h = p^2,$$
$$r^2 - h = q^2,$$

其中 p,q 为正有理数.从而

$$(p-q)^2 + (p+q)^2 = 2(p^2+q^2) = (2r)^2,$$

所以 $p-q$（显然 $p>q$），$p+q$，$2r$ 构成直角三角形，而且面积为

$$\frac{1}{2}(p-q)(p+q) = \frac{1}{2}(p^2-q^2) = h.$$

反之，设有边长为有理数 $x,y,z(x<y<z)$ 的直角三角形，面积为 h，则令 $r=\frac{z}{2}$，我们有

$$r^2 + h = \frac{z^2}{4} + \frac{1}{2}xy = \frac{1}{4}(x^2+y^2+2xy) = \left(\frac{x+y}{2}\right)^2,$$
$$r^2 - h = \left(\frac{x-y}{2}\right)^2.$$

于是，我们得到一个与定义2等价的定义3.

定义3 如果 h 是一个边长为有理数的直角三角形的面积，那么 h 就称为合同数.

于是，如果能找到以 h 为面积、边长为有理数的直角三角形，那么 h 就是合同数了.但这样的直角三角形并不容易找.

例如 $h=101$ 时，满足要求的最小的直角三角形的边长为 $\frac{3967272806033495003922}{118171431852779451900}$，$\frac{711024064578955010 0}{118171431852779451 9}$，$\frac{4030484925899520003922}{118171431852779451900}$，分子竟是22位数.

如果 $h=157$，那么边长的分子更是40多位数，参见Koblitz的 *Introduction to Elliptic Curves and Modular Forms* 一书，这里从略.

Tunnell证明了一个深刻的定理.

定理2 设 h 为正奇数，且无平方因数，考虑以下两个条件：

（A）h 是合同数，

（B）$|\{(x,y,z)\,|\,x,y,z$ 为正整数，$2x^2+y^2+8z^2=h\}| = 2|\{(x,y,z)\,|\,x,y,z$ 为正整数，$2x^2+y^2+32z^2=h\}|$（$|M|$表示集合 M 的元数），

则(A)可推出(B)，并且在所谓 BSD 猜想的弱形式成立时，(B)也可推出(A).

BSD 是一个大猜想，这个猜想的意思及 Tunnell 定理的证明均可参见上述 Koblitz 的书.

上面给出了一个有理数 r，使得 r^2+5 与 r^2-5 均为有理数.实际上这样的 r 有无穷多个.

例 5 证明：存在无穷多个有理数 r，使得 r^2+5，r^2-5 均为有理数的平方.

证明 分母最小的是 $r=\frac{41}{12}$，满足

$$\left(\frac{41}{12}\right)^2+5=\frac{2401}{12^2}=\left(\frac{49}{12}\right)^2,$$

$$\left(\frac{41}{12}\right)^2-5=\frac{961}{12^2}=\left(\frac{31}{12}\right)^2.$$

分母次小的是 $r=\frac{3344161}{1494696}$，满足

$$r^2+5=\left(\frac{4728001}{1494696}\right)^2,$$

$$r^2-5=\left(\frac{113279}{1494696}\right)^2.$$

设已有 $r=\frac{x}{y}$ 满足条件，其中 x，y 为互质的正整数，并且

$$x^2+5y^2=z^2, \tag{1}$$

$$x^2-5y^2=t^2, \tag{2}$$

其中 z，t 均为自然数.令

$$r'=\frac{x^4+25y^4}{2xyzt},$$

则

$$\begin{aligned}r'^2\pm5&=\frac{(x^4+25y^4)^2\pm20x^2y^2z^2t^2}{(2xyzt)^2}\\&=\frac{(x^4+25y^4)^2\pm20x^2y^2(x^4-25y^4)}{(2xyzt)^2}\\&=\frac{(x^4-25y^4)^2\pm20x^2y^2(x^4-25y^4)+100x^4y^4}{(2xyzt)^2}\\&=\left(\frac{x^4\pm10x^2y^2-25y^4}{2xyzt}\right)^2.\end{aligned}$$

由 $(x,y)=1$ 及(1)、(2)，易得 x，y 一奇一偶，x，y，z，t 两两互质，且均与 5 互质，从而 r' 的分子 x^4+25y^4 与分母 $2xyzt$ 互质.

由此可知符合要求的 r 有无穷多个，但并非所有符合要求的 r 都可以这样得到.

例 6　证明：在 $k=1,2,3,4$ 时没有有理数 r，使得 r^2+k 与 r^2-k 均为有理数的平方.

证明　$k=1,4$ 的情况由上节例 1 立即得出.

如果有

$$\begin{cases} x^2+2y^2=z^2, \\ x^2-2y^2=t^2, \end{cases}$$

其中 x,y,z,t 为正整数，那么

$$4x^2=(z+t)^2+(z-t)^2.$$

从而

$$(2x(z-t))^2=(z^2-t^2)^2+(z-t)^4=(2y)^4+(z-t)^4,$$

这与上节例 9 矛盾.

如果有

$$\begin{cases} x^2+3y^2=z^2, & (3) \\ x^2-3y^2=t^2, & (4) \end{cases}$$

其中 x,y,z,t 为正整数，且 x,y 互质，z 为最小，那么

$$2x^2=z^2+t^2.$$

于是由练习 10 第 21 题得

$$x=u^2+v^2,$$

$$z=u^2-v^2+2uv,$$

$$t=|u^2-v^2-2uv|,$$

其中 u,v 互质，且一奇一偶. 从而

$$6y^2=z^2-t^2=8uv(u^2-v^2),$$

即有 $4\mid y^2$，y 为偶数，且

$$3\times\left(\frac{y}{2}\right)^2=uv(u+v)(u-v).$$

$u,v,u+v,u-v$ 两两互质，从而有三种情况：

（ⅰ）$3\nmid uv$，这时

$$u=v^2,$$

$$v=m^2,$$

$$u+v=n^2 \text{ 或 } 3n^2.$$

但由前两式得

$$u\equiv v\equiv 1 \pmod 3),$$

所以

$$u+v\equiv 2\pmod 3),$$

与 $u+v=n^2$ 或 $3n^2$ 矛盾.

（ⅱ）$3|u$，这时

$$u=3l^2,$$
$$v=m^2,$$
$$u+v=n^2,$$
$$u-v=k^2,$$

其中 l,m,n,k 均为正整数.

$u+v,u-v$ 均不被3整除，从而

$$n^2+k^2\equiv 2\not\equiv 0\pmod 3),$$

与 $n^2+k^2=2u=6l^2$ 矛盾.

（ⅲ）$3|v$，这时

$$u=l^2,$$
$$v=3m^2,$$
$$u+v=n^2,$$
$$u-v=k^2,$$

其中 l,m,n,k 均为正整数.

于是

$$l^2+3m^2=n^2,$$
$$l^2-3m^2=k^2,$$

即 l,m,n,k 也是方程组(3)、(4)的解. 显然 $n<z$，与 z 的最小性矛盾.

4. 后生可畏

从第1届至第30届国际数学奥林匹克竞赛（IMO），负责命题的主试委员会没有能办成这样一件事：编出一道试题，使每名选手都束手无策. 相反地，的确有一道试题，由领队们组成的主试委员会中很多人都不会做. 这是一道数论题，后来给澳大利亚四位数论专家去解，每一位都花了一整天的时间，仍然毫无成效.可是参赛的选手中却有11个人做出了解答，真是后生可畏！

让我们看看这道题.

例1（第29届IMO）　设 a,b 为正整数，$ab+1$ 整除 a^2+b^2.证明：$\frac{a^2+b^2}{ab+1}$ 是平方数.

保加利亚一名学生的解法最为简单（他因此获得特别奖）：

设 $\frac{a^2+b^2}{ab+1}=q$，则

$$a^2+b^2=q(ab+1),$$

因而 (a,b) 是不定方程

$$x^2+y^2=q(xy+1) \tag{1}$$

的一组（整数）解.

如果 q 不是平方数，那么(1)的整数解中 x,y 均不为0，因而

$$q(xy+1)=x^2+y^2>0,$$

从而 $xy>-1$，$xy\geqslant 0$，x,y 同号.

现在设 a_0,b_0 是(1)的正整数解中使 a_0+b_0 为最小的一组解，且 $a_0\geqslant b_0$，则 a_0 是方程

$$x^2-qb_0x+(b_0^2-q)=0 \tag{2}$$

的解.

由韦达定理，方程(2)的另一个解

$$a_1=qb_0-a_0.$$

因为 a_1 是整数，且 (b_0,a_1) 也是(1)的解，所以 a_1 与 b_0 同为正，但由韦达定理

$$a_1=\frac{b_0^2-q}{a_0}<\frac{b_0^2}{a_0}\leqslant a_0,$$

与 a_0+b_0 最小矛盾.这说明 q 一定是平方数.

如果 $q=r^2$，r 为正整数，那么(1)有无穷多组正整数解.

不难验证，当 $k=1,2,3,\cdots$ 时，

$$x_k=\frac{r}{\sqrt{q^2-4}}\left(\left(\frac{q+\sqrt{q^2-4}}{2}\right)^{k+1}-\left(\frac{q-\sqrt{q^2-4}}{2}\right)^{k+1}\right), \tag{3}$$

$$y_k=\frac{r}{\sqrt{q^2-4}}\left(\left(\frac{q+\sqrt{q^2-4}}{2}\right)^{k}-\left(\frac{q-\sqrt{q^2-4}}{2}\right)^{k}\right) \tag{4}$$

都是(1)的解.事实上,记 $\alpha=\dfrac{q+\sqrt{q^2-4}}{2}$,$\beta=\dfrac{q-\sqrt{q^2-4}}{2}$,则 $\alpha\beta=1$,从而

$$
\begin{aligned}
x_k^2+y_k^2-qx_ky_k &= y_k^2+(x_k-qy_k)x_k \\
&= \frac{q}{q^2-4}(\alpha^k-\beta^k)^2+\frac{q}{q^2-4}(\alpha^{k+1}-\beta^{k+1})(\alpha^{k+1}-q\alpha^k+\beta^{k+1}-q\beta^k) \\
&= \frac{q}{q^2-4}(\alpha^k-\beta^k)^2+\frac{q}{q^2-4}(\alpha^{k+1}-\beta^{k+1})(\alpha^k(-\beta)-\beta^k(-\alpha)) \\
&= \frac{q}{q^2-4}(\alpha^k-\beta^k)^2-\frac{q}{q^2-4}(\alpha^{k+1}-\beta^{k+1})(\alpha^{k-1}-\beta^{k-1}) \\
&= \frac{q}{q^2-4}(\alpha^k-\beta^k)^2-\frac{q}{q^2-4}(\alpha^{2k}+\beta^{2k}-\alpha^2-\beta^2) \\
&= \frac{q}{q^2-4}(\alpha^k-\beta^k)^2-\frac{q}{q^2-4}((\alpha^k-\beta^k)^2-(q^2-4))=q,
\end{aligned}
$$

而且(3)、(4)就是(1)的全部解.因为设 a_k,b_k 为(1)的解,则上面的解法正好给出了另一组解 a_{k+1},b_{k+1},递推公式为

$$
\begin{aligned}
a_{k+1} &= b_k, \\
b_{k+1} &= qb_k-a_k.
\end{aligned}
$$

这种序列只有有限多项(因为 $a_{k+1}<a_k$),设在第 n 项终止,则

$$qb_n-a_n=0,$$

即

$$a_n=qb_n,$$

代入(1)得

$$q^2b_n^2+b_n^2=q(qb_n^2+1).$$

于是 $b_n=\sqrt{q}=r$,$a_n=qr$,$a_{n+1}=r$,$b_{n+1}=0$,而且从任一组解 a_k,b_k 都会推到 $a_{n+1}=r$,$b_{n+1}=0$.

改记 $a_k,a_{k+1},\cdots,a_n,a_{n+1}=r$ 及 $b_k,b_{k+1},\cdots,b_n,b_{n+1}=0$ 为 $x_m,x_{m-1},\cdots,x_0=r$ 及 $y_m,y_{m-1},\cdots,y_0=0$(注意数列的顺序反了过来),递推公式成为

$$
\begin{aligned}
y_{k+1} &= x_k, \\
y_k &= qy_{k+1}-x_{k+1},
\end{aligned}
$$

上式即

$$y_{k+2}=qy_{k+1}-y_k.$$

用通常处理递推数列的方法即得(3)、(4).

(3)、(4)表明 $r\mid x$,$r\mid y$,从而 $r\mid(x,y)$.

另一方面，由(1)知$(x,y)^2\mid q^2$，从而$(x,y)\mid r$. 所以 $r=(x,y)$，即例 1 中的 $q=(a,b)^2$.

方程(1)类似于马尔可夫(Марков)方程. 这类方程通常用二次方程的韦达定理，由一组解(假定已有)导出一组新的解，而且这些解构成某种递减的自然数数列. 如果这种数列将成为无穷数列，那么就与最小数原理矛盾，方程无解. 如果数列在某一时刻结束，那么方程就有无穷多种解，而且可以以结束时相应的解为基础，逐步推出其他的解.

下面我们就专门谈一谈马尔可夫方程.

例 2　证明：方程

$$x^2+y^2+z^2=3xyz \tag{5}$$

有无穷多组正整数解.

证明　若 $x=y=z$，则代入(5)即得 $x=y=z=1$.

若 $x=y\neq z$，则 $x^2\mid z^2$，$x\mid z$. 令 $z=xw$，则

$$2+w^2=3xw,$$

从而 $w\mid 2$，$w=1$ 或 2. 但 $z\neq x$，所以 $w=2$，故

$$x=1,\quad y=1,\quad z=2.$$

同理可得解 $x=1$，$y=2$，$z=1$；$x=2$，$y=z=1$.

设 $x<y<z$，将(5)写成

$$z^2-3xyz+x^2+y^2=0, \tag{6}$$

则由韦达定理知

$$z'=3xy-z=\frac{x^2+y^2}{z}$$

也是(6)的解，从而(x,y,z')也是(5)的解$\left(z'=\dfrac{x^2+y^2}{z}\right.$表示 z' 为正数，$z'=3xy-z$ 表示 z' 为整数$\left.\right)$.

因为 $3xyz=x^2+y^2+z^2<3z^2$，所以

$$xy<z.$$

而(6)的判别式

$$\Delta=9x^2y^2-4(x^2+y^2)>x^2y^2+4x^2+4y^2-4(x^2+y^2)=x^2y^2,$$

所以根

$$\frac{1}{2}(3xy-\sqrt{\Delta})<xy<z,$$

从而 z 是两根中较大的，即

$$z = \frac{1}{2}(3xy + \sqrt{\Delta}) > z'.$$

实际上,我们可以证明 $z' < y$,即

$$3xy - \sqrt{\Delta} < 2y.$$

上式$\Leftrightarrow 3xy - 2y < \sqrt{\Delta} \Leftrightarrow 9x^2y^2 + 4y^2 - 12xy^2 < 9x^2y^2 - 4x^2 - 4y^2 \Leftrightarrow 8y^2 + 4x^2 < 12xy^2$.

因为 $x < y$,最后一式是显然的,所以 $z' < y$.

和 $x + y + z$ 变为较小的和 $x + y + z'$,再对 x, z', y(y 最大)做同样处理$\left(y' = 3xz' - y = \frac{x^2 + z'^2}{y}\right)$,又产生和更小的解.如此继续下去,必然出现 $x = y = 1$ 的情况.

反过来,由(1,1,1)按照$(x, y, z) \to (x, z, 3xz - y)$或$(y, z, 3yz - x)$可以得出所有的解,如图 10.1 所示.

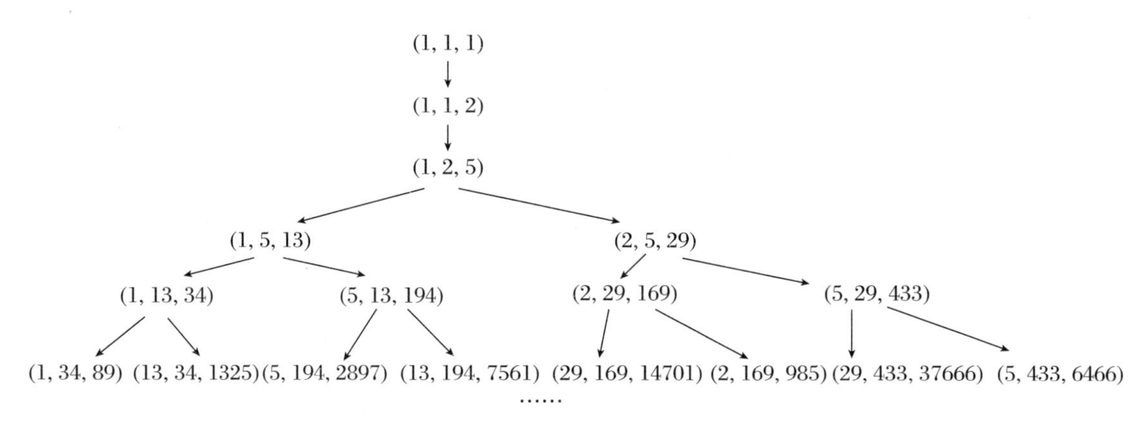

图 10.1

5. 高 次 方 程

次数高于二次的不定方程,常用的初等方法无非以下三种:

(ⅰ)分解:将代数式分解因式或将自然数分解为质数的积.

(ⅱ)估计:对代数式的值做大小估计.

（ⅲ）同余：选取一个适当的自然数为模，将方程变为同余式.

例 1　求有序的正整数对(a,b)的个数，a,b 是方程

$$a^2+b^2=ab(a+b) \tag{1}$$

的解.

解　(1)的右边

$$ab(a+b)=a^2b+ab^2\geqslant a^2+b^2,$$

等号仅在 $a=1,b=1$ 时成立.所以

$$a=b=1.$$

注　本题特别容易.一般地，在方程两边均正而次数不等时，往往只有有限多组解.

例1依靠简单的估计.下一道题则需要同余的知识.

例 2　求对某些质数(可以相同)a,b,c，满足

$$p=a^4+b^4+c^4-3 \tag{2}$$

的所有质数 p 的和.

解　如果 a,b,c 都是奇质数，那么(2)的右边为偶数，且大于2.这与 p 为质数不符，所以 a,b,c 中必有2，而且2的个数为1或3.

在 $a=b=c=2$ 时，$p=45$ 不是质数.所以 a,b,c 中恰有一个为2.

不妨设 $a=2$，这时

$$p=b^4+c^4+13.$$

如果 b,c 都不是3，那么 $b\equiv\pm1\pmod 3)$，$b^2\equiv1\pmod 3$，$b^4\equiv1\pmod 3$，c^4 也是如此，从而

$$b^4+c^4+13\equiv1+1+1\equiv0\pmod 3,$$

即 $3\mid p$，而且显然 $p>3$.这与 p 为质数不符，所以 b,c 中至少有一个为3.

不妨设 $b=3$，这时

$$p=c^4+94.$$

如果 $c\neq5$，那么 $c\equiv\pm1,\pm2\pmod 5$，$c^2\equiv\pm1\pmod 5$，$c^4\equiv1\pmod 5$，$p=c^4+94\equiv0\pmod 5$，而且显然 $p>5$.这与 p 为质数不符，所以 $c=5$.

由于

$$p=5^4+94=719,$$

因此(2)只有一个解 $p=719$.

分解、估计、同余常常结合起来使用.

例 3　求所有正整数 x 的和，对于这种 x，存在正整数 y，满足

$$x^3-y^3=xy+61. \tag{3}$$

解 显然 $x>y$.由

$$xy+61=x^3-y^3=(x-y)(x^2+xy+y^2)\geqslant x^2+xy+y^2, \tag{4}$$

得

$$x^3>61\geqslant x^2+y^2,$$

所以 $x=4,5,6,7$.

如果 $x-y=1$,那么(4)中等号成立.容易验证只有 $x=6,y=5$ 是解.

如果 $x-y\geqslant 2$,那么

$$xy+61\geqslant 2(x^2+xy+y^2),$$
$$61\geqslant 2x^2+xy+2y^2,$$
$$x=4,5.$$

$x=4$ 时,$xy+61>64>x^3-y^3$,不满足题意.

$x=5$ 时,$y=1$ 或 2 或 3,而

$$x^3=125>3^3+3\times 5+61,$$

所以这些情况均没有解.

本题的方程(3)仅有 $x=6,y=5$ 是解,答案为 6.

例 4 求所有的正整数 n 与质数 p,使得

$$n^3=p^2-p-1. \tag{5}$$

解 (5)可分解为

$$(n+1)(n^2-n+1)=p(p-1).$$

若 $p\mid(n+1)$,则 $(n^2-n+1)\mid(p-1)$.

$n\geqslant 2$ 时,

$$n^2-n+1\geqslant n+1\geqslant p>p-1.$$

所以 $n=1,p=2$.

若 $p\mid(n^2-n+1)$,则存在正整数 k,使得

$$n^2-n+1=kp, \tag{6}$$
$$p-1=k(n+1). \tag{7}$$

由(6)、(7)消去 p,得 n 的二次方程

$$n^2-(k^2+1)n-(k^2+k-1)=0.$$

因为 n 为整数,所以求根公式中的判别式应为平方数.易知

$$\Delta=(k^2+1)^2+4(k^2+k-1)=(k^2+3)^2+4k-12.$$

$k=1,2$ 时,Δ 不是平方数.$k>3$ 时,

$$(k^2+3)^2<\Delta<(k^2+4)^2,$$

Δ 也不是平方数. $k=3$ 时, Δ 是平方数,此时 $n=11, p=37$.

因此本题的解为 $n=1, p=2$; $n=11, p=37$.

例 5　证明:每个自然数 n 都可写成 5 个整数的立方和.

证明　因为 $n^3-n=n(n-1)(n+1)$ 被 6 整除,所以

$$\begin{aligned} n &= (n-n^3)+n^3=6k+n^3 \\ &= (k+1)^3+(k-1)^3-k^3-k^3+n^3 \quad (k \text{ 为整数}). \end{aligned}$$

例 6　以下方程(方程组)是否有正整数解?是否有无穷多组正整数解?

(ⅰ) $x^2+y^2=z^3$.

(ⅱ) $x^2+y^2=z^4$.

解　(ⅰ)

$$\begin{aligned} x &= a^2-3ab^2, \\ y &= 3a^2b-b^3, \\ z &= a^2+b^2 \end{aligned}$$

是解,其中 a, b 为任意正整数.

(ⅱ)

$$\begin{aligned} x &= 8a(a^2-4), \\ y &= a^4-24a^2+16, \\ z &= a^2+4 \end{aligned}$$

是解,其中 a 为大于 2 的整数.

例 7　证明以下方程均有无穷多组正整数解:

(ⅰ) $x^2=y^3+z^5$.

(ⅱ) $x^{n+1}+y^{n+1}=z^n$.

(ⅲ) $x^n+y^n=z^{n+1}$.

证明　(ⅰ)

$$\begin{aligned} x &= a^{10}(a+1)^8, \\ y &= a^7(a+1)^5, \\ z &= a^4(a+1)^3 \end{aligned}$$

是解,其中 a 为自然数.

(ⅱ)

$$\begin{aligned} x &= (1+k^{n+1})^{n-1}, \\ y &= k(1+k^{n+1})^{n-1}, \\ z &= (1+k^{n+1})^n \end{aligned}$$

是解，其中 k 为自然数.

（ⅲ）

$$x=1+k^n,$$
$$y=k(1+k^n),$$
$$z=1+k^n$$

是解，其中 k 为自然数.

例 8 （ⅰ）证明：$x^3+y^3+z^3=2$ 有无穷多组整数解.

（ⅱ）$x^3+y^3+z^3=4$ 是否有解？若有，有多少组？若没有，为什么？

解 （ⅰ）因为

$$(1+6n^3)^3+(1-6n^3)^3=2(1+3\times(6n^3)^2)=2+(6n^2)^3,$$

所以 $(x,y,z)=(1+6n^3,1-6n^3,-6n^2)$ 是 $x^3+y^3+z^3=2$ 的解，有无穷多组.

（ⅱ）$x^3\equiv 0,\pm 1 \pmod 9$，从而

$$x^3+y^3+z^3\equiv 0,\pm 1,\pm 2,\pm 3 \pmod 9,$$

所以 $x^3+y^3+z^3=4$ 无整数解.

6. 二次方程

设 a,b,c,f,g,h 为整数. 求二元二次方程

$$ax^2+2hxy+by^2+2gx+2fy+c=0 \tag{1}$$

的整数解，即求二次曲线(1)上的整点（为配方方便，xy,x,y 的系数均为偶数. 如果不是偶数，可在方程两边同时乘以 2，使这些系数变成偶数）.

例 1 求方程

$$2x^2-4xy+3y^2-12y=15 \tag{2}$$

的整数解.

解 视(2)为 x 的二次方程，解得

$$x=y\pm\frac{1}{2}\sqrt{30+24y-2y^2}.$$

于是，根号内的式子必须为平方数. 由

$$30+24y-2y^2=102-2(y-6)^2,$$

知$(y-6)^2$只能为$\leqslant 51$的平方数，即 0,1,4,9,16,25,36,49，不难验证$(y-6)^2=1$或 49 时，

$$102-2(y-6)^2=100\text{ 或 }4.$$

从而

$$y=5,x=10\text{ 或 }0;$$
$$y=7,x=12\text{ 或 }2;$$
$$y=13,x=14\text{ 或 }12;$$
$$y=-1,x=0\text{ 或 }-2.$$

由一般的二元二次方程(1)可得

$$u^2-dv^2=n,\tag{3}$$

其中$u=ax+hy+g$,$d=h^2-ab$，等等.

d 为负或零，n 为负时，(3)无解.

d 为负或零，n 为正时，(3)仅有有限多组解，不难求得.

d 为正的情况，需要仔细研究.

例 2　求 $x^2-4y^2=60$ 的正整数解.

解　因为 $4y^2$，60 都是偶数，所以 x 也是偶数.

设 $x=2u$，u 为正整数，则

$$u^2-y^2=15,$$

即

$$(u+y)(u-y)=15\times 1=5\times 3,$$

从而

$$\begin{cases}u+y=15,\\u-y=1\end{cases}\text{ 或 }\begin{cases}u+y=5,\\u-y=3,\end{cases}$$

解得

$$\begin{cases}u=8,\\y=7\end{cases}\text{ 或 }\begin{cases}u=4,\\y=1,\end{cases}$$

即

$$\begin{cases}x=16,\\y=7\end{cases}\text{ 或 }\begin{cases}x=8,\\y=1.\end{cases}$$

(1)中 $a=0$ 或 $b=0$ 或 $a=b=0$ 时，可用特殊方法求解.

例 3　求方程

$$4u^2-2uv-2u+3v=0$$

的正整数解.

解 因为

$$v=\frac{4u^2-2u}{2u-3}=2u+2+\frac{6}{2u-3},$$

所以 $2u-3$ 是 6 的约数.又 u 为正整数,所以奇数

$$2u-3=-1,1,3,$$

即 $u=1,2,3$.

但 $u=1$ 时,v 为负值.故本题的解为

$$\begin{cases}u=2,\\v=12\end{cases}\quad\text{或}\quad\begin{cases}u=3,\\v=10.\end{cases}$$

三元的不定方程组也可用分解的方法处理.

例 4 若两个正整数的立方差除以这两个数的差恰好是平方数,求这两个数.

解 设这两个数为 x,y,则

$$x^2+xy+y^2=z^2,$$

即

$$x(x+y)=(z+y)(z-y).$$

于是有互质的正整数 m,n 满足

$$mx=n(z+y),$$

$$n(x+y)=m(z-y).$$

这里 m,n 是用以表示 x,y,z 的参数.(这个方法在第 1 节已经用过,即那节方程(4)、(5)中的 a,b.)

上面的方程组即

$$\begin{cases}mx-ny-nz=0,\\nx+(m+n)y-mz=0.\end{cases}$$

于是

$$\frac{x}{\begin{vmatrix}-n & -n\\m+n & -m\end{vmatrix}}=\frac{y}{\begin{vmatrix}-n & m\\-m & n\end{vmatrix}}=\frac{z}{\begin{vmatrix}m & -n\\n & m+n\end{vmatrix}},$$

$$\begin{cases}x=(2mn+n^2)d,\\y=(m^2-n^2)d\quad(\text{于是 } m>n),\\z=(m^2+mn+n^2)d,\end{cases}$$

其中 d 为任一正整数.

例如若 $m=5,n=4,d=1$,则 $x=56,y=9,z=61$.($56^2+56\times9+9^2=3721=61^2$.)

例 5　求 $x^2+y^2+z^2=t^2$ 的所有正整数解.

解　如果 x,y,z 中至少有 2 个奇数,那么

$$x^2+y^2+z^2\equiv 2 \text{ 或 } 3 \pmod 4)$$

不可能为平方数.所以可设

$$y=2l,\quad z=2m,$$

其中 l,m 为正整数.这时

$$4(l^2+m^2)=(t-x)(t+x).$$

因为 $t-x$ 与 $t+x$ 同奇偶,所以同为偶数.

设 $t-x=2n$,则

$$l^2+m^2=n(n+x),$$

从而

$$x=\frac{l^2+m^2-n^2}{n},$$

$$t=\frac{l^2+m^2+n^2}{n},$$

其中 n 为 l^2+m^2 的小于 $\sqrt{l^2+m^2}$ 的因数.

不难验证 $y=2l,z=2m,x=\frac{l^2+m^2-n^2}{n},t=\frac{l^2+m^2+n^2}{n}$($n$ 为 l^2+m^2 的小于 $\sqrt{l^2+m^2}$ 的因数)的确为 $x^2+y^2+z^2=t^2$ 的正整数解.

二次不定方程中的 Pell 方程,因为内容较多,而且重要,所以单辟一章(第 11 章)专门处理.

7. 四次方程

本节主要讨论四次不定方程.

例 1　(ⅰ)证明:$u^4-2v^2=1$ 无正整数解.

(ⅱ)求 $u^4-2v^2=-1$ 的所有正整数解.

解 （i）若有正整数解，则由

$$u^4 = 2v^2 + 1,$$

得出 u 为奇数，大于 1. 从而

$$u^2 = 8k + 1 \quad (k \in \mathbb{N}),$$
$$2v^2 = u^4 - 1 = (u^2 + 1)(u^2 - 1) = 8k(8k + 2),$$
$$v^2 = 8k(4k + 1).$$

由$(2k,4k+1)=1$，得

$$2k = n^2 \quad (n \in \mathbb{N}),$$

从而

$$u^2 - 1 = 8k = (2n)^2.$$

但 $u^2-(2n)^2=(u+2n)(u-2n)>1$，所以（i）无解.

（ii）由已知得

$$v^4 - u^4 = (v^2 - 1)^2.$$

由第 2 节例 7 知此方程仅有的解为 $v=1$，从而 $u=1$.

例 2 证明：方程组

$$\begin{cases} x^4 + y^4 + z^4 = 2t^4, \\ x^2 + y^2 + z^2 = 2t^2 \end{cases}$$

有无穷多组正整数解.

证明 注意

$$(n^2 - 1)^4 + (2n \pm 1)^4 + (n^2 \pm 2n)^4 = 2(n^2 \pm n + 1)^4,$$
$$(n^2 - 1)^2 + (2n \pm 1)^2 + (n^2 \pm 2n)^2 = 2(n^2 \pm n + 1)^2$$

或

$$(4n)^4 + (3n^2 + 2n - 1)^4 + (3n^2 - 2n - 1)^4 = 2(3n^2 + 1)^4,$$
$$(4n)^2 + (3n^2 + 2n - 1)^2 + (3n^2 - 2n - 1)^2 = 2(3n^2 + 1)^2.$$

这类等式验证不难，找到却不容易.

例 3 求 $x^4-x^2y^2+y^4=z^2$ 的正整数解.

解 若 $x=y$，则 $z=x^2$.

设 $x\neq y$. 可设 x,y 互质，并且 xy 为最小.

若 x,y 均为奇数，则由

$$(x^2 - y^2)^2 + (xy)^2 = z^2, \tag{1}$$

得

$$\begin{cases} x^2 - y^2 = 2mn, \\ xy = m^2 - n^2 \end{cases} \quad (m,n\text{ 一奇一偶,互质}).$$

从而

$$\begin{aligned} m^4 - m^2n^2 + n^4 &= (m^2 - n^2)^2 + m^2n^2 \\ &= (xy)^2 + \left(\frac{x^2 - y^2}{2}\right)^2 = \left(\frac{x^2 + y^2}{2}\right)^2. \end{aligned}$$

化为 x,y 一奇一偶的情况.

不妨设 y 为偶数,则由(1)得

$$\begin{cases} xy = 2mn, \\ x^2 - y^2 = m^2 - n^2 \end{cases} \quad (m,n\text{ 一奇一偶,互质}).$$

设 $y=2y_0$,则

$$xy_0 = mn.$$

令 $(x,m)=a$,则 $x=ac,m=ad,(c,d)=1$.从而

$$cy_0 = dn.$$

因为 $(c,d)=1$,所以 $d\mid y_0$,设

$$y_0 = bd,$$

则

$$n = bc.$$

因为 $(m,n)=(x,y)=1$,所以 a,b,c,d 两两互质.代入 $x^2-y^2=m^2-n^2$ 得

$$(a^2+b^2)c^2 = (a^2+4b^2)d^2.$$

设 $\delta=(a^2+b^2,a^2+4b^2)$,则 $\delta\mid 3$.但 $3\nmid(a^2+b^2)$,所以 $\delta=1,a^2+b^2=d^2,a^2+4b^2=c^2$.

由最后的等式及勾股数的公式得

$$a = x_1^2 - y_1^2, \quad b = x_1y_1.$$

代入前一式得

$$(x_1^2 - y_1^2)^2 + x_1^2y_1^2 = d^2,$$

即

$$x_1^4 - x_1^2y_1^2 + y_1^4 = d^2.$$

而 $x_1y_1<xy$,与 xy 的最小性矛盾.

所以原方程的全部正整数解为 $x=y,z=y^2$.

例4　证明:方程 $x^4+9x^2y^2+27y^4=z^2$ 无正整数解.

证明　设 x,y,z 为解,且在所有解中,这个 z 为最小.

若 $3|x$，则 $27|z^2$，从而 $9|z$，$3|y$. 方程两边可约去 81，这与 z 的最小性矛盾，所以 $3\nmid x$. 同样，$3\nmid z$.

易知 x,y,z 两两互质.

原方程即 $9y^2(x^2+3y^2)=(z+x^2)(z-x^2)$，所以

$$\frac{z+x^2}{y^2}=\frac{9(x^2+3y^2)}{z-x^2}=\frac{r}{s},$$

其中 r,s 为互质的自然数. 于是

$$sx^2-ry^2+sz=0,$$

$$(r+9s)x^2+27sy^2-rz=0,$$

所以

$$\frac{x^2}{r^2-27s^2}=\frac{y^2}{2rs+9s^2}=\frac{z}{r^2+9rs+27s^2}=\frac{1}{d},$$

d 为自然数. 从而

$$r^2-27s^2=dx^2, \tag{2}$$

$$r^2+9rs+27s^2=dz, \tag{3}$$

$$2rs+9s^2=dy^2, \tag{4}$$

且 r,s,x 两两互质.

(2)+(3)消去 s^2，得

$$2r^2+9rs\equiv 0(\text{mod } d).$$

(2)+3×(4)，得

$$r^2+6rs\equiv 0(\text{mod } d).$$

消去 r^2，得

$$3rs\equiv 0(\text{mod } d).$$

从而

$$r^2\equiv 0(\text{mod } d).$$

因为 $(r,s)=1$，所以由(2)得

$$27\equiv 0(\text{mod } d).$$

若 $v_3(r)=1$，则由(4)知 $d=3$，与(2)不合.

若 $v_3(r)\geqslant 2$，则由(2)知 $d=27$，约去 27 后(2)成为

$$x^2+s^2\equiv 0(\text{mod } 3).$$

但 $(x,s)=1$，$x^2+s^2\equiv 1$ 或 $2(\text{mod } 3)$，矛盾.

总之，$3\nmid r$. 从而 $d=1$. (2)成为

$$r^2 - 27s^2 = x^2,$$

即

$$\frac{r+x}{s} = \frac{27s}{r-x} = \frac{r_1}{s_1},$$

其中 r_1, s_1 为互质的自然数. 于是

$$s_1 r + s_1 x - r_1 s = 0,$$

$$r_1 r - r_1 x - 27 s_1 s = 0.$$

所以

$$\frac{r}{r_1^2 + 27s_1^2} = \frac{x}{r_1^2 - 27s_1^2} = \frac{s}{2r_1 s_1} = \frac{1}{d_1},$$

d_1 为自然数. 从而

$$r_1^2 + 27s_1^2 = d_1 r, \tag{5}$$

$$r_1^2 - 27s_1^2 = d_1 x, \tag{6}$$

$$2r_1 s_1 = d_1 s. \tag{7}$$

(5)+(6),得

$$2r_1^2 \equiv 0 \pmod{d_1}.$$

因为$(r_1, s_1)=1$,所以结合(7)得

$$2r_1 \equiv 0 \pmod{d_1}.$$

(5)−(6),得

$$54s_1^2 \equiv 0 \pmod{d_1}.$$

因为$(r_1^2, s_1^2)=1$,所以

$$54 \equiv 0 \pmod{d_1}.$$

若 $3 \nmid r_1$,则

$$2 \equiv 0 \pmod{d_1}.$$

(ⅰ) 若 $d_1 = 1$,则

$$r = r_1^2 + 27s_1^2, \quad s = 2r_1 s_1, \quad y^2 = 2rs + 9s^2 = 4r_1 s_1 (r_1^2 + 27s_1^2 + 9r_1 s_1).$$

因此

$$r_1 = a^2, \quad s_1 = b^2, \quad r_1^2 + 27s_1^2 + 9r_1 s_1 = c^2. \tag{8}$$

从而

$$a^4 + 9a^2b^2 + 27b^4 = c^2. \tag{9}$$

而

$$z^2 > 27y^4 = 27(4r_1 s_1)^2 c^4 > c^2,$$

与 z 的最小性矛盾.

（ⅱ）若 $d_1=2$,则与（ⅰ）类似,有

$$s=r_1s_1,\quad 2r=r_1^2+27s_1^2,\quad y^2=2rs+9s^2=r_1s_1(r_1^2+27s_1^2+9r_1s_1).$$

同上得(8)、(9)及矛盾.

于是只剩下 $3\mid r_1$ 的情况.

若 $v_3(r_1)=1$,则由(5)得 $9\parallel d_1$(因为 $3\nmid r$),与 $d_1\mid 2r_1$ 矛盾.

若 $v_3(r_1)=2$,则由(5)得 $27\parallel d_1$,仍得矛盾.

若 $v_3(r_1)\geqslant 3$,则令 $r_1=27r_2$,(5)、(6)、(7)成为

$$27r_2^2-s_1^2=d_2x,$$

$$27r_2^2+s_1^2=d_2r,$$

$$2r_2s_1=d_2s.$$

因为 $2r_2s_1\equiv 0,2s_1^2\equiv 0\pmod{d_2}$,所以

$$2s_1\equiv 0\pmod{d_2}.$$

又 $54r_1^2\equiv 0\pmod{d_2}$,$3\nmid s_1$(因为 $3\mid r_1$),所以

$$2\equiv 0\pmod{d_2}.$$

（ⅰ）若 $d_2=1$,则 $y^2=2rs+9s^2=4r_2s_1(27r_2^2+s_1^2+9r_2s_1)$,所以 $r_2=a^2,s_1=b^2$,$27r_2^2+s_1^2+9r_2s_1=c^2$,矛盾.

（ⅱ）若 $d_2=2$,则 $y^2=2rs+9s^2=r_2s_1(27r_2^2+s_1^2+9r_2s_1)$,同样产生矛盾.

例 4 颇难,采用了无穷递降法,两次采用了第 1 节推导勾股数的方法(第 6 节例 4 的方法),其中曲折值得细细玩味.

8. 三次方程

本节主要讨论三次不定方程.

例 1 证明:$x^3+y^3=2z^3$ 仅有的整数解是 $x=y=z$ 或 $x=-y,z=0$.

证明 设 x,y,z 为整数解,$x\neq y,z\neq 0$,并且 $(x,y)=1$.因为 x,y 之和为偶数,所以 x,y 均为奇数.

令 $u=\frac{x+y}{2}, v=\frac{x-y}{2}$,则

$$u(u^2+3v^2)=z^3, \quad (u,v)=1.$$

若 $3\nmid u$,则 $(u,u^2+3v^2)=1$,所以

$$u=z_1^3, \quad u^2+3v^2=z_2^3, \quad z=z_1z_2, \quad (z_1,z_2)=1.$$

从而

$$z_2^3-z_1^6=3v^2.$$

令 $t=z_2-z_1^2$,则 $(t,z_1)=(t,z_2)=1$,且

$$t(t^2+3tz_1^2+3z_1^4)=3v^2.$$

从而 $3\mid t, 3\mid v, 3^2\mid t$(注意 $3\nmid z_1$).

令 $t=9t_1, v=3v_1$,则

$$t_1(27t_1^2+9t_1z_1^2+z_1^4)=v_1^2.$$

于是

$$t_1=a^2, \quad v_1=ab, \quad 27a^4+9a^2z_1^2+z_1^4=b^2.$$

由上节例4知无正整数解,所以 $a=0$ 或 $b=0$,导出 $v=0, x=y=z$.

若 $3\mid u$,则 $3\mid z, 3^2\mid u$.

令 $u=9u_1, z=3z_1$,则

$$u_1(27u_1^2+v^2)=z_1^3.$$

于是

$$u_1=a^3, \quad 27u_1^2+v^2=b^3, \quad z_1=ab, \quad (a,b)=1.$$

消去 u_1,得

$$27a^6+v^2=b^3.$$

令 $t=b-3a^2$,则

$$t(t^2+9a^2t+27a^4)=v^2.$$

因为 $(u,v)=1$,所以 $(t,3a)=1$.由上式得

$$t=t_1^2, \quad t^2+9a^2t+27a^4=t_2^2, \quad v=t_1t_2, \quad (t_1,t_2)=1.$$

从而

$$t_1^4+9a^2t_1^2+27a^4=t_2^2.$$

由上节例4知此方程无正整数解,从而 $t_1=0$ 或 $t_2=0$,导出 $v=0, x=y=z$.

于是,必须 $x=y=z$ 或 $z=0, x=-y$.这是本题仅有的整数解.

例2　证明:大于1的三角形数 $\frac{1}{2}m(m+1)$ 都不是立方数.

证明 设 $m(m+1)=2n^3, m>1$.

若 m 为偶数 $2k(k>1)$，则

$$k(2k+1)=n^3.$$

因为 $(k, 2k+1)=1$，所以

$$k=z^3,\quad 2k+1=x^3,\quad n=xz,\quad (x,z)=1.$$

从而 $x>1$，并且

$$x^3+(-1)^3=2z^3. \tag{1}$$

由例 1 知 $y=-1$ 时，(1)无 $x>1$ 的整数解.

若 m 为奇数 $2k-1(k>1)$，则同样得

$$k=z^3,\quad 2k-1=x^3,\quad n=xz,\quad (x,z)=1.$$

从而 $x>1$，并且

$$x^3+1=2z^3. \tag{2}$$

由例 1 知(2)无解.

例 3 证明：方程 $x^2-y^3=1$ 仅有的整数解为 $(x,y)=(\pm 3,2),(0,-1),(\pm 1,0)$.

证明 $x=0$ 时，$y=1$. $y=0$ 时，$x=\pm 1$. 以下设 x, y 均非零.

不妨设 x 为正整数，这时 y 为正，且

$$(x+1)(x-1)=y^3.$$

若 x 为偶数，则 $(x+1, x-1)=1$. 所以

$$x+1=a^3,\quad x-1=b^3,\quad y=ab,\quad (a,b)=1,\quad a>b\geqslant 1.$$

从而

$$a^3-b^3=2.$$

但

$$a^3-b^3=(a-b)(a^2+ab+b^2)\geqslant a^2+ab+b^2\geqslant 3,$$

矛盾.

若 x 为奇数 $2k+1(k\geqslant 1)$，则 y 为偶数 $2h$，且

$$\frac{1}{2}k(k+1)=h^3.$$

由例 2 得 $k=1, x=3, y=2$.

因此，仅有题中所述的解.

例 4 求出方程 $x^2-y^3=1$ 的全部有理数解.

解 设 $x=\dfrac{u}{s}, y=\dfrac{v}{t}$，$u, v, s, t$ 为整数，并且 $(u,s)=(v,t)=1$，则

$$(u^2-s^2)t^3=s^2v^3.$$

因为$(u^2-s^2,s^2)=1$，$(t,v)=1$，所以

$$s^2=t^3,\quad v^3=u^2-s^2.$$

从而

$$s=m^3,\quad t=m^2,\quad m\neq 0,$$

$$v^3=(u+m^3)(u-m^3). \tag{3}$$

若u，m一奇一偶，则

$$(u+m^3,u-m^3)=1,\quad u+m^3=a^3,\quad u-m^3=b^3,\quad v=ab.$$

从而

$$a^3+(-b)^3=2m^3.$$

由例1得$a=-b=m$，所以$u=0$，$x=0$，$y=-1$.

若u，m均为奇数，则v为偶数$2v_1$，且(3)成为

$$2v_1^3=\frac{u+m^3}{2}\cdot\frac{u-m^3}{2}.$$

从而

$$u\pm m^3=4a^3,\quad u\mp m^3=2b^3,\quad v_1=ab.$$

消去u，得

$$b^3+(\pm m)^3=2a^3.$$

由例1得$a=0$或$b=\pm m=a$. 前者导出$v=0$，$y=0$，$x=\pm 1$，后者导出$v=2v_1=2m^2$，$y=2$，$x=\pm 3$.

于是，本题的有理数解为

$$(x,y)=(0,-1),(\pm 1,0),(\pm 3,2),$$

与例3完全相同.

例5 证明：

$$x^3+y^3=7z^3 \tag{4}$$

有无穷多组整数解(x,y,z)，满足$(x,y)=1$，$z\neq 0$. 这种解称为本原解.

证明 显然$2^3+(-1)^3=7\times 1^3$.

假设x，y，z是(4)的本原解. 易知$x\neq 0$，$y\neq 0$，并且$|x|\neq|y|$（因为2不是立方数）.

不难验证

$$(x(x^3+2y^3))^3+(-y(2x^3+y^3))^3=(x^3+y^3)(x^3-y^3)^3,$$

即有

$$x_1^3+y_1^3=7z_1^3,$$

其中 $x_1=x(x^3+2y^3),y_1=-y(2x^3+y^3),z_1=z(x^3-y^3)$.

因为 $z\neq 0,|x|\neq|y|$,所以 $z_1\neq 0$.

因为$(x,y)=1$,所以

$$(x,2x^3+y^3)=1,\quad (y,x^3+2y^3)=1.$$

$$\begin{aligned}d&=(x(x^3+2y^3),-y(2x^3+y^3))=(x^3+2y^3,2x^3+y^3)\\&=(x^3+2y^3,x^3-y^3)=(3y^3,x^3-y^3)=1\text{ 或 }3.\end{aligned}$$

令 $x_1'=\dfrac{x_1}{d},y_1'=\dfrac{y_1}{d},z_1'=\dfrac{z}{d}$,则 x_1',y_1',z_1'是本原解,并且

$$|z_1'|=\left|\frac{z(x^3-y^3)}{d}\right|\geqslant\frac{|z|\cdot|x^3-y^3|}{3}.$$

在 x,y 异号时,显然$|x^3-y^3|=|x|^3+|y|^3\geqslant 1+2^3>3$.

在 x,y 同号时,$|x^3-y^3|\geqslant|x^2+xy+y^2|=(x-y)^2+3xy\geqslant 1+3>3$.

所以$|z'|>|z|$.

于是(x_1',y_1',z_1')是与(x,y,z)不同的本原解,可称为更大的本原解.对这更大的本原解,又有更大的本原解,因此本原解的个数无穷.

例 6　证明:对任意的自然数 k,存在自然数 n,使得 n 至少有 k 种方法表示成两个整数的立方和.

证明　由例 1 知

$$x^3+y^3=7z^3$$

有无穷多组本原解$(x_i,y_i,z_i)(i=1,2,\cdots)$.因为

$$(x_i,y_i)=1,$$

所以

$$(x_i,z_i)=(y_i,z_i)=1.$$

可取 k 个本原解$(x_i,y_i,z_i)(1\leqslant i\leqslant k)$,并且 $z_i(1\leqslant i\leqslant k)$互不相同.于是 $2k$ 个既约分数 $\dfrac{x_i}{z_i},\dfrac{y_i}{z_i}$均互不相同.

令 $n=7z_1^3z_2^3\cdots z_k^3$,则

$$n=\left(\frac{z_1z_2\cdots z_k}{z_i}\cdot x_i\right)^3+\left(\frac{z_1z_2\cdots z_k}{z_i}\cdot y_i\right)^3\quad(1\leqslant i\leqslant k)$$

为 k 种表示成立方和的方法.

练　习　10

1. 求方程

$$5x^2 - 10xy + 7y^2 = 77$$

的正整数解.

2. 求方程

$$3x + 3xy - 4y = 14$$

的正整数解.

3. 求出整数 x, y,使得 $x^2 - 3xy + 2y^2$ 为平方数.

4. 求满足 $x^2 + xy + y^2 = 28$ 的整数对(x, y)的个数.

5. 求所有整数 x 的和,对于这种 x,存在整数 y,满足

$$x^3 - y^3 = xy + 61.$$

6. 已知 x, y, z 是整数,并且

$$10x^3 + 20y^3 + 2006xyz = 2007z^3,$$

求 $x + y + z$ 的最大值.

7. 若12个非零整数 $a_1, a_2, \cdots, a_{12}$满足

$$a_1^6 + a_2^6 + \cdots + a_{12}^6 = 450697,$$

求 $a_1^2 + a_2^2 + \cdots + a_{12}^2$.

8. 求方程

$$(x^2 + 2)(y^2 + 3)(z^2 + 4) = 60xyz$$

的正整数解的个数.

9. 求出所有满足 $z > w, (z - w)^5 = z^3 - w^3$ 的自然数 z, w.

10. 求正整数 a, b, c,使得

$$a! \cdot b! = a! + b! + c!.$$

11. 能否写出一个自然数,它的立方等于3个自然数的立方和?

12. 证明:没有本原的勾股数(x, y, z),使得 $z + 1$ 为平方数.

13. 方程$(x^2 - 1)^2 + (y^2 - 1)^2 = (z^2 + 1)^2$ 有无正整数解?

14. 证明:方程$(x^2 - 1)^2 + (y^2)^2 = (z^2 - 1)^2$ 有无穷多组整数解.

15. 证明:方程组

$$\begin{cases}x^2+y^2=u^2,\\ x^2+2y^2=v^2\end{cases}$$

无解.

16. 证明：$x^n+(x+1)^n=(x+2)^n$ 在 $n>2$ 时无正整数解.

17. 给定自然数 n，是否一定存在自然数 m，使得

$$x^y-z^t=m$$

至少有 n 个不同的正整数解 (x,y,z,t)？

18. (ⅰ) 有无自然数 x,y，使得 $x^2+y,x+y^2$ 均为有理数的平方？

(ⅱ) 有无有理数 x,y，使得 $x^2+y,x+y^2$ 均为有理数的平方？

19. 求出所有的自然数 k,x，使得 $k+x^2,k-x^2$ 都是平方数.

20. 证明：不存在正整数 a,b，使得 $2a^2+1,2b^2+1,2(ab)^2+1$ 都是平方数.

21. 有无三个平方数组成等差数列？若有，请将它们全部找出来.

22. 证明：任一自然数 $n=x^2+2y^2+3z^2+6t^2$，x,y,z,t 为整数.

23. 找出两个正有理数 r，使得 r^2+210,r^2-210 都是有理数的平方，并证明这样的 r 有无穷多个.

24. 证明：$h\equiv 5$ 或 $7 \pmod 8$ 时，Tunnell 定理的条件(B)一定成立.

25. 证明：Tunnell 定理的条件(B)成立时，有

$$\begin{aligned}&|\{(x,y,z)\mid x,y,z\text{ 为自然数},2x^2+y^2+8z^2=h,z\text{ 为奇数}\}|\\ &=|\{(x,y,z)\mid x,y,z\text{ 为自然数},2x^2+y^2+8z^2=h,z\text{ 为偶数}\}|.\end{aligned}$$

解　答　10

1. 原方程可化为

$$5(x-y)^2+2y^2=77,$$

所以 $2y^2\leqslant 77$，$y\leqslant 6$.

$y=4$ 时，$(x-y)^2=9$，解得 $x=7$ 或 1.

$y=6$ 时，$(x-y)^2=1$，解得 $x=7$ 或 5.

2. 原方程可化为

$$3x=\frac{14+4y}{1+y}=4+\frac{10}{1+y},$$

所以

$$\frac{10}{1+y}=2\text{ 或 }5,$$

解得 $y=4$ 或 1.

$y=4$ 时，$x=2$；$y=1$ 时，$x=3$.

3. 设 $x^2-3xy+2y^2=z^2$，则

$$x^2-z^2=3xy-2y^2,$$

即

$$(x+z)(x-z)=y(3x-2y).$$

于是存在互质的整数 m,n，满足

$$\begin{cases}m(x+z)=ny,\\ n(x-z)=m(3x-2y),\end{cases}$$

即

$$\begin{cases}mx-ny+mz=0,\\ (3m-n)x-2my+nz=0,\end{cases}$$

解得

$$\begin{cases}x=\begin{vmatrix}-n & m\\ -2m & n\end{vmatrix}d=(2m^2-n^2)d,\\ y=\begin{vmatrix}m & m\\ n & 3m-n\end{vmatrix}d=(3m^2-2mn)d, & (d\in\mathbb{Z}).\\ z=\begin{vmatrix}m & -n\\ 3m-n & -2n\end{vmatrix}d=(-2m^2+3mn-n^2)d\end{cases}$$

4. 原方程即

$$x^2+y^2+(x+y)^2=56.$$

在 $a^2+b^2+c^2=56,a\geqslant b\geqslant c\geqslant 0$ 时，易知 $a=6,b=4,c=2$.

在 $x+y=6$ 时，$x=2$ 或 4，$y=4$ 或 2，有 2 组解.

在 $x=6$ 时，$y=-2$ 或 -4，有 2 组解.

在 $y=6$ 时，也有 2 组解.

以上共 6 组解.

同时在 $x+y$ 或 x 或 y 为 -6 时，也有 6 组解.

共 12 组解.

5. 在 x,y 为正整数时，第 5 节例 3 已有 $x=6,y=5$.

在 x 为正整数，y 为负整数或 0 时，

$$x^3+(-y)^3+x(-y)=61,$$

所以 $x\leqslant 3$，$-y\leqslant 3$. 但

$$3^3+3^3+3\times 3>61,$$

$$3^3+2^3+3\times 2<61,$$

所以这时无解.

在 x 为负整数或 0，y 为正整数时，

$$y^3+(-x)^3+61=(-x)y.$$

而显然

$$y^3+(-x)^3\geqslant y^2+(-x)^2\geqslant 2(-x)y\geqslant(-x)y,$$

所以这时也无解.

在 x 为负整数或 0，y 为非负整数或 0 时，

$$(-y)^3-(-x)^3=(-x)(-y)+61.$$

根据第 5 节例 3，$x=-5$，$y=-6$ 是唯一解.

因此，答案为

$$6+(-5)=1.$$

6. 原式左边三项都是偶数，所以右边 $2007z^3$ 也是偶数，从而 z 是偶数.

$2007z^3$，$2006xyz$，$20y^3$ 都被 4 整除，所以 $10x^3$ 也被 4 整除，x 是偶数.

$10x^3$，$2006xyz$，$2007z^3$ 都被 8 整除，所以 $20y^3$ 也被 8 整除，y 是偶数.

在原式的两边除以 8，得

$$10\left(\frac{x}{2}\right)^3+20\left(\frac{y}{2}\right)^3+2006\left(\frac{x}{2}\right)\left(\frac{y}{2}\right)\left(\frac{z}{2}\right)=2007\left(\frac{z}{2}\right)^3.$$

同理，$\frac{x}{2}$，$\frac{y}{2}$，$\frac{z}{2}$也都是偶数，于是又可将它们换成$\frac{x}{4}$，$\frac{y}{4}$，$\frac{z}{4}$. 如此继续下去，得出

$$\frac{x}{2^n},\frac{y}{2^n},\frac{z}{2^n}\quad(n=0,1,2,\cdots)$$

均为原式的整数解.

但在 $x\neq 0$ 时，取 $2^n>|x|$，则$\frac{x}{2^n}$不是整数，所以必有 $x=0$. 同理，$y=0$，$z=0$. 即原式的整数解只有 $x=y=z=0$，所以 $x+y+z=0$.

7. 不妨设 $a_i(1\leqslant i\leqslant 12)$均正.

$$450697\equiv 697-450=247\equiv 2(\bmod 7). \tag{1}$$

而

$$a_i^6 \equiv 0,1 \pmod 7), \tag{2}$$

并且 $a_i^6 \equiv 0 \pmod 7$，当且仅当 $a_i \equiv 0 \pmod 7$ 时.

于是，由(1)、(2)知 $a_i(1 \leqslant i \leqslant 12)$ 中有 2 个或 9 个不被 7 整除，其余的 10 个或 3 个被 7 整除.但

$$7^6 = 117649,$$

所以 $a_i(1 \leqslant i \leqslant 12)$ 中仅有 3 个被 7 整除，而且就等于 7，不妨设 $a_1 = a_2 = a_3 = 7$，这时

$$a_4^6 + a_5^6 + \cdots + a_{12}^6 = 97750.$$

因为 $a_i^6 \equiv 0,1 \pmod 8$，并且当且仅当 a_i 为偶数时前者成立，又

$$a_4^6 + a_5^6 + \cdots + a_{12}^6 = 97750 \equiv 6 \pmod 8,$$

所以 $a_4, a_5, \cdots, a_{12}$ 中 6 个为奇数，3 个为偶数.

因为 $a_i^6 \equiv 0,1 \pmod 9$，并且当且仅当 $3 \mid a_i$ 时前者成立，又

$$a_4^6 + a_5^6 + \cdots + a_{12}^6 = 97750 \equiv 1 \pmod 9,$$

所以 $a_4, a_5, \cdots, a_{12}$ 中 8 个是 3 的倍数，1 个不是 3 的倍数.

因此，$a_4, a_5, \cdots, a_{12}$ 中至少有 2 个是 6 的倍数.不妨设 a_4, a_5 是 6 的倍数.因为

$$6^6 = 46656, \tag{3}$$

所以恰有 2 个是 6 的倍数，而且 $a_4 = a_5 = 6$，这时

$$a_6^6 + a_7^6 + \cdots + a_{12}^6 = 4438.$$

$a_6, a_7, \cdots, a_{12}$ 中 6 个是 3 的倍数，而且由(3)可知这 6 个数就是 3，不妨设

$$a_6 = a_7 = \cdots = a_{11} = 3,$$

则

$$a_{12}^6 = 4438 - 6 \times 3^6 = 64,$$

所以 $a_{12} = 2$.因此

$$a_1^2 + a_2^2 + \cdots + a_{12}^2 = 3 \times 7^2 + 2 \times 6^2 + 6 \times 3^2 + 2^2 = 277.$$

8. 先定出 x, y, z 的上界.

因为

$$\begin{aligned}(x^2 + 2)(y^2 + 3) &= x^2y^2 + 3x^2 + 2y^2 + 6 \\ &> (x^2y^2 + 4) + 2(x^2 + y^2) \\ &\geqslant 4xy + 4xy = 8xy,\end{aligned}$$

所以由原方程得

$$8xy(z^2 + 4) < 60xyz,$$

$$2z^2 - 15z + 8 < 0. \tag{1}$$

由(1)显然可得 $z < 8$，而 $z = 7$ 也不满足(1)，所以 $z \leqslant 6$.

原方程右边被 5 整除，而

$$x^2\equiv 0,\ \pm 1 \pmod 5),$$
$$x^2+2\equiv 1,2,3 \pmod 5),$$
$$y^2+3\equiv 2,3,4 \pmod 5),$$

所以必有 z^2+4 被 5 整除，从而 $z\equiv\pm 1 \pmod 5)$，$z=1,4,6$.

若 $z=6$，则

$$(x^2+2)(y^2+3)=9xy,$$

但$(x^2+2)(y^2+3)\geqslant 2\sqrt{2}x\cdot 2\sqrt{3}y=4\sqrt{6}xy>9xy$，矛盾.

若 $z=4$，则

$$(x^2+2)(y^2+3)=12xy. \tag{2}$$

$x=1$ 时，$y^2+3=4y$，解得 $y=1$ 或 3.

$x=2$ 时，$y^2+3=4y$，解得 $y=1$ 或 3.

$x\geqslant 3$ 时，由(2)得

$$12y=\left(x+\frac{2}{x}\right)(y^2+3)>x(y^2+3)\geqslant 3(y^2+3),$$
$$y^2-4y+3<0,$$

从而 $y=2$. 这时(2)成为 $7(x^2+2)=24x$，$7\mid x$，从而 $x\geqslant 7$，但 $7(x^2+2)-24x>x(7x-24)>0$，无解.

若 $z=1$，则同样得(2).

于是本题共有 $2\times 4=8$ 个解. 具体的解是$(x,y,z)=(1,1,4),(1,3,4),(2,1,4),(2,3,4),(1,1,1),(1,3,1),(2,1,1),(2,3,1)$.

9. 设 $\delta=(z,w)$，则 $z=z_1\delta$，$w=w_1\delta$，$(z_1,w_1)=1$，$\delta^2(z_1-w_1)^5=z_1^3-w_1^3$.

设 $z_1-w_1=t$，则$(t,w_1)=1$，$z_1=w_1+t$，且

$$t^5\mid((w_1+t)^3-w_1^3=3tw_1^2+3t^2w_1+t^3). \tag{1}$$

于是 $t\mid 3w_1^2$，$t\mid 3$. 从而 $t=1$ 或 3.

若 $t=3$，则由(1)得 $3\mid w_1^2$，矛盾.

若 $t=1$，则

$$\delta^2=z_1^3-w_1^3=z_1^2+z_1w+w_1^2.$$

由第 6 节例 4 得

$$z_1=(2mn+n^2)d,$$
$$w_1=(m^2-n^2)d.$$

因为 $z_1-w_1=1$，所以 $d=1$，且

$$(m^2-n^2)-(2mn+n^2)=-1,$$

即

$$(m-n)^2=3n^2-1,$$

从而

$$(m-n)^2\equiv -1 \pmod 3.$$

但平方数 mod 3 不会为 -1，因此本题无正整数解.

10. 由对称性不妨设 $a\geqslant b$.

如果 $c\leqslant a$，那么

$$a!\cdot b!\leqslant 3\times a!,$$

从而 $b!\leqslant 3$，$b=1$ 或 2.

$b=1$ 导致 $0=1+c!$，不可能.

$b=2$ 导致 $a!=2+c!$，从而 $a>c$. 又

$$2=a!-c!\geqslant c!\cdot(a-c)\geqslant c!,$$

$c=1$ 或 2，$a!=3$ 或 4 均不可能.

因此 $c>a$. 从而原式可化为

$$b!=1+\frac{b!}{a!}+\frac{c!}{a!}.$$

因为$\frac{c!}{a!}$是整数，所以$\frac{b!}{a!}$是整数，故 $b=a$，从而

$$c!=a!(a!-2).$$

显然 $a>2$. $a=3$ 时，$c!=6\times 4$，$c=4$，$b=3$.

$a>3$ 时，因为 $3\nmid(a!-2)$，而连续三个整数 $a+1$，$a+2$，$a+3$ 中必有一个被 3 整除，所以只能 $c=a+1$ 或$(a+1)(a+2)$.

但 $a\geqslant 5$ 时，

$$\begin{aligned}a!-2-(a+1)(a+2)&>a(a-1)(a-2)-2-(a+1)(a+2)\\&=a^3-4a^2-a-4\geqslant a^2-a-4>0.\end{aligned}$$

$a=4$ 时，$a!-2=22\neq a+1$，$22\neq(a+1)(a+2)$.

因此，本题只有唯一解，即 $a=b=3$，$c=4$.

注　本题不难，无非枚举与估计，只是应做得尽可能简单一些.

11. 能. $3^3+4^3+5^3=6^3$.

12.

$$z+1=m^2+n^2+1\equiv 0+1+1=2 \pmod 4,$$

所以 $z+1$ 不是平方数.

13.

$$((2n^2+2n)^2-1)^2+((2n+1)^2-1)^2=((2n^2+2n)^2+1)^2,$$

所以方程$(x^2-1)^2+(y^2-1)^2=(z^2+1)^2$有无穷多组正整数解.

14.

$$((8n^4-1)^2-1)^2+((2n)^6)^2=((8n^4+1)^2-1)^2,$$

所以方程$(x^2-1)^2+(y^2)^2=(z^2-1)^2$有无穷多组整数解.

15. 原方程组即

$$\begin{cases}u^2+y^2=v^2,\\u^2-y^2=x^2.\end{cases}$$

由第2节例1,方程组无解.

16. 若n为奇数且大于3,令$y=x+1$,则$y\geqslant 2$,

$$\begin{aligned}y^n&=(y+1)^n-(y-1)^n\\&=2(ny^{n-1}+C_n^3y^{n-3}+\cdots+C_n^{n-2}y^2+1),\end{aligned}$$

所以$y^2|2$.这不可能.

若n为偶数且大于4,仍令$y=x+1$,则

$$\begin{aligned}y^n&=(y+1)^n-(y-1)^n\\&=2(ny^{n-1}+C_n^3y^{n-3}+\cdots+ny),\end{aligned}$$

所以$y|2n$.但$y^n>2ny^{n-1}$,从而$y>2n$.矛盾.

$n=1$时,显然$x=1$.

$n=2$时,有唯一解$x=3$.

17.

$$(2^{n-k}+2^k)^2-(2^{n-k}-2^k)^2=2^{n+2}\quad(k=1,2,\cdots,n)$$

或

$$(3^{2^{n-k}})^{2^k}-(2^{2^{n-k}})^{2^k}=3^{2^n}-2^{2^n}\quad(k=1,2,\cdots,n).$$

18. (ⅰ)若有$x^2+y=t^2$,其中t为有理数,x,y为自然数,则t^2为自然数.从而t为自然数,并且

$$y=t^2-x^2\geqslant(x+1)^2-x^2=2x+1,$$

所以

$$y>x.$$

同样,由$x+y^2$为有理数的平方,得$x>y$.矛盾.

因此没有自然数x,y,使得$x^2+y,x+y^2$均为有理数的平方.

(ⅱ) 设 $x=\frac{n^2-8n}{16(n+1)}$,其中 n 为大于8的自然数,$y=2x+1$,则

$$x^2+y=(x+1)^2,$$
$$x+y^2=x+(2x+1)^2=4x^2+5x+1=(4x+1)(x+1).$$

而

$$x+1=\frac{1}{16(n+1)}(n^2-8n+16n+16)=\frac{(n+4)^2}{16(n+1)},$$
$$4x+1=\frac{1}{16(n+1)}(4n^2-32n+16n+16)=\frac{(n-2)^2}{4(n+1)},$$

所以

$$x+y^2=\frac{(n+4)^2(n-2)^2}{8^2(n+1)^2},$$

即有无穷多个有理数 x,y,使得 $x^2+y,x+y^2$ 均为有理数的平方.

19. 设 $k=(4m^4+n^4)l^2,x=2lmn$,其中 l,m,n 均为自然数,则

$$k\pm x^2=l^2(2m^2\pm n^2)^2.$$

反之,若有

$$\begin{cases}k+x^2=u^2, & (1)\\ k-x^2=v^2, & (2)\end{cases}$$

不妨设$(u,x)=1$$\left(若(u,x)=l,则\ l^2\mid k,用\frac{u}{l},\frac{x}{l},\frac{k}{l^2}分别代替\ u,x,k\right)$,则$(k,x)=(v,x)=1$.

(1)-(2),得

$$2x^2=u^2-v^2=(u+v)(u-v).$$

因为$(x,u)=(x,v)=1$,所以 u,v 均为奇数(若 u,v 均为偶数,则 x 亦为偶数,与$(x,u)=1$ 矛盾),从而

$$\begin{cases}u+v=4m^2,\\ u-v=2n^2,\\ x=2mn\end{cases}$$

或

$$\begin{cases}u+v=2m^2,\\ u-v=4n^2,\\ x=2mn,\end{cases}$$

其中 m,n 均为自然数.于是

$$k = x^2 + v^2 = 4m^2n^2 + \left(\frac{4m^2 - 2n^2}{2}\right)^2 = 4m^4 + n^4.$$

或

$$k = x^2 + v^2 = 4m^2n^2 + \left(\frac{2m^2 - 4n^2}{2}\right)^2 = 4n^4 + m^4$$

因此

$$x = 2lmn,$$
$$k = (4m^4 + n^4)l^2,$$

其中 m,n,l 为自然数.

20. 假设 $2a^2+1, 2b^2+1, 2(ab)^2+1$ 都是平方数,不妨设 $a \geqslant b$.

$$4(2a^2 + 1)(2a^2b^2 + 1) = (4a^2b + b)^2 + 8a^2 - b^2 + 4$$

是平方数.但

$$(4a^2b + b)^2 < (4a^2b + b)^2 + 8a^2 - b^2 + 4 < (4a^2b + b + 1)^2$$
$$= (4a^2b + b)^2 + 8a^2b + 2b + 1,$$

矛盾!

21. 在第3节例2中,已经指出公差 h 是合同数(定义1),并且三个成等差数列的平方数是

$$(x - y)^2, \quad x^2 + y^2 = z^2, \quad (x + y)^2,$$

其中 (x,y,z) 为勾股数.

因此,由勾股数的知识得本题的全部解为

$$(u^2 - v^2 - 2uv)^2d^2, \quad (u^2 + v^2)^2d^2, \quad (u^2 - v^2 + 2uv)^2d^2.$$

又解 由 $z^2 - a^2 = b^2 - z^2$,得

$$\frac{z + a}{b - z} = \frac{b + z}{z - a} = \frac{u}{v},$$

其中 u,v 为互质的自然数.从而

$$z = u^2 + v^2, \quad a = u^2 - v^2 - 2uv, \quad b = u^2 - v^2 + 2uv.$$

$(ad)^2, z^2d^2, (bd)^2$(d 为任意自然数)即全部解.

22. 由 Lagrange 四平方和定理可设

$$n = a^2 + b^2 + c^2 + d^2 \quad (a,b,c,d \in \mathbb{Z}).$$

mod 3 的剩余类 1 与 -1 这两类中,若有 a,b,c,d 中的 3 个或 4 个,即适当改变符号.可设 $+1$ 这类中有 3 个,其和被 3 整除.若 0 这类中至少有 3 个,同样有 3 个数的和被 3 整除.若 0 这类中有 2 个,± 1 这两类中有 2 个,则适当选择符号,可使 $1, -1$ 中各有 1 个

数.于是总有 a,b,c,使得 $3\mid(a+b+c)$. a,b,c 三个中又有2个同奇偶,不妨设 $a\equiv b \pmod 2$.于是由

$$3(a^2+b^2+c^2)=(a+b+c)^2+2\left(\frac{a+b}{2}-c\right)^2+6\left(\frac{a-b}{2}\right)^2,$$

得

$$\begin{aligned}n&=a^2+b^2+c^2+d^2\\&=3\left(\frac{a+b+c}{3}\right)^2+6\left(\frac{a+b-2c}{6}\right)^2+2\left(\frac{a-b}{2}\right)^2+d^2.\end{aligned}$$

23. 易找出

$$\left(\frac{29}{2}\right)^2+210=\frac{841}{4}+210=\frac{1681}{4}=\left(\frac{41}{2}\right)^2,$$

$$\left(\frac{29}{2}\right)^2-210=\frac{841}{4}-210=\left(\frac{1}{2}\right)^2,$$

$$\left(\frac{37}{2}\right)^2+210=\frac{1369}{4}+210=\frac{2209}{4}=\left(\frac{47}{2}\right)^2,$$

$$\left(\frac{37}{2}\right)^2-210=\frac{1369}{4}-210=\frac{529}{4}=\left(\frac{23}{2}\right)^2.$$

设已有 $r=\frac{x}{y}$满足条件,则

$$x^2+210y^2=z^2,\quad x^2-210y^2=t^2.$$

令 $r'=\frac{x^4+a^2y^4}{2xyzt}$,$a=210$,则

$$\begin{aligned}r'^2\pm a&=\frac{(x^4+a^2y^4)^2\pm 4ax^2y^2z^2t^2}{(2xyzt)^2}\\&=\frac{(x^4+a^2y^4)^2\pm 4ax^2y^2(x^4-a^2y^4)}{(2xyzt)^2}\\&=\frac{(x^4-a^2y^4)^2\pm 4ax^2y^2(x^4-a^2y^4)+4a^2x^4y^4}{(2xyzt)^2}\\&=\frac{(x^4-a^2y^4\pm 2ax^2y^2)^2}{(2xyzt)^2}.\end{aligned}$$

24. 因为 $x^2\equiv 0,1,4 \pmod 8$,所以

$$2x^2+y^2+8z^2\equiv 0,1,2,3,4,6 \pmod 8,$$

即$\{(x,y,z)\mid x,y,z$ 为整数,且 $2x^2+y^2+8z^2=h\}$在 $h\equiv 5,7 \pmod 8$时是空集,元数为0.

同样$\{(x,y,z)\mid x,y,z$ 为整数,且 $2x^2+y^2+32z^2=h\}$也是空集,元数为0.(B)当然成立.

25.

$$\{(x,y,z)\mid x,y,z\text{ 为自然数},2x^2+y^2+8z^2=h,z\text{ 为偶数}\}$$
$$=\{(x,y,z_1)\mid x,y,z_1\text{ 为自然数},2x^2+y^2+32z_1^2=h\}.$$

(B)成立即

$$|\{(x,y,z)\mid x,y,z\text{ 为自然数},2x^2+y^2+8z^2=h\}|$$
$$=2|\{(x,y,z)\mid x,y,z\text{ 为自然数},2x^2+y^2+32z^2=h\}|,$$

而

$$\{(x,y,z)\mid x,y,z\text{ 为自然数},2x^2+y^2+8z^2=h\}$$
$$=\{(x,y,z)\mid x,y,z\text{ 为自然数},2x^2+y^2+8z^2=h,z\text{ 为偶数}\}$$
$$\cup\{(x,y,z)\mid x,y,z\text{ 为自然数},2x^2+y^2+8z^2=h,z\text{ 为奇数}\},$$

所以

$$|\{(x,y,z)\mid x,y,z\text{ 为自然数},2x^2+y^2+8z^2=h,z\text{ 为奇数}\}|$$
$$=|\{(x,y,z)\mid x,y,z\text{ 为自然数},2x^2+y^2+32z^2=h\}|$$
$$=|\{(x,y,z)\mid x,y,z\text{ 为自然数},2x^2+y^2+8z^2=h,z\text{ 为偶数}\}|.$$

第11章
连分数与Pell方程

在二次不定方程中，Pell方程最为重要. Pell方程的最小解有时可由观察得出，一般情况下则需借助连分数.

连分数是重要的工具，本身也有很多有趣的性质.

1. 大小品味

比大小的题很常见.例如：

$$2^{234} \text{ 与 } 5^{100} \text{ 哪个大？}$$

如果用对数，那么

$$\lg 2^{234} = 234\lg 2 = 234 \times 0.3010 > 234 \times 0.3 > 70,$$

$$\lg 5^{100} = 100\lg 5 = 100 \times (1 - 0.3010) = 100 \times 0.6990 < 70,$$

所以

$$2^{234} > 5^{100}.$$

（学过对数的人，一般记得 $\lg 2 = 0.3010$，不必查表.）

不用对数（现初中教材无对数），有点棘手.需要进行巧妙的估计，对于数的大小有较好的感觉.

怎么做？

问题等价于（2^{234}，5^{100}各乘以 2^{100}）

$$2^{334} \text{ 与 } 10^{100} \text{ 哪个大？}$$

熟知

$$2^{10} = 1024 > 10^3, \tag{1}$$

所以

$$2^{330} > 10^{99},$$

从而

$$2^{334} > 2^4 \times 10^{99} > 10 \times 10^{99} = 10^{100}.$$

(1)简单而实用，利用(1)的解法胜于其他解法.

李尚志教授评论说："所有的神机妙算都来自对 $2^{10} = 1024$ 的熟悉."

这一评论，极为正确.

李尚志教授的评论还指出$\frac{3}{10}$来自 lg 2 的最佳逼近.事实上，

$$\lg 2 = 0.301029995664\cdots$$

可化为连分数(本章正要讲的内容)

$$0+\cfrac{1}{3+\cfrac{1}{3+\cfrac{1}{9+\cfrac{1}{2+\cfrac{1}{2+\cdots}}}}}=[0,3,3,9,2,2,\cdots].$$

这连分数的渐近分数(本章也要讲到)为

$$\frac{1}{3},\frac{3}{10},\frac{28}{93},\frac{59}{196},\frac{146}{485},\cdots,$$

所以有

$$2^3<10,\quad 2^{10}>10^3,\quad 2^{93}<10^{28},\quad 2^{196}>10^{59},\quad 2^{485}>10^{146},\quad \cdots,$$

其中前两个最为常用.

我们不仅要会解题,还要提高解题的品味,知道什么是好的解法——简单而普遍适用(其中有深刻的背景).不好的解法不要坚持,要学习好的解法.

再如比较 $\log_3 5$ 与$\sqrt{2}$的大小.如果不用计算器(用计算器简单,

$$\log_3 5=\frac{\log_{10} 5}{\log_{10} 3}=1.46\cdots>1.42>\sqrt{2},$$

我赞成用计算器),那么应当用

$$5^7>3^{10},\tag{2}$$

从而得到

$$\log_3 5>\frac{10}{7}=1.42\cdots>\sqrt{2}.$$

(2)从何而来?

飞将军从天而降.

一个办法是尝试.另一个办法,即上面提到的连分数及其渐近分数.

我们有

$$1.42=1+\cfrac{1}{2+\cfrac{1}{2+\cfrac{1}{1+\cfrac{1}{1+\cfrac{1}{1+\cfrac{1}{2}}}}}}=[1,2,2,1,1,1,2],$$

它的渐近分数为$\frac{1}{1},\frac{3}{2},\frac{7}{5},\frac{10}{7},\frac{17}{12},\cdots$.

这就是$\frac{10}{7}$的来源.

2. 递推公式

设 a_0 为整数，$a_1,a_2,\cdots,a_k,\cdots$为正整数.分别称

$$a_0+\cfrac{1}{a_1+\cfrac{1}{a_2+\cfrac{1}{a_3+\ddots+\cfrac{1}{a_{k-1}+\cfrac{1}{a_k}}}}} \tag{1}$$

与

$$a_0+\cfrac{1}{a_1+\cfrac{1}{a_2+\ddots+\cfrac{1}{a_k+\cdots}}} \tag{2}$$

为有穷的（简单）连分数与无穷的（简单）连分数.

（1）、（2）也常写成

$$[a_0,a_1,a_2,\cdots,a_k],\quad a_0+\frac{1}{a_1+}\frac{1}{a_2+}\cdots\frac{1}{a_{k-1}+}\frac{1}{a_k}$$

与

$$[a_0,a_1,a_2,\cdots,a_k,\cdots],\quad a_0+\frac{1}{a_1+}\frac{1}{a_2+}\cdots\frac{1}{a_k+}\cdots.$$

显然，有穷的连分数一定是有理数.例如（1），可从最后的分数算起：

$$a_{k-1}+\frac{1}{a_k}=\frac{a_{k-1}a_k+1}{a_k},$$

$$a_{k-2}+\cfrac{1}{a_{k-1}+\cfrac{1}{a_k}}=a_{k-2}+\frac{a_k}{a_{k-1}a_k+1}=\cdots.$$

当然这种算法很麻烦，但这样继续进行下去足以证明结果是有理数.

反过来，每个有理数$\frac{m}{n}$都可以写成有穷的连分数.证明如下：

首先,由带余除法得

$$m = na_0 + r, \quad 0 \leqslant r < n,$$

其中 $a_0 = \left[\frac{m}{n}\right]$,可能为 0 或负整数.所以

$$\frac{m}{n} = a_0 + \frac{r}{n}.$$

然后

$$n = a_1 r + r_1, \quad 0 \leqslant r_1 < r, \quad a_1 \in \mathbb{N}.$$
$$r = a_2 r_1 + r_2, \quad 0 \leqslant r_2 < r_1, \quad a_2 \in \mathbb{N}.$$
$$\cdots.$$

实际上就是辗转相除法.由于 $r > r_1 > r_2 > \cdots$ 且均非负,故若干步后必有

$$r_{k-1} = a_k r_k, \quad a_k \in \mathbb{N},$$

从而

$$\frac{m}{n} = [a_0, a_1, a_2, \cdots, a_k].$$

例 1　将 $\frac{225}{43}$ 表示成连分数.

解

$$\frac{225}{43} = 5 + \frac{10}{43} = 5 + \cfrac{1}{4 + \cfrac{3}{10}} = 5 + \cfrac{1}{4 + \cfrac{1}{3 + \cfrac{1}{3}}} = [5,4,3,3].$$

例 2　计算 $2 + \cfrac{1}{6 + \cfrac{1}{10 + \cfrac{1}{14 + \cfrac{1}{18 + \cfrac{1}{22}}}}}$.

解　若从最下面的 $18 + \frac{1}{22}$ 开始,颇为麻烦,一不小心就算错了.

连分数的计算应从前面开始,即算出

$$2, \quad 2 + \frac{1}{6} = \frac{13}{6}, \quad 2 + \cfrac{1}{6 + \cfrac{1}{10}} = \frac{132}{61},$$

但这样算不是同样麻烦吗?

不然.我们可以充分利用开始算得的结果.

更一般地,考虑连分数 $[a_0, a_1, a_2, \cdots, a_m]$ 的一些重要性质.这里 $a_0, a_1, \cdots, a_m$ 作

为字母(变量),可以为任意实数(当然分母不能为0).

设$\frac{p_n}{q_n}=[a_0,a_1,a_2,\cdots,a_n](0\leqslant n\leqslant m)$.容易看出$p_n,q_n$是各个字母$a_0,a_1,\cdots,a_n$的一次多项式(对每个变量都至多一次),并且最高次(各变量次数的和)项的系数为1.于是我们有如下性质:

性质1 下面的递推关系成立:

$$p_0=a_0,\quad p_1=a_1p_0+1,\quad p_n=a_np_{n-1}+p_{n-2}\quad(2\leqslant n\leqslant m),$$
$$q_0=1,\quad q_1=a_1,\quad q_n=a_nq_{n-1}+q_{n-2}\quad(2\leqslant n\leqslant m).$$

证明 当$n=0,1,2$时,可直接推出.

假定这个性质对于$n-1$成立,则有

$$\begin{aligned}\frac{p_n}{q_n}&=\left[a_0,a_1,a_2,\cdots,a_{n-1}+\frac{1}{a_n}\right]\\&=\frac{\left(a_{n-1}+\frac{1}{a_n}\right)p_{n-2}+p_{n-3}}{\left(a_{n-1}+\frac{1}{a_n}\right)q_{n-2}+q_{n-3}}\\&=\frac{a_n(a_{n-1}p_{n-2}+p_{n-3})+p_{n-2}}{a_n(a_{n-1}q_{n-2}+q_{n-3})+q_{n-2}}\\&=\frac{a_np_{n-1}+p_{n-2}}{a_nq_{n-1}+q_{n-2}}.\end{aligned}$$

于是,性质1对于一切$n\leqslant m$成立.

有了性质1,例2的计算就可以用下面表11.1进行.

表11.1

n	0	1	2	3	4	5
a_n	2	6	10	14	18	22
p_n	2	13	132	1861	33630	741721
q_n	1	6	61	860	15541	342762

因此,$[2,6,10,14,18,22]=\frac{741721}{342762}$.

为计算方便,有时增加一列$n=-1,p_{-1}=1,q_{-1}=0$.仍用上面递推公式可算出

$$p_1=6\times2+1=13,$$
$$q_1=6\times1+0=6.$$

在 a_0 为整数，$a_1, a_2, \cdots, a_m$ 为正整数时，p_n, q_n 都是整数．$\frac{p_n}{q_n}(0 \leqslant n \leqslant m)$ 称为 $[a_0, a_1, \cdots, a_m]$ 的渐近分数．

例 3　求 $\cfrac{1}{2-\cfrac{1}{2-\cfrac{1}{2-\ddots-\cfrac{1}{2-\cfrac{1}{2}}}}}$（其中含 100 个 2）．

解　虽然出现减号，但并不难计算．对 n 个 2，将结果记为 a_n，易知

$$a_1 = \frac{1}{2}, \quad a_2 = \frac{2}{3}, \quad a_3 = \frac{3}{4}.$$

假设 $a_{n-1} = \frac{n-1}{n}(n \geqslant 4)$，则

$$a_n = \frac{1}{2 - a_{n-1}} = \frac{1}{2 - \frac{n-1}{n}} = \frac{n}{n+1}.$$

因此，对一切 n，有

$$a_n = \frac{n}{n+1}.$$

特别地，有

$$a_{100} = \frac{100}{101}.$$

3. 更多的性质

本节进一步介绍连分数的性质，其中性质 2 尤为重要．这些性质的证明大多不难．

性质 2　对于 $n \geqslant 1$，有

$$q_n p_{n-1} - p_n q_{n-1} = (-1)^n.$$

证明　$q_1 p_0 - p_1 q_0 = a_1 a_0 - (a_1 a_0 + 1) = -1$，所以对于 $n = 1$ 结论成立．

假设对于 $n-1$ 结论成立，则

$$q_np_{n-1}-p_nq_{n-1}=(a_nq_{n-1}+q_{n-2})p_{n-1}-(a_np_{n-1}+p_{n-2})q_{n-1}$$
$$=q_{n-2}p_{n-1}-p_{n-2}q_{n-1}=-(-1)^{n-1}=(-1)^n.$$

因此,结论对于一切自然数 n 成立.

性质 3 $\dfrac{p_n}{q_n}$是既约分数,即 p_n,q_n 互质.

证明 由性质 2 立即得出$(q_n,p_n)=1$.

性质 4 对于一切 $n\geqslant1$,有

$$q_np_{n-2}-p_nq_{n-2}=(-1)^{n-1}a_n.$$

证明

$$\begin{aligned}q_np_{n-2}-p_nq_{n-2}&=(a_nq_{n-1}+q_{n-2})p_{n-2}-(a_np_{n-1}+p_{n-2})q_{n-2}\\&=a_n(q_{n-1}p_{n-2}-p_{n-1}q_{n-2})\\&=(-1)^{n-1}a_n.\end{aligned}$$

性质 5 $\dfrac{p_n}{q_n}-\dfrac{p_{n-1}}{q_{n-1}}=\dfrac{(-1)^{n-1}}{q_nq_{n-1}}$.

证明 由性质 2 立即得到.

性质 6 $\dfrac{p_{2n-2}}{q_{2n-2}}\leqslant\dfrac{p_{2n}}{q_{2n}}\leqslant\cdots\leqslant\dfrac{p_m}{q_m}\leqslant\cdots\leqslant\dfrac{p_{2n-1}}{q_{2n-1}}\leqslant\dfrac{p_{2n-3}}{q_{2n-3}}(2n\leqslant m)$,即偶数阶渐近分数递增,奇数阶渐近分数递减,并且奇数阶渐近分数大于偶数阶渐近分数.

证明 由性质 4 立即得到.

性质 7 对于 $n\geqslant2$,有

$$q_n\geqslant2^{\frac{n-1}{2}}.$$

证明 $n\geqslant2$ 时,

$$q_n=a_nq_{n-1}+q_{n-2}\geqslant q_{n-1}+q_{n-2}\geqslant2q_{n-2},$$

从而

$$q_{2k}\geqslant2^kq_0=2^k,$$
$$q_{2k+1}\geqslant2^kq_1\geqslant2^k.$$

4. 最佳逼近

设 $x=[a_0,a_1,a_2,\cdots,a_k]$或$[a_0,a_1,a_2,\cdots]$，$\frac{p_n}{q_n}$，$\frac{p_{n+1}}{q_{n+1}}$为渐近分数（在 x 为有限连分数时，$n+1<k$）.

记连分数$[a_{n+2},\cdots,a_k]$或$[a_{n+2},\cdots]$为 y，则

$$x=\frac{yp_{n+1}+p_n}{yq_{n+1}+q_n},\tag{1}$$

$$x-\frac{p_n}{q_n}=\frac{y(p_{n+1}q_n-p_nq_{n+1})}{q_n(yq_{n+1}+q_n)}=\frac{(-1)^ny}{q_n(yq_{n+1}+q_n)},\tag{2}$$

$$\frac{p_{n+1}}{q_{n+1}}-x=\frac{p_{n+1}q_n-p_nq_{n+1}}{q_{n+1}(yq_{n+1}+q_n)}=\frac{(-1)^n}{q_{n+1}(yq_{n+1}+q_n)}.\tag{3}$$

因此，x 大于一切下标为偶数的渐近分数，小于一切下标为奇数的渐近分数．而且渐近分数与 x 的距离（差的绝对值）严格递减（因为 $q_{n+1}>q_n$），在 x 为无限连分数时趋于0（q_n 都是正整数）.

所以，在 x 为无限连分数时，$\frac{p_0}{q_0}$，$\frac{p_2}{q_2}$，$\frac{p_4}{q_4}$，…严格递增，以 x 为上界，从而有极限 x．同样，$\frac{p_1}{q_1}$，$\frac{p_3}{q_3}$，…严格递减，也以 x 为极限．因此，x 是它的渐近分数所成数列$\left\{\frac{p_n}{q_n}\right\}$的极限，并且

$$\frac{1}{q_n(q_{n+1}+q_n)}<\left|x-\frac{p_n}{q_n}\right|=\frac{y}{q_n(yq_{n+1}+q_n)}<\frac{1}{q_nq_{n+1}},\tag{4}$$

更有

$$\frac{1}{2q_nq_{n+1}}<\left|x-\frac{p_n}{q_n}\right|<\frac{1}{q_n^2}.\tag{5}$$

(4)中的 $q_{n+1}=a_{n+1}q_n+q_{n-1}$，因此

$$\left|x-\frac{p_n}{q_n}\right|<\frac{1}{a_{n+1}q_n^2},\tag{6}$$

从而 a_{n+1}越大，$\frac{p_n}{q_n}$越接近于 x.

性质 8 在分母不大于 q_n 的所有分数$\frac{r}{s}$（r,s 为正整数，$s\leqslant q_n$）中，$\frac{p_n}{q_n}$与连分数 x 的距离最小.

证明 不妨设 n 为奇数.若$\frac{r}{s}$与 x 的距离不大于$\frac{p_n}{q_n}-x$，则

$$\left|\frac{r}{s}-x\right|\leqslant\left|\frac{p_{n-1}}{q_{n-1}}-x\right|,$$

从而$\frac{r}{s}$一定在区间$\left(\frac{p_{n-1}}{q_{n-1}},\frac{p_n}{q_n}\right)$内，如图 11.1 所示.所以

$$(0<)\ \frac{r}{s}-\frac{p_{n-1}}{q_{n-1}}\leqslant\frac{p_n}{q_n}-\frac{p_{n-1}}{q_{n-1}}=\frac{1}{q_nq_{n-1}},$$

乘以 sq_{n-1}得

$$(0<)\ rq_{n-1}-sp_{n-1}\leqslant\frac{s}{q_n}.$$

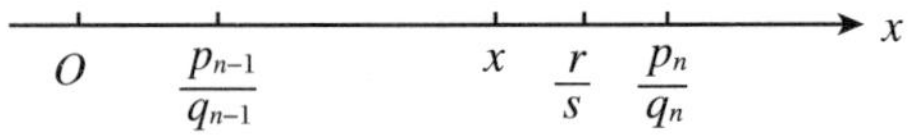

$$\begin{array}{ccccc} O & \frac{p_{n-1}}{q_{n-1}} & x & \frac{r}{s} & \frac{p_n}{q_n} \end{array}\ \longrightarrow x$$

图 11.1

因为 $rq_{n-1}-sp_{n-1}$为正整数，所以上式只在 $s=q_n$ 且 $r=p_n$ 时成立.

因此，在分母$\leqslant q_n$ 的分数中，$\frac{p_n}{q_n}$是 x 的最佳逼近.

性质 9 $p_nq_{n-1}-p_{n-1}q_n$，$q_nq_{n-1}x^2-p_np_{n-1}$，$p_n^2-q_n^2x^2$，$q_{n-1}^2x^2-p_{n-1}^2$同号.

证明 不妨设 n 为奇数，则 $p_nq_{n-1}-p_{n-1}q_n$，$p_n^2-q_n^2x^2$，$q_{n-1}^2x^2-p_{n-1}^2$均为正数.从而

$$\begin{aligned}x^2-\frac{p_np_{n-1}}{q_nq_{n-1}}&=\left(\frac{yp_n+p_{n-1}}{yq_n+q_{n-1}}\right)^2-\frac{p_np_{n-1}}{q_nq_{n-1}}\\&=\frac{1}{q_nq_{n-1}(yq_n+q_{n-1})^2}(q_nq_{n-1}(yp_n+p_{n-1})^2-p_np_{n-1}(yq_n+q_{n-1})^2)\\&=\frac{(y^2p_nq_n-p_{n-1}q_{n-1})(p_nq_{n-1}-p_{n-1}q_n)}{q_nq_{n-1}(yq_n+q_{n-1})^2}>0.\end{aligned}$$

5. 约率与密率

众所周知,圆的周长与这圆直径的比(圆周率)

$$\pi = 3.1415926535897932384626\cdots$$

是一个无理数.

最初,人们用“径 1 周 3”来计算圆周长,即圆周长约为直径的 3 倍.后来觉得这个估计太粗糙了,祖冲之提出用约率$\frac{22}{7}$代替$\frac{3}{1}$.更精确地,他还提出密率$\frac{355}{113}$.

这两个分数,祖冲之是怎么得来的呢?

这与将小数表示为连分数密切相关.

我们将 3.14159 表示为连分数,即

$$3.14159 = 3 + \frac{14159}{100000} = 3 + \cfrac{1}{7 + \cfrac{887}{14159}}$$

$$= 3 + \cfrac{1}{7 + \cfrac{1}{15 + \cfrac{854}{887}}} = 3 + \cfrac{1}{7 + \cfrac{1}{15 + \cfrac{1}{1 + \cfrac{33}{854}}}}$$

$$= 3 + \cfrac{1}{7 + \cfrac{1}{15 + \cfrac{1}{1 + \cfrac{1}{25 + \cfrac{29}{33}}}}} = 3 + \cfrac{1}{7 + \cfrac{1}{15 + \cfrac{1}{1 + \cfrac{1}{25 + \cfrac{1}{1 + \cfrac{4}{29}}}}}}.$$

又

$$\frac{4}{29} = \cfrac{1}{7 + \cfrac{1}{4}},$$

所以

$$3.14159 = [3,7,15,1,25,1,7,4].$$

[3,7,15,1,25,1,7,4]的渐近分数计算见表 11.2.

表 11.2

n	-1	0	1	2	3	4	5	6	7
a_n		3	7	15	1	25	1	7	4
p_n	1	3	22	333	355	9208	9563	76149	314159
q_n	0	1	7	106	113	2931	3044	24239	100000

其中$\frac{p_1}{q_1}=\frac{22}{7}$,$\frac{p_3}{q_3}=\frac{355}{113}$.

由上节中的(6)得(上面出现的 a_n 中以 25 为最大)

$$\left|3.14159-\frac{355}{113}\right|<\frac{1}{25\times 113^2}<\frac{1}{25\times 10^4}=0.000004.$$

例 1 求一组整数 u,v,使得

$$355u+113v=1.$$

解

$$\frac{355}{113}=3+\cfrac{1}{7+\cfrac{1}{15+\cfrac{1}{1}}},\quad 3+\cfrac{1}{7+\cfrac{1}{15}}=\frac{333}{106}.$$

根据第 3 节性质 2 或直接计算可得

$$106\times 355-113\times 333=1, \tag{1}$$

即 $u=106$,$v=-333$.

以前像(1)这样的等式(裴蜀定理)是通过辗转相除(欧几里得算法)得到的,现在用连分数,更加程式化.当然二者实质相同.

6. 无理数与连分数

前面已经说过有理数可化为(有限的)连分数,有限的连分数$[a_0,a_1,\cdots,a_n]$是有理数.

设 α 是无理数. α 也可以用连分数表示. 当然必须用无限连分数 $[a_0, a_1, a_2, \cdots]$ 表示.

无理数化成连分数的方法与前面相同,仍然是取整.

例 1　将 $\sqrt{19}$ 表示为连分数,并求出一些与它近似的分数.

解　$\sqrt{19}$ 的整数部分 $a_0 = [\sqrt{19}] = 4$.

$$\sqrt{19} = 4 + (\sqrt{19} - 4) = 4 + \frac{3}{\sqrt{19} + 4},$$

$$\frac{\sqrt{19} + 4}{3} = 2 + \frac{\sqrt{19} - 2}{3} = 2 + \frac{5}{\sqrt{19} + 2},$$

$$\frac{\sqrt{19} + 2}{5} = 1 + \frac{\sqrt{19} - 3}{5} = 1 + \frac{2}{\sqrt{19} + 3},$$

$$\frac{\sqrt{19} + 3}{2} = 3 + \frac{\sqrt{19} - 3}{2} = 3 + \frac{5}{\sqrt{19} + 3},$$

$$\frac{\sqrt{19} + 3}{5} = 1 + \frac{\sqrt{19} - 2}{5} = 1 + \frac{3}{\sqrt{19} + 2},$$

$$\frac{\sqrt{19} + 2}{3} = 2 + \frac{\sqrt{19} - 4}{3} = 2 + \frac{1}{\sqrt{19} + 4},$$

$$\sqrt{19} + 4 = 8 + (\sqrt{19} - 4) = \cdots.$$

注意在此后 a_i 重复前面的值,即 2,1,3,1,2,8. 所以

$$\sqrt{19} = [4, \dot{2}, 1, 3, 1, 2, \dot{8}],$$

即它是一个循环的(无穷)连分数,循环节为 2,1,3,1,2,8,循环节的长度为 6.

用前面的方法可得出这个连分数的前 7 个渐近分数为 $\frac{4}{1}, \frac{9}{2}, \frac{13}{3}, \frac{48}{11}, \frac{61}{14}, \frac{170}{39}, \frac{1421}{326}$,且

$$\left| \sqrt{19} - \frac{1421}{326} \right| < \frac{1}{326^2} < \frac{1}{320^2} = \frac{1}{102400} < 0.00001,$$

由此可知 $\frac{1421}{326}$ 若写成十进制小数,小数的前 4 位均与 $\sqrt{19}$ 相同.

例 2　将 $\sqrt{29}$ 写成连分数.

解

$$\sqrt{29}=5+(\sqrt{29}-5)=5+\cfrac{1}{(\sqrt{29}+5)/4}=5+\cfrac{1}{2+(\sqrt{29}-3)/4}$$

$$=5+\cfrac{1}{2+\cfrac{1}{(\sqrt{29}+3)/5}}=5+\cfrac{1}{2+\cfrac{1}{1+(\sqrt{29}-2)/5}}$$

$$=5+\cfrac{1}{2+\cfrac{1}{1+\cfrac{1}{(\sqrt{29}+2)/5}}}=5+\cfrac{1}{2+\cfrac{1}{1+\cfrac{1}{1+(\sqrt{29}-3)/5}}}$$

$$=5+\cfrac{1}{2+\cfrac{1}{1+\cfrac{1}{1+\cfrac{1}{(\sqrt{29}+3)/4}}}}=5+\cfrac{1}{2+\cfrac{1}{1+\cfrac{1}{1+\cfrac{1}{2+(\sqrt{29}-5)/4}}}}$$

$$=5+\cfrac{1}{2+\cfrac{1}{1+\cfrac{1}{1+\cfrac{1}{2+\cfrac{1}{\sqrt{29}+5}}}}}=5+\cfrac{1}{2+\cfrac{1}{1+\cfrac{1}{1+\cfrac{1}{2+\cfrac{1}{10+(\sqrt{29}-5)}}}}}$$

$$=[5,\dot{2},1,1,2,1\dot{0}],$$

仍是一个循环的连分数，循环节为 2，1，1，2，10，循环节的长度为 5. 注意循环节的长度指节中数的个数，而不是数字的个数.

注意例 1 的$[4,\dot{2},1,3,1,2,\dot{8}]$中 $8=2\times4$，例 2 的$[5,\dot{2},1,1,2,1\dot{0}]$中 $10=2\times5$. 而且例 1 的$[4,\dot{2},1,3,1,2,\dot{8}]$中 4 后面的 2，1 与 8 前面的 1，2 对应相等，例 2 中的$[5,\dot{2},1,1,2,1\dot{0}]$也是如此. 我们将在稍后证明与此相关的结论.

不难看出，一个循环连分数一定是二次无理数，即一个整系数的二次方程的根.

例 3 求出$[\dot{1},2,\dot{3}]$的值.

解 设 $\alpha=[\dot{1},2,\dot{3}]=1+\cfrac{1}{2+\cfrac{1}{3+\cfrac{1}{\alpha}}}$，则因为

$n=$	-1	0	1	2	
$a_n=$		1	2	3	α
$p_n=$	1	1	3	10	$10\alpha+3$
$q_n=$	0	1	2	7	$7\alpha+2$

所以

$$\alpha=\frac{10\alpha+3}{7\alpha+2},$$

即

$$7\alpha^2-8\alpha-3=0,$$

$$\alpha=\frac{4+\sqrt{37}}{7}\quad（只取正值）.$$

一般地，设纯循环连分数（即 α_0 在循环节中）$\alpha=[\dot{a}_0,a_1,\cdots,\dot{a}_{k-1}]=[a_0,a_1,\cdots,a_{k-1},\alpha]$，则

$$\alpha=\frac{p_{k-1}\alpha+p_{k-2}}{q_{k-1}\alpha+q_{k-2}}\quad\left(\frac{p_{k-1}}{q_{k-1}}=[a_0,a_1,\cdots,a_{k-1}],\frac{p_{k-2}}{q_{k-2}}=[a_0,a_1,\cdots,a_{k-2}]\right).$$

从而 α 为二次方程

$$q_{k-1}x^2+(q_{k-2}-p_{k-1})x-p_{k-2}=0$$

的根.

设更一般的混循环连分数 $\alpha=[a_0,a_1,\cdots,a_h,\dot{a}_{h+1},\cdots,\dot{a}_n]=[a_0,a_1,\cdots,a_h,\alpha']$，其中 α' 根据上面所说是二次无理数，则

$$\alpha=\frac{p_h\alpha'+p_{h-1}}{q_h\alpha'+q_{h-1}}$$

也是二次无理数.

反之，二次无理数一定是循环连分数.这将在下一节证明.

7. 又一个拉格朗日定理

本节证明拉格朗日(Lagrange)定理：当且仅当 α 为二次无理数时，α 的连分数表示是循环连分数.

证明　必要性（仅当）上节已经给出，现在证明充分性（当）.

设 α 满足

$$a\alpha^2+b\alpha+c=0,$$

其中 a,b,c 都是整数，$a>0$.

令 $\alpha=[a_0,a_1,a_2,\cdots]$，$\alpha'_n=[a_n,a_{n+1},\cdots]$，则

$$\alpha=\frac{p_{n-1}\alpha'_n+p_{n-2}}{q_{n-1}\alpha'_n+q_{n-2}}.$$

代入上面方程得

$$A_n\alpha'^2_n+B_n\alpha'_n+C_n=0,$$

其中

$$A_n=ap^2_{n-1}+bp_{n-1}q_{n-1}+cq^2_{n-1},$$
$$B_n=2ap_{n-1}p_{n-2}+b(p_{n-1}q_{n-2}+p_{n-2}q_{n-1})+2cq_{n-1}q_{n-2},$$
$$C_n=ap^2_{n-2}+bp_{n-2}q_{n-2}+cq^2_{n-2}.$$

若 $A_n=0$，则 $a\alpha^2+b\alpha+c=0$ 有有理根 $\frac{p_{n-1}}{q_{n-1}}$，这不可能. 所以 $A_n\neq 0$. 不难算出

$$B^2_n-4A_nC_n=(b^2-4ac)(p_{n-1}q_{n-2}-p_{n-2}q_{n-1})^2=b^2-4ac.$$

因为由第 4 节的(5)可得

$$q_{n-1}\alpha-p_{n-1}=\frac{\delta_{n-1}}{q_{n-1}},\quad |\delta_{n-1}|<1,$$

所以

$$A_n=a\left(\alpha q_{n-1}-\frac{\delta_{n-1}}{q_{n-1}}\right)^2+bq_{n-1}\left(\alpha q_{n-1}-\frac{\delta_{n-1}}{q_{n-1}}\right)+cq^2_{n-1}$$
$$=(a\alpha^2+b\alpha+c)q^2_{n-1}-2a\alpha\delta_{n-1}+\frac{a\delta^2_{n-1}}{q^2_{n-1}}-b\delta_{n-1}$$
$$=-2a\alpha\delta_{n-1}+\frac{a\delta^2_{n-1}}{q^2_{n-1}}-b\delta_{n-1},$$
$$|A_n|<2|a\alpha|+|a|+|b|,$$
$$|C_n|=|A_{n-1}|<2|a\alpha|+|a|+|b|.$$

而

$$B^2_n\leqslant 4|A_nC_n|+|b^2-4ac|$$
$$<4(2|a\alpha|+|a|+|b|)^2+|b^2-4ac|,$$

于是 A_n,B_n,C_n 的绝对值皆有与 n 无关的上界，即只可能有有限多组，所以必有一组 (A_n,B_n,C_n) 出现三次.

设 n_1,n_2,n_3 对应于同一组 (A_n,B_n,C_n)，则 $\alpha'_{n_1},\alpha'_{n_2},\alpha'_{n_3}$ 为

$$A_nu^2+B_nu+C_n=0$$

的三个根，其中必有两个相等. 设 $\alpha'_{n_1}=\alpha'_{n_2}$，则

$$a_{n_1}=a_{n_2},\quad a_{n_1+1}=a_{n_2+1},\quad\cdots,$$

从而连分数是循环的.

8. $\sqrt{N}$的连分数

本节详细研究$\sqrt{N}$(N 为正整数,但不是平方数)的连分数表示,给出周期的值与循环节的构造.

我们有

$$\sqrt{N}=a_0+(\sqrt{N}-a_0)=a_0+\frac{r_1}{\sqrt{N}+a_0},\quad r_1=N-a_0^2,$$

$$\frac{\sqrt{N}+a_0}{r_1}=a_1+\frac{\sqrt{N}-a_1r_1+a_0}{r_1}=a_1+\frac{\sqrt{N}-b_1}{r_1}=a_1+\frac{r_2}{\sqrt{N}+b_1},$$

其中 $b_1=a_1r_1-a_0, r_1r_2=N-b_1^2$.

同样,有

$$\frac{\sqrt{N}+b_1}{r_2}=a_2+\frac{\sqrt{N}-b_2}{r_2}=a_2+\frac{r_3}{\sqrt{N}+b_2},$$

其中 $b_2=a_2r_2-b_1, r_2r_3=N-b_2^2$.

……

一般地,有

$$\frac{\sqrt{N}+b_{n-2}}{r_{n-1}}=a_{n-1}+\frac{\sqrt{N}-b_{n-1}}{r_{n-1}}=a_{n-1}+\frac{r_n}{\sqrt{N}+b_{n-1}},$$

其中 $b_{n-1}=a_{n-1}r_{n-1}-b_{n-2}, r_{n-1}r_n=N-b_{n-1}^2$.

当然一切 $b_n<\sqrt{N}$,从而 $b_n\leqslant a_0$.

设$\sqrt{N}=[a_0,a_1,a_2,\cdots]$,称$\sqrt{N},\dfrac{\sqrt{N}+a_0}{r_1},\dfrac{\sqrt{N}+b_1}{r_2},\dfrac{\sqrt{N}+b_2}{r_3},\cdots$为第 1,2,3,4,…个完全商.在任一个完全商重复出现时,连分数开始循环.

显然 $a_0,r_1,a_1,a_2,a_3,\cdots$均为正整数.下面证明 $b_1,b_2,b_3,\cdots,r_2,r_3,r_4,\cdots$也都是正整数.

设$\dfrac{p}{q},\dfrac{p'}{q'},\dfrac{p''}{q''}$为三个连续的渐近分数,而且$\dfrac{p''}{q''}$对应于 a_n,则相应的完全商为

$\dfrac{\sqrt{N}+b_{n-1}}{r_n}$,从而

$$\sqrt{N}=\frac{\dfrac{\sqrt{N}+b_{n-1}}{r_n}p'+p}{\dfrac{\sqrt{N}+b_{n-1}}{r_n}q'+q}=\frac{p'\sqrt{N}+b_{n-1}p'+r_np}{q'\sqrt{N}+b_{n-1}q'+r_nq}.$$

去分母,分开有理与无理部分得

$$b_{n-1}p'+r_np=Nq',$$
$$b_{n-1}q'+r_nq=p'.$$

因此

$$b_{n-1}(pq'-p'q)=pp'-qq'N,$$
$$r_n(pq'-p'q)=Nq'^2-p'^2. \tag{1}$$

而 $pq'-p'q=\pm 1$, $pq'-p'q$, $pp'-qq'N$, $Nq'^2-p'^2$ 同号(第4节性质9),所以 b_{n-1}, r_n 为正整数.

因为 $r_{n-1}r_n=N-b_{n-1}^2$,所以 $b_{n-1}<\sqrt{N}$,即 b_{n-1}至多有 a_0 个值 $1,2,\cdots,a_0$.

又 $b_{n-1}+b_{n-2}=a_{n-1}r_{n-1}$,所以 $a_{n-1}r_{n-1}\leqslant 2a_0$, r_{n-1}的值也至多有 $2a_0$ 个(即 $1,2,\cdots,2a_0$).

所以$\dfrac{\sqrt{N}+b_{n-1}}{r_n}$至多有 $2a_0^2$ 个不同值.因此必有某个完全商重复出现,连分数是循环的. $a_n=\left[\dfrac{\sqrt{N}+b_{n-1}}{r_n}\right]$也至多有 $2a_0^2$ 个.所以一个循环节中至多有 $2a_0^2$ 个数.

定理1 $\sqrt{N}$的连分数,第1个循环节从 a_1 开始,到 $a_k=2a_0$ 时结束.而且每个循环节中第 $1,2,\cdots$个数分别与倒数第 $2,3,\cdots$个数相等.

证明 首先,证明对一切 n,总有

$$a_0<b_{n-1}+r_n.$$

我们有(因为 a_{n-1}是正整数)

$$b_{n-1}+b_{n-2}=a_{n-1}r_{n-1}\geqslant r_{n-1},$$

而$\sqrt{N}>b_{n-2}$,所以

$$\sqrt{N}+b_{n-1}>r_{n-1}.$$

因为

$$N-b_{n-1}^2=r_nr_{n-1},$$

所以

$$\sqrt{N}-b_{n-1}<r_n,$$

$$a_0-b_{n-1}<\sqrt{N}-b_{n-1}<r_n.$$

其次,设第 $n+1$ 个完全商是第 $s+1$ 个完全商的重现($s<n$),则

$$b_{s-1}=b_{n-1},\quad r_s=r_n,\quad a_s=a_n.$$

我们要证明

$$b_{s-2}=b_{n-2},\quad r_{s-1}=r_{n-1},\quad a_{s-1}=a_{n-1}.$$

因为

$$r_{s-1}r_s=N-b_{s-1}^2=N-b_{n-1}^2=r_{n-1}r_n,$$

所以

$$r_{s-1}=r_{n-1}.$$

又

$$b_{n-2}+b_{n-1}=a_{n-1}r_{n-1},$$

$$b_{s-2}+b_{s-1}=a_{s-1}r_{s-1},$$

两式相减得

$$b_{n-2}-b_{s-2}=r_{n-1}(a_{n-1}-a_{s-1}),$$

所以

$$\frac{b_{n-2}-b_{s-2}}{r_{n-1}}=a_{n-1}-a_{s-1}.$$

右边是整数,左边的 b_{n-2},b_{s-2}均在区间$(a_0-r_{n-1},a_0]$内,所以

$$|b_{n-2}-b_{s-2}|<r_{n-1},$$

$$\frac{|b_{n-2}-b_{s-2}|}{r_{n-1}}<1.$$

因此 $b_{n-2}-b_{s-2}=0$,即 $b_{n-2}=b_{s-2}$,$a_{n-1}=a_{s-1}$.

于是第 n 个完全商是第s 个完全商的重现.如此逆推,得$\frac{\sqrt{N}+a_0}{r_1}$一定重现,即第 1 个循环节从 a_1 开始.

现在设$\frac{\sqrt{N}+a_0}{r_1}$第二次出现时为$\frac{\sqrt{N}+b_{n-1}}{r_n}$,这时

$$a_0+b_{n-1}=r_na_n,\quad r_1r_n=N-a_0^2,$$

但 $N-a_0^2=r_1$,所以 $r_n=1$.因为

$$a_0-b_{n-1}<r_n=1,$$

所以

$$a_0 = b_{n-1}.$$

又 $a_0 + b_{n-1} = r_n a_n = a_n$，所以

$$a_n = 2a_0.$$

最后，因为

$$b_{n-2} + a_0 = b_{n-2} + b_{n-1} = r_{n-1} a_{n-1} = r_1 a_{n-1},$$

$$a_0 + b_1 = r_1 a_1,$$

所以

$$b_1 - b_{n-2} = r_1(a_1 - a_{n-1}).$$

因为 $r_{n-1} = r_n r_{n-1} = N - b_{n-1}^2 = N - a_0^2 = r_1$，所以 b_1, b_{n-2} 均在区间 $(a_0 - r_1, a_0]$ 内.从而

$$\frac{b_1 - b_{n-2}}{r_1} = a_1 - a_{n-1}$$

的左边的绝对值小于 1，必须为 0，故

$$b_1 = b_{n-2}, \quad a_1 = a_{n-1}.$$

类似地，有 $r_{n-2} = r_2, b_2 = b_{n-3}, a_2 = a_{n-2}$，等等.

因此

$$\sqrt{N} = a_0 + \frac{1}{a_1 +} \frac{1}{a_2 +} \frac{1}{a_3 +} \cdots \frac{1}{a_3 +} \frac{1}{a_2 +} \frac{1}{a_1 +} \frac{1}{2a_0 +} \cdots.$$

在 $r_k = 1$ 时，完全商为 $\sqrt{N} + b_{k-1} = (a_0 + b_{k-1}) + (\sqrt{N} - a_0) = a_k + (\sqrt{N} - a_0)$，一定出现循环.

9. 表

对于小于 100 的 25 个素数的平方根，日本学者会田安明(1747—1827)在其所著的《算法零约术》中写出了它们的连分数表示.抄录如下：

$\sqrt{2} = [1, \dot{2}]$；

$\sqrt{3} = [1, \dot{1}, \dot{2}]$；

$\sqrt{5} = [2, \dot{4}]$；

$\sqrt{7} = [2, \dot{1}, 1, 1, \dot{4}]$；

$\sqrt{11} = [3, \dot{8}, \dot{6}]$；

$\sqrt{13} = [3, \dot{1}, 1, 1, 1, \dot{6}]$；

$\sqrt{17}=[4,\dot{8}]$；

$\sqrt{19}=[4,\dot{2},1,3,1,2,\dot{8}]$；

$\sqrt{23}=[4,\dot{1},3,1,\dot{8}]$；

$\sqrt{29}=[5,\dot{2},1,1,2,\dot{10}]$；

$\sqrt{31}=[5,\dot{1},1,3,5,3,1,1,\dot{10}]$；

$\sqrt{37}=[6,\dot{1},\dot{2}]$；

$\sqrt{41}=[6,\dot{2},2,\dot{12}]$；

$\sqrt{43}=[6,\dot{1},1,3,1,5,1,3,1,1,\dot{12}]$；

$\sqrt{47}=[6,\dot{1},5,1,\dot{12}]$；

$\sqrt{53}=[7,\dot{3},1,1,3,\dot{14}]$；

$\sqrt{59}=[7,\dot{1},1,1,1,1,1,\dot{14}]$

$\sqrt{61}=[7,\dot{1},4,3,1,2,2,1,3,4,1,\dot{14}]$；

$\sqrt{67}=[8,\dot{5},2,1,1,7,1,1,2,5,\dot{16}]$；

$\sqrt{71}=[8,\dot{2},2,1,7,1,2,2,\dot{16}]$；

$\sqrt{73}=[8,\dot{1},1,5,5,1,1,\dot{16}]$；

$\sqrt{79}=[8,\dot{1},7,1,\dot{16}]$；

$\sqrt{83}=[9,\dot{9},\dot{18}]$；

$\sqrt{89}=[9,\dot{2},3,3,2,\dot{18}]$；

$\sqrt{97}=[9,\dot{1},5,1,1,1,1,1,1,5,1,\dot{18}]$.

10. Pell 方程

二元二次不定方程中，Pell 方程最为重要.

设自然数 N 不是平方数，则方程

$$x^2-Ny^2=1 \tag{1}$$

与

$$x^2-Ny^2=-1 \tag{2}$$

称为 Pell 方程. 满足(1)或(2)的正整数 x,y 称为(1)或(2)的解. 解中 $x+\sqrt{N}y$ 最小的称为最小解.

Pell 方程与连分数有密切的关系.

设 $\sqrt{N}=[a_0,\dot{a}_1,a_2,\cdots,\dot{a}_l]$.

首先，由第 8 节的(1)得

$$r_n(pq'-p'q)=Nq'^2-p'^2, \tag{3}$$

其中 $\frac{p}{q}$，$\frac{p'}{q'}$ 为第 $n-2,n-1$ 个渐近分数. 该节已指出 r_n 为正整数，且 $r_n=1$ 时，$n=jl$.

另一方面,取 $n=jl$,则 $r_n=1$,

$$p_{jl-1}^2-Nq_{jl-1}^2=(-1)^{jl}, \tag{4}$$

从而有如下定理:

定理 1 方程(1)有无穷多组解.在 $\sqrt{N}=[a_0,\dot{a}_1,a_2,\cdots,\dot{a}_l]$ 的循环节长 l 为偶数时,

$$x=p_{jl-1},\quad y=q_{jl-1}\quad (j=1,2,\cdots) \tag{5}$$

是解.

在 l 为奇数时,

$$x=p_{jl-1},\quad y=q_{jl-1}\quad (j=2,4,\cdots) \tag{6}$$

是解.

这里 $\dfrac{p_n}{q_n}$ 是 $\sqrt{N}$ 的渐近分数.

下面证明方程(1)仅有这样的解.

我们需要一个与最佳逼近有关的引理.

引理 1 设 a,b 为互质的正整数,$\dfrac{p_n}{q_n}$ 为 α 的渐近分数.

(i)若有 $n\geqslant 0$,使得

$$|\alpha b-a|<|\alpha q_n-p_n|,$$

则 $b\geqslant q_{n+1}$.

(ii)若有 $n\geqslant 1$,使得

$$\left|\alpha-\frac{a}{b}\right|<\left|\alpha-\frac{p_n}{q_n}\right|,$$

则 $b>q_n$.

证明 先证(i).因为

$$q_np_{n+1}-q_{n+1}p_n=(-1)^n,$$

所以一次方程组

$$\begin{cases} xq_n+yq_{n+1}=b, \\ xp_n+yp_{n+1}=a \end{cases}$$

有整数解

$$x=(-1)^n(bq_{n+1}-ap_{n+1}),$$
$$y=(-1)^n(-bq_n+ap_n).$$

若 $y=0$,则 $x\mid b,x\mid a$,从而 $x=\pm 1,\dfrac{a}{b}=\dfrac{p_n}{q_n}$,与(i)、(ii)的已知矛盾.所以 $y\neq 0$.

同理 $x\neq 0$.

若 $xy<0$,则由于 αq_n-p_n 与 $\alpha q_{n+1}-p_{n+1}$ 异号,所以这时

$$|\alpha b-a|=|x|\cdot|\alpha q_n-p_n|+|y|\cdot|\alpha q_{n+1}-p_{n+1}|>|\alpha q_n-p_n|,$$

与(i)的已知矛盾.

因此,$xy>0$.由 $b>0$,得 $x>0$,$y>0$,且

$$b\geqslant q_n+q_{n+1},$$

故(i)成立.

再证(ii).若 $b\leqslant q_n$,则由已知的不等式两边分别乘以 b,q_n,得

$$|\alpha b-a|<|\alpha q_n-p_n|.$$

但由(i)知这将导致

$$b\geqslant q_{n+1}>q_n,$$

矛盾.故(ii)成立.

(i)的证明关键是将 a,b 分别用 p_n 与 p_{n+1},q_n 与 q_{n+1} 线性表示.

(ii)在第4节性质8中已经证过,这里的证法不同.

引理2　设 α 为无理数,a,b 为互质的正整数,$b>1$,且

$$\left|\alpha-\frac{a}{b}\right|<\frac{1}{2b^2},$$

则 $\frac{a}{b}$ 一定是 α 的渐近分数.

证明　因为 q_n 单调递增,所以存在唯一的正整数 k,满足

$$q_k\leqslant b<q_{k+1}.$$

由引理1(i)得

$$|\alpha b-a|\geqslant|\alpha q_k-p_k|,$$

所以

$$\left|\alpha-\frac{p_k}{q_k}\right|=\frac{1}{q_k}|\alpha q_k-p_k|\leqslant\frac{1}{q_k}|\alpha b-a|=\frac{b}{q_k}\left|\alpha-\frac{a}{b}\right|,$$

$$\left|\frac{p_k}{q_k}-\frac{a}{b}\right|\leqslant\left|\alpha-\frac{p_k}{q_k}\right|+\left|\alpha-\frac{a}{b}\right|<\left|\alpha-\frac{a}{b}\right|\cdot\frac{b}{q_k}+\left|\alpha-\frac{a}{b}\right|$$

$$<\frac{1}{2b^2}\cdot\frac{b}{q_k}+\frac{1}{2b^2}\leqslant\frac{1}{bq_k}.$$

因为

$$\frac{|bp_k-aq_k|}{bq_k}<\frac{1}{bq_k},$$

所以

$$bp_k = aq_k.$$

由于 a，b 互质，且 $b \geqslant q_k$，所以必有

$$b = q_k, \quad a = p_k,$$

即$\frac{a}{b}$为渐近分数$\frac{p_k}{q_k}$.

现在设 $x^2 - Ny^2 = 1$，x，y 为正整数.

因为 $x^2 = Ny^2 + 1 \geqslant 2y^2 + 1 \geqslant y^2$，所以 $x \geqslant y$，

$$\left| \frac{x}{y} - \sqrt{N} \right| = \frac{|x - y\sqrt{N}|}{y} = \frac{1}{y(x + y\sqrt{N})} < \frac{1}{2y^2}.$$

由引理 2，$\frac{x}{y}$是$\sqrt{N}$的渐近分数.

于是有定理 1 的补充：

定理 1′ 方程(1)只有定理 1 中所说的解.

对于方程(2)，可以进行与上面同样的讨论，得出方程(2)的解一定是$\sqrt{N}$的渐近分数，而且必须 $r_n = 1$，$n = jl$，jl 为奇数($(-1)^{jl}$才为 -1). 从而有如下定理：

定理 2 在$\sqrt{N} = [a_0, \dot{a}_1, a_2, \cdots, \dot{a}_l]$的循环节长 l 为偶数时，方程(2)无解. 在 l 为奇数时，方程(2)有无穷多组解，解为

$$x = p_{jl-1}, \quad y = p_{jl-1} \quad (j = 1,3,5,\cdots).$$

由以上定理，在 l 为偶数时，方程(1)的最小解为 $x = p_{l-1}$，$y = q_{l-1}$，方程(2)无解. 在 l 为奇数时，方程(1)的最小解为 $x = p_{2l-1}$，$y = q_{2l-1}$，方程(2)的最小解为 $x = p_{l-1}$，$y = q_{l-1}$.

11. 特解与通解

上一节利用连分数讨论了 Pell 方程

$$x^2 - Ny^2 = 1 \tag{1}$$

与

$$x^2 - Ny^2 = -1, \tag{2}$$

其中 N 为不是平方数的正整数.

本节再做一些补充.

首先在(1)或(2)的正解(即 x,y 均为正整数的解)中,有一个 y 最小的解.而

$$x^2 = Ny^2 \pm 1,$$

所以对于任两个正解(x_2,y_2),(x_1,y_1),在

$$y_2 > y_1,\quad y_2 = y_1,\quad y_2 < y_1$$

时,相应地有

$$x_2 > x_1,\quad x_2 = x_1,\quad x_2 < x_1, \tag{3}$$

从而(3)的每一种情况也正好对应于 y 的相应情况.而且,相应地有

$$x_2 + y_2\sqrt{N} > x_1 + y_1\sqrt{N},$$

$$x_2 + y_2\sqrt{N} = x_1 + y_1\sqrt{N},$$

$$x_2 + y_2\sqrt{N} < x_1 + y_1\sqrt{N},$$

所以最小解即 x 最小,$x + y\sqrt{N}$也最小的正解.

我们也称 $x + y\sqrt{N}$为解,这种说法有时比说(x,y)为解方便.

本节的主要内容为如下定理:

定理 1　设 N 为正整数,非平方数,则方程

$$x^2 - Ny^2 = 1 \tag{4}$$

的解为

$$\begin{aligned} x &= \frac{1}{2}((x_1 + \sqrt{N}y_1)^n + (x_1 - \sqrt{N}y_1)^n), \\ y &= \frac{1}{2\sqrt{N}}((x_1 + \sqrt{N}y_1)^n - (x_1 - \sqrt{N}y_1)^n), \end{aligned} \tag{5}$$

其中 x_1,y_1 为最小解.

方程

$$x^2 - Ny^2 = -1 \tag{6}$$

可能无解.在有解时,设最小解为 x_1,y_1,则一般解为

$$\begin{aligned} x &= \frac{1}{2}((x_1 + \sqrt{N}y_1)^{2n-1} + (x_1 - \sqrt{N}y_1)^{2n-1}), \\ y &= \frac{1}{2\sqrt{N}}((x_1 + \sqrt{N}y_1)^{2n-1} - (x_1 - \sqrt{N}y_1)^{2n-1}) \quad (n \in \mathbb{N}). \end{aligned} \tag{7}$$

证明　不难验证(5)中的 x_n,y_n 是(4)的解.

设 x', y' 为(4)的解，则有 n 使

$$(x_1 + \sqrt{N}y_1)^{n-1} < x' + \sqrt{N}y' \leqslant (x_1 + \sqrt{N}y_1)^n, \tag{8}$$

从而

$$1 < (x' + \sqrt{N}y')(x_1 - \sqrt{N}y_1)^{n-1} \leqslant x_1 + \sqrt{N}y_1. \tag{9}$$

但

$$(x' + \sqrt{N}y')(x_1 - \sqrt{N}y_1)^{n-1} = (x' + \sqrt{N}y')(x_{n-1} - \sqrt{N}y_{n-1}) = x'' + \sqrt{N}y'',$$

其中 $x'' = x'x_{n-1} - Ny'y_{n-1}, y'' = x_{n-1}y' - y_{n-1}x'$.

$x'' + \sqrt{N}y''$ 与其共轭 $x'' - \sqrt{N}y''$ 相乘得

$$(x' + \sqrt{N}y')(x_1 - \sqrt{N}y_1)^{n-1} \cdot (x' - \sqrt{N}y')(x_1 + \sqrt{N}y_1)^{n-1} = 1, \tag{10}$$

所以整数 x'', y'' 也是(4)的解，而且由(4)也是最小解. 从而(9)中等号成立，(8)中等号也成立，$x' = x_n, y' = y_n$.

因此，(5)给出(4)的全部解.

同样，(7)给出(6)的全部解.

于是，要解方程(4)或(6)，只要先找出一个最小解，然后利用公式(5)或(7)即可.

例 1 求不定方程

$$x^2 - 8y^2 = -1 \tag{11}$$

与

$$x^2 - 8y^2 = 1 \tag{12}$$

的全部正解.

解 mod 8 后(11)成为

$$x^2 \equiv -1 \pmod 8,$$

但任何整数的平方 $\equiv 0, 4, 1 \pmod 8$，所以(11)无解.

(3,1)是(12)的最小解，所以(12)的全部解为

$$x + 2\sqrt{2}y = (3 + 2\sqrt{2})k \quad (k = 1, 2, \cdots),$$

即

$$x = \frac{1}{2}((3 + 2\sqrt{2})^k + (3 - 2\sqrt{2})^k),$$

$$y = \frac{1}{4\sqrt{2}}((3 + 2\sqrt{2})^k - (3 - 2\sqrt{2})^k).$$

例 2 求不定方程

$$x^2 - 73y^2 = -1 \tag{13}$$

的全部正解.

解　易得 $\sqrt{73}=[8,\dot{1},1,5,5,1,1,\dot{16}]$，其渐近分数的计算见表 11.3.

表 11.3

n	−1	0	1	2	3	4	5	6	7
a_n		8	1	1	5	5	1	1	16
p_n	1	8	9	17	94	487	581	1068	
q_n	0	1	1	2	11	57	68	125	

因为 $l=7$ 为奇数，所以(13)有解. 由表 11.3 得最小解为 $p_6+q_6\sqrt{73}=1068+125\sqrt{73}$，所以全部正解为

$$x+y\sqrt{73}=(1068+125\sqrt{73})^j\quad(j=1,3,5,7,\cdots).$$

例 3　求 $x^2-74y=1$ 的全部正解.

解　易得 $\sqrt{74}=[8,\dot{1},1,1,1,\dot{16}]$，其渐近分数的计算见表 11.4.

表 11.4

n	−1	0	1	2	3	4	5
a_n		8	1	1	1	1	16
p_n	1	8	9	17	26	43	
q_n	0	1	1	2	3	5	

因为 $l=5$，$(43+5\sqrt{74})^2=3699+430\sqrt{74}$，所以全部正解为 $(3699+430\sqrt{74})^k$ $(k=1,2,\cdots)$.

例 4　解方程

$$x^2-19y^2=1\tag{14}$$

与

$$x^2-19y^2=-1.\tag{15}$$

解　由第 6 节例 1 得 $\sqrt{19}=[4,\dot{2},1,3,1,2,\dot{8}]$，其渐近分数的计算见表 11.5.

表 11.5

n	−1	0	1	2	3	4	5	6
a_n		4	2	1	3	1	2	8
p_n	1	4	9	13	48	61	170	
q_n	0	1	2	3	11	14	39	

因为 $l=6$ 为偶数，所以方程(15)无解. 由表 11.5 得方程(14)的解为

$$x=\frac{1}{2}((170+39\sqrt{19})^j+(170-39\sqrt{19})^j),$$

$$y=\frac{1}{2\sqrt{19}}((170+39\sqrt{19})^j-(170-39\sqrt{19})^j).$$

其最小解为 $x=170, y=39$，不验验证.

$$170^2-19\times 39^2=1.$$

例 5 解方程

$$x^2-29y^2=1 \tag{16}$$

与

$$x^2-29y^2=-1. \tag{17}$$

解 由第 6 节例 2 得 $\sqrt{29}=[5,\dot{2},1,1,2,1\dot{0}]$，其渐近分数的计算见表 11.6.

表 11.6

n	-1	0	1	2	3	4	5
a_n		5	2	1	1	2	10
p_n	1	5	11	16	27	70	
q_n	0	1	2	3	5	13	

因为 $l=5$，所以方程(16)、(17)都有无穷多组解. 由表 11.6 得

$$x=\frac{1}{2}((70+13\sqrt{29})^j+(70-13\sqrt{29})^j),$$

$$y=\frac{1}{2\sqrt{29}}((70+13\sqrt{29})^j-(70-13\sqrt{29})^j).$$

j 为奇数时，表示(17)的解；j 为偶数时，表示(16)的解. 其中 $x=70, y=13$ 是(17)的最小解，不难验证

$$70^2-29\times 13^2=-1;$$

$x=70^2+13^2\times 29=2\times 70^2+1=9801$，$y=2\times 13\times 70=1820$ 是(16)的最小解，不难验证

$$9801^2-29\times 1820^2=1.$$

最后，我们说一下解之间的递推关系.

因为 $x^2-Ny^2=1$ 的正解为

$$x_n=\frac{1}{2}((x_1+\sqrt{N}y_1)^n+(x_1-\sqrt{N}y_1)^n) \quad (x_1, y_1 \text{ 为最小解}),$$

而

$$(x_1+\sqrt{N}y_1)+(x_1-\sqrt{N}y_1)=2x,$$

$$(x_1+\sqrt{N}y_1)(x_1-\sqrt{N}y_1)=x_0^2-Ny_0^2=1,$$

所以$\{x_n\}$是二阶递推数列,特征方程为

$$x^2=2x_1x-1,$$

递推公式为

$$x_n=2x_1x_{n-1}-x_{n-2}.$$

同样,$\{y_n\}$的递推公式为

$$y_n=2x_1y_{n-1}-y_{n-2}.$$

如果 $x^2-Ny^2=-1$ 有解,那么

$$x_n=\frac{1}{2}((x_1+\sqrt{N}y_1)^{2n-1}+(x_1-\sqrt{N}y_1)^{2n-1})\quad(n=1,2,\cdots).$$

同样可得$\{x_n\}$,$\{y_n\}$的递推公式分别为

$$x_n=2(2x_1^2+1)x_{n-1}-x_{n-2},$$

$$y_n=2(2x_1^2+1)y_{n-1}-y_{n-2}.$$

例6 设 x_n,y_n 为

$$x^2-Ny^2=1$$

的通解.证明:

$$x_{n+1}=x_1x_n+Ny_1y_n$$

$$y_{n+1}=y_1x_n+x_1y_n$$

证明 证 $\alpha=x_1+y_1\sqrt{N}$,$\beta=x_1-y_1\sqrt{N}$,则

$$\begin{aligned}x_1x_n+Ny_1y_n&=\frac{1}{4}((\alpha+\beta)(\alpha^n+\beta^n)+(\alpha-\beta)(\alpha^n-\beta^n))\\&=\frac{1}{4}(\alpha^{n+1}+\alpha\beta^n+\beta\alpha^n+\beta^{n+1}+\alpha^{n+1}-\alpha\beta^n-\beta\alpha^n+\beta^{n+1})\\&=\frac{1}{2}(\alpha^{n+1}+\beta^{n+1})=x_{n+1},\end{aligned}$$

$$\begin{aligned}y_1x_n+x_1y_n&=\frac{1}{4\sqrt{N}}((\alpha-\beta)(\alpha^n+\beta^n)+(\alpha+\beta)(\alpha^n-\beta^n))\\&=\frac{1}{4\sqrt{N}}(\alpha^{n+1}+\alpha\beta^n-\beta\alpha^n-\beta^{n+1}+\alpha^{n+1}-\alpha\beta^n+\beta\alpha^n-\beta^{n+1})\\&=\frac{1}{2\sqrt{N}}(\alpha^{n+1}-\beta^{n+1})=y_{n+1}.\end{aligned}$$

12. 太阳神的牛(续)

在第 6 章第 8 节介绍了阿基米德的神牛问题,在那里得出四种颜色的公牛数分别为

$$W = 2226 \times 4657h, \quad X = 1602 \times 4657h,$$
$$Y = 1580 \times 4657h, \quad Z = 891 \times 4657h,$$

其中 $h \in \mathbb{N}$.

阿基米德又增加了两个问题:

(ⅰ) $W + X =$ 平方数 m^2,

(ⅱ) $Y + Z =$ 三角形数 $\frac{1}{2}n(n+1)$,

求牛数.

第 1 个问题不难.

$$W + X = 3828 \times 4657h = 4 \times 3 \times 11 \times 29 \times 4657h,$$

于是取 $h = 3 \times 11 \times 29 \times 4657t^2$ 即可($t \in \mathbb{N}$).

在 $h = 1$ 时,$W + X = 17826996$,已达到一千万.牛的总数为 224571490814418,超过两百万亿.这个数实在太大,不要说西西里岛放不下,整个地球也放不下!

第 2 个问题即

$$2471 \times 4657h = \frac{1}{2}n(n+1),$$

两边同时乘以 8,化为

$$(2n+1)^2 - 8 \times 7 \times 353 \times 4657h = 1.$$

而上面已得 $h = 3 \times 11 \times 29 \times 4657t^2$,所以

$$(2n+1)^2 - 4729494s^2 = 1,$$

其中 $s = 2 \times 4657t$ ($4729494 = 2 \times 3 \times 7 \times 11 \times 29 \times 353$).

这是一个 Pell 方程,即便最小解也已经是 206545 位数.容纳这么多牛,银河系也显得太小了!

13. 万　安　桥

福建泉州有一座宋朝修建的万安桥，是一石梁桥，跨洛阳江，1053年4月兴建，1059年12月才峻工.桥有46个桥墩，形成47孔大桥，长3600尺，宽1丈5尺.洛阳江波涛汹涌，水深不可测.据说筑桥墩那天，洛阳江上游忽然扬起一面如雾似云的方帆，堵住江水，泉州太守蔡襄(就是宋朝四大书法家“苏黄米蔡”中的蔡)抓紧天机，下令桥工将一车车大石抛入江中，“垒址于渊”.

莆田名刹梅峰寺的和尚曾将其编成偈语：

四十七空整丈方，
何如大江一片帆.
若问方帆大几许?
梅峰寺里坐蒲团.

即设天降方帆边长为x丈，桥孔宽为y丈，则帆(正方形)的面积比47个桥孔(也是正方形)的面积还大1方丈(坐蒲团指寺中住持的居处，俗称方丈，正好1平方丈).列式为

$$x^2-47y^2=1. \tag{1}$$

我们知道(可查394页的表)

$$\sqrt{47}=[6,\dot{1},5,1,\dot{12}],$$

它的渐近分数为

$$\frac{6}{1},\frac{7}{1},\frac{41}{6},\frac{48}{7}.$$

计算的表如下(表11.7)：

表11.7

$a_n=$		6	1	5	1	12
0	1	6	7	41	48	
1	0	1	1	6	7	

第一周期结束前的一个渐近分数为$\frac{48}{7}$，所以$x=48,y=7$为(1)的最小正解.下一个解为

$x=48^2+7^2\times 47, y=2\times 7\times 48=672$. y 已超过桥长 360 丈，所以 $x=48$ 与 $y=7$ 是唯一解.

14. 应用举例

本节再举几个应用 Pell 方程的例子.

例 1 证明：有无穷多个正整数的三元组 (a,b,c)，a,b,c 构成等差数列，而且 $ab+1, bc+1, ca+1$ 都是平方数.

证明 取 Pell 方程

$$x^2-3y^2=1$$

的任一正整数解 (x,y)，但不是最小解 $(2,1)$. 令

$$a=2y-x,\quad b=2y,\quad c=2y+x,$$

则 a,b,c 成等差数列，且均为正整数（因为 $x^2=1+3y^2<4y^2$，所以 $x<2y$）. 且

$$ab+1=4y^2-2xy+1=y^2-2xy+x^2=(y-x)^2,$$

$$bc+1=4y^2+2xy+1=(y+x)^2,$$

$$ca+1=4y^2-x^2+1=y^2.$$

例 2 设 (x,y) 为方程

$$3x^2-2y^2=1 \tag{1}$$

的正整数解. 证明：

$$\begin{cases} u=3x+2y, \\ v=x+y \end{cases} \tag{2}$$

是方程

$$u^2-6v^2=1 \tag{3}$$

的正整数解. 反之，设 u,v 为(3)的正整数解，则由(2)解出的 x,y 是(1)的正整数解.

导出(1)的递推公式.

解 在 (x,y) 为(1)的正整数解时，由(2)得出的 u,v 是正整数，并且

$$\begin{aligned} u^2-6v^2&=(3x+2y)^2-6(x+y)^2 \\ &=3x^2-2y^2=1. \end{aligned}$$

反之,设 u,v 为(3)的解.由(2)解得

$$\begin{aligned} x &= u - 2v, \\ y &= 3v - u, \end{aligned} \tag{4}$$

x,y 都是整数,而且由(3),$u>2v,3v>u$,所以 x,y 都是正整数,并且

$$\begin{aligned} 3x^2 - 2y^2 &= 3(u-2v)^2 - 2(3v-u)^2 \\ &= u^2 - 6v^2 = 1. \end{aligned}$$

于是在(1)、(3)的正整数解之间有上述的一一对应.

因为(5,2)是(3)的最小解,所以

$$\begin{aligned} u_n &= 10u_{n-1} - u_{n-2}, \\ v_n &= 10v_{n-1} - v_{n-2}. \end{aligned}$$

从而由(4)得出 x_n,y_n 与 u_n,v_n 有同样的递推公式,即

$$\begin{aligned} x_n &= 10x_{n-1} - x_{n-2}, \\ y_n &= 10y_{n-1} - y_{n-2}. \end{aligned}$$

例 3　求所有正整数 m,n,使得

$$3^m = 2n^2 + 1. \tag{5}$$

解　若 $m=2h$,则$(3^h,n)$是方程

$$x^2 - 2y^2 = 1 \tag{6}$$

的解.而(6)的解 x_k 为

$$x_0 = 1,\quad x_1 = 3,\quad x_k = 6x_{k-1} - x_{k-2}\quad (k = 2,3,\cdots).$$

于是

$$\begin{aligned} & x_2 = 17,\quad x_3 = 99,\quad x_4 \equiv 82,\quad x_5 \equiv 96 \pmod{99}, \\ & x_{k+6} = 6x_{k+5} - x_{k+4} = 35x_{k+4} - 6x_{k+3} \equiv 6x_{k+3} - 35x_{k+2} \\ & \qquad = x_{k+2} - 6x_{k+1} \equiv -x_k \pmod{99}, \end{aligned}$$

当且仅当 $k\equiv3 \pmod 6$时,$x_k\equiv0 \pmod 9$.但这时又有 $x_k\equiv0 \pmod{11}$,所以方程(5)的解只有 $h=1,m=2,n=2$.

若 $m=2h-1$,则$(3^{h-1},n)$是方程

$$3x^2 - 2y^2 = 1 \tag{7}$$

的解.而(7)的解 x_k 为

$$x_0 = 1,\quad x_1 = 9,\quad x_k = 10x_{k-1} - x_{k-2}.$$

于是

$$\begin{aligned} & x_2 = 89,\quad x_3 = 881,\quad x_4 = 8721 = 17\times19\times27 = 19\times459, \\ & x_5 \equiv -37,\quad x_6 \equiv -370,\quad x_7 \equiv 9,\quad x_8 \equiv 1 \pmod{459}, \end{aligned}$$

当且仅当 $k\equiv4\pmod 9$时，$a_n\equiv0\pmod{27}$. 但这时又有 $a_n\equiv0\pmod{17}$，所以方程(5)的解只有 $h\leqslant3$. 即$(x,y)=(1,1)(h=1,m=1,n=1)$及$(x,y)=(9,11)(h=3,m=5,n=11)$.

于是本题的解为

$$(m,n)=(1,1),(2,2),(5,11).$$

例 4 求所有股比勾长 1 的勾股数.

解 设勾、股、弦分别为 $x,x+1,z$，则

$$x^2+(x+1)^2=z^2. \tag{8}$$

令 $u=2x+1$，则(8)即

$$u^2-2z^2=-1. \tag{9}$$

因为 $u=1,z=1$ 是(9)的最小解，所以(9)的全部解为

$$u_n+\sqrt{2}z_n=(1+\sqrt{2})^{2n-1},$$

即

$$u_n=\frac{(1+\sqrt{2})^{2n-1}-(\sqrt{2}-1)^{2n-1}}{2},$$

$$z_n=\frac{(1+\sqrt{2})^{2n-1}+(\sqrt{2}-1)^{2n-1}}{2\sqrt{2}}\quad(n=1,2,\cdots).$$

递推公式为

$$u_n=6u_{n-1}-u_{n-2},$$
$$z_n=6z_{n-1}-z_{n-1},$$
$$x_n=6x_{n-1}-x_{n-2}+2.$$

易知 $u_1=1,u_2=7,z_1=1,z_2=5,x_1=0,x_2=3$，从而 x 与 z 的值可列成下表(表 11.8).

表 11.8

x	3	20	119	696	…
z	5	29	169	985	…

例 5 形如$1+2+3+\cdots+n=\frac{1}{2}n(n+1)$的数称为三角形数或三角数. 证明：有无穷多个三角数也是平方数.

证明 由上题知

$$x^2+(x+1)^2=z^2 \tag{10}$$

有无穷多组正整数解.

设 x,z 为(10)的一组解,显然 z 为奇数.令

$$u = z - x - 1,$$

$$v = \frac{1}{2}(2x + 1 - z).$$

由(10)显然可得 $z > x+1$,所以 u 为正整数.因为 z 为奇数,所以 v 为整数.又 $(x+(x+1))^2 > x^2+(x+1)^2 = z^2$,所以 v 为正整数.

因为

$$\begin{aligned}
&2u(u+1) - 4v^2 \\
&\quad = 2(z-x-1)(z-x) - (2x+1-z)^2 \\
&\quad = 2(z-x)^2 - 2(z-x) - (x+1)^2 - (z-x)^2 + 2(z-x)(x+1) \\
&\quad = (z-x)^2 + 2(z-x)x - (x+1)^2 \\
&\quad = ((z-x)+x)^2 - x^2 - (x+1)^2 \\
&\quad = z^2 - x^2 - (x+1)^2 \\
&\quad = 0,
\end{aligned}$$

所以

$$\frac{1}{2}u(u+1) = v^2,$$

即三角数 $\frac{1}{2}u(u+1)$ 也是平方数.

因此,有无穷多个三角数是平方数.前 6 个这样的数是

$$1^2 = \frac{1}{2}\times 1\times 2,\quad 6^2 = \frac{1}{2}\times 8\times 9,$$

$$35^2 = \frac{1}{2}\times 49\times 50,\quad 204^2 = \frac{1}{2}\times 288\times 289,$$

$$1189^2 = \frac{1}{2}\times 1681\times 1682(= 41^2\times 29^2),$$

$$6930^2 = \frac{1}{2}\times 9800\times 9801(= 70^2\times 99^2).$$

参见练习 11 第 12 题.

例 6　证明:有无穷多个正整数 n,使得 n^2+1 恰是两个正整数的积,这两个正整数的差为 n.

证明　设 $n^2+1 = d(n+d)$,则

$$4n^2 + 4 = (2d+n)^2 - n^2,$$

即

$$(2d+n)^2-5n^2=4. \tag{11}$$

Pell方程

$$x^2-5y^2=1 \tag{12}$$

有无穷多组正整数解，对(12)的任一组正整数解(x,y)，令$n=2y$，则$2d+n=2x$，即$d=x-y$(由(12)得$x>y$)是(11)的解.

这样的n即为所求.

练　习　11

1. 证明：一个连分数的第n个渐近分数$\dfrac{p_n}{q_n}$与第1个渐近分数$\dfrac{p_1}{q_1}$的差等于

$$\frac{1}{q_1q_2}-\frac{1}{q_2q_3}+\frac{1}{q_3q_4}-\cdots+\frac{(-1)^n}{q_{n-1}q_n}.$$

2. 设$\alpha=[a_0,a_1,\cdots,a_n]$，$a_0\neq 0$. 证明：

(ⅰ) $\dfrac{p_n}{p_{n-1}}=[a_n,a_{n-1},\cdots,a_0]$.

(ⅱ) $\dfrac{q_n}{q_{n-1}}=[a_n,a_{n-1},\cdots,a_1]$.

3. 证明：$\dfrac{1}{a+}\dfrac{1}{a+}\dfrac{1}{a+}\cdots$的渐近分数满足

(ⅰ) $p_n^2+p_{n+1}^2=p_{n-1}p_{n+1}+p_np_{n+2}$.

(ⅱ) $p_n=q_{n-1}$.

4. 若在有限连分数$[a_0,a_1,\cdots,a_n]$中，$a_n>1$，$a_0=a_n$，$a_1=a_{n-1}$，…，则称这个连分数为对称的.

设$a>b$为自然数，$(a,b)=1$. 证明：当且仅当$a\mid(b^2+(-1)^{n-1})$时，$\dfrac{a}{b}$可写成对称的连分数.

5. 将$\sqrt{7}$展开成连分数.

6. 求以下无限连分数的值：

(ⅰ) $[2,3,\dot{1}]$.

(ⅱ) $[\dot{1},2,\dot{3}]$.

(ⅲ) $[-2,\dot{2},\dot{1}]$.

7. 求方程 $x^2-14y^2=1$ 的最小解.

8. 求方程 $x^2=41y^2-1$ 的最小解.

9. 求方程 $x^2-61y^2+5=0$ 的最小解.

10. 求方程 $x^2-7y^2-9=0$ 的最小解.

11. 解方程 $x^2-5y^2=1$.

12. 证明:前 n 个自然数的和为平方数,当且仅当 $n=k^2$ 或 k'^2-1,其中 k 为$\sqrt{2}$的偶阶渐近分数的分子,k'为$\sqrt{2}$的奇阶渐近分数的分子.

13. 求 $x^2-6y^2=1$ 的最小解、正整数解的通项公式与递推公式.

14. 是否存在大于 1 的整数 a,b,使得 $ab+1$ 与 ab^3+1 都是平方数?

15. 求出方程$(x+1)^3-x^3=y^2$ 的所有整数解.

16. 证明:

(ⅰ) 有无穷多个正整数 a,使得 $1+a$ 与 $1+3a$ 都是平方数.

(ⅱ) 若将上面所得的 a 排成递增数列

$$a_1<a_2<\cdots,$$

则 $1+a_na_{n+1}$是平方数.

17. 设 a,b 为正整数,ab 为平方数.证明:方程

$$ax^2-by^2=1$$

没有正整数解.

18. 设 a,b 为自然数,ab 不是平方数,(x_1,y_1)为方程

$$ax^2-by^2=1 \tag{1}$$

的最小的正整数解,(u_n,v_n)为方程

$$u^2-abv^2=1 \tag{2}$$

的正整数解.证明:方程(1)的正整数解(x_n,y_n)为

$$x_n=x_1u_n+by_1v_n, \tag{3}$$

$$y_n=y_1u_n+ax_1v_n, \tag{4}$$

并给出(1)的正整数解的递推公式.

19. 设 x_n,y_n 为$x^2-Ny^2=-1$ 的通解.证明:

$$x_{n+1}=(x_1^2+Ny_1^2)x_n+2x_1y_1y_n\sqrt{N},$$

$$y_{n+1}=(x_1^2+Ny_1^2)y_n-2x_1y_1x_n.$$

20. 设$\dfrac{p_n}{q_n}$为$\sqrt{N}=[a_0,\dot{a}_1,a_2,\cdots,\dot{a}_l]$的渐近分数，$\rho_j=p_{jl-1}+\sqrt{N}q_{jl-1}$，证明：

$$\rho_j = \rho_1^k.$$

解　答　11

1.

$$\frac{p_n}{q_n}-\frac{p_{n-1}}{q_{n-1}}=\frac{(-1)^n}{q_{n-1}q_n},$$

$$\frac{p_{n-1}}{q_{n-1}}-\frac{p_{n-2}}{q_{n-2}}=\frac{(-1)^{n-1}}{q_{n-2}q_{n-1}},$$

$$\cdots,$$

$$\frac{p_2}{q_2}-\frac{p_1}{q_1}=\frac{1}{q_1q_2}.$$

以上各式相加即得结论.

2.（ⅰ）因为 $p_n=a_np_{n-1}+p_{n-2}$，所以

$$\begin{aligned}\frac{p_n}{p_{n-1}} &= a_n+\frac{p_{n-2}}{p_{n-1}}=a_n+\frac{1}{p_{n-1}/p_{n-2}}\\ &= a_n+\frac{1}{a_{n-1}+}\,\frac{1}{p_{n-2}/p_{n-3}}=\cdots\\ &= a_n+\frac{1}{a_{n-1}+}\,\frac{1}{a_{n-2}+}\cdots\frac{1}{p_1/p_0}\quad(p_0=a_0,p_1=a_1p_0+1)\\ &= [a_n,a_{n-1},\cdots a_1,a_0].\end{aligned}$$

（ⅱ）因为 $q_n=a_nq_{n-1}+q_{n-2}$，所以

$$\begin{aligned}\frac{q_n}{q_{n-1}} &= a_n+\frac{1}{a_{n-1}+}\,\frac{1}{a_{n-2}+}\cdots\frac{1}{q_1/q_0}\quad(q_1=a_1,q_0=1)\\ &= [a_n,a_{n-1},\cdots,a_1].\end{aligned}$$

3.（ⅰ）$p_{n+2}=ap_{n+1}+p_n$，所以 $p_np_{n+2}=ap_np_{n+1}+p_n^2$，又 $ap_np_{n+1}+p_{n-1}p_{n+1}=p_{n+1}^2$，两式相加即得结论.

（ⅱ）$q_1=a$，$p_1=1=q_0$，$p_2=a=q_1$，$p_3=a^2+1=q_2$. 设 $p_{n-1}=q_{n-2}$，$p_n=q_{n-1}$，则 $p_{n+1}=ap_n+p_{n-1}=aq_{n-1}+q_{n-2}=q_n$. 因此 $p_n=q_{n-1}$对一切 n 均成立.

4. 若$\dfrac{a}{b}=[a_0,a_1,\cdots,a_n]$，$a_i=a_{n-i}$（$i=0,1,\cdots,n$），则由第 2 题得$\dfrac{a}{b}=\dfrac{p_n}{q_n}=$

$[a_0,a_1,\cdots,a_n]=[a_n,a_{n-1},\cdots,a_0]=\dfrac{p_n}{p_{n-1}}$,因此 $b=q_n=p_{n-1}$,$aq_{n-1}-b^2=p_nq_{n-1}-q_np_{n-1}=(-1)^{n-1}$,$a\mid(b^2+(-1)^{n-1})$.

反之,若 $a\mid(b^2+(-1)^{n-1})$,亦即 $p_n\mid(q_n^2+(-1)^{n-1})$,设 $q_n^2+(-1)^{n-1}=p_nt$,t 为正整数,则

$$p_n(q_{n-1}-t)=q_n(p_{n-1}-q_n).$$

因为$(p_n,q_n)=1$,所以 $p_n\mid(p_{n-1}-q_n)$.但 $p_n>p_{n-1}$,$p_n>q_n$,所以 $p_n>|p_{n-1}-q_n|$,$p_{n-1}=q_n$.从而

$$\frac{a}{b}=\frac{p_n}{q_n}=[a_0,a_1,\cdots,a_n]=\frac{p_n}{p_{n-1}}=[a_n,a_{n-1},\cdots,a_0].$$

5.

$$\begin{aligned}\sqrt{7}&=2+(\sqrt{7}-2)=2+\cfrac{1}{(\sqrt{7}+2)/3}\\&=2+\cfrac{1}{1+(\sqrt{7}-1)/3}=2+\cfrac{1}{1+\cfrac{1}{(\sqrt{7}+1)/2}}\\&=2+\cfrac{1}{1+\cfrac{1}{1+(\sqrt{7}-1)/2}}=2+\cfrac{1}{1+\cfrac{1}{1+\cfrac{1}{(\sqrt{7}+1)/3}}}\\&=2+\cfrac{1}{1+\cfrac{1}{1+\cfrac{1}{1+(\sqrt{7}-2)/3}}}=2+\cfrac{1}{1+\cfrac{1}{1+\cfrac{1}{1+\cfrac{1}{\sqrt{7}+2}}}}\\&=2+\cfrac{1}{1+\cfrac{1}{1+\cfrac{1}{1+\cfrac{1}{4+(\sqrt{7}-2)}}}}=[2,\dot{1},1,1,\dot{4}].\end{aligned}$$

6. (ⅰ) 设$[\dot{1}]=\alpha$,则 $\alpha=1+\dfrac{1}{\alpha}$,即 $\alpha^2-\alpha-1=0$,解得 $\alpha=\dfrac{\sqrt{5}+1}{2}$,从而

$$3+\frac{1}{\alpha}=3+\frac{2}{\sqrt{5}+1}=3+\frac{\sqrt{5}-1}{2}=\frac{5+\sqrt{5}}{2}.$$

所以

$$[2,3,\dot{1}]=2+\frac{2}{5+\sqrt{5}}=2+\frac{5-\sqrt{5}}{10}=\frac{25-\sqrt{5}}{10}.$$

（ⅱ）设$[\dot{1},2,\dot{3}]=\alpha$，则

$$\alpha = 1 + \cfrac{1}{2 + \cfrac{1}{3 + \cfrac{1}{\alpha}}}.$$

此连分数的渐近分数计算见表 11.9.

表 11.9

n	-1	0	1	2	3
a_n		1	2	3	α
p_n	1	1	3	10	$10\alpha+3$
q_n	0	1	2	7	$7\alpha+2$

由表 11.9 可得

$$\alpha = \frac{10\alpha+3}{7\alpha+2},$$

即

$$7\alpha^2 - 8\alpha - 3 = 0,$$

解得

$$\alpha = \frac{4+\sqrt{37}}{7}.$$

（ⅲ）设$[\dot{2},\dot{1}]=\alpha$，则

$$\alpha = 2 + \cfrac{1}{1 + \cfrac{1}{\alpha}},$$

即

$$\alpha^2 - 2\alpha - 2 = 0,$$

解得

$$\alpha = \sqrt{3} + 1.$$

所以

$$[-2,\dot{2},\dot{1}] = -2 + \frac{1}{\alpha} = -2 + \frac{\sqrt{3}-1}{2} = \frac{-5+\sqrt{3}}{2}.$$

7. 注意到 $14\times16=15^2-1$，故可取 $x=15$，$y=4$. 显然 $y=1,2,3$ 均不是解. 所以最小解是 $x=15$，$y=4$.

8. $y=1,2,3,4$ 时，均不合要求. $y=5$ 时，$x^2=1024$，$x=32$. 所以最小解是 $x=32$，

$y=5$.

9. 最小解是 $x=164, y=21$. 需耐心地检查 $y=1,2,\cdots,21$ 时的情况，有计算器的话则较为方便.

10. 最小解是 $y=1, x=4$.

11. $x=2, y=1$ 是方程 $x^2-5y^2=-1$ 的最小解. 方程 $x^2-5y^2=1$ 的全部正整数解为

$$x=\frac{1}{2}((2+\sqrt{5})^{2n}+(2-\sqrt{5})^{2n}),$$

$$y=\frac{1}{2\sqrt{5}}((2+\sqrt{5})^{2n}-(2-\sqrt{5})^{2n}) \quad (n\in\mathbb{N}).$$

或同样地，有

$$x=\frac{1}{2}((9+4\sqrt{5})^{n}+(9-4\sqrt{5})^{n}),$$

$$y=\frac{1}{2\sqrt{5}}((9+4\sqrt{5})^{n}-(9-4\sqrt{5})^{n}) \quad (n\in\mathbb{N}).$$

12. 设 $\frac{n(n+1)}{2}=m^2 (m\in\mathbb{N})$，则

$$(2n+1)^2-2(2m)^2=1.$$

所以

$$2n+1=\frac{1}{2}((3+2\sqrt{2})^{t}+(3-2\sqrt{2})^{t}) \quad (t\in\mathbb{N}).$$

另一方面，$\sqrt{2}=[1,\dot{2}]$，$p_{s+1}=2p_s+p_{s-1}$，$p_0=1$，$p_1=3$，所以

$$p_s=\frac{1}{2}((1+\sqrt{2})^{s+1}+(1-\sqrt{2})^{s+1}).$$

s 为奇数时，

$$\begin{aligned} p_s^2-1 &= \frac{1}{4}((1+\sqrt{2})^{2s+2}+(1-\sqrt{2})^{2s+2}+2)-1 \\ &= \frac{1}{4}((3+\sqrt{2})^{s+1}+(3-\sqrt{2})^{s+1})-\frac{1}{2}, \end{aligned}$$

$$2(p_s^2-1)+1=\frac{1}{2}((3+\sqrt{2})^{s+1}+(3-\sqrt{2})^{s+1}).$$

s 为偶数时，

$$p_s^2=\frac{1}{4}((1+\sqrt{2})^{2s+2}+(1-\sqrt{2})^{2s+2}-2),$$

$$2p_s^2+1=\frac{1}{2}((3+\sqrt{2})^{s+1}+(3-\sqrt{2})^{s+1}).$$

可见 $n=p_s^2-1$（s 为奇数，$t=s+1$）或 $n=p_s^2$（s 为偶数，$t=s+1$）.

13. 最小解为 $(x_1,y_1)=(5,2)$.

正整数解的通项公式为

$$x_n=\frac{(5+2\sqrt{6})^m+(5-2\sqrt{6})^n}{2},$$

$$y_n=\frac{(5+2\sqrt{6})^n-(5-2\sqrt{6})^n}{2\sqrt{6}}\quad(n=1,2,\cdots),$$

递推公式为

$$x_n=2x_1x_{n-1}-x_{n-2}=10x_{n-1}-x_{n-2},$$

$$y_n=10y_{n-1}-y_{n-2}\quad(n=3,4,\cdots).$$

14. 设 a,b 满足要求，则

$$ab+1=c^2,\tag{1}$$

$$ab^3+1=y^2,\tag{2}$$

其中 $c,y\in\mathbb{N}$. 从而

$$y^2-(c^2-1)b^2=1,$$

这是关于 y 与 b 的 Pell 方程，最小值为 $y=c$，$b=1$.

由第 11 节例 4 得一般解

$$y_{n+1}=cy_n+(c^2-1)b_n,$$

$$b_{n+1}=y_n+cb_n.$$

满足(1)、(2)的 $b=b_n$. 因为 $b>1$，所以 $n>1$.

由(1)得 $b\mid(c^2-1)$，所以 $b\leqslant c^2-1$.

因为 $b_2=c+c=2c$，$b_3>cb_2=2c^2>c^2-1\geqslant b$，所以 $b=b_2$，但 $c>1$，$2c\nmid(c^2-1)$，矛盾.

因此不存在满足要求的 a,b.

15. 原方程即

$$(2y)^2-3(2x+1)^2=1.$$

Pell 方程

$$u^2-3v^2=1$$

有最小解 $u_0=2$，$v_0=1$. 易得 $u_1=7$，$v_1=4$. 一般解为

$$u_{n+1}=2\times2u_n-u_{n-1}=4u_n-u_{n-1},$$

$$v_{n+1}=4v_n-v_{n-1}.$$

所以 u_{2k} 为偶数，u_{2k-1} 为奇数. 从而

$$\begin{aligned}u_{2k+2} &= 4u_{2k+1} - u_{2k} = 4(4u_{2k} - u_{2k-1}) - u_{2k}\\ &= 15u_{2k} - 4u_{2k-1} = 15u_{2k} - (u_{2k} + u_{2k-2})\\ &= 14u_{2k} - u_{2k-2},\end{aligned}$$

即

$$y_{k+1} = 14y_k - y_{k-1},$$

所以

$$y_0 = 1,\quad y_1 = \frac{1}{2}u_2 = 13.$$

同样,有

$$\begin{aligned}&2x_{k+1} + 1 = 14(2x_k + 1) - (2x_{k-1} + 1),\\ &x_{k+1} = 14x_k - x_{k-1} + 6,\end{aligned}$$

所以

$$x_0 = 0,\quad x_1 = 7.$$

16. (ⅰ) 设 $1+a=x^2$, $1+3a=y^2$,则 x,y 是方程

$$y^2 - 3x^2 = -2 \tag{1}$$

的正整数解.

mod 4 后可知(1)的解中 x,y 都是奇数.令

$$u = \frac{3x-y}{2},\quad v = \frac{y-x}{2},$$

则 u,v 为

$$u^2 - 3v^2 = 1 \tag{2}$$

的正整数解.

(2)的最小解为(2,1),所有解为

$$u_n + v_n\sqrt{3} = (2+\sqrt{3})^n.$$

因为 $x=u+v$, $y=3v+u$,所以

$$\begin{aligned}a_n &= (u_n + v_n)^2 - 1\\ &= \left[\frac{(2+\sqrt{3})^n + (2-\sqrt{3})^n}{2} + \frac{(2+\sqrt{3})^n - (2-\sqrt{3})^n}{2\sqrt{3}}\right]^2 - 1.\end{aligned}$$

(ⅱ) 记 $A=2+\sqrt{3}$, $B=2-\sqrt{3}$,则 $AB=1$, $A+B=4$, $u_n=\dfrac{A^n+B^n}{2}$, $v_n=\dfrac{A^n-B^n}{2\sqrt{3}}$.

因为

$$x_n = u_n + v_n = \frac{(\sqrt{3}+1)A^n + (\sqrt{3}-1)B^n}{2\sqrt{3}},$$

$$x_n^2 = \frac{1}{12}((\sqrt{3}+1)^2A^{2n}+(\sqrt{3}-1)^2B^{2n}+4)$$
$$= \frac{1}{6}(A^{2n+1}+B^{2n+1}+2),$$
$$a_n = x_n^2-1 = \frac{1}{6}(A^{2n+1}+B^{2n+1}-4),$$

所以

$$\begin{aligned}
1+a_na_{n+1} &= 1+\frac{1}{36}(A^{2n+1}+B^{2n+1}-4)(A^{2n+3}+B^{2n+3}-4)\\
&= \frac{1}{36}(36+A^{4n+4}+B^{4n+4}+A^2+B^2+16\\
&\quad -4(A^{2n+3}+A^{2n+1}+B^{2n+3}+B^{2n+1}))\\
&= \frac{1}{36}(A^{4n+4}+B^{4n+4}+(A+B)^2-2AB+36+16\\
&\quad -4(A^{2n+2}(A+B)+B^{2n+2}(A+B)))\\
&= \frac{1}{36}(A^{4n+4}+B^{4n+4}+66-16(A^{2n+2}+B^{2n+2}))\\
&= \frac{1}{36}(A^{4n+4}+B^{4n+4}+8^2+2-16A^{2n+2}-16B^{2n+2})\\
&= \frac{A^{4n+4}+B^{4n+4}+8^2-16A^{2n+2}-16B^{2n+2}+2A^{2n+2}B^{2n+2}}{36}\\
&= \left(\frac{A^{2n+2}+B^{2n+2}-8}{6}\right)^2,
\end{aligned}$$

是一个有理数的平方. 但 $1+a_na_{n+1}$ 是整数，所以 $\left(\frac{A^{2n+2}+B^{2n+2}-8}{6}\right)^2$ 一定是整数的平方.

17. 若 x,y 为

$$ax^2-by^2=1 \tag{1}$$

的正整数解，则

$$(a,b)=1.$$

因为 ab 是平方数，所以 a,b 都是平方数，$\sqrt{a}x-\sqrt{b}y$ 是整数，但

$$1= ax^2-by^2=(\sqrt{a}x+\sqrt{b}y)(\sqrt{a}x-\sqrt{b}y)$$
$$\geqslant \sqrt{a}x+\sqrt{b}y>1,$$

矛盾. 矛盾表明(1)无正整数解.

18. 若 (x_n,y_n) 是方程(1)的解，$n>1$，则对于

$$u_n=ax_1x_n-by_1y_n, \tag{5}$$

$$v_n = y_n x_1 - x_n y_1, \tag{6}$$

有

$$\begin{aligned} u_n^2 - abv_n^2 &= (ax_1 x_n - by_1 y_n)^2 - ab(y_n x_1 - x_n y_1)^2 \\ &= a^2 x_1^2 x_n^2 + b^2 y_1^2 y_n^2 - aby_n^2 x_1^2 - abx_n^2 y_1^2 \\ &= ax_1^2(ax_n^2 - by_n^2) - by_1^2(ax_n^2 - by_n^2) = ax_1^2 - by_1^2 = 1. \end{aligned}$$

所以(5)、(6)给出的是方程(2)的解.

而且

$$ax_n^2 \cdot ax_1^2 = (1 + by_n^2)(1 + by_1^2) > b^2 y_1^2 y_n^2,$$

所以 $u_n > 0$.

又

$$ax_n^2 \cdot by_1^2 = (1 + by_n^2)(ax_1^2 - 1),$$

所以

$$\begin{aligned} &ab(x_n^2 y_1^2 - x_1^2 y_n^2) = ax_1^2 - by_n^2 - 1 = by_1^2 - by_n^2 < 0, \\ &v_n = x_1 y_n - x_n y_1 > 0. \end{aligned}$$

因此(5)、(6)给出的是方程(2)的正整数解.

反之,对任一组方程(2)的解(u_n, v_n)($(u_1, v_1) = (1,0)$),由公式

$$\begin{aligned} x_n &= x_1 u_n + by_1 v_n, \\ y_n &= y_1 u_n + ax_1 v_n \end{aligned}$$

给出的(x_n, y_n)满足方程(1)(

$$\begin{aligned} ax_n^2 - by_n^2 &= a(x_1 u_n + by_1 v_n)^2 - b(y_1 u_n + ax_1 v_n)^2 \\ &= ax_1^2 u_n^2 + ab^2 y_1^2 v_n^2 - by_1^2 u_n^2 - ba^2 x_1^2 v_n^2 \\ &= ax_1^2(u_n^2 - abv_n^2) - by_1^2(u_n^2 - abv_n^2) = ax_1^2 - by_1^2 = 1). \end{aligned}$$

而(3)、(4)正好是(5)、(6)的逆.

因此方程(1)的解(x_n, y_n)与方程(2)的解(u_n, v_n)由(5)、(6)(也就是(3)、(4))建立了一一对应.

方程(2)的递推关系为

$$\begin{aligned} u_n &= 2u_1 u_{n-1} - u_{n-2} = 2u_{n-1} - u_{n-2}, \\ v_n &= 2u_1 v_{n-1} - v_{n-2} = 2v_{n-1} - v_{n-2}. \end{aligned}$$

从而由(3)得

$$\begin{aligned} x_n &= x_1(2u_{n-1} - u_{n-2}) + by_1(2v_{n-1} - v_{n-2}) \\ &= 2(x_1 u_{n-1} + by_1 v_{n-1}) - (x_1 u_{n-2} + by_1 v_{n-2}) \\ &= 2x_{n-1} - x_{n-2}, \end{aligned}$$

$$\begin{aligned} y_n &= y_1(2u_{n-1} - u_{n-2}) + ax_1(2v_{n-1} - v_{n-2}) \\ &= 2(y_1u_{n-1} + ax_1v_{n-1}) - (y_1u_{n-2} + ax_1v_{n-2}) \\ &= 2y_{n-1} - y_{n-2}, \end{aligned}$$

即与方程(2)的递推公式实质相同.

19. 设 $\alpha = x_1 + y_1\sqrt{N}$, $\beta = x_1 - y_1\sqrt{N}$,则

$$x_1 = \frac{1}{2}(\alpha + \beta),$$

$$y_1 = \frac{1}{2\sqrt{N}}(\alpha - \beta),$$

$$x_1^2 + Ny_1^2 = \frac{1}{2}(\alpha^2 + \beta^2),$$

$$2x_1y_1 = \frac{1}{2\sqrt{N}}(\alpha^2 - \beta^2),$$

$$\begin{aligned} &(x_1^2 + Ny_1^2)x_n + 2x_1y_1y_n\sqrt{N} \\ &\quad = \frac{1}{4}((\alpha^2 + \beta^2)(\alpha^{2n-1} + \beta^{2n-1}) + (\alpha^2 - \beta^2)(\alpha^{2n-1} - \beta^{2n-1}) \\ &\qquad + \alpha^{2n+1} - \alpha^2\beta^{2n-1} - \beta^2\alpha^{2n-1} + \beta^{2n+1}) \\ &\quad = \frac{1}{2}(\alpha^{2n+1} + \beta^{2n+1}) = x_{n+1}, \end{aligned}$$

$$\begin{aligned} &(x_1^2 + Ny_1^2)y_n - 2x_1y_1x_n \\ &\quad = \frac{1}{4\sqrt{N}}((\alpha^2 + \beta^2)(\alpha^{2n-1} - \beta^{2n-1}) + (\alpha^2 - \beta^2)(\alpha^{2n-1} + \beta^{2n-1})) \\ &\quad = \frac{1}{4\sqrt{N}}(\alpha^{2n+1} - \alpha^2\beta^{2n-1} + \beta^2\alpha^{2n-1} - \beta^{2n+1} + \alpha^{2n+1} + \alpha^2\beta^{2n-1} - \beta^2\alpha^{2n-1} - \beta^{2n+1}) \\ &\quad = \frac{1}{2\sqrt{N}}(\alpha^{2n+1} - \beta^{2n+1}) = y_{n+1}. \end{aligned}$$

20. 因为 $\rho_1 > 1$,所以 $\rho_1 < \rho_1^2 < \cdots$.从而必有正整数 k,使得

$$\rho_1^k \leqslant \rho_j < \rho_1^{k+1}.$$

若左边是严格的不等号,则

$$1 < \rho_j\rho_1^{-k} < \rho_1.$$

用 ρ' 表示 ρ 的共轭数,则 $\rho_1^{-1} = \pm\rho_1'$.

记 $\rho_j\rho_1^{-k} = a + b\sqrt{N}$,其中 $a, b \in \mathbb{Z}$,则

$$1 < a + b\sqrt{N} < \rho_1, \tag{1}$$

且

$$
\begin{aligned}
a^2 - Nb^2 &= (a + b\sqrt{N})(a - b\sqrt{N}) \\
&= \rho_j \rho_1^{-k} \cdot \rho'_j \rho'^{-k}_1 = \rho_j \rho'_j (\rho_1 \rho'_1)^{-k} = \pm 1.
\end{aligned}
$$

若 $b=0$,则由上式得 $a=1$,与(1)不符.

若 a,b 异号,则由(1)得

$$
1 < |a + b\sqrt{N}| = \frac{1}{|a - b\sqrt{N}|} = \frac{1}{|a| + |b|\sqrt{N}} < 1,
$$

矛盾.

若 a,b 均负,亦与(1)矛盾.

因此,a,b 均为正整数,并且 $\rho_j \rho_1^{-k}$ 应是 $x^2 - Ny^2 = 1$ 或 $x^2 - Ny^2 = -1$ 的解.但这与(1)矛盾(ρ_1 已最小),所以应有 $\rho_j = \rho_1^k$.

第12章 五光十色

这一章由100道问题组成. 问题有易有难，供读者练习.

问题均有解答，谨供参考.

华罗庚先生在介绍维诺格拉陀夫的《数论基础》时说:“如果读这本书而不看不做书后的问题，就好像入宝山而空返.”我们这本书的最后一章，不敢说是宝山，但也希望读者看一看、做一做，有或多或少的收获.

练　习　12

1. 1 到 29 这 29 个数中，哪一个数的约数个数最多？

2. 4500 有多少个约数？

3. 如果对正整数 n，有 $d(n)=2$，n 是什么样的数？$d(n)=3$ 呢？

4. 设 $S(n)$为 n 的数字和. 求 $\sum_{n=1}^{99} S(n)$.

5. 设对某正整数 n，5^n 与 2^n 的前两位数字相同，依次为 a，b. 求两位数$\overline{ab}$.

6. 什么样的正整数能写成若干(至少 2 个)连续正整数的和？

7. 数列$\{a_n\}$具有性质：$a_1=1$，并且对所有 n，

$$a_{n+1}-a_n=0 \text{ 或 } 1.$$

已知对某个正整数 k，有 $a_k=\frac{k}{1000}$. 证明：存在某个正整数 h，使 $a_h=\frac{h}{500}$.

8. 一个袋中有球，3 个是绿的，4 个是黄的，还有 5 个是红的. 袋外这三种颜色的球均有很多. 每次随机从袋中取 2 个不同颜色的球，换成 2 个第 3 种颜色的球. 这样进行下去. 如果在某个时刻，袋中绿球 5 个，黄球不少于红球. 问这时袋中黄球、红球各几个？

9. 一堆石子共 25 颗，将它分为两堆. 再将其中一堆分为两堆. 这样继续下去，每次将一堆石子分为两堆，直到分成 25 堆(每堆 1 颗石子).

在每次分堆时，在黑板上记下所分成的两堆石子个数的乘积，最后求出这些乘积的和. 证明：不论如何分堆，最后的和总是同一个数. 这个数是多少？

10. 一个自然数的数集 S 具有如下性质：

(ⅰ) 这个数集中的每个数，除了 1 以外，都可被 2，3 或 5 中的至少一个数整除.

(ⅱ) 对于任意整数 n，如果数集 S 中含有 $2n$，$3n$ 或 $5n$ 中的一个，那么数集 S 中必同时含有 n，$2n$，$3n$ 与 $5n$.

如果数集 S 中数的个数在 300 和 400 之间，那么数集 S 有多少个数？

11. 两个自然数 m，n 的全部约数分别为a_1，a_2，…，a_p 及 b_1，b_2，…，b_q，并且

$$a_1+a_2+\cdots+a_p=b_1+b_2+\cdots+b_q,$$

$$\frac{1}{a_1}+\frac{1}{a_2}+\cdots+\frac{1}{a_p}=\frac{1}{b_1}+\frac{1}{b_2}+\cdots+\frac{1}{b_q}.$$

求证：$m=n$.

12. 求最小的 n,使得可选出 n 个不同的大于1的奇数 $a_1,a_2,\cdots,a_n$,满足

$$\frac{1}{a_1}+\frac{1}{a_2}+\cdots+\frac{1}{a_n}=1.$$

13. 证明:对任何大于1的自然数 n,$1+\frac{1}{2}+\frac{1}{3}+\cdots+\frac{1}{n}$不是整数.

14. 设 A 为正有理数.证明:当且仅当 A 是一个边长都是有理数的直角三角形的面积时,有3个正有理数 x,y,z 满足

$$x^2-y^2=y^2-z^2=A.$$

15. n 是3的幂.证明:$n\mid(2^n+1)$.

16. 求所有的整数 n,使得对任意不同的整数 a,b,均有$(a-b)\mid(a^2+b^2-nab)$.

17. (ⅰ)证明:对任意自然数 n,存在不同的自然数 x,y,对于每个 $j\in\{1,2,\cdots,n\}$,$x+j$ 被 $y+j$ 整除.

(ⅱ)设 x,y 为自然数,并且对每个自然数 j,$x+j$ 被 $y+j$ 整除.证明:$x=y$.

18. 设 n,k 为自然数,k 是奇数.证明:

$$(1+2+\cdots+n)\mid(1^k+2^k+\cdots+n^k).$$

19. 设正整数 $a_1<a_2<\cdots<a_n$,且两两互素.证明:存在无穷多个正整数 b,使得 $a_1+b,a_2+b,\cdots,a_n+b$也两两互素.

20. 设 k,n 为自然数.证明:

$$(n!)^k\mid(kn)!.$$

21. 已知 C_n^3 是三个质数之积,这三个质数均在一个公差为336的等差数列中(不一定是连续三项).求 n 的最小值.

22. 满足 $n!+1$ 整除$(2022n)!$ 的 n 构成的集合是有限集还是无限集?

23. 设 m,n 是大于1的整数,$m\mid(n^3-1)$,$n\mid(m-1)$.证明:$m=n^{3/2}+1$ 或 $m=n^2+n+1$.

24. 设 a,b,c 为整数,a 为偶数,b 为奇数.证明:对任意正整数 n,存在 x,满足 $2^n\mid(ax^2+bx+c)$.

25. 设 a,b,m,n 为正整数,$a>b$ 且 a,b 互质.证明:

$$(a^m-b^m,a^n-b^n)=a^{(m,n)}-b^{(m,n)}.$$

26. 设 a,b,m,n 为正整数,$a>b$ 且 a,b 互质.证明:当且仅当 $m\mid n$ 时,

$$(a^m-b^m)\mid(a^n-b^n).$$

27. 设整数 $n>1$.求所有正整数 m,使得

$$(2^n-1)^2\mid(2^m-1).$$

28. 设 a,b,c 为正整数,且满足 $ab\mid c(c^2-c+1)$,$(c^2+1)\mid ab$.证明:

$$\{a,b\}=\{c,c^2-c+1\}.$$

29. 设 $a_1,a_2,\cdots,a_n$ 是自然数，$a>1$，且是 $a_1a_2\cdots a_n$ 的倍数. 证明：$a^{n+1}+a-1$ 不被 $(a+a_1-1)(a+a_2-1)\cdots(a+a_n-1)$ 整除.

30. 求正整数 m,n，使得 $\dfrac{m^3+n^3-m^2n^2}{(m+n)^2}$ 为非负整数.

31. 求所有的正整数 a,b,c，使得 $\dfrac{a}{b}+\dfrac{b}{c}+\dfrac{c}{a}$ 与 $\dfrac{b}{a}+\dfrac{c}{b}+\dfrac{a}{c}$ 都是整数.

32. 将 $989\times1001\times1007+320$ 分解为质因数连乘积.

33. 设 a,b,c 为正整数，且满足

$$a^2+b^2+c^2=(a-b)^2+(b-c)^2+(c-a)^2.$$

证明：$ab,bc,ca,ab+bc+ca$ 都是平方数.

34. 设 a,b,c,d 为自然数，且 $ab=cd$. 证明：对任意自然数 k，$a^k+b^k+c^k+d^k$ 为合数.

35. 设 n 为自然数. 证明：最小公倍数

$$[1,2,\cdots,2n]=[n+1,n+2,\cdots,2n].$$

36. 设 n 为自然数. 求最大的自然数 k，满足

$$2^k\mid(n+1)(n+2)\cdots(n+n).$$

37. 一堆卡片，每张卡片上写一个数 $\in\{1,2,\cdots,n\}$（可以相同），这些数的总和为 $2\times n!$. 证明：可从中选一些卡片，上面的数的和为 $n!$.

38. 求最大的正整数 n，使得 $n!$ 能够表示成 $n-3$ 个连续正整数的乘积.

39. 若每个 $\leqslant n$ 的自然数都可表示为 n 的一些不同的因数之和，则称 n 为菩萨数. 证明：$n>1$ 时，$2^{n-1}(2^n-1)$ 是菩萨数.

40. 设整数 $n>1$ 的全部因数满足 $d_1<d_2<\cdots<d_k$. 记 $D=d_1d_2+d_2d_3+\cdots+d_{k-1}d_k$.

（ⅰ）证明：$D<n^2$.

（ⅱ）确定所有满足 $D\mid n^2$ 的 n.

41. 一个递增的等差数列由 100 个正整数组成，有无可能其中任两个都是互质的？

42. 证明：对自然数 $a_0<a_1<\cdots<a_n$，有

$$\sum_{k=0}^{n-1}\frac{1}{[a_k,a_{k+1}]}\leqslant1-\frac{1}{2^n}.$$

43. n 是大于 1 的自然数. 证明：当且仅当 n 为奇数时，

$$n\mid(1^n+2^n+\cdots+(n-1)^n).$$

44. a 为奇数，证明：对所有自然数 n，$2^{n+2}\mid(a^{2^n}-1)$.

45. k,m,n 为正整数,$m\leqslant k<n$.证明:C_n^k 与 C_n^m 不互质.

46. 证明:对自然数 a,b,有

$$aC_{a+b}^{b}\mid[b+1,b+2,\cdots,b+a].$$

47. 设 $C_n^1,C_n^2,\cdots,C_n^n$ 的最小公倍数为 M.证明:

$$M=\frac{1}{n+1}p_1^{r_1}p_2^{r_2}\cdots p_k^{r_k},$$

其中 $p_1<p_2<\cdots<p_k$ 为所有不超过 $n+1$ 的质数,$r_j(1\leqslant j\leqslant k)$为自然数,并且 $p_j^{r_j}\leqslant n+1<p_j^{r_j+1}(1\leqslant j\leqslant k)$.

48. 对哪些自然数 $n>3$,$C_n^1,C_n^2,\cdots,C_n^n$ 的最小公倍数 M 等于全部不超过 n 的质数的乘积?

49. 证明:对所有整数 $n>1$,总有

$$(n+1)[C_n^0,C_n^1,\cdots,C_n^n]=[1,2,\cdots,n+1].$$

50. 证明:对自然数 n,有

$$[1,2,\cdots,n]\geqslant 2^{n-1}.$$

51. 设 p 为质数,n 为自然数.求以下各数的分解式中 p 的幂指数:

(ⅰ) $C_{p^k}^r$,$r<p^k$,$v_p(r)=h$,即 r 的分解式中 p 的幂指数为 h.

(ⅱ) $C_{p^k-1}^r$,$r<p^k$,$v_p(r)=h$.

(ⅲ) $C_n^{p^k}$,$v_p(n)=k$.

52. 设 $C_n^1,C_n^2,\cdots,C_n^{n-1}$ 的公约数 $g>1$.证明:g 为质数,并且 $n=g$ 的幂.

53. 证明:$1<k<n$ 为自然数时,最大公约数

$$(C_{n-1}^k,C_n^{k-1},C_{n+1}^{k+1})=(C_{n-1}^{k-1},C_n^{k+1},C_{n+1}^k).$$

54. k 为大于 3 的质数.求证:

(ⅰ) 存在正整数 m 及整数 $n_1,n_2,\cdots,n_{\frac{k-1}{2}}$,使得

$$2^m=\prod_{i=1}^{\frac{k-1}{2}}(C_{k-1}^i)^{n_i}.$$

(ⅱ) 存在正整数 m 及整数 $n_1,n_2,\cdots,n_{\frac{k-1}{2}}$,使得

$$3^m=\prod_{i=1}^{\frac{k-1}{2}}(C_{k-1}^i)^{n_i}.$$

55. 求所有满足 $n=\prod_{\substack{d\mid n\\ d\neq n}}d$ 的正整数 n.

56. n 为大于 1 的自然数,$S_j=\sum{}^{*}a^j(j=1,2,3)$ 表示对一切 $\mathbb{Z}_n^*$ 中的 a 的 j 次方求和.证明:

(ⅰ) $S_1=\frac{1}{2}n\varphi(n)$.

(ⅱ) $S_2=\frac{1}{3}n^2\varphi(n)+\frac{n}{6}\prod_{p|n}(1-p)$.

(ⅲ) $S_3=\frac{1}{4}n^3\varphi(n)+\frac{1}{4}n^2\prod_{p|n}(1-p)$.

57. p 为奇质数，S 为 mod p 的互不同余的原根的和.证明：

$$S\equiv\mu(p-1)\pmod p.$$

58. 令 $\theta(n)=\sum_{\substack{p\leqslant n\\ p\text{为质数}}}\log p$.求证：

(ⅰ) $\theta(n)\leqslant 4n\log 2$.

(ⅱ) $\theta(n)\leqslant 2n\log 2$.

59. $v(n)$表示 n 的不同质因数的个数，$r<v(n)$.证明：

$$\sum_{\substack{d|n\\ v(d)\leqslant r}}\mu(d)=(-1)^r\mathrm{C}_{v(n)-1}^r.$$

60. 证明：$\sum_{p\leqslant x}\frac{1}{p}\geqslant\log\log x-1$（$p$ 表示质数).

61. 令 $\psi(x)=\sum_{p^a\leqslant x}\log p$（$p$ 表示质数).证明：

(ⅰ) $[1,2,\cdots,n]=\mathrm{e}^{\psi(n)}$.

(ⅱ) $\sum_{k=0}^{n}\mathrm{C}_n^k\frac{(-1)^k}{n+k+1}\leqslant 2^{-2n}$.

(ⅲ) $\psi(2n+1)\geqslant 2n\log 2$.

62. 自然数 $q\geqslant 4$.是否有自然数组成的递增数列

$$a_1<a_2<a_3<\cdots,$$

满足 $a_{2n-1}+a_{2n}=qa_n(n=1,2,\cdots)$?

63. 是否有自然数组成的递增数列

$$a_1<a_2<a_3<\cdots,$$

满足 $a_{2n-1}+a_{2n}=3a_n(n=1,2,\cdots)$?

64. 自然数 $q\geqslant 2$.是否有自然数组成的递增数列

$$a_1<a_2<a_3<\cdots,$$

它的前 n 项的和S_n 满足$S_{2n}=qS_n(n=1,2,\cdots)$?

65. $f(x)$是整系数多项式，a 是正整数，$f(a)\neq 0$.证明:存在无穷多个正整数 b，满足 $f(a)|f(b)$.

66. 是否有二元整系数多项式 $f(x,y)$满足下列条件：

（ⅰ）$f(x,y)=0$ 无整数解；

（ⅱ）对每个自然数 n，存在整数 x,y，满足 $n\mid f(x,y)$？

67. 设 $a_1<a_2<\cdots<a_n$ 为自然数，且对所有自然数 k，$a_1a_2\cdots a_n\mid(k+a_1)(k+a_2)\cdots(k+a_n)$. 证明：$a_i=i(i=1,2,\cdots,n)$.

68. 求所有的函数 $f:\mathbb{N}\to\mathbb{N}$，使得对所有的 m,n，有

$$f(mn)=f(m)f(n),$$
$$(m+n)\mid(f(m)+f(n)).$$

69. $f(x)$是整系数多项式，次数 $n\geqslant 2$. 证明：方程

$$f(f(x))=x$$

至多有 n 个整数解.

70. 设 $f(x)$，$g(x)$都是整系数多项式，不是常数，$g(x)\mid f(x)$. 如果 $f(x)-2008$ 至少有 81 个不同的整数根，证明：$g(x)$的次数大于 5.

71. $f(x)$是整系数多项式，不是常数. 证明：集合

$$M=\{f(m)\text{ 的质因数}\mid m\in\mathbb{Z}\}$$

为无穷集合.

72. 求所有整系数多项式 $f(x)$，使得对于任意充分大的正整数 n，均有 $f(n)\mid n!$.

73. 设 n 为大于 1 的整数，集合 $S\subseteq\{1,2,\cdots,n\}$，$S$ 中每两个数均不互质，并且每一个都不是另一个的倍数. 求$|S|$的最大值.

74. a,b 是整数，n 为正整数. 若 $A=\{ax^n+by^n\mid x,y\in\mathbb{Z}\}$在 $\mathbb{Z}$ 中的补集 $\mathbb{Z}-A$ 是有限集，证明：$n=1$.

75. 设 P 为所有质数的集，集 $M\subseteq P$，且 M 中至少有 3 个元素. 若对 M 的任一真子集 A，$\prod\limits_{p\in A}p-1$ 的所有质因数属于 M，证明：$M=P$.

76. 令

$$P=\{p\mid p\text{ 为质数}\},$$
$$P_1=\{p\mid p,p+2,p+6\text{ 均为质数}\},$$
$$P_2=\{p\mid p,p+4,p+6\text{ 均为质数}\},$$
$$P_1+k=\{p+k\mid p\in P_1\},$$
$$P_2+k=\{p+k\mid p\in P_2\},$$

证明：$P\backslash(P_1\cup(P_1+2)\cup(P_1+6))$与 $P\backslash(P_2\cup(P_2+4)\cup(P_2+6))$均为无限集.

77. 全体质数所成数列$\{p_n\}$：2,3,5,7,11,13,17,…递增，且满足

$$p_{n+1}<2p_n\quad(n=1,2,\cdots).$$

证明：对于 $n\geqslant 3$，每个 $\leqslant p_{2n+1}$ 的奇自然数均可表示为

$$\pm p_1 \pm p_2 \pm \cdots \pm p_{2n-1} + p_{2n}$$

的形式，其中±号可适当选择.

78. 试确定所有同时满足

$$q^{n+2} \equiv 3^{n+2} \pmod{p^n},$$
$$p^{n+2} \equiv 3^{n+2} \pmod{q^n}$$

的三元数组 (p,q,n)，其中 p,q 为奇质数，n 为大于1的自然数.

79. n 为正整数，实数 $x_1\leqslant x_2\leqslant\cdots\leqslant x_n$，$y_1\geqslant y_2\geqslant\cdots\geqslant y_n$，且满足

$$\sum_{i=1}^{n} ix_i = \sum_{i=1}^{n} iy_i.$$

证明：对任意实数 α，总有

$$\sum_{i=1}^{n}[i\alpha]x_i \geqslant \sum_{i=1}^{n}[i\alpha]y_i.$$

80. 设 $1+\frac{1}{2}+\frac{1}{3}+\cdots+\frac{1}{n}=\frac{a_n}{b_n}$，其中 a_n,b_n 是互质的正整数. 证明：有无穷多个 n，满足 $b_n>b_{n+1}$.

81. p 为质数. 任给 $p+1$ 个不同的正整数. 求证：可从中取出两个数 $a,b(a>b)$，使得

$$\frac{a}{(a,b)} \geqslant p+1.$$

82. 正整数 a,b,c 满足 $a^2+b^3=c^4$，求 c 的最小值.

83. 任给 $4k+2$ 个连续的正整数

$$a+1, a+2, \cdots, a+4k+2,$$

最前的 $2k$ 个数的积记为 A，最后的 $2k$ 个数的积记为 B. 求证：$A+B$ 可表示为中间两个数的积(即 $(a+2k+1)(a+2k+2)$)的 k 次整系数多项式.

84. 上题中，中间两个数的和记为 S. 证明：$B-A$ 被 S 整除，并且所得的商被 $2^k k(k-1)$ 整除.

85. 已知正整数数列 $\{x_n\}$ 满足

$$x_{n+1}^2 = x_1^2 + x_2^2 + \cdots + x_n^2 \quad (n \geqslant 1),$$

求 x_1 的最小值，使得 $2006 \mid x_{2006}$.

86. 已知整数 $n\geqslant 2$. 黑板上写有 n 个1，进行如下操作：每一次任取两个数 a,b，将它们擦去，改为 $a+b$ 或 $\min\{a^2,b^2\}$. 经过 $n-1$ 次操作后，黑板上只剩一个数，设这个数的最大值为 $f(n)$. 求证：

$$2^{\frac{n}{3}}<f(n)\leqslant 3^{\frac{n}{3}}.$$

87. n 为正整数.若正整数 A 的十进制表示不含数字2,0,1,8,并且 A 的任何相邻的两个数字依原顺序所成两位数都是素数,则称这样的正整数 A 为“丰收数”.例如6,47,379都是“丰收数”.用 a_n 表示不超过 n 位的丰收数的个数,易得 $a_1=6$,$a_2=15$.

(ⅰ)求证:数列 $\{a_n\}$ 的通项公式为

$$(P+(-1)^nQ)\cdot 2^{\frac{n-4}{2}}-16\quad(n=1,2,3,\cdots),$$

其中 $P=31+22\sqrt{2}$,$Q=31-22\sqrt{2}$.

(ⅱ)十进制中不含数字4,5,6,且能被11整除的“丰收数”,称为“中秋丰收数”.设全体 n 位“中秋丰收数”的个数为 c_n,它们的和为 $S_n(n=1,2,\cdots)$.求证:

$$\frac{S_{924}}{c_{924}}=\frac{13(10^{924}-1)}{18}.$$

88. 若 $n=2^tp_1p_2\cdots p_s$,其中 $p_1,p_2,\cdots,p_s$ 为不同的奇素数,证明:同余方程

$$x^2\equiv 1(\bmod n)$$

有 2^{s+b} 个解,其中

$$b=\begin{cases}0, & 若\ t=0\ 或\ 1,\\ 1, & 若\ t=2,\\ 2, & 若\ t\geqslant 3.\end{cases}$$

89. 设 $a_1,a_2,\cdots,a_n$ 为 n 个互不相同的正奇数,而且两两的差互不相同.求证:

$$\sum_{i=1}^{n}a_i\geqslant\frac{1}{2}(n^3-3n^2+10n-8).$$

90. 设 n,k,m 是正整数,满足 $k\geqslant 2$,且

$$n<m<\frac{2k-1}{k}n.$$

设 A 是 $\{1,2,\cdots,m\}$ 的 n 元子集.证明:区间 $\left(0,\frac{n}{k-1}\right)$ 中的每个整数均可表示成 $a-a'$,其中 $a,a'\in A$.

91. 已知素数 $p\equiv 3(\bmod 4)$.对于一个由 $\pm 1,\pm 2,\cdots,\pm\frac{p-1}{2}$ 组成的长度不大于 $p-1$ 的整数数列,若其中正项与负项各占一半,则称为“平衡的”.令 M_p 表示平衡数列的个数.证明:M_p 不是平方数.

92. 求所有的整数 $n\geqslant 3$,使得存在实数 $a_1,a_2,\cdots,a_{n+2}$,满足 $a_{n+1}=a_1$,$a_{n+2}=a_2$,并且

$$a_ia_{i+1}+1=a_{i+2}\quad(i=1,2,\cdots,n).$$

93. 设 $a_1,a_2,\cdots$是一个正整数的无穷序列.已知存在正整数 $N>1$,使得对每个整数 $n\geqslant N$,

$$\frac{a_1}{a_2}+\frac{a_2}{a_3}+\cdots+\frac{a_{n-1}}{a_n}+\frac{a_n}{a_1}$$

都是整数.证明:存在正整数 M,使得 $a_m=a_{m+1}$对所有 $m\geqslant M$ 都成立.

94. $a_1,a_2,\cdots,a_{100}$为非负整数,且同时满足以下条件:

（ⅰ）存在正整数 $k\leqslant 100$,使得 $a_1\leqslant a_2\leqslant\cdots\leqslant a_k$ 而 $i>k$ 时,$a_i=0$.

（ⅱ）$a_1+a_2+\cdots+a_{100}=100$.

（ⅲ）$a_1+2a_2+\cdots+100a_{100}=2022$.

求 $a_1+2^2a_2+3^2a_3+\cdots+100^2a_{100}$的最小值.

95. 给定正整数 $m>1$.求正整数 n 的最小值,使得对于任意整数 $a_1,a_2,\cdots,a_n$,$b_1,b_2,\cdots,b_n$,存在整数 $x_1,x_2,\cdots,x_n$,满足以下两个条件:

（ⅰ）存在 $i\in\{1,2,\cdots,n\}$,使得 x_i 与 m 互质.

（ⅱ）$\sum\limits_{i=1}^{n}a_ix_i=\sum\limits_{i=1}^{n}b_ix_i\equiv 0(\bmod m)$.

96. 设 $a,b(a>b>1)$是两个互质的整数.对于整数 c,称满足 $ax+by=c$ 的整数解(x,y)为 c 的解,其中$|x|+|y|$最小的解记为 $w(c)$.

若 $w(c)\geqslant w(c\pm a)$,$w(c)\geqslant w(c\pm b)$,则称 c 为“冠军”.求出所有的“冠军”与它的个数.

97. 已知恰有 36 个不同的质数整除正整数 n.对于 $k=1,2,3,4,5$,记区间$\left[\frac{(k-1)n}{5},\frac{kn}{5}\right]$中与 n 互质的整数个数为c_k.已知 c_1,c_2,c_3,c_4,c_5 不全相同.求证:

$$\sum_{1\leqslant i<j\leqslant 5}(c_i-c_j)^2\geqslant 2^{36}.$$

98. 求出所有的自然数 n,n 恰有一种方法表示成两个互质自然数的平方和.

99. n 为合数,若对所有与 n 互质的正整数b 均有 $b^{n-1}\equiv 1(\bmod n)$,则称 n 为 Carmichael 数,简称 C 数.证明:C 数至少有 3 个不同的奇质因数.

100. 如果 A 是一个非负整数的无穷集,并且每个自然数 n 均可写成A 中h 个数(可以相同)的和,那么就说 A 是一个基,阶为 h.

证明:对任一正实数 α,

$$[\alpha\cdot 1^2],[\alpha\cdot 2^2],\cdots,[\alpha\cdot k^2],\cdots$$

不是二阶基.

解　答　12

1. 1到29这29个数中,哪一个数的约数个数最多?

解　在1到29中,24的约数个数最多.

$d(24)=d(2^3\times3)=(3+1)(1+1)=8$.

2. 4500有多少个约数?

解　$d(4500)=d(3^2\times2^2\times5^3)=(2+1)(2+1)(3+1)=36$.

3. 如果对正整数n,有$d(n)=2$,n是什么样的数?$d(n)=3$呢?

解　$d(n)=2$表明n只有1与自身这两个正约数,即n为质数.

$d(n)=3$表明$n=p^2$,p为质数.

4. 设$S(n)$为n的数字和.求$\sum_{n=1}^{99}S(n)$.

解　0到99这100个数都可以看成两位数(例如5可以看成05).它们的个位数字中,0,1,…,9各出现10次,十位数字也是如此.因此,所有数字的和为

$$\sum_{n=1}^{99}S(n)=10\times(0+1+2+\cdots+9)\times2=900.$$

5. 设对某正整数n,5^n与2^n的前两位数字相同,依次为a,b.求两位数$\overline{ab}$.

解　设这两位数为x,则有正整数k,h,使得

$$10^k\cdot x<2^n<10^k(x+1),$$
$$10^h\cdot x<5^n<10^h(x+1),$$

两式相乘得

$$10^{k+h}x^2<10^n<10^{k+h}(x+1)^2. \tag{1}$$

因为x是两位数,

$$10^2\leqslant x^2,\quad (x+1)^2\leqslant10^4,$$

所以

$$10^{k+h+2}<10^n<10^{k+h+4}, \tag{2}$$

从而$n=k+h+3$.在(1)中约去10^{k+h},得

$$x^2<10^3<(x+1)^2.$$

因为$31^2=961$,$32^2=1024$,所以$x=31$,即$\overline{ab}=31$.

6. 什么样的正整数能写成若干(至少2个)连续正整数的和?

解　当且仅当这个正整数不是2的非负整数次幂(包括$2^0=1$)时,它可以写成若干连续正整数的和.

一方面,设$n=2^s\cdot m$,其中m是大于1的奇数$2k+1$,s是非零整数,则

$$n=(2^s-k)+(2^s-k+1)+\cdots+(2^s-1)$$
$$+2^s+(2^s+1)+\cdots+(2^s+k-1)+(2^s+k). \tag{1}$$

若(1)各项均非零,则n是连续正整数的和.若$2^s-k<0$,则

$$n=(2^s-k)+\cdots+(-2)+(-1)+0+1+2+\cdots+(k-2^s)+\cdots+(2^s+k)$$
$$=(k+1-2^s)+\cdots+(2^s+k-1)+(2^s+k)$$

是2^{s+1}个连续正整数的和.

另一方面,设n为若干连续正整数的和.在项数为奇数$2k+1(k\geqslant1)$时,$n=(2k+1)\times m$(m为第$k+1$项)有大于1的奇因数$2k+1$,不是2的整数幂.在项数为偶数$2k$时,设第k项为m,则

$$n=k\times(m+m+1)=k\times(2m+1),$$

也不是2的整数幂.

7. 数列$\{a_n\}$具有性质:$a_1=1$,并且对所有n,

$$a_{n+1}-a_n=0\text{或}1. \tag{1}$$

已知对某个正整数k,有$a_k=\frac{k}{1000}$.证明:存在某个正整数h,使$a_h=\frac{h}{500}$.

证明　由于$a_1=1$及(1),所以a_n都是整数,并且递增($a_{n+1}\geqslant a_n$).因此,满足$a_k=\frac{k}{1000}$的k一定是1000的倍数,即$k=1000s$,s为正整数,$a_{1000s}=s$.

如果有正整数t,使得$a_{500t}=t$,那么$h=500t$.

设对一切正整数t,$a_{500t}\neq t$.

因为$a_{500}\geqslant a_1=1$,并且$a_{500\times1}\neq1$,所以正整数$a_{500}\geqslant2$.

因为$a_{500\times2}\geqslant a_{500}\geqslant2$,并且$a_{500\times2}\neq2$,所以正整数$a_{500\times2}\geqslant3$.

同理可得

$$a_{500\times3}\geqslant4,\quad\cdots,\quad a_{500\times(2s-1)}\geqslant2s,\quad a_{500\times2s}\geqslant2s+1.$$

但这将导致$s\geqslant2s+1$,矛盾.

因此必有正整数t,使得$a_{500t}=t$,即$h=500t$.

8. 一个袋中有球,3个是绿的,4个是黄的,还有5个是红的.袋外这三种颜色的球均有很多.每次随机从袋中取2个不同颜色的球,换成2个第3种颜色的球.这样进行下

去. 如果在某个时刻,袋中绿球 5 个,黄球不少于红球. 问这时袋中黄球、红球各几个?

解　设袋中绿球 g 个,黄球 y 个,红球 r 个. 由于每次取出 2 个球,又放进 2 个球,所以袋中球数不变,即

$$g+y+r=3+4+5. \tag{1}$$

如果取出一黄一红,那么 $r-y$ 不变.

如果取出一黄一绿,那么放进 2 个红球,$r-y$ 增加 3.

如果取出一红一绿,那么放进 2 个黄球,$r-y$ 减少 3.

于是 $r-y \pmod 3$ 保持不变,从而

$$r-y\equiv 5-4=1 \pmod 3. \tag{2}$$

在袋中有 5 个绿球时,由(1)得

$$y+r=7. \tag{3}$$

由(2)、(3)得

$$r\equiv 4\equiv 1 \pmod 3,\quad y\equiv 3 \pmod 3.$$

因为这时黄球不少于红球,所以 $y=6$, $r=1$. 故黄球 6 个,红球 1 个.

9. 一堆石子共 25 颗,将它分为两堆. 再将其中一堆分为两堆. 这样继续下去,每次将一堆石子分为两堆,直到分成 25 堆(每堆 1 颗石子).

在每次分堆时,在黑板上记下所分成的两堆石子个数的乘积,最后求出这些乘积的和. 证明:不论如何分堆,最后的和总是同一个数. 这个数是多少?

解　从 25 颗石子中任意选出 2 颗组成一对(不计顺序),有

$$\frac{25\times 24}{2}=300$$

种选法.

另一方面,任意两块石头 A, B 总会在某一次分堆时被分开,如果这时分成两堆的石子数是 a 与 b,那么 ab 就表示 ab 对石头,其中 A, B 这一对在其中恰被记录 1 次. 而且,按上述记录法,A, B 也仅在这次被分开时被记录了 1 次. 因此,所有积的和就是石子对的个数 300.

10. 一个自然数的数集 S 具有如下性质:

(ⅰ) 这个数集中的每个数,除了 1 以外,都可被 2,3 或 5 中的至少一个数整除.

(ⅱ) 对于任意整数 n,如果数集 S 中含有 $2n$, $3n$ 或 $5n$ 中的一个,那么数集 S 中必同时含有 n, $2n$, $3n$ 与 $5n$.

如果数集 S 中数的个数在 300 和 400 之间,那么数集 S 中有多少个数?

解　设 $a=2^{\alpha}\cdot 3^{\beta}\cdot 5^{\gamma}\cdot b$ 是集 S 中的数,b 不被 2,3,5 中任一个整除,α, β, γ 都是

非负整数.

由(ⅱ)知 $2^{\alpha-1}3^{\beta}5^{\gamma}b, 2^{\alpha-2}3^{\beta}5^{\gamma}b, \cdots, 2\cdot 3^{\beta}5^{\gamma}b, 3^{\beta}5^{\gamma}b, 3^{\beta-1}5^{\gamma}b, \cdots, 5^{\gamma}b, 5^{\gamma-1}b, \cdots, b$ 都在集 S 中.

由(ⅰ)得 $b=1$.

因此,集中的数都是 $2^{\alpha}3^{\beta}5^{\gamma}$ 的形式.

设 $\alpha+\beta+\gamma$ 的最大值为 M.

由(ⅱ),在 $\alpha\geqslant 1$ 时,我们可使 α 减少 1,而 β 或 γ 增加 1 或者不变,所得的数仍在数集 S 中;对 β,γ 也是如此.因此,数集 S 由一切形如

$$2^{\alpha}3^{\beta}5^{\gamma} \quad (\alpha,\beta,\gamma \text{ 为非负整数,并且 } \alpha+\beta+\gamma\leqslant M)$$

的数组成.

计算这种数的个数有多种方法.设 $l=\alpha+\beta$,则 (α,β) 有 $l+1$ 种.记 $l+\gamma=m$,则 (α,β,γ) 有 $\sum_{l=0}^{m}(l+1)=\sum_{l=1}^{m+1}l=\frac{(m+1)(m+2)}{2}$ 种.最后 $\alpha+\beta+\gamma\leqslant M$ 的 (α,β,γ) 的个数是

$$\begin{aligned}\sum_{m=0}^{M}\frac{(m+1)(m+2)}{2}&=\frac{1}{6}\sum_{m=0}^{M}[(m+1)(m+2)(m+3)-m(m+1)(m+2)]\\&=\frac{(M+3)(M+2)(M+1)}{3\times 2\times 1}.\end{aligned}$$

由已知,这个数应当在 300 与 400 之间.所以 $(M+3)(M+2)(M+1)$ 在 1800 与 2400 之间.因为

$$11\times 12\times 13<1800<12\times 13\times 14<2400<13\times 14\times 15,$$

所以数集中有

$$\frac{12\times 13\times 14}{3\times 2}=13\times 28=364$$

个数.

11. 两个自然数 m,n 的全部约数分别为 $a_1,a_2,\cdots,a_p$ 及 $b_1,b_2,\cdots,b_q$,并且

$$a_1+a_2+\cdots+a_p=b_1+b_2+\cdots+b_q,$$

$$\frac{1}{a_1}+\frac{1}{a_2}+\cdots+\frac{1}{a_p}=\frac{1}{b_1}+\frac{1}{b_2}+\cdots+\frac{1}{b_q}.$$

求证:$m=n$.

证明 因为 $\frac{m}{a_1},\frac{m}{a_2},\cdots,\frac{m}{a_p}$ 也是 m 的全部约数,所以

$$\frac{m}{a_1}+\frac{m}{a_2}+\cdots+\frac{m}{a_p}=a_1+a_2+\cdots+a_p=b_1+b_2+\cdots+b_q=\frac{n}{b_1}+\frac{n}{b_2}+\cdots+\frac{n}{b_q},$$

约去$\frac{1}{a_1}+\frac{1}{a_2}+\cdots+\frac{1}{a_p}\left(即\frac{1}{b_1}+\frac{1}{b_2}+\cdots+\frac{1}{b_q}\right)$,得 $m=n$.

12. 求最小的 n,使得可选出 n 个不同的大于1的奇数 $a_1,a_2,\cdots,a_n$,满足

$$\frac{1}{a_1}+\frac{1}{a_2}+\cdots+\frac{1}{a_n}=1. \tag{1}$$

解　本题应当使用计算器.不妨设 $a_1<a_2<\cdots<a_n$.因为

$$\frac{1}{3}+\frac{1}{5}+\frac{1}{7}+\frac{1}{9}+\frac{1}{11}+\frac{1}{13}=0.955\cdots<1,$$

所以必有 $n\geqslant 7$.

考虑 $n=7$ 的情况.因为

$$\frac{1}{3}+\frac{1}{5}+\frac{1}{7}+\frac{1}{9}+\frac{1}{11}+\frac{1}{15}+\frac{1}{17}>1,$$

$$\frac{1}{3}+\frac{1}{5}+\frac{1}{7}+\frac{1}{9}+\frac{1}{11}+\frac{1}{15}+\frac{1}{19}<1,$$

所以如果(1)成立,那么 $a_6=13$.但

$$\frac{1}{3}+\frac{1}{5}+\frac{1}{7}+\frac{1}{9}+\frac{1}{11}+\frac{1}{13}+\frac{1}{21}=1.0027\cdots>1,$$

$$\frac{1}{3}+\frac{1}{5}+\frac{1}{7}+\frac{1}{9}+\frac{1}{11}+\frac{1}{13}+\frac{1}{23}=0.9986\cdots<1,$$

所以 $n>7$.

8个分母为不同奇数的单位分数相加时,公分母为奇数,而分子是8个奇数的和,因而分子为偶数,不等于分母,和不等于1,所以 $n\geqslant 9$.又

$$\frac{1}{3}+\frac{1}{5}+\frac{1}{7}+\frac{1}{9}+\frac{1}{11}+\frac{1}{15}+\frac{1}{35}+\frac{1}{45}+\frac{1}{231}=1,$$

所以 $n=9$.

13. 证明:对任何大于1的自然数 n,$1+\frac{1}{2}+\frac{1}{3}+\cdots+\frac{1}{n}$不是整数.

解　设 $M=1+\frac{1}{2}+\cdots+\frac{1}{n}$为整数.考虑 $2,3,\cdots,n$ 的质因数分解式中2的指数,设其中最大的为 α,即有

$$k=2^{\alpha}\cdot j,\quad 2\leqslant k\leqslant n,$$

其中 j 为奇数,$\alpha\geqslant 1$.

j 必须为1,否则 $2^{\alpha+1}<2^{\alpha}\cdot j$,而 $2^{\alpha+1}$的指数 $\alpha+1$ 大于 α.所以2的指数为 α 的只有k.

设 $2,3,\cdots,n$ 的最小公倍数为m,则 m 的分解式中2的指数为 α,mM 是偶数.但

$m+\frac{m}{2}+\cdots+\frac{m}{k}+\cdots+\frac{m}{n}$中$\frac{m}{k}$是奇数，其余各项均为偶数（分母中 2 的次数低于 α），从而 $m\left(1+\frac{1}{2}+\cdots+\frac{1}{n}\right)$是奇数. 矛盾表明 $1+\frac{1}{2}+\cdots+\frac{1}{n}$不是整数.

14. 设 A 为正有理数. 证明：当且仅当 A 是一个边长都是有理数的直角三角形的面积时，有 3 个正有理数 x,y,z 满足

$$x^2-y^2=y^2-z^2=A. \tag{1}$$

证明 先设(1)成立，则

$$2A=(x^2-y^2)+(y^2-z^2)=x^2-z^2=(x+z)(x-z). \tag{2}$$

因为 A 为正有理数，所以 $x>z$. 令

$$a=x+z,\quad b=x-z, \tag{3}$$

则

$$a^2+b^2=(x+z)^2+(x-z)^2=2(x^2+z^2)=4y^2.$$

令 $c=2y$，则 a,b,c 都是正有理数，而且组成直角三角形（c 为斜边），面积为 A.

反之，设 A 为一个直角三角形的面积，直角三角形的边长 a,b,c 均为有理数，c 为斜边，并且 $a\geqslant b$.

因为 $a=b$ 时，$c=\sqrt{a^2+b^2}=\sqrt{2}a$ 不是有理数，所以 $a>b$.

令 $x=\frac{a+b}{2}$，$z=\frac{a-b}{2}$，$y=\frac{c}{2}$，则 x,y,z 都是正有理数，并且

$$x^2-y^2=\left(\frac{a+b}{2}\right)^2-\left(\frac{c}{2}\right)^2=\frac{1}{4}(a^2+b^2+2ab-c^2)=\frac{1}{2}ab=A,$$

$$y^2-z^2=\left(\frac{c}{2}\right)^2-\left(\frac{a-b}{2}\right)^2=\frac{1}{4}(c^2-a^2-b^2+2ab)=\frac{1}{2}ab=A.$$

注 前一半的关键是利用分解，由(2)得出 a,b. 后一半的 x,y,z 实际上是由前一半的(3)及 $c=2y$ 解出的.

15. n 是 3 的幂. 证明：$n\mid(2^n+1)$.

证明 设 $n=3^k$，则

$$2^n+1=2^{3^k}+1=(2+1)(2^2-2+1)(2^{2\times 3}-2^3+1)\cdots(2^{2\times 3^{k-1}}-2^{3^{k-1}}+1),$$

每个因子都是 3 的倍数. 因此 $3n\mid(2^n+1)$.

16. 求所有的整数 n，使得对任意不同的整数 a,b，均有 $(a-b)\mid(a^2+b^2-nab)$.

解 $a^2+b^2-nab=(a-b)^2+(2-n)ab$，因此对所有不同的整数 a,b，均有

$$(a-b)\mid(2-n)ab.$$

取 $b=1$，则 $(a-1)\mid(2-n)a$.

因为$(a-1,a)=1$，所以$(a-1)\mid(2-n)$.

因为$a-1$有无穷多个值(仅需$a-1\neq0$)，所以$n=2$.

反之，$n=2$时，

$$a^2+b^2-nab=(a-b)^2$$

被$a-b$整除.

17.(ⅰ)证明：对任意自然数n，存在不同的自然数x,y，对于每个$j\in\{1,2,\cdots,n\}$，$x+j$被$y+j$整除.

(ⅱ)设x,y为自然数，并且对每个自然数j，$x+j$被$y+j$整除.证明：$x=y$.

证明　(ⅰ)$(x+j)-(y+j)=x-y$.

取$x=y+k(y+1)(y+2)\cdots(y+n)(k\in\mathbb{N})$，则$x+j$被$y+j$整除($j\in\{1,2,\cdots,n\}$).

(ⅱ)$x-y$是$y+j$的倍数，因为j有无穷多个值，所以$x-y=0$，$x=y$.

18.设n,k为自然数，k是奇数.证明：

$$(1+2+\cdots+n)\mid(1^k+2^k+\cdots+n^k).$$

证明　因为$1+2+\cdots+n=\dfrac{n(n+1)}{2}$，而$(n,n+1)=1$，所以只需证明

$$n\mid 2(1^k+2^k+\cdots+n^k)$$

与

$$(n+1)\mid 2(1^k+2^k+\cdots+n^k).$$

因为k为奇数，所以

$$\begin{aligned}&2(1^k+2^k+\cdots+n^k)\\&\quad=(1^k+(n-1)^k)+(2^k+(n-2)^k)+\cdots+((n-1)^k+1^k)+2n^k\end{aligned}$$

被n整除，

$$\begin{aligned}&2(1^k+2^k+\cdots+n^k)\\&\quad=(1^k+n^k)+(2^k+(n-1)^k)+\cdots+(n^k+1^k)\end{aligned}$$

被$n+1$整除.

所以结论成立.

19.设正整数$a_1<a_2<\cdots<a_n$，且两两互素.证明：存在无穷多个正整数b，使得$a_1+b,a_2+b,\cdots,a_n+b$也两两互素.

证明　令$P=\prod\limits_{1\leqslant i<j\leqslant n}(a_j-a_i)$，则对任意自然数$k$，$a_1+kP,a_2+kP,\cdots,a_n+kP$两两互素.事实上，设

$$d=(a_i+kP,a_j+kP),$$

则 $d\mid(a_j-a_i)$，从而 $d\mid P, d\mid a_i, d\mid a_j$. 而 $(a_i,a_j)=1$，所以 $d=1$.

20. 设 k,n 为自然数. 证明：

$$(n!)^k \mid (kn)!.$$

证明 因为 $\dfrac{(kn)!}{((k-1)n)!\,n!}=C_{kn}^n$ 为整数，所以 $(kn)!$ 被 $n!((k-1)n)!$ 整除.

同理，$((k-1)n)!$ 被 $n!((k-2)n)!$ 整除.

……

所以 $(kn)!$ 被 $(n!)^{k-2}(2n)!$ 整除，被 $(n!)^{k-2}n!\,n!=(n!)^k$ 整除.

21. 已知 C_n^3 是三个质数之积，这三个质数均在一个公差为 336 的等差数列中（不一定是连续三项）. 求 n 的最小值.

解 设三个质数为 p,q,r，因为每两个之差为 336 的倍数，所以每两个质数之差是偶数，三个质数都是奇质数，$pqr=C_n^3=\dfrac{1}{6}n(n-1)(n-2)$ 是奇数.

因此 $n,n-2$ 不是偶数$\left(\text{否则}\dfrac{1}{6}n(n-1)(n-2)\text{是偶数}\right)$，从而 $n-1$ 是偶数. 令 $n=2m+1$，则

$$\frac{1}{6}n(n-1)(n-2)=\frac{1}{3}(2m+1)m(2m-1).$$

$2m+1,m,2m-1$ 两两互质，其中恰有一个是 3 的倍数，将它除以 3，得到三个数 x,y,z，$xyz=pqr$.

质数 $p\mid xyz$，从而 p 必整除 x,y,z 中的一个. q,r 也是如此.

若 $p\mid x, q\mid x$，则 $yz\mid r$ 与 r 为质数矛盾. 由此可知 p,q,r 各整除 x,y,z 中的某一个，从而可设 $p=x,q=y,r=z$.

若 $\left\{2m+1,\dfrac{m}{3},2m-1\right\}=\{p,q,r\}$，则 $(2m+1)-(2m-1)=2$ 不是 336 的倍数. 所以只有两种可能：

（ⅰ）$\left\{2m+1,m,\dfrac{2m-1}{3}\right\}=\{p,q,r\}$.

这时 $m-\dfrac{2m-1}{3}=\dfrac{m+1}{3}\geqslant 336$，从而 $m\geqslant 3\times 336+1=1009$，$n\geqslant 2019$.

（ⅱ）$\left\{\dfrac{2m+1}{3},m,2m-1\right\}=\{p,q,r\}$.

这时同样有 $\dfrac{2m+1}{3}-m=\dfrac{m+1}{3}\geqslant 336$，$n\geqslant 2019$.

另一方面，$n=2019$ 时，$m=1009$，

$$C_n^6 = \frac{1}{3}(2m+1)m(2m-1) = 673 \times 1009 \times 2017$$

是3个质数的积.

所以 n 的最小值为2019.

22. 满足 $n!+1$ 整除 $(2022n)!$ 的 n 构成的集合是有限集还是无限集?

解 2022可记为更一般的 k.

令 $a_n = \frac{(kn)!}{(n!)^k(n!+1)}$,则

$$\begin{aligned}\frac{a_{n+1}}{a_n} &= \frac{(kn+1)(kn+2)\cdots(kn+k)(n!+1)}{(n+1)^k((n+1)!+1)} \\ &< \frac{k^k(n+1)^k}{(n+1)^k}\frac{n!+1}{(n+1)!+1} < \frac{k^k}{n}.\end{aligned}$$

所以在 $n > k^k$ 时, a_n 严格递减.

若 $(n!+1) \mid (kn)!$,则因为 $n!+1$ 与 $n!$ 互质,并且由第20题得 $(n!)^k \mid (kn)!$,所以

$$(n!+1)(n!)^k \mid (kn)!,$$

即 a_n 为整数.

在 $n > k^k$ 时,值为整数的那些 a_n 组成一个严格递减的自然数数列,因而只有有限多个.

23. 设 m,n 是大于1的整数, $m \mid (n^3-1)$, $n \mid (m-1)$. 证明: $m = n^{3/2}+1$ 或 $m = n^2+n+1$.

证明 设 $m-1 = nq$, q 为正整数,则

$$(nq+1) \mid (n^3-1).$$

而

$$(n^3-1)q = n^2 \cdot nq - q = n^2(nq+1) - (n^2+q),$$

所以 $(nq+1) \mid (n^2+q)$. 特别地, $nq+1 \leqslant n^2+q$,即 $q(n-1) \leqslant n^2-1$,因此

$$q \leqslant n+1. \tag{1}$$

又

$$(n^3-1)q^2 = n^2q^2 \cdot n - q^2 = n(n^2q^2-1) + n - q^2,$$

所以 $(nq+1) \mid (n-q^2)$.

若 $n = q^2$,则 $m = nq+1 = n^{3/2}+1$.

若 $n > q^2$,则 $nq+1 \leqslant n-q^2 < n$,矛盾.

若 $n < q^2$,则 $nq+1 \leqslant q^2-n$, $n(q+1) \leqslant q^2-1$, $n \leqslant q-1$. 结合(1)得 $n = q-1$,

从而

$$m = nq + 1 = n(n+1) + 1 = n^2 + n + 1.$$

24. 设 a,b,c 为整数，a 为偶数，b 为奇数.证明：对任意正整数 n，存在 x，满足 $2^n \mid (ax^2+bx+c)$.

证明 令 $x=0,1,2,\cdots,2^n-1$，考虑 $ax^2+bx+c \bmod 2^n$.若它们互不同余，则其中必有一个$\equiv 0 \pmod{2^n}$，即相应的 ax^2+bx+c 被 2^n 整除.

若有

$$ai^2 + bi + c \equiv aj^2 + bj + c \pmod{2^n} \quad (0 \leqslant i < j < 2^n),$$

则

$$a(j^2 - i^2) + b(j - i) \equiv 0 \pmod{2^n},$$

即

$$(j - i)(a(j + i) + b) \equiv 0 \pmod{2^n}.$$

因为 a 为偶数，b 为奇数，所以 $a(j+i)+b$ 为奇数.由上式得 $2^n \mid (j-i)$，但 $0 < j-i < 2^n$，矛盾.所以结论成立.

25. 设 a,b,m,n 为正整数，$a > b$ 且 a,b 互质.证明：

$$(a^m - b^m, a^n - b^n) = a^{(m,n)} - b^{(m,n)}.$$

证明 $a^m - b^m = (a^{(m,n)})^{\frac{m}{(m,n)}} - (b^{(m,n)})^{\frac{m}{(m,n)}}$被 $a^{(m,n)} - b^{(m,n)}$整除.

同理，$a^n - b^n$ 被$a^{(m,n)} - b^{(m,n)}$整除.

因此$(a^{(m,n)} - b^{(m,n)}) \mid (a^m - b^m, a^n - b^n)$.

另一方面，记$(a^m - b^m, a^n - b^n)$为d，则

$$a^m \equiv b^m, \quad a^n \equiv b^n \pmod d.$$

因为$(a, a^m - b^m) = (a, b^m) = (a, b) = 1$，所以$(a,d)=1$.

由裴蜀定理知存在自然数 k,h，满足

$$hm = kn + (m,n).$$

而

$$a^{hm} \equiv b^{hm}, \quad a^{kn} \equiv b^{kn} \pmod d,$$

所以

$$a^{kn+(m,n)} \equiv a^{hm} \equiv b^{hm} \equiv b^{kn+(m,n)} \equiv b^{(m,n)} a^{kn} \pmod d.$$

约去 a^{kn}，得

$$a^{(m,n)} \equiv b^{(m,n)} \pmod d,$$

即 $d \mid (a^{(m,n)} - b^{(m,n)})$.

综合以上两方面，得 $d = a^{(m,n)} - b^{(m,n)}$.

26. 设 a,b,m,n 为正整数,$a>b$ 且 a,b 互质.证明:当且仅当 $m\mid n$ 时,

$$(a^m - b^m) \mid (a^n - b^n).$$

证明　当且仅当 $m\mid n$ 时,$(m,n)=m$.

由上题立得.

27. 设整数 $n>1$.求所有正整数 m,使得

$$(2^n - 1)^2 \mid (2^m - 1).$$

解　若 $(2^n-1)^2\mid(2^m-1)$,则 $(2^n-1)\mid(2^m-1)$,$n\mid m$.

设 $m=kn$,k 为正整数,则

$$2^{kn} - 1 = (2^n - 1)(1 + 2^n + 2^{2n} + \cdots + 2^{n(k-1)}).$$

所以 $(2^n-1)^2\mid(2^{kn}-1)$ 即

$$1 + 2^n + 2^{2n} + \cdots + 2^{n(k-1)} \equiv 0 (\bmod 2^n - 1).$$

这同余式即

$$k = 1 + 1 + \cdots + 1 \equiv 0 (\bmod 2^n - 1),$$

因此 $n(2^n-1)\mid m$ 为 m 的充分必要条件.

28. 设 a,b,c 为正整数,且满足 $ab\mid c(c^2-c+1)$,$(c^2+1)\mid ab$.证明:

$$\{a,b\} = \{c, c^2 - c + 1\}.$$

证明　不妨设 $a\geqslant b$.有正整数 m,n,使得

$$mab = c(c^2 - c + 1), \tag{1}$$

$$a + b = n(c^2 + 1). \tag{2}$$

所以

$$mab < c(c^2 + 1) = \frac{c(a + b)}{n} \leqslant \frac{2ac}{n},$$

$$mnb < 2c.$$

又(1)、(2) mod (c^2+1) 得

$$a \equiv - b (\bmod c^2 + 1),$$

$$mab \equiv - c^2 \equiv 1 (\bmod c^2 + 1),$$

所以

$$mb^2 \equiv - 1 (\bmod c^2 + 1),$$

即

$$mb^2 + 1 = r(c^2 + 1) \quad (r \text{ 为正整数}),$$

$$4c^2 > m^2 n^2 b \geqslant mn^2 rc^2,$$

从而 $n=1$.

若 $m=2$ 或 3，则 $r=1, mb^2=c^2$. 但 2，3 均非平方数，所以只能 $m=1$. 这时 a, b 是方程 $x^2-(a+b)x+ab=0$ 的两个根. c 与 c^2-c+1 也是.

因此 $\{a, b\}=\{c, c^2-c+1\}$.

29. 设 $a_1, a_2, \cdots, a_n$ 是自然数，$a>1$，且是 $a_1a_2\cdots a_n$ 的倍数. 证明：$a^{n+1}+a-1$ 不被 $(a+a_1-1)(a+a_2-1)\cdots(a+a_n-1)$ 整除.

证明 设

$$a = ma_1a_2\cdots a_n \quad (m \in \mathbb{N}), \tag{1}$$

$$a^{n+1}+a-1 = k(a+a_1-1)(a+a_2-1)\cdots(a+a_n-1) \quad (k \in \mathbb{N}). \tag{2}$$

显然由(2)得 $a_i>1(1\leqslant i\leqslant n)$，否则 $a\mid 1$，与 $a>1$ 矛盾.

由(2)得 $1\equiv ka_1a_2\cdots a_n \pmod{a-1}$，由(1)得 $1\equiv ma_1a_2\cdots a_n \pmod{a-1}$，因此 $m\equiv k \pmod{a-1}$.

由(2)及 $a_i>1\ (1\leqslant i\leqslant n)$ 得

$$a^{n+1}+a-1\geqslant k(a+1)^n,$$

所以 $a>k$.

又由(1)得 $m<a$，所以 $m=k, m\mid(a^{n+1}+a-1)$. 从而 $m\mid 1, m=1$,

$$a^{n+1} < a^{n+1}+a-1 = (a+a_1-1)(a+a_2-1)\cdots(a+a_n-1). \tag{3}$$

但

$$aa_i-(a+a_i-1) = (a-1)(a_i-1) > 0,$$

所以 $aa_i>a+a_i-1(1\leqslant i\leqslant n)$，相乘得

$$a^{n+1} = a^na_1a_2\cdots a_n > (a+a_1-1)(a+a_2-1)\cdots(a+a_n-1),$$

与(3)矛盾.

30. 求正整数 m, n，使得 $\dfrac{m^3+n^3-m^2n^2}{(m+n)^2}$ 为非负整数.

解 若 $m=n$，则

$$\text{原式} = \frac{2m^3-m^4}{4m^2} = \frac{(2-m)m}{4}.$$

从而 $m=n=2$(如只要求原式为整数，则 $m=n$ 为正偶数均是解).

若 $m\neq n$，不妨设 $m>n$.

令 $s=m+n, t=m-n$，则 s, t 皆为正整数，$s>t$，s, t 同奇偶，且

$$m = \frac{1}{2}(s+t), \quad n = \frac{1}{2}(s-t).$$

从而

$$原式 = \frac{4(s^3 + 3st^2) - (s^2 - t^2)^2}{4s^2},$$

$$原式为整数 \Rightarrow s^2 \mid (12st^2 - t^4).$$

设 p 为素数，$v_p(s) = \alpha$，$v_p(t) = \beta$.

若 $\alpha > 2\beta$，则 $v_p(12st^2) \geqslant \alpha + 2\beta > 4\beta = v_p(t^4)$，$v_p(s^2) = 2\alpha > 4\beta$.

若 $\alpha \leqslant 2\beta$，则 $v_p(12st^2 - t^4) \geqslant \alpha + 2\beta \geqslant v_p(s^2)$. 所以必有 $\alpha \leqslant 2\beta$，即 $s \mid t^2$，$(m+n) \mid (m-n)^2$.

设 $(m,n) = d$，$m = m_1 d$，$n = n_1 d$，$(m_1, n_1) = 1$，则 $(m_1 + n_1) \mid (m_1 - n_1)^2 d$. 而 $(m_1 + n_1, m_1 - n_1) = (m_1 + n_1, 2n_1) = (m_1 + n_1, n_1) = (m_1, n_1) = 1$，所以 $(m_1 + n_1) \mid d$，$m_1 + n_1 \leqslant d$. 从而

$$\begin{aligned} 0 &\leqslant m^3 + n^3 - m^2 n^2 = (m_1^3 + n_1^3) d^3 - m_1^2 n_1^2 d^4 \\ &\leqslant d^3 (m_1^3 + n_1^3 - m_1^2 n_1^2 (m_1 + n_1)) \leqslant 0, \end{aligned}$$

等号仅在 $m_1 = n_1 = 1$ 时成立，即 $m = n = d$.

所以只有开始所说的 $m = n = 2$.

注　如果只要求原式为整数，那么上面已得出解为 $m = m_1 d$，$n = n_1 d$，$(m_1, n_1) = 1$ 并且 $m_1 + n_1 = d$ 的一个大于1的约数 δ.

31. 求所有的正整数 a, b, c，使得 $\frac{a}{b} + \frac{b}{c} + \frac{c}{a}$ 与 $\frac{b}{a} + \frac{c}{b} + \frac{a}{c}$ 都是整数.

解　考虑以 $\frac{a}{b}, \frac{b}{c}, \frac{c}{a}$ 为根的三次多项式

$$\begin{aligned} &\left(x - \frac{a}{b}\right)\left(x - \frac{b}{c}\right)\left(x - \frac{c}{a}\right) \\ &\quad = x^3 - \left(\frac{a}{b} + \frac{b}{c} + \frac{c}{a}\right)x^2 + \left(\frac{b}{a} + \frac{c}{b} + \frac{a}{c}\right)x - 1. \end{aligned}$$

这个多项式有3个有理数根. 因为首项系数为1，所以三个根 $\frac{a}{b}, \frac{b}{c}, \frac{c}{a}$ 均为整数根，且均为正整数根.

因为三根之积为1，所以

$$\frac{a}{b} = \frac{b}{c} = \frac{c}{a} = 1,$$

从而 $a = b = c$.

反之，$a = b = c$ 显然可使 $\frac{a}{b} + \frac{b}{c} + \frac{c}{a} = \frac{b}{a} + \frac{c}{b} + \frac{a}{c} = 3$.

因此 $a = b = c$ 即为所求.

32. 将 $989\times1001\times1007+320$ 分解为质因数连乘积.

解 注意到

$$320=2\times10\times16,$$
$$989+2=991=1001-10=1007-16.$$

记 $x=991$,则

$$\begin{aligned}989\times1001\times1007+320&=(x-2)(x+10)(x+16)+320\\&=x(x^2+24x+108)\\&=x(x+6)(x+18)\\&=991\times997\times1009.\end{aligned}$$

991,997,1009 都是质数.

注 $x(x+6)(x+18)$与$(x-2)(x+10)(x+16)$各有 3 个整数根,且差为常数 320. 对自然数 n,是否存在两个多项式,均有 n 个整数根,且差为常数?

已知在 $n=1,2,3,4,5,6$ 时均有满足上述要求的例子.

33. 设 a,b,c 为正整数,且满足

$$a^2+b^2+c^2=(a-b)^2+(b-c)^2+(c-a)^2.$$

证明:$ab,bc,ca,ab+bc+ca$ 都是平方数.

证明 已知条件即

$$4ab=(c-a-b)^2,$$

所以 ab 为平方数.

同理,bc,ca 为平方数.

又由已知得

$$(a+b+c)^2=4(ab+bc+ca),$$

所以 $ab+bc+ca$ 为平方数.

34. 设 a,b,c,d 为自然数,且 $ab=cd$. 证明:对任意自然数 k,$a^k+b^k+c^k+d^k$ 为合数.

证明 由已知得

$$\frac{a}{c}=\frac{d}{b},$$

经约分,化为既约分数$\dfrac{p}{q}$,则

$$a=mp,\quad c=mq,$$
$$d=np,\quad b=nq.$$

从而

$$a + b + c + d = mp + mq + np + nq = (m + n)(p + q)$$

为合数.

因为 $a^k b^k = c^k d^k$,所以由上面的证明同理可得(将 a,b,c,d 换为a^k,b^k,c^k,d^k) $a^k + b^k + c^k + d^k$ 为合数.

35. 设 n 为自然数.证明:最小公倍数

$$[1,2,\cdots,2n] = [n+1,n+2,\cdots,2n].$$

证明 设 $A=[1,2,\cdots,2n]$,$B=[n+1,n+2,\cdots,2n]$.显然 $B|A$.

另一方面,设 $1\leqslant k\leqslant n$,则存在自然数 b,满足

$$bk \leqslant n.$$

而

$$n < (b+1)k$$

$\left(事实上\ b=\left[\frac{n}{k}\right]\right)$,这时

$$(b+1)k = bk + k \leqslant n + n = 2n.$$

因此 $A|B$.

从而 $A=B$.

36. 设 n 为自然数.求最大的自然数 k,满足

$$2^k \mid (n+1)(n+2)\cdots(n+n).$$

解

$$(n+1)(n+2)\cdots(n+n) = \frac{(2n)!}{n!},$$

其中质因数2的次数$=(2n-S(2n))-(n-S(n))$($S(n)$为 n 在二进制中的数字和) $=n$(在二进制中,$2n$ 比 n 多一个0,因此 $S(2n)=S(n)$),所以 $k=n$.

37. 一堆卡片,每张卡片上写一个数$\in\{1,2,\cdots,n\}$(可以相同),这些数的总和为$2\times n!$.证明:可从中选一些卡片,上面的数的和为 $n!$.

证明 对 n 归纳.$n=1$ 时,显然成立.

假设命题对 $n-1$ 成立.考虑 n 的情况.

首先,将卡片上写有 n 的一律改为1,放在一旁.

若其余卡片的张数大于或等于 n,则熟知必有若干张,上面的和为 n 的倍数,且张数不大于 n.设这个倍数为 rn,则 $r\leqslant n-1$.将这些卡片作为一张,并改记为 r,放在一旁.

如此继续下去,直到张数小于 n.因为所有数的总和为$2\times n!$,所以这些张(张数小

于 n)的和仍被 n 整除，设为 tn，照上面处理，将它们并为一张，并改记为 t.

这些处理过的卡片和为 $2\times n!\div n=2\times(n-1)!$.

因此由归纳假设，可以选出一些卡片，和为 $(n-1)!$. 而恢复原来面貌后，和为 $n!$.

38. 求最大的正整数 n，使得 $n!$ 能够表示成 $n-3$ 个连续正整数的乘积.

解 因为 $24=1\times2\times3\times4$，所以

$$23!=5\times6\times\cdots\times23\times24.$$

在 $n\geqslant24$ 时，若 $n!$ 能够表示成 $n-3$ 个连续正整数的乘积，则最大的一个数 $m\geqslant n+1>24$. 而 $m-1\geqslant n$，$m-2\geqslant n-1$，…，$m-(n-3)+1=m-n+4\geqslant5$，所以

$$(m-(n-3)+1)\cdots(m-2)(m-1)m>5\times6\times\cdots\times n\times24=n!,$$

矛盾.

因此所求的最大的正整数 $n=23$.

又解 若 $n!=n\times(n-1)\times\cdots\times2$ 这 $n-1$ 个连续正整数的积要变成 $n-3$ 个，则需将最后 3 个变成 1 个，并作为 $n+1$，即 $2\times3\times4=24=n+1$，$n=23$.

39. 若每个 $\leqslant n$ 的自然数都可表示为 n 的一些不同的因数之和，则称 n 为菩萨数. 证明：$n>1$ 时，$2^{n-1}(2^n-1)$ 是菩萨数.

证明 若 $k\leqslant2^n-1$，则 k 为 $1,2,\cdots,2^{n-1}$ 中若干数的和.

若 $2^n-1<k\leqslant(2^n-1)2^{n-1}$，则

$$k=(2^n-1)q+r,\quad q\leqslant2^{n-1},\quad 0\leqslant r<2^n-1.$$

$q=2^{n-1}$ 时，$r=0$，$k=(2^n-1)2^{n-1}$.

$q<2^{n-1}$ 时，q 可表示为 2^{n-1} 的若干不同因数之和，即 $(2^n-1)q$ 可表示为 $(2^n-1)2^{n-1}$ 的若干不同因数(每个均是 2^n-1 的倍数)之和. 而 r 可表示为 2^{n-1} 的若干不同因数之和.

注 10 不是菩萨数，因为 $10=2\times5=1\times10$，而 4，9 都不能表示成 10 的不同因数之和.

不难验证，100 与 1000 都是菩萨数.

40. 设整数 $n>1$ 的全部因数满足 $d_1<d_2<\cdots<d_k$. 记 $D=d_1d_2+d_2d_3+\cdots+d_{k-1}d_k$.

(ⅰ) 证明：$D<n^2$.

(ⅱ) 确定所有满足 $D\mid n^2$ 的 n.

解 (ⅰ) $d_1=1$，$d_k=n$. 在 $d\mid n$ 时，$\frac{n}{d}$ 也是 n 的因数，所以 $\frac{n}{d_1}>\frac{n}{d_2}>\cdots>\frac{n}{d_k}$ 也是 n 的全部因数. 从而

$$D=\sum\left(\frac{n}{d_i}\cdot\frac{n}{d_{i+1}}\right)=n^2\sum\frac{1}{d_id_{i+1}}<n^2\sum\left(\frac{1}{d_i}-\frac{1}{d_{i+1}}\right)$$

$$=n^2\left(1-\frac{1}{d_k}\right)=n^2-n<n^2.$$

（ⅱ）在 n 为质数 p 时，$k=2,D=1\times p\mid n^2$.

在 n 为合数时，设 p 为 n 的最小质因数，则 $d_{k-1}=\frac{n}{p}>1,k>2,D>d_{k-1}d_k=\frac{n^2}{p}$.

从而 $p>\frac{n^2}{D}>1$. 所以$\frac{n^2}{D}$不是整数$\left(\text{否则}\frac{n^2}{D}\text{是}n^2\text{的因数，但}\frac{n^2}{D}\text{的质因数最小为}p\right)$.

41. 一个递增的等差数列由 100 个正整数组成，有无可能其中任两个都是互质的？

解 有可能. 例如 $1+i\times 99!\ (i=1,2,\cdots,100)$.

设

$$d=(1+i\times 99!,\ 1+j\times 99!),\quad 1\leqslant i<j\leqslant 100.$$

因为$(99!,1+i\times 99!)=1,(j-i,1+i\times 99!)=(j-i,1)=1$，所以

$$d=(1+i\times 99!,\ (j-i)\times 99!)=1,$$

即 $1+i\times 99!\ (1\leqslant i\leqslant 100)$中每两项互质.

注 显然 100 可改为任一大于 2 的整数 n. 但任一无限长的正整数组成的等差数列，不可能每两项都互质.

第 7 章第 14 节中的 Green-Tao 定理已指出：存在任意长的等差数列，各项均为不同的质数.

42. 证明：对自然数 $a_0<a_1<\cdots<a_n$，有

$$\sum_{k=0}^{n-1}\frac{1}{[a_k,a_{k+1}]}\leqslant 1-\frac{1}{2^n}.$$

证明 $n=1$ 时，显然有 $a_1\geqslant 2,\frac{1}{[a_0,a_1]}\leqslant\frac{1}{2}=1-\frac{1}{2}$.

假设命题对 $n-1(n\geqslant 2)$成立. 下面考虑 n 的情况.

因为$[a_k,a_{k+1}]=\frac{a_ka_{k+1}}{(a_k,a_{k+1})}\geqslant\frac{a_ka_{k+1}}{a_{k+1}-a_k}$，所以

$$\frac{1}{[a_k,a_{k+1}]}\leqslant\frac{a_{k+1}-a_k}{a_ka_{k+1}}=\frac{1}{a_k}-\frac{1}{a_{k+1}},$$

$$\sum_{k=0}^{n-1}\frac{1}{[a_k,a_{k+1}]}\leqslant\sum_{k=0}^{n-1}\left(\frac{1}{a_k}-\frac{1}{a_{k+1}}\right)=\frac{1}{a_0}-\frac{1}{a_n}\leqslant 1-\frac{1}{a_n}.$$

如果 $a_n\leqslant 2^n$，结论已经成立.

如果 $a_n>2^n$，则

$$[a_{n-1},a_n]\geqslant a_n>2^n.$$

由归纳假设得

$$\sum_{k=0}^{n-1}\frac{1}{[a_k,a_{k+1}]}<1-\frac{1}{2^{n-1}}+\frac{1}{2^n}=1-\frac{1}{2^n},$$

因此结论成立.

43. n 是大于 1 的自然数. 证明：当且仅当 n 为奇数时，

$$n\mid(1^n+2^n+\cdots+(n-1)^n).$$

证明 若 n 是奇数，则 $k^n+(n-k)^n$ 被 $k+(n-k)=n$ 整除. 从而 $n\mid(1^n+2^n+\cdots+(n-1)^n)$.

若 n 是偶数，记 $n=2^a m$，m 是奇数，$a\geqslant1$.

k 为偶数时，$k^n=k^{2^a m}\equiv0\pmod{2^a}$.

k 为奇数时，$k^n=k^{2^a m}=(k^{\varphi(2^a)})^{2m}\equiv1\pmod{2^a}$.

因为 $1,3,\cdots,n-1$ 的个数为 $\frac{n}{2}=2^{a-1}m$，所以

$$1^n+2^n+\cdots+(n-1)^n\equiv2^{a-1}m\pmod{2^a},$$

即 $2^a\nmid(1^n+2^n+\cdots+(n-1)^n)$，更有 $n\nmid(1^n+2^n+\cdots+(n-1)^n)$.

44. a 为奇数，证明：对所有自然数 n，$2^{n+2}\mid(a^{2^n}-1)$.

证明 $a^{2^n}-1=(a-1)(a+1)(a^2+1)(a^4+1)\cdots(a^{2^{n-1}}+1)$.

因为 a 为奇数，所以 $(a-1)(a+1)=a^2-1\equiv0\pmod 8$. 而 $a^2+1,a^4+1,\cdots,a^{2^{n-1}}+1$均为偶数，所以

$$2^{3+(n-1)}\mid(a^{2^n}-1).$$

45. k,m,n 为正整数，$m\leqslant k<n$. 证明：C_n^k 与 C_n^m 不互质.

证明 因为

$$C_n^kC_k^m=\frac{n!}{k!(n-k)!}\cdot\frac{k!}{m!(k-m)!}$$

$$=\frac{n!}{m!(n-m)!}\cdot\frac{(n-m)!}{(n-k)!(k-m)!}=C_n^mC_{n-m}^{n-k},$$

所以$C_n^m\mid C_n^kC_k^m$.

因为 $k<n$，所以由组合意义立得 $C_k^m<C_n^m$. 从而 C_n^m 不与 C_n^k 互质（否则将导致 $C_n^m\mid C_k^m$，与 $C_k^m<C_n^m$ 矛盾）.

46. 证明：对自然数 a,b，有

$$aC_{a+b}^b\mid[b+1,b+2,\cdots,b+a].$$

证明 由拉格朗日插值多项式（注）得

$$1=\sum_{j=1}^{n}\prod_{\substack{i=1\\i\neq j}}^{n}\frac{x+i}{-j+i},\tag{1}$$

所以

$$\frac{1}{(x+1)(x+2)\cdots(x+n)}=\sum_{j=1}^{n}\frac{1}{(x+j)\prod\limits_{\substack{i=1\\i\neq j}}^{n}(-j+i)}.$$

取 $x=b$，$n=a$，得

$$\begin{aligned}&\frac{1}{(b+1)(b+2)\cdots(b+a)}\\&\quad=\sum_{j=1}^{a}\frac{1}{b+j}\cdot\frac{1}{(1-j)\times(2-j)\times\cdots\times(-1)\times1\times2\times\cdots\times(a-j)},\end{aligned}$$

即

$$\frac{1}{a!\mathrm{C}_{a+b}^{b}}=\sum_{j=1}^{a}\frac{(-1)^{j-1}j\mathrm{C}_{a}^{j}}{(b+j)\cdot a!},$$

再化为

$$\frac{1}{a\mathrm{C}_{a+b}^{b}}=\sum_{j=1}^{a}\frac{(-1)^{j-1}\mathrm{C}_{a-1}^{j-1}}{b+j}.$$

上式右边的分母的最小公倍数$[b+1,b+2,\cdots,b+a]$可作为公分母，所以

$$a\mathrm{C}_{a+b}^{b}\mid[b+1,b+2,\cdots,b+a].$$

注　亦可用多项式恒等定理证明.(1)的右边是次数$\leqslant n-1$的多项式，在 $x=-j$ 这 n 个值处为1，因此必与左边恒等.

47. 设 $\mathrm{C}_n^1,\mathrm{C}_n^2,\cdots,\mathrm{C}_n^n$ 的最小公倍数为 M. 证明：

$$M=\frac{1}{n+1}p_1^{r_1}p_2^{r_2}\cdots p_k^{r_k},$$

其中 $p_1<p_2<\cdots<p_k$ 为所有不超过 $n+1$ 的质数，$r_j(1\leqslant j\leqslant k)$为自然数，并且 $p_j^{r_j}\leqslant n+1<p_j^{r_j+1}(1\leqslant j\leqslant k)$.

证明　设 p 为 $p_1,p_2,\cdots,p_k$ 中的一个，$p^r\leqslant n+1<p^{r+1}$. 又设 $v_p(n+1)=\alpha$（即 $p^\alpha\parallel n+1$）.

对于 $h(1\leqslant h\leqslant n)$，设

$$h=q_1p^i+r_1,\quad n-h=q_2p^i+r_2,\quad 0\leqslant r_1,r_2<p^i,$$

则相加得

$$n=(q_1+q_2)p^i+r_1+r_2,$$

所以

$$\frac{n+1}{p^i}=q_1+q_2+\frac{r_1+r_2+1}{p^i}.$$

在 $i \leqslant \alpha$ 时，上式左边为整数，所以右边亦为整数. 从而

$$\frac{r_1 + r_2 + 1}{p^i} = 1,$$

$$\left[\frac{n}{p^i}\right] - \left[\frac{h}{p^i}\right] - \left[\frac{n-h}{p^i}\right] = \left(\frac{n+1}{p^i} - 1\right) - q_1 - q_2 = 0,$$

$$\begin{aligned} v_p(\mathrm{C}_n^h) &= \sum_{i=1}^{r}\left(\left[\frac{n}{p^i}\right] - \left[\frac{h}{p^i}\right] - \left[\frac{n-h}{p^i}\right]\right) \\ &= \sum_{i=\alpha+1}^{r}\left(\left[\frac{n}{p^i}\right] - \left[\frac{h}{p^i}\right] - \left[\frac{n-h}{p^i}\right]\right) \\ &\leqslant \sum_{i=\alpha+1}^{r} 1 \quad (0 \leqslant [a+b] - [a] - [b] \leqslant 1) \\ &= r - \alpha. \end{aligned}$$

因此

$$v_p(M) = \max_k v_p(\mathrm{C}_n^h) \leqslant r - \alpha.$$

另一方面，由于 $\mathrm{C}_n^{p^r-1} = \dfrac{p^r}{n+1}\mathrm{C}_{n+1}^{p^r}$，因此

$$v_p(M) \geqslant v_p(\mathrm{C}_n^{p^r-1}) \geqslant v_p\left(\frac{p^r}{n+1}\right) = r - \alpha.$$

综合以上两方面，得

$$v_p(M) = r - \alpha. \tag{1}$$

显然 M 的质因数均不超过 n（均是 $n!$ 的约数），而对每个 j（$1 \leqslant j \leqslant k$），相应的(1)均成立，所以

$$M = \frac{1}{n+1} p_1^{r_1} p_2^{r_2} \cdots p_k^{r_k}.$$

注 *在 $n+1$ 是质数 q 时，$p_k^{r_k} = q$，所以 $M = \dfrac{1}{n+1} p_1^{r_1} p_2^{r_2} \cdots p_k^{r_k}$ 中，质数 q 的次数为 0，即不出现. 在 $n+1$ 不是质数时，不超过 $n+1$ 的质数也就是不超过 n 的质数.*

48. 对哪些自然数 $n > 3$，$\mathrm{C}_n^1, \mathrm{C}_n^2, \cdots, \mathrm{C}_n^n$ 的最小公倍数 M 等于全部不超过 n 的质数的乘积？

解 $p_1 = 2$，$p_2 = 3$ 都是 M 的约数. 设

$$2^{r_1} \leqslant n + 1 < 2^{r_1 + 1}, \tag{1}$$

则由上题得

$$M = \frac{1}{n+1} \times 2^{r_1} \times \cdots \times p_k^{r_k} = 2 p_2 \cdots p_k, \quad v_2(n+1) = r_1 - 1.$$

设 $n+1=2^{r_1-1}\times m$，$2\nmid m$，则由(1)得

$$2<m<2^2,$$

所以 $m=3$.

$n+1=2^{r_1-1}\times 3$ 的质因数只有 2 与 3，$M=2\times 3p_3\cdots p_k$，$r_2=2$，并且由第 47 题，$3^2\leqslant 2^{r_1-1}\times 3<3^3$.从而

$$3\leqslant 2^{r_1-1}<9,$$
$$r_1-1=2,3,$$
$$r_1=3,4.$$

所以

$$n+1=2^{r_1-1}\times 3=12\text{ 或 }24,$$
$$n=11\text{ 或 }23.$$

事实上，对 $n=11$，有

$$\begin{aligned}M&=[C_{11}^1,C_{11}^2,C_{11}^3,C_{11}^4,C_{11}^5]\\&=[11,11\times 5,11\times 5\times 3,11\times 5\times 3\times 2,11\times 3\times 7\times 2]\\&=2\times 3\times 5\times 7\times 11.\end{aligned}$$

对 $n=23$，有

$$\begin{aligned}M&=[C_{23}^1,C_{23}^2,\cdots,C_{23}^{11}]\\&=[23,23\times 11,23\times 11\times 7,23\times 11\times 7\times 5,23\times 11\times 7\times 19,23\times 11\times 7\times 19\times 3,\\&\quad 23\times 11\times 19\times 17\times 3,23\times 11\times 19\times 17\times 3\times 2,23\times 11\times 19\times 17\times 5\times 2,\\&\quad 23\times 11\times 19\times 17\times 7,23\times 13\times 19\times 17\times 7]\\&=2\times 3\times 5\times 7\times 11\times 13\times 17\times 19\times 23.\end{aligned}$$

49. 证明：对所有整数 $n>1$，总有

$$(n+1)[C_n^0,C_n^1,\cdots,C_n^n]=[1,2,\cdots,n+1].$$

证明　记 $M=[C_n^0,C_n^1,\cdots,C_n^n]$，则由第 47 题得

$$(n+1)M=p_1^{r_1}p_2^{r_2}\cdots p_k^{r_k},$$

其中 $p_1<p_2<\cdots<p_k$ 为所有不超过 $n+1$ 的质数，$r_j(1\leqslant j\leqslant k)$ 为自然数，并且 $p_j^{r_j}\leqslant n+1<p_j^{r_j+1}$.

因此 $p_1^{r_1}p_2^{r_2}\cdots p_k^{r_k}=[1,2,\cdots,n+1]$.

又证　记 $M_1=[1,2,\cdots,n+1]$，$M_2=(n+1)[C_n^0,C_n^1,\cdots,C_n^n]$.

对任意 $i(0\leqslant i\leqslant n)$，有

$$(n+1)C_n^i=(i+1)C_{n+1}^{i+1}.$$

在第 46 题中，取 $a=i+1,b=n-i$，得

$$(i+1)\mathrm{C}_{n+1}^{i+1}\mid[n-i+1,n-i+2,\cdots,n+1],$$

所以 $(n+1)\mathrm{C}_n^i\mid M_1,M_2\mid M_1$.

另一方面，对 $0\leqslant i\leqslant n$，有

$$(i+1)\mid(i+1)\mathrm{C}_{n+1}^{i+1}=(n+1)\mathrm{C}_n^i,$$

所以 $(i+1)\mid M_2$. 从而 $M_1\mid M_2$.

综合以上两方面，得 $M_1=M_2$.

注 显然第一种解法表明由本题亦可推出第 48 题.

50. 证明：对自然数 n，有

$$[1,2,\cdots,n]\geqslant 2^{n-1}.$$

证明 $n=1$ 时，结论显然成立.

设 $n>1,M=[a_0,a_1,\cdots,a_n]$，则

$$\frac{1}{M}\sum_{i=0}^{n}a_i=\sum_{i=0}^{n}\frac{a_i}{M}\leqslant\sum_{i=0}^{n}1=n+1,$$

所以

$$M\geqslant\frac{1}{n+1}\sum_{i=0}^{n}a_i.$$

取 $a_i=\mathrm{C}_n^i(0\leqslant i\leqslant n)$，则

$$M=[\mathrm{C}_n^0,\mathrm{C}_n^1,\cdots,\mathrm{C}_n^n]\geqslant\frac{1}{n+1}\sum_{i=0}^{n}\mathrm{C}_n^i=\frac{2^n}{n+1}.$$

由第 49 题得

$$(n+1)[\mathrm{C}_n^0,\mathrm{C}_n^1,\cdots,\mathrm{C}_n^n]=[1,2,\cdots,n+1],$$

因此

$$[1,2,\cdots,n+1]\geqslant 2^n.$$

将 $n+1$ 换作 n，便得

$$[1,2,\cdots,n]\geqslant 2^{n-1}.$$

51. 设 p 为质数，n 为自然数. 求以下各数的分解式中 p 的幂指数：

(ⅰ) $\mathrm{C}_{p^k}^r,r<p^k,v_p(r)=h$.

(ⅱ) $\mathrm{C}_{p^k-1}^r,r<p^k,v_p(r)=h$.

(ⅲ) $\mathrm{C}_n^{p^k},v_p(n)=k$.

解 (ⅰ) $\mathrm{C}_{p^k}^r=\dfrac{p^k}{r}\cdot\dfrac{p^k-1}{1}\cdot\dfrac{p^k-2}{2}\cdot\cdots\cdot\dfrac{p^k-(r-1)}{r-1}$.

因为 $v_p(p^k-j)=v_p(j),1\leqslant j<p^k$，所以

$$v_p(C_{p^k}^r)=v_p\left(\frac{p^k}{r}\right)=k-h.$$

(ⅱ)因为

$$C_{p^k-1}^r=\frac{p^k-1}{1}\cdot\frac{p^k-2}{2}\cdot\cdots\cdot\frac{p^k-r}{r},$$

所以

$$v_p(C_{p^k-1}^r)=0.$$

(ⅲ)令 $n=p^km$, $p\nmid m$,则

$$C_n^{p^k}=\frac{p^km}{p^k}\cdot\frac{p^km-1}{p^k-1}\cdot\cdots\cdot\frac{p^km-j}{p^k-j}\cdot\cdots\cdot\frac{p^km-p^k+1}{1},$$

$$\begin{aligned}v_p\left(\frac{p^km-j}{p^k-j}\right)&=v_p(p^km-j)-v_p(p^k-j)\\&=v_p(j)-v_p(j)=0\quad(1\leqslant j\leqslant p^k-1),\end{aligned}$$

所以

$$v_p(C_n^{p^k})=v_p\left(\frac{p^km}{p^k}\right)=v_p(m)=0.$$

52. 设 $C_n^1,C_n^2,\cdots,C_n^{n-1}$ 的公约数 $g>1$.证明:g 为质数,并且 $n=g$ 的幂.

证明　设 $n=p_1^{\alpha_1}p_2^{\alpha_2}\cdots p_k^{\alpha_k}$,$p_1<p_2<\cdots<p_k$ 且均为质数,α_i 为自然数.

若 $k>1$,则由第51题(ⅲ)知 $C_n^{p_i^{\alpha_i}}$ 不被 p_i 整除,从而$(C_n^1,C_n^{p_1^{\alpha_1}},C_n^{p_2^{\alpha_2}},\cdots,C_n^{p_k^{\alpha_k}})=1$,与已知矛盾.所以 $k=1$,$n=p^\alpha$.

由第51题(ⅰ),$v_p(C_{p^\alpha}^{p^{\alpha-1}})=1$,所以 $g=p$.

53. 证明:$1<k<n$ 为自然数时,最大公约数

$$(C_{n-1}^k,C_n^{k-1},C_{n+1}^{k+1})=(C_{n-1}^{k-1},C_n^{k+1},C_{n+1}^k).$$

证明　组合符号其实没有用处.

原式两边同时乘以$(k+1)!(n-k+1)!/(n-1)!$,问题变为证明

$$g_1=((k+1)(n-k)(n-k+1),nk(k+1),(n+1)n(n-k+1))$$

与

$$g_2=((k+1)k(n-k+1),n(n-k+1)(n-k),(n+1)n(k+1))$$

相等.

易知

$$\begin{aligned}g_1=&(nk(k+1),(k-1)k(k+1)+n(n+1)(k+1),\\&n(n+1)(n+2)-n(n+1)(k+1)),\\g_2=&(n(n+1)(k+1),-(k-1)k(k+1)+nk(k+1),\\&n(n+1)(n+2)+nk(k+1)).\end{aligned}$$

令 $g=(n(n+1)(n+2),nk(k+1),n(n+1)(k+1),(k-1)k(k+1))$，则 $g\mid g_1$，$g\mid g_2$.

只需证明 $g_1\mid g, g_2\mid g$.

设 p 为质数，$p^\alpha \parallel g_1$，则

$$nk(k+1)\equiv 0 \pmod{p^\alpha}, \tag{1}$$

$$(k-1)k(k+1)\equiv -n(n+1)(k+1) \pmod{p^\alpha}, \tag{2}$$

$$n(n+1)(n+2)\equiv n(n+1)(k+1) \pmod{p^\alpha}. \tag{3}$$

若 $p^\alpha\mid n$，则由上述方程得 $p^\alpha\mid g$. 同理，$p^\alpha\mid(k+1)$，$p^\alpha\mid k$ 也是如此.

于是，由方程(1)，只需考虑两种情况：

(ⅰ) $p\nmid k$，则 $p^\alpha\mid n(k+1)$. 由(2)、(3)得

$$p^\alpha \mid (k-1)k(k+1), \quad p^\alpha \mid n(n+1)(n+2),$$

从而

$$p^\alpha \mid g.$$

(ⅱ) $p\nmid(k+1)$，则 $p^\alpha\mid nk$，而且 $p^\alpha\mid k$ 的情况已成立，可设 $p\mid n$，由(3)得

$$n(n+1)(n+2)\equiv n(n+1) \pmod{p^\alpha},$$

所以

$$n(n+1)^2\equiv 0 \pmod{p^\alpha},$$

从而

$$p^\alpha \mid n,$$

即化为上面已解出的情况.

同理可得 $g_2\mid g$：

设 $p^\alpha\parallel g_2$，则

$$n(n+1)(k+1)\equiv 0 \pmod{p^\alpha}, \tag{4}$$

$$(k-1)k(k+1)\equiv nk(k+1) \pmod{p^\alpha}, \tag{5}$$

$$-n(n+1)(n+2)\equiv nk(k+1) \pmod{p^\alpha}. \tag{6}$$

若 $p\nmid(k+1)$，则 $p^\alpha\mid n(n+1)$，由(6)、(5)得 $p^\alpha\mid g$.

若 $p\mid(k+1)$，$p\nmid(n+1)$，则 $p^\alpha\mid n(k+1)$，由(5)、(6)得 $p^\alpha\mid g$.

若 $p\mid(k+1)$，$p\nmid n$，则 $p^\alpha\mid(n+1)(k+1)$. 由(5)得

$$(k-1)k(k+1)\equiv -k(k+1) \pmod{p^\alpha},$$

即

$$k^2(k+1)\equiv 0 \pmod{p^\alpha},$$

所以

$$p^{\alpha} \mid (k+1), \quad p^{\alpha} \mid g.$$

54. k 为大于3的质数.求证:

(ⅰ) 存在正整数 m 及整数 $n_1, n_2, \cdots, n_{\frac{k-1}{2}}$,使得

$$2^m = \prod_{i=1}^{\frac{k-1}{2}} (C_{k-1}^i)^{n_i}.$$

(ⅱ) 存在正整数 m 及整数 $n_1, n_2, \cdots, n_{\frac{k-1}{2}}$,使得

$$3^m = \prod_{i=1}^{\frac{k-1}{2}} (C_{k-1}^i)^{n_i}.$$

证明　注意 $n_1, n_2, \cdots, n_{\frac{k-1}{2}}$ 可正可负可零,因此乘积 $\prod_{i=1}^{\frac{k-1}{2}}$ 中很多(幂指数为0的)质因数可以省去.

(ⅰ) 任取正奇数 $b_1 \leqslant \frac{k-1}{2}$,则

$$k - b_1 = 2^{a_1} b_2,$$

其中 a_1 为正整数,b_2 为正奇数,并且 $b_2 \leqslant \frac{k-1}{2}$.

同样,令 $k - b_2 = 2^{a_2} b_3, \cdots$,其中 $a_2, \cdots$ 为正整数,$b_3, \cdots$ 为正奇数,并且 $b_3 \leqslant \frac{k-1}{2}, \cdots$.

因为不超过$\frac{k-1}{2}$的正奇数个数有限,所以必有 $i<j$,满足 $b_i = b_j$.

不妨设 $i=1, j \leqslant \frac{k-1}{2}$,并且 $b_1, b_2, \cdots, b_{j-1}$ 均不相同,则我们有

$$\frac{k-b_1}{b_1} \cdot \frac{k-b_2}{b_2} \cdot \cdots \cdot \frac{k-b_{j-1}}{b_{j-1}} = 2^{a_1+a_2+\cdots+a_{j-1}}.$$

而对于 $1 \leqslant b < k$,有

$$\frac{C_{k-1}^b}{C_{k-1}^{b-1}} = \frac{k-b}{b},$$

所以

$$\prod_{t=1}^{j-1} \frac{C_{k-1}^{b_t}}{C_{k-1}^{b_t-1}} = \prod_{t=1}^{j-1} \frac{k-b_t}{b_t} = 2^m \quad (m = a_1 + a_2 + \cdots + a_{j-1}), \tag{1}$$

从而

$$2^m = \prod_{i=1}^{\frac{k-1}{2}} (C_{k-1}^i)^{n_i}. \tag{2}$$

当 C_{k-1}^i 在(1)的左边不出现或分子、分母同时出现时,$n_i = 0$.

当 C_{k-1}^i 仅在(1)的左边的分子中出现时，$n_i=1$.

其余情况下，$n_i=-1$.

(ⅱ) 取正整数 $b_1\leqslant\frac{k-1}{2}$，并且 $k-b_1$ 被 3 整除，则

$$k-b_1=3^{a_1}c_2,$$

其中 a_1 为正整数，c_2 为正整数，不被 3 整除，并且 $c_2\leqslant\frac{k-1}{3}$.

令 $b_2=\begin{cases}c_2, & 若\ c_2\equiv k\pmod 3,\\ 2c_2, & 若\ c_2\not\equiv k\pmod 3,\end{cases}$ 则 $b_2<k-1$.

同样，令

$$k-b_2=3^{a_2}c_3,$$

$$b_3=\begin{cases}c_3, & 若\ c_3\equiv k\pmod 3,\\ 2c_3, & 若\ c_3\not\equiv k\pmod 3,\end{cases}$$

$$\cdots.$$

与(1)类似，可设 $b_1,b_2,\cdots,b_{j-1}$ 互不相同，而 $b_j=b_1$，我们有

$$\frac{k-b_1}{b_1}\cdot\frac{k-b_2}{b_2}\cdot\cdots\cdot\frac{k-b_{j-1}}{b_{j-1}}=2^n\cdot 3^m,$$

其中 $m=a_1+a_2+\cdots+a_{j-1}$ 为正整数，n 为零或负整数. 与(2)类似$\left(只是\ k-2\ 代替了\frac{k-1}{2}\right)$，得到

$$2^n\cdot 3^m=\prod_{i=1}^{k-2}(C_{k-1}^i)^{n_i}.$$

由于 $C_{k-1}^i=C_{k-1}^{k-1-i}$，故可将大于$\frac{k-1}{2}$的 i 换成不大于$\frac{k-1}{2}$的 $k-1-i$，并将 C_{k-1}^i 与 C_{k-1}^{k-1-i} 的指数 n_i 与 n_{k-1-i} 相加. 为不使符号复杂起见，不妨设

$$2^n\cdot 3^m=\prod_{i=1}^{\frac{k-1}{2}}(C_{k-1}^i)^{n_i}.$$

若 $n=0$，结论已经成立.

若 $n\neq 0$，则由(ⅰ)得

$$2^n=\prod_{i=1}^{\frac{k-1}{2}}(C_{k-1}^i)^{n_i'}$$

($n>0$ 时，即援用(2)；$n<0$ 时，在(2)的两边取倒数). 从而

$$3^m=\prod_{i=1}^{\frac{k-1}{2}}(C_{k-1}^i)^{n_i-n_i'}.$$

注　本题条件"k 为大于3的质数"可改为"k 为与6互质的正整数,且 k 大于1".

55. 求所有满足 $n=\prod\limits_{\substack{d\mid n\\ d\neq n}} d$ 的正整数 n.

解

$$n^2=\prod_{d\mid n} d=\prod_{d\mid n} n/d=\sqrt{\prod_{d\mid n}\left(d\cdot\frac{n}{d}\right)}=n^{\frac{d(n)}{2}},$$

其中 $d(n)$ 为 n 的正因数个数,所以 $d(n)=4$,

$$n=pq \text{ 或 } p^3.$$

不难验证,$n=pq$ 或 p^3 满足要求.

又解　设 $n=p_1^{\alpha_1}p_2^{\alpha_2}\cdots p_t^{\alpha_t}$ 为质因数分解式.

若 $t\geqslant 3$,则

$$n\geqslant\prod_{i=1}^{t} p_i^{\alpha_i}\cdot(p_1p_2)=p_1p_2n,$$

矛盾! 所以 $t=2$.

若 $n=p^{\alpha}$,则

$$n=p^{1+2+\cdots+(\alpha-1)}=p^{\frac{\alpha(\alpha-1)}{2}}.$$

所以$\dfrac{\alpha-1}{2}=1$,$\alpha=3$.从而 $n=p^3$.

若 $n=p_1^{\alpha_1}p_2^{\alpha_2}$,则

$$\begin{aligned}n&\geqslant p_1^{1+2+\cdots+\alpha_1}p_2^{1+2+\cdots+\alpha_2}=p_1^{\frac{\alpha_1(\alpha_1+1)}{2}}p_2^{\frac{\alpha_2(\alpha_2+1)}{2}}\\&\geqslant p_1^{\alpha_1}p_2^{\alpha_2}=n.\end{aligned}$$

所以$\dfrac{\alpha_1+1}{2}=\alpha_1$,$\dfrac{\alpha_2+1}{2}=\alpha_2$,$\alpha_1=1$,$\alpha_2=1$.从而 $n=pq$.

56. n 为大于1的自然数,$S_j=\sum{}^{*}a^j\,(j=1,2,3)$ 表示对一切 $\mathbb{Z}_n^*$ 中的 a 的 j 次方求和.证明:

(ⅰ) $S_1=\dfrac{1}{2}n\varphi(n)$.

(ⅱ) $S_2=\dfrac{1}{3}n^2\varphi(n)+\dfrac{n}{6}\prod\limits_{p\mid n}(1-p)$.

(ⅲ) $S_3=\dfrac{1}{4}n^3\varphi(n)+\dfrac{1}{4}n^2\prod\limits_{p\mid n}(1-p)$.

证明　(ⅰ)

$$S_1=\sum_{\substack{(a,n)=1\\1\leqslant a\leqslant n}} a=\frac{1}{2}\sum_{\substack{(a,n)=1\\1\leqslant a\leqslant n}}(a+(n-a))=\frac{1}{2}n\varphi(n).$$

（ⅱ）

$$S_2=\sum_{\substack{(a,n)=1\\1\leqslant a\leqslant n}}a^2=\sum_{a=1}^{n}a^2\sum_{\substack{d\mid n\\d\mid a}}\mu(d)$$

$$=\sum_{d\mid n}\mu(d)\sum_{b=1}^{\frac{n}{d}}b^2d^2$$

$$=\sum_{d\mid n}\mu(d)d^2\cdot\frac{1}{6}\cdot\frac{n}{d}\left(\frac{n}{d}+1\right)\left(\frac{2n}{d}+1\right)$$

$$=\frac{1}{6}\sum_{d\mid n}\frac{\mu(d)}{d}\cdot n(2n^2+3nd+d^2)$$

$$=\frac{n^2}{3}\sum_{d\mid n}\frac{\mu(d)n}{d}+\frac{n^2}{2}\sum_{d\mid n}\mu(d)+\frac{n}{6}\sum_{d\mid n}\mu(d)d$$

$$=\frac{1}{3}n^2\varphi(n)+\frac{n}{6}\prod_{p\mid n}(1-p).$$

（ⅲ）

$$S_3=\sum_{\substack{(a,n)=1\\1\leqslant a\leqslant n}}a^3=\frac{1}{2}\sum_{\substack{(a,n)=1\\1\leqslant a\leqslant n}}(a^3+(n-a)^3)$$

$$=\frac{1}{2}\sum_{\substack{(a,n)=1\\1\leqslant a\leqslant n}}(n^3-3n^2a+3na^2)$$

$$=\frac{1}{2}\left(n^3\varphi(n)-\frac{3}{2}n^3\varphi(n)+n^3\varphi(n)+\frac{n^2}{2}\prod_{p\mid n}(1-p)\right)$$

$$=\frac{1}{4}n^3\varphi(n)+\frac{1}{4}n^2\prod_{p\mid n}(1-p).$$

57. 设 p 为奇质数，S 为 mod p 的互不同余的原根的和. 证明：

$$S\equiv\mu(p-1)(\bmod p).$$

证明　设 g 为 mod p 的一个原根，则 mod p 的全部不同的原根为 g^t，$(t,p-1)=1$ 且 $1\leqslant t\leqslant p-1$. 从而

$$S\equiv\sum_{\substack{(t,p-1)=1\\1\leqslant t\leqslant p-1}}g^t=\sum_{t=1}^{p-1}g^t\sum_{d\mid(t,p-1)}\mu(d)$$

$$=\sum_{d\mid(p-1)}\mu(d)\sum_{\substack{1\leqslant t\leqslant p-1\\d\mid t}}g^t=\sum_{d\mid(p-1)}\mu(d)\sum_{k=1}^{\frac{p-1}{d}}g^{kd}$$

$$=\sum_{\substack{d\mid(p-1)\\d\neq p-1(\bmod p)}}\mu(d)\left(\frac{g^{p-1}-1}{g^d-1}g^d\right)+\mu(p-1)$$

$$\equiv\mu(p-1).$$

58. 令 $\theta(n)=\sum\limits_{\substack{p\leqslant n\\ p\text{为质数}}}\log p$. 求证:

(ⅰ) $\theta(n)\leqslant 4n\log 2$.

(ⅱ) $\theta(n)\leqslant 2n\log 2$.

证明　(ⅰ) 因为 $n\prod\limits_{\substack{n<p\leqslant 2n\\ p\text{为质数}}}p\,\Big|\,\mathrm{C}_{2n}^{n}$, 所以

$$\prod_{\substack{n<p\leqslant 2n\\ p\text{为质数}}}p\leqslant \mathrm{C}_{2n}^{n}<2^{2n},$$

从而

$$\begin{aligned}\theta(2n)-\theta(n)&=\sum_{\substack{n<p\leqslant 2n\\ p\text{为质数}}}\log p\\&=\log\prod_{\substack{n<p\leqslant 2n\\ p\text{为质数}}}p\leqslant\log 2^{2n}=2n\log 2.\end{aligned}$$

设 $2^m\leqslant n<2^{m+1}$, 则

$$\begin{aligned}\theta(n)&\leqslant\theta(2^{m+1})\\&=(\theta(2^{m+1})-\theta(2^m))+(\theta(2^m)-\theta(2^{m-1}))+\cdots+\theta(2)\\&\leqslant 2^{m+1}\log 2+2^m\log 2+\cdots+\log 2\\&<2^{m+2}\log 2\leqslant 4n\log 2.\end{aligned}$$

(ⅱ) 用归纳法. $\theta(2)=\log 2$. 假设对小于 n 的数, 结论成立.

若 n 不是质数, 则

$$\theta(n)=\theta(n-1)\leqslant 2(n-1)\log 2.$$

若 n 是奇质数 $2m+1$, 则

$$\prod_{\substack{m+1<p\leqslant 2m+1\\ p\text{为质数}}}p\,\Big|\,\mathrm{C}_{2m+1}^{m+1}.$$

所以

$$\begin{aligned}\theta(2m+1)-\theta(m+1)&=\sum_{m+1<p\leqslant 2m+1}\log p\\&\leqslant\log\mathrm{C}_{2m+1}^{m+1}\\&=\log\frac{1}{2}(\mathrm{C}_{2m+1}^{m+1}+\mathrm{C}_{2m+1}^{m})\\&<\log\left(\frac{1}{2}\times 2^{2m+1}\right)\\&=2m\log 2.\end{aligned}$$

从而

$$\begin{aligned}\theta(2m+1)&\leqslant\theta(m+1)+2m\log 2\\&\leqslant 2(m+1)\log 2+2m\log 2\\&=2(2m+1)\log 2.\end{aligned}$$

因此结论对一切自然数 $n\geqslant 2$ 都成立.

59. $v(n)$表示 n 的不同质因数的个数，$r<v(n)$. 证明：

$$\sum_{\substack{d\mid n\\ v(d)\leqslant r}}\mu(d)=(-1)^r C_{v(n)-1}^r$$

证明 设 N 为 n 的不同质因数的积，则

$$\begin{aligned}\sum_{\substack{d\mid n\\ v(d)\leqslant r}}\mu(d)&=\sum_{\substack{d\mid N\\ v(d)\leqslant r}}\mu(d)\\&=\sum_{k\leqslant r}(-1)^k C_{v(n)}^k\\&=\sum_{1\leqslant k\leqslant r}(-1)^k\left(C_{v(n)-1}^k+C_{v(n)-1}^{k-1}\right)+C_{v(n)-1}^0\\&=(-1)^r C_{v(n)-1}^r+\sum_{1\leqslant k\leqslant r}(-1)^k\left(C_{v(n)-1}^{k-1}-C_{v(n)-1}^{k-1}\right)\\&=(-1)^r C_{v(n)-1}^r.\end{aligned}$$

60. 证明：

$$\sum_{p\leqslant x}\frac{1}{p}\geqslant\log\log x-1\quad(p\text{ 表示质数}).\tag{1}$$

证明 因为任一自然数可写成质因数的积，所以

$$\sum_{n\leqslant x}\frac{1}{n}\leqslant\prod_{p\leqslant x}\left(1+\frac{1}{p}+\frac{1}{p^2}+\cdots\right)=\prod_{p\leqslant x}\left(1-\frac{1}{p}\right)^{-1},$$

两边取对数得

$$\log\sum_{n\leqslant x}\frac{1}{n}\leqslant-\sum_{p\leqslant x}\log\left(1-\frac{1}{p}\right).\tag{2}$$

因为 $\log(1+t)\leqslant t\,(t>0)$，所以

$$\begin{aligned}-\log\left(1-\frac{1}{p}\right)&=\log\frac{p}{p-1}=\log\left(1+\frac{1}{p-1}\right)\\&\leqslant\frac{1}{p-1}=\frac{1}{p}+\frac{1}{(p-1)p},\end{aligned}$$

$$\begin{aligned}-\sum_{p\leqslant x}\log\left(1-\frac{1}{p}\right)&\leqslant\sum_{p\leqslant x}\frac{1}{p}+\sum_{p\leqslant x}\frac{1}{(p-1)p}\\&\leqslant\sum_{p\leqslant x}\frac{1}{p}+\sum_{2\leqslant n\leqslant x}\frac{1}{(n-1)n}\leqslant\sum_{p\leqslant x}\frac{1}{p}+1,\end{aligned}\tag{3}$$

$$\sum_{n\leqslant x}\frac{1}{n}\geqslant\sum_{n\leqslant[x]}\log\left(1+\frac{1}{n}\right)=\log\prod_{n\leqslant[x]}\frac{n+1}{n}$$

$$=\log([x]+1)>\log x. \tag{4}$$

由(2)、(3)、(4)立得(1).

61. 令 $\psi(x)=\sum\limits_{p^{\alpha}\leqslant x}\log p$($p$ 表示质数).证明:

(ⅰ) $[1,2,\cdots,n]=\mathrm{e}^{\psi(n)}$.

(ⅱ) $\sum\limits_{k=0}^{n}\mathrm{C}_n^k\dfrac{(-1)^k}{n+k+1}\leqslant 2^{-2n}$.

(ⅲ) $\psi(2n+1)\geqslant 2n\log 2$.

证明　(ⅰ) 设质数 p 在 $1,2,\cdots,n$ 的分解式中的幂指数最大为 e_p,则

$$\psi(n)=\sum_{p^{\alpha}\leqslant n}\log p=\sum_{p}e_p\log p,$$

$$\mathrm{e}^{\psi(n)}=\prod_{p}p^{e_p}=[1,2,\cdots,n].$$

(ⅱ) 令 $f(x)=\sum\limits_{k=0}^{n}\mathrm{C}_n^k\dfrac{(-1)^k}{n+k+1}x^{n+k+1}$,则

$$f'(x)=\sum_{k=0}^{n}(-1)^k\mathrm{C}_n^kx^{n+k}=x^n\sum_{k=0}^{n}(-1)^k\mathrm{C}_n^kx^k$$

$$=x^n(1-x)^n\leqslant\frac{1}{4^n}\quad(0\leqslant x\leqslant 1).$$

所以

$$\sum_{k=0}^{n}\mathrm{C}_n^k\frac{(-1)^k}{n+k+1}=f(1)-f(0)=\int_0^1 f'(x)\mathrm{d}x$$

$$\leqslant\frac{1}{4^n}=2^{-2n}.$$

(ⅲ) 因为$[1,2,\cdots,2n+1]\sum\limits_{k=0}^{n}\mathrm{C}_n^k\dfrac{(-1)^k}{n+k+1}$是正整数,所以

$$2^{-2n}\mathrm{e}^{\psi(2n+1)}\geqslant\mathrm{e}^{\psi(2n+1)}\sum_{k=0}^{n}\mathrm{C}_n^k\frac{(-1)^k}{n+k+1}$$

$$=[1,2,\cdots,2n+1]\sum_{k=0}^{n}\mathrm{C}_n^k\frac{(-1)^k}{n+k+1}\geqslant 1,$$

$$\psi(2n+1)\geqslant\log 2^{2n}=2n\log 2.$$

62. 自然数 $q\geqslant 4$.是否有自然数组成的递增数列

$$a_1<a_2<a_3<\cdots,$$

满足 $a_{2n-1}+a_{2n}=qa_n$($n=1,2,\cdots$)?

解　正奇数数列 1,3,5,7,…中,有

$$a_{2n-1}+a_{2n}=2(2n-1)-1+2(2n)-1$$
$$=8n-4=4(2n-1)=4a_n.$$

对于 $q\geqslant5$,构造一个满足要求的数列如下：

任取 $a_1=a$,再取 $a_2=(q-1)a$,则

$$a_1+a_2=qa=qa_1.$$

再取

$$a_3=\frac{qa_2}{2}-1=\frac{q(q-1)a}{2}-1,$$

$$a_4=\frac{qa_2}{2}+1,$$

则 $a_3<a_4$ 都是自然数,$a_3+a_4=qa_2$,并且

$$a_3>a_2,\quad a_4-a_3=2.$$

假设已取

$$a_1,a_2,\cdots,a_{2k}\quad(k\geqslant2)$$

满足题目要求,并且在 $i\geqslant2$ 时,若 qa_i 为偶数,则

$$a_{2i-1}=\frac{qa_i}{2}-1,\quad a_{2i}=\frac{qa_i}{2}+1;$$

若 qa_i 为奇数,则

$$a_{2i-1}=\frac{qa_i-1}{2},\quad a_{2i}=\frac{qa_i+1}{2}.$$

接下去,我们取 a_{2k+1},a_{2k+2}.

若 qa_{k+1}为偶数,则取

$$a_{2k+1}=\frac{qa_{k+1}}{2}-1,\quad a_{2k+2}=\frac{qa_{k+1}}{2}+1.$$

这时 $a_{2k+1}<a_{2k+2}$为自然数,$a_{2k+1}+a_{2k+2}=qa_{k+1}$,并且

$$a_{2k+1}=\frac{qa_{k+1}}{2}-1>\frac{qa_k}{2}+1\geqslant a_{2k}.$$

若 qa_{k+1}为奇数,则取

$$a_{2k+1}=\frac{qa_{k+1}-1}{2},\quad a_{2k+2}=\frac{qa_{k+1}+1}{2}.$$

这时 $a_{2k+1}<a_{2k+2}$为自然数,$a_{2k+1}+a_{2k+2}=qa_{k+1}$,并且

$$a_{2k+1}=\frac{qa_{k+1}-1}{2}>\frac{qa_k}{2}+1\geqslant a_{2k}.$$

因此所构建的数列满足要求.

63. 是否有自然数组成的递增数列

$$a_1 < a_2 < a_3 < \cdots,$$

满足 $a_{2n-1} + a_{2n} = 3a_n (n = 1,2,\cdots)$?

解 假设有这样的数列.

若其中有某个 k,使 $a_k = a_{k+1}$,则

$$a_{2k-1} + a_{2k} = 3a_k = 3a_{k+1} = a_{2k+1} + a_{2k+2}.$$

但

$$a_{2k+1} \geqslant a_{2k} \geqslant \frac{a_{2k} + a_{2k-1}}{2} = \frac{a_{2k+1} + a_{2k+2}}{2} \geqslant a_{2k+1},$$

所以

$$a_{2k+1} = a_{2k} = a_{2k-1} = a_{2k+2}.$$

从而 $a_{2k} = \frac{3}{2}a_k, 2 \mid a_k$.

同理可得

$$a_{4k-3} = a_{4k-2} = a_{4k-1} = a_{4k} = a_{4k+1} = a_{4k+2} = a_{4k+3} = a_{4k+4} = \frac{3}{2}a_{2k} = \frac{9}{4}a_k.$$

如此继续下去,导致 $2^h \mid a_k (h = 1,2,\cdots)$. 但设 $2^\alpha \parallel a_k$,则 $h > \alpha$ 时产生矛盾.

所以 $\{a_n\}$ 严格递增.

令 $b_n = a_n - a_{n-1} (n = 1,2,\cdots)$,则 $\{b_n\}$ 为自然数组成的序列.

因为 $n > 2$ 时,

$$\begin{aligned} 3(a_n - a_{n-1}) &= (a_{2n} + a_{2n-1}) - (a_{2n-2} + a_{2n-3}) \\ &= (a_{2n} - a_{2n-1}) + 2(a_{2n-1} - a_{2n-2}) + (a_{2n-2} - a_{2n-3}), \end{aligned}$$

即

$$3b_n = b_{2n} + 2b_{2n-1} + b_{2n-2},$$

所以 $b_{2n}, b_{2n-1}, b_{2n-2}$ 中至少有一个小于 b_n. 设它为 $b_{n_2} (n < n_2)$,则同样有 $n_3 > n_2$,而 $b_{n_3} < b_{n_2}$.

依此类推,得到一个严格递减的无穷的自然数数列,这与最小数原理矛盾.

因此,满足本题要求的数列不存在.

64. 自然数 $q \geqslant 2$. 是否有自然数组成的递增数列

$$a_1 < a_2 < a_3 < \cdots,$$

它的前 n 项的和 S_n 满足 $S_{2n} = qS_n (n = 1,2,\cdots)$?

解 数列 $1,1,1,\cdots$ 的和 $S_n = n$,满足

$$S_{2n} = 2S_n.$$

即 $q=2$ 时，上述数列满足要求.

$q\geqslant 3$ 时，$S_{2n}=qS_n$ 即

$$a_{2n-1} + a_{2n} = qa_n \quad (n = 1,2,\cdots).$$

因此，由第 62 和 63 题知 $q=3$ 时无解，$q\geqslant 4$ 时有解.

65. $f(x)$是整系数多项式，a 是正整数，$f(a)\neq 0$. 证明：存在无穷多个正整数 b，满足 $f(a)\mid f(b)$.

证明 对 $k\in\mathbb{Z}$，有

$$f(a + kf(a)) \equiv f(a) \equiv 0 (\bmod f(a)).$$

取 $b=a+kf(a)$，k 与 $f(a)$同号，则 b 为正整数，且 $f(a)\mid f(b)$.

66. 是否有二元整系数多项式 $f(x,y)$满足下列条件：

（ⅰ）$f(x,y)=0$ 无整数解；

（ⅱ）对每个自然数 n，存在整数 x,y，满足 $n\mid f(x,y)$？

解 $f(x,y)=(2x-1)(3y-1)$满足要求.

显然 $f(x,y)=0$ 无整数解$\left(\text{有非整数解 } x=\frac{1}{2} \text{或 } y=\frac{1}{3}\right)$.

对自然数 $n=2^k m$，m 为奇数，$k\geqslant 0$，取 $x=\frac{m+1}{2}$，$y=\frac{1}{3}(2^{2k+1}+1)$ $(2^{2k+1}+1\equiv 2+1\equiv 0(\bmod 3))$，则$(2x-1)(3y-1)=2^{2k+1}m$ 是 n 的倍数.

67. 设 $a_1<a_2<\cdots<a_n$ 为自然数，且对所有自然数 k，$a_1a_2\cdots a_n\mid(k+a_1)(k+a_2)\cdots(k+a_n)$. 证明：$a_i=i(i=1,2,\cdots,n)$.

证明 考虑首一多项式

$$f(x) = (x + a_1)(x + a_2)\cdots(x + a_n),$$

则 $f(1),f(2),\cdots,f(a_n)$均被 $d=a_1a_2\cdots a_n$ 整除，做 n 次差分得

$$\Delta^n f(x) = n!,$$

也被 d 整除. 但 $a_1\geqslant 1,a_2\geqslant 2,\cdots,a_n\geqslant n$，所以 $d\geqslant n!$. 从而 $d=n!$，$a_i=i(i=1,2,\cdots,n)$.

68. 求所有的函数 $f:\mathbb{N}\to\mathbb{N}$，使得对所有的 m,n，有

$$f(mn) = f(m)f(n),$$

$$(m + n) \mid (f(m) + f(n)).$$

解 设 k 为任一正奇数，$f(x)=x^k$ 显然满足要求. 我们证明满足要求的 f 一定是 $f(x)=x^k$.

首先 $f(1)=f^2(1)$，所以 $f(1)=1$.

记 $f(2)=2^k(2r+1)$，k，r 为非负整数. 若 $r>0$，则

$$(1+2r)\mid(f(1)+f(2r)=1+f(2)f(r)=1+2^k(2r+1)f(r)),$$

从而 $(1+2r)\mid 1$，矛盾. 因此 $r=0$，$f(2)=2^k$.

对一切自然数 n，$f(2^n)=f^n(2)=2^{kn}$. 又 $(6=2+4)\mid(f(2)+f(4)=2^k+2^{2k})$，因此 k 为奇数.

最后，对自然数 n，d，有

$$(n+2^d)\mid(f(n)+f(2^d)=f(n)+2^{kd}).$$

而

$$(n+2^d)\mid(n^k+2^{kd}),$$

所以

$$(n+2^d)\mid(f(n)-n^k).$$

固定 n，由 d 的任意性可得 $f(n)=n^k$.

69. $f(x)$ 是整系数多项式，次数 $n\geqslant 2$. 证明：方程

$$f(f(x))=x$$

至多有 n 个整数解.

证明 设 x，y 是两个不同的整数，满足

$$f(f(x))=x,\quad f(f(y))=y,$$

则

$$x-y=f(f(x))-f(f(y))$$

是 $f(x)-f(y)$ 的倍数.

而 $f(x)-f(y)$ 又是 $x-y$ 的倍数，所以

$$|f(x)-f(y)|=|x-y|.$$

设整数 $a_1<a_2<\cdots<a_k$ 满足

$$f(f(a_i))=a_i\quad(1\leqslant i\leqslant k),$$

则在 $i<j$ 时，有

$$\begin{aligned}&|f(a_j)-f(a_i)|=a_j-a_i,\\&|f(a_{i+1})-f(a_i)+f(a_{i+2})-f(a_{i+1})|\\&\quad=|f(a_{i+2})-f(a_i)|=a_{i+2}-a_i\\&\quad=|f(a_{i+1})-f(a_i)|+|f(a_{i+2})-f(a_{i+1})|.\end{aligned}$$

因此 $f(a_{i+1})-f(a_i)$ 与 $f(a_{i+2})-f(a_{i+1})$ 同号.

$f(a_1)$，$f(a_2)$，$\cdots$，$f(a_k)$ 单调，不妨设为单调递增，则

$$f(a_{i+1})-f(a_i)=a_{i+1}-a_i \quad (1\leqslant i\leqslant k-1).$$

从而

$$f(a_{i+1})-a_{i+1}=f(a_i)-a_i,$$

即存在整数常数 c，满足

$$f(a_i)-a_i=c \quad (1\leqslant i\leqslant k).$$

因此 $f(x)-x-c$ 有 k 个不同的根. 又 f 的次数为 n，所以 $k\leqslant n$.

70. 设 $f(x)$，$g(x)$都是整系数多项式，不是常数，$g(x)\mid f(x)$. 如果 $f(x)-2008$ 至少有 81 个不同的整数根，证明：$g(x)$的次数大于 5.

证明 设 $f(x)=g(x)h(x)$，$h(x)$为整系数多项式.

设 $a_1,a_2,\cdots,a_{81}$为 $f(x)-2008$ 的不同的整数根，则 $2008=f(a_i)=g(a_i)h(a_i)$，$g(a_1),g(a_2),\cdots,g(a_{81})$为 2008 的因数.

$2008=2^3\times 251$，有$(3+1)(1+1)=8$ 个不同的正因数，16 个不同的正负因数. 根据抽屉原理，$g(a_1),g(a_2),\cdots,g(a_{81})$中至少有$\left\lceil\frac{81}{16}\right\rceil=6$ 个相同. 不妨设

$$g(a_1)=g(a_2)=\cdots=g(a_6)=c,$$

则 $g(x)-c$ 有 6 个不同的根. 因此 $g(x)$的次数大于或等于 6.

71. $f(x)$是整系数多项式，不是常数. 证明：集合

$$M=\{f(m)\text{ 的质因数}\mid m\in\mathbb{Z}\}$$

为无穷集合.

证明 设 $f(x)=a_nx^n+a_{n-1}x^{n-1}+\cdots+a_1x+a_0$.

如果 $a_0=0$，那么对每个质数 p，$f(p)$被 p 整除. 从而 M 中含有一切质数 p，当然是无穷集.

如果 $a_0=1$，那么由于满足 $f(x)=\pm 1$ 的 x 至多有 $2n$ 个，所以必有整数 m，使得 $f(m)\neq\pm 1$. 从而 $f(m)$有质因数 p，$p\in M$，M 不是空集.

设已有质数 $p_1,p_2,\cdots,p_k\in M$. 因为满足 $f(p_1p_2\cdots p_kx)=\pm 1$ 的 x 只有有限多个，所以必有整数 h，使得 $f(p_1p_2\cdots p_kh)\neq\pm 1$. 又 $f(p_1p_2\cdots p_kh)\equiv a_0=1 \pmod{p_1p_2\cdots p_k}$，所以$f(p_1p_2\cdots p_kh)$的质因数 p_{k+1}与 $p_1,p_2,\cdots,p_k$ 均不相同. 因此 M 是无穷集.

如果 $a_0\neq 1$，考虑多项式$\frac{1}{a_0}f(a_0p_1p_2\cdots p_kx)$，它是整系数多项式，常数项为 1. 与上面相同，存在 $h\in\mathbb{Z}$，使$\frac{1}{a_0}f(a_0p_1p_2\cdots p_kh)\equiv 1 \pmod{p_1p_2\cdots p_k}$. 所以$\frac{1}{a_0}f(a_0p_1p_2\cdots p_kh)$的质因数 p_{k+1}与 $p_1,p_2,\cdots,p_n$ 均不相同. 因此 M 是无穷集.

72. 求所有整系数多项式 $f(x)$，使得对任意充分大的正整数 n，均有 $f(n)\mid n!$.

解　不难看出 $x,x-1,\cdots,x-k(k\in\mathbb{N})$等多项式均满足要求.而 $x+1$ 就不满足要求,例如取 $n=p-1$,p 为素数,则

$$n!=(p-1)!$$

不被 $p(=(p-1)+1)$整除,而 p 可以任意大.

当然 $x(x-1),x(x-1)(x-2)$等也满足要求,而 x^2 不满足要求(例如取 $n=p$,p 为素数).

于是,猜测当且仅当整系数多项式 $f(x)$的根都是非负整数且无重根时,题述结论成立.

换句话说,即当且仅当整系数多项式 $f(x)\mid Ax(x-1)\cdots(x-k)$时结论成立,其中 A 为整数,k 为非负整数.

当:在 $n>k+A$ 时,$f(n)\mid n(n-1)\cdots(n-k)$,$n-k-1\geqslant A$,所以

$$f(n)\mid n!.$$

仅当:设 $f(x)$满足要求.

在 $f(x)$有负整数根 $-m$ 时,对任意的正数 M,取质数 $p>M+m$,$n=p-m>M$,则因为 $x+m$ 是$f(x)$的因式,所以$(n+m)\mid f(n)$,即 $p\mid f(n)$.但 $p>n$,$p\nmid n!$,所以 $f(n)\nmid n!$.因此 $f(x)$不能有负整数根.

在 $f(x)$有重根 m,m 为正整数时,对任意的正数 M,取质数 $p>m+M$,$n=p+m$,则因为$(x-m)^2$ 是 $f(x)$的因式,所以 $p^2=(n-m)^2$ 是 $f(n)$的因数.而 $2p>p+m=n$,所以 $p\parallel n!$,$f(n)\nmid n!$.因此 $f(x)$不能有重根为正整数.

于是,设 $f(x)=(x-a_1)(x-a_2)\cdots(x-a_t)g(x)$,其中

$$(0\leqslant)a_1<a_2<\cdots<a_t$$

为 $f(x)$的整数根,$g(x)$为整系数多项式,没有整数根.

因为正整数 n 充分大时,$f(n)\mid n!$,所以更有 $g(n)\mid n!$.下面我们证明 $g(x)$是常数(当然是整数).

如果 $g(x)$不是常数,那么对任一正数 M,$|g(x)|$在区间$[-M,M]$上有最大值 L.根据上题的结果,存在正整数 m 及质数p,p 是$g(m)$的因数并且 $p>L$.

令 $n\equiv m(\bmod p)$,$0\leqslant n<p$,则

$$g(n)\equiv g(m)\equiv 0(\bmod p).$$

因为 $g(n)\neq 0$($g(x)$没有整数根),所以$|g(n)|\geqslant p>L$.但 L 是$g(x)$在$[-M,M]$上的最大值,所以 $n>M$.

因为 $p>n$,所以 $p\nmid n!$,更有 $g(n)\nmid n!$.这与 n 充分大时恒有$n!\mid g(n)$矛盾.

所以 $g(x)$必为常数 A,A 当然是整数.从而

$$f(x) = Ah(x),$$

其中 A 为固定整数，$h(x) \mid x(x-1)\cdots(x-k)$，$k$ 为非负整数.

73. 设 n 为大于 1 的整数，集合 $S \subseteq \{1,2,\cdots,n\}$，$S$ 中每两个数均不互质，并且每一个都不是另一个的倍数. 求 $|S|$ 的最大值.

解 先看一个具体的 n，例如 $n=20$.

$S \subseteq \{1,2,\cdots,20\}$ 需要满足以下两个条件，而且 S 的元素尽可能多(即 $|S|$ 最大).

条件 1：每两个数都不互质. 不难做到，选出全体偶数 2,4,6,8,10,12,14,16,18,20 即可.

条件 2：每一个都不是另一个的倍数. 怎么做到？在上面选出的 10 个数中，去掉前 5 个. 剩下的 5 个中，每一个的 2 倍都超过 20，因而没有一个数是其他数的倍数.

这样，我们就选出了 5 个数 12,14,16,18,20. $S=\{12,14,16,18,20\}$ 满足要求.

一般情况也是如此，我们可以选出大于 $\frac{n}{2}$ 的所有偶数，即

$$S - \left\{x \,\middle|\, \frac{n}{2} < x \leqslant n, x \text{ 是偶数}\right\}.$$

这时 S 满足两个条件：每两个数均不互质(至少有公约数 2)，每一个都不是另一个的倍数(每一个小于另一个的 2 倍).

$|S| = ?$.

如果 $n=4k$，那么 $\frac{n}{2}=2k$，大于 $2k$ 的数是

$$2k+1, 2k+2, \cdots, 4k,$$

共 $2k$ 个，其中一半是偶数，即 k 个偶数. 所以 $|S|=k$.

如果 $n=4k+1$，那么大于 $\frac{n}{2}$ 的数仍是

$$2k+1, 2k+2, \cdots, 4k.$$

所以 $|S|=k$.

如果 $n=4k+2$，那么大于 $\frac{n}{2}$ 的数是

$$2k+2, 2k+3, \cdots, 4k+2,$$

共 $2k+1$ 个，其中偶数 $k+1$ 个. 所以 $|S|=k+1$.

如果 $n=4k+3$，与上面相同，$|S|=k+1$.

于是

$$|S| = \begin{cases} k, & \text{若 } n = 4k \text{ 或 } 4k+1, \\ k+1, & \text{若 } n = 4k+2 \text{ 或 } 4k+3. \end{cases}$$

或合起来用取整函数写成

$$|S|=\left[\frac{n+2}{4}\right].$$

$\left[\frac{n+2}{4}\right]$是否最大呢?

假设 S 是满足两个条件的集,我们要证明

$$|S|\leqslant\left[\frac{n+2}{4}\right].$$

每个自然数均可唯一地写成

$$2^s\cdot t$$

的形式,其中 t 为正奇数,s 为非负整数.

S 中的数当然也可写成上述形式.

注意

$$t—2t—2^2t—\cdots\quad(\text{不超过 } n)$$

形成一条链.t 不同时,两条链无公共元素.

因为 S 中每一个数均不是另一个的倍数,所以每条链至多有一个数属于 S.

S 中的数都在某条链中(但没有两个数在同一条链中).如果这个属于 S 的数(当然 $\leqslant n$)在所在链中最大,则保留这个数.否则,将这个数换成它所在链中最大的数(链中的数当然不超过 n).这个最大的数当然大于 $\frac{n}{2}$(否则可将它换为它的 2 倍).这时,S 中每一个数仍不是另一个的倍数.

将大于 $\frac{n}{2}$ 的数 $\left[\frac{n}{2}\right]+1,\left[\frac{n}{2}\right]+2,\cdots,n$ 从左到右每两个一组,但最后一组可能会有 3 个数$\left(\text{如果 } n \text{ 与} \left[\frac{n}{2}\right]+1 \text{ 奇偶性相同}\right)$.

因为每两个相邻的数互质,每两个相邻的奇数也互质,所以 n 为奇数时,每一组至多选出 1 个数.在 $n=4k+1$ 时,$|S|\leqslant k$.在 $n=4k+3$ 时,$|S|\leqslant k+1$.n 为偶数时,最后一组可能选出 2 个数.在 $n=4k$ 时,$|S|\leqslant k$.在 $p=4k+2$ 时,$|S|\leqslant k+1$.

综合上述结果,得$|S|$的最大值为$\left[\frac{n+2}{4}\right]$.

74. a,b 是整数,n 为正整数.若 $A=\{ax^n+by^n\mid x,y\in\mathbb{Z}\}$在 $\mathbb{Z}$ 中的补集 $\mathbb{Z}-A$ 是有限集,证明:$n=1$.

证明　假设 $n>1$.显然 a,b 的最大公约数 $d=1$,否则 A 由 d 的倍数组成,$\mathbb{Z}-A$ 是无限集.

若 $n=2$，则因为 $x^2\equiv 0,1,4 \pmod 8$，所以在 a 为偶数时，ax^2 至多含 mod 8 的两个剩余类，bx^2 至多含 mod 8 的 3 个剩余类，ax^2+by^2 至多含 $2\times 3=6$ 个 mod 8 的剩余类，与 $\mathbb{Z}-A$ 为有限集矛盾. b 为偶数时，也是如此. 如果 a，b 都是奇数，那么 $ax^2+by^2\equiv\pm(x^2+y^2)$，$-x^2+y^2$ 或 $x^2-y^2 \pmod 4$. 但 $x^2+y^2\not\equiv 3$，$-(x^2+y^2)\not\equiv 1$，$x^2-y^2\not\equiv 2$，$y^2-x^2\not\equiv 2 \pmod 4$，所以均与 $\mathbb{Z}-A$ 为有限集矛盾.

若 $n\geqslant 3$，则因为 $x^n\equiv(x+kn)^n \pmod{n^2}$，所以 x^n 至多有 n 个 mod n^2 的剩余类：$0^n,1^n,2^n,\cdots,(n-1)^n$. ax^n+by^n 至多有 n^2 个 mod n^2 的剩余类. 因为 $\mathbb{Z}-A$ 为有限集，所以 ax^n+by^n 恰有 n^2 个 mod n^2 的剩余类，从而仅在 x，y 都被 n 整除时，$ax^n+by^n\equiv 0 \pmod{n^2}$. 即仅在 $ax^n\equiv 0\equiv by^n \pmod{n^2}$ 时，$ax^n+by^n\equiv 0 \pmod{n^2}$. 但这时 $ax^n+by^n\equiv 0 \pmod{n^3}$，从而 $ax^n+by^n\not\equiv n^2 \pmod{n^3}$，仍与 $Z-A$ 为有限集矛盾.

75. 设 P 为所有质数的集，集 $M\subseteq P$，且 M 中至少有 3 个元素. 若对 M 的任一真子集 A，$\prod_{p\in A}p-1$ 的所有质因数属于 M，证明：$M=P$.

证明 设奇质数 $p\in M$. 取 $A=\{p\}$，则 $p-1$ 的所有质因数属于 M，特别地，$2\in M$.

设 p 是 M 中最小的奇质数. 若 M 为有限集，设 $M\setminus\{2,p\}$ 中所有数的积为 x，则 x 的所有质因数大于 p. 由 M 的性质，$x-1$ 与 $2x-1$ 的所有质因数都属于 M，因此 $2x-1=p^a$，$x-1=2^bp^c$，其中 a 为大于 1 的自然数，b，c 为非负整数. 但 $x-1$ 与 $2x-1$ 互质，所以 $c=0$. 从而 $x=2^b+1$，$p^a=2^{b+1}+1$.

若 a 是偶数 $2k$，则 $2^{b+1}=p^{2k}-1=(p^k+1)(p^k-1)$. 从而 $p^k-1=2$，$p=3$，$k=1$，$b=2$，$x=5$. $M=\{2,3,5\}$. 但 $7\mid(3\times 5-1)$，所以 $7\in M$，矛盾.

若 a 是奇数，则 $p^a-1=(p-1)(p^{a-1}+p^{a-2}+\cdots+1)$，$p^{a-1}+p^{a-2}+\cdots+1$ 为奇数，大于 1，与 $p^a-1=2^{b+1}$ 矛盾.

因此，M 为无限集.

若有奇质数 $p\notin M$，设 M 中元素依递增顺序排成 $p_1,p_2,\cdots$，则 $p_1,p_1p_2,p_1p_2p_3,\cdots$ 中有两个 mod p 同余. 因此有 $i<j$，使得 $p_1p_2\cdots p_j-p_1p_2\cdots p_i$ 被 p 整除. 而 $p\notin M$，所以 p 不同于 $p_1,p_2,\cdots$，必有 $p\mid(p_{i+1}p_{i+2}\cdots p_j-1)$，但 $p_{i+1}p_{i+2}\cdots p_j-1$ 的所有质因数都属于 M，矛盾.

从而对一切质数 $p\in M$，$M=P$.

76. 令

$$P=\{p\mid p\text{ 为质数}\},$$
$$P_1=\{p\mid p,p+2,p+6\text{ 均为质数}\},$$
$$P_2=\{p\mid p,p+4,p+6\text{ 均为质数}\},$$

$$P_1 + k = \{p + k \mid p \in P_1\},$$

$$P_2 + k = \{p + k \mid p \in P_2\},$$

证明：$P \backslash (P_1 \cup (P_1 + 2) \cup (P_1 + 6))$与$P \backslash (P_2 \cup (P_2 + 4) \cup (P_2 + 6))$均为无限集.

证明　由 Dirichlet 定理知形如$15n+1$的质数有无穷多个.设$q = 15n + 1 (n \in \mathbb{N})$为质数，则$q \in P$.

因为$q + 2 = 15n + 3 = 3(5n + 1)$不是质数，所以$p \notin P_1$.

因为$q = p + 2$导出$p + 6 = q + 4 = 15n + 5$不是质数，所以$q \notin P_1 + 2$.

因为$q = p + 6$导出$p = q - 6 = 15n - 5$不是质数，所以$q \notin P_1 + 6$，从而

$$q \in P \backslash (P_1 \cup (P_1 + 2) \cup (P_1 + 6)).$$

同样，$q + 4 = 15n + s$不是质数，$q \notin P_2$.

因为$q = p + 4$导出$p + 6 = 15n + 3$不是质数，所以$q \notin P_2 + 4$.

因为$q = p + 6$导出$p = 15n - 5$不是质数，所以$q \notin P_2 + 6$，从而

$$q \in P \backslash (P_2 \cup (P_2 + 4) \cup (P_2 + 6)).$$

因为q有无穷多个，所以上述两集均为无限集.

77. 全体质数所成数列$\{p_n\}$：2,3,5,7,11,13,17,…递增，且满足

$$p_{n+1} < 2p_n \quad (n = 1, 2, \cdots).$$

证明：对于$n \geqslant 3$，每个$\leqslant p_{2n+1}$的奇自然数均可表示为

$$\pm p_1 \pm p_2 \pm \cdots \pm p_{2n-1} + p_{2n}$$

的形式，其中±号可适当选择.

证明　$n = 3$时，有

$$1 = -p_1 + p_2 + p_3 - p_4 - p_5 + p_6,$$

$$3 = p_1 - p_2 - p_3 + p_4 - p_5 + p_6,$$

$$5 = p_1 + p_2 + p_3 - p_4 - p_5 + p_6,$$

$$7 = -p_1 - p_2 - p_3 - p_4 + p_5 + p_6,$$

$$9 = p_1 + p_2 - p_3 + p_4 - p_5 + p_6,$$

$$11 = p_1 - p_2 - p_3 - p_4 + p_5 + p_6,$$

$$13 = p_1 - p_2 + p_3 + p_4 - p_5 + p_6,$$

$$15 = -p_1 + p_2 + p_3 + p_4 - p_5 + p_6,$$

$$17 = p_1 + p_2 - p_3 - p_4 + p_5 + p_6.$$

（$n = 2$时不成立，因为$5 \neq \pm 2 \pm 3 \pm 5 + 7$.）

假设命题对n成立.

令$2k - 1 \leqslant p_{2n+3} < 2p_{2n+2}$，则适当选择±号，有

$$0\leqslant\pm(2k-1-p_{2n+2})<p_{2n+2}<2p_{2n+1}.$$

因此适当选择±号，得

$$0\leqslant\pm(\pm(2k-1-p_{2n+2})-p_{2n+1})<p_{2n+1}.$$

由归纳假设得

$$\pm(\pm(2k-1-p_{2n+2})-p_{2n+1})=\pm p_1\pm p_2\pm\cdots\pm p_{2n-1}+p_{2n},$$

从而

$$2k-1=\pm p_1\pm p_2\pm\cdots\pm p_{2n-1}\pm p_{2n}\pm p_{2n+1}+p_{2n+2}.$$

所以命题对 $n\geqslant3$ 成立.

由此得

$$p_{2n+1}=\pm p_1\pm p_2\pm\cdots\pm p_{2n-1}+p_{2n},$$

而且 $n=1,2$ 时也有

$$p_3=p_1+p_2,$$
$$p_5=p_1-p_2+p_3+p_4.$$

78. 试确定所有同时满足

$$q^{n+2}\equiv3^{n+2}\pmod{p^n},\tag{1}$$
$$p^{n+2}\equiv3^{n+2}\pmod{q^n}\tag{2}$$

的三元数组 (p,q,n)，其中 p,q 为奇质数，n 为大于 1 的自然数.

解 $q=3$ 显然是(1)的解，代入(2)得 $p=3$. 所以 $(3,3,n)(n=2,3,\cdots)$ 都是解.

如果 $p=q$，那么由(1)得 $p=3$，仍是上面的解.

以下设 $q>p\geqslant5$.

$n=2$ 时，

$$p^4\equiv3^4\pmod{q^2},$$

即 $q^2\mid(p^4-3^4=(p^2+3^2)(p^2-3^2))$.

$$(p^2+3^2,p^2-3^2)=(p^2+3^2,2\times3^2)=2.$$

而 q 为奇质数，所以

$$q^2\left|\frac{p^2+3^2}{2}\right.\quad 或\quad q^2\left|\frac{p^2-3^2}{2}\right..$$

但 $q^2>\dfrac{p^2+3^2}{2}$，所以以上两式皆不成立. 从而 $n\geqslant3$.

(1)即 $p^n\mid(q^{n+2}-3^{n+2})$，从而

$$p^n\mid(q^{n+2}+p^{n+2}-3^{n+2}).$$

同样

$$q^n \mid (q^{n+2}+p^{n+2}-3^{n+2}).$$

由于 p,q 是不同质数,所以

$$p^nq^n \mid (q^{n+2}+p^{n+2}-3^{n+2}).$$

从而

$$1 \leqslant \frac{q^{n+2}+p^{n+2}}{p^nq^n}=\frac{q^2}{p^n}+\frac{p^2}{q^n}. \tag{3}$$

但 $q^n \mid (p^{n+2}-3^{n+2})$,所以 $q^n<p^{n+2}$,$p>q^{\frac{n}{n+2}}$.

$n\geqslant 4$ 时,$\frac{n^2}{n+4}-2\geqslant\frac{2}{3}$,所以

$$\frac{q^2}{p^n}+\frac{p^2}{q^n}<\frac{1}{q^{\frac{2}{3}}}+\frac{1}{q^2}\leqslant\frac{1}{7^{\frac{2}{3}}}+\frac{1}{7^2}<\frac{1}{2}+\frac{1}{2}=1,$$

与(3)矛盾.从而 $n=3$.

因为 q 是大于 p 的质数,所以 $q\nmid(p-3)$.从而

$$q^3 \left| \frac{p^5-3^5}{p-3}\right..$$

因为 $5^5-3^5=2\times11\times131$ 不被质数的平方整除,所以 $p\geqslant7$,$q\geqslant11$.从而

$$q^3<\frac{p^5}{p-3}=\frac{p^4}{1-\frac{3}{p}}\leqslant\frac{p^4}{1-\frac{3}{7}}=\frac{7}{4}p^4,$$

$$\frac{q^2}{p^3}+\frac{p^2}{q^3}<\frac{q^2}{\left(\frac{7}{4}q^3\right)^{3/4}}+\frac{1}{q}\leqslant\left(\frac{7}{4}\right)^{3/4}\left(\frac{1}{11}\right)^{1/4}+\frac{1}{11}<1$$

$\left(\text{因为}\left(\frac{7^3\times11^3}{4^3}\right)<\frac{80^3}{4^3}=20^3=8000<10^4\text{,所以}\left(\frac{7}{4}\right)^{3/4}\left(\frac{1}{11}\right)^{1/4}<\frac{10}{11}\right)$,与(3)矛盾.

因此本题的解只有$(3,3,n)(n=2,3,\cdots)$.

79. n 为正整数,实数 $x_1\leqslant x_2\leqslant\cdots\leqslant x_n$,$y_1\geqslant y_2\geqslant\cdots\geqslant y_n$,且满足

$$\sum_{i=1}^n ix_i=\sum_{i=1}^n iy_i.$$

证明:对任意实数 α,总有

$$\sum_{i=1}^n [i\alpha]x_i\geqslant\sum_{i=1}^n [i\alpha]y_i.$$

证明　令 $z_i=y_i-x_i(i=1,2,\cdots,n)$,则

$$z_1\geqslant z_2\geqslant\cdots\geqslant z_n, \tag{1}$$

$$\sum_{i=1}^n iz_i=0. \tag{2}$$

故只需证明对任意实数 α，总有

$$\sum_{i=1}^{n}[i\alpha]z_i \leqslant 0. \tag{3}$$

熟知 Abel 求和法

$$\sum_{i=1}^{n} a_i b_i = \sum_{i=1}^{n-1}(a_i - a_{i+1})B_i + a_n B_n,$$

其中 $B_i = \sum_{j=1}^{i} b_j (i = 1,2,\cdots,n)$.

取 $a_i = z_i, b_i = i$，得

$$0 = \sum_{i=1}^{n} iz_i = \sum_{i=1}^{n-1}(z_i - z_{i+1})B_i + z_n B_n. \tag{4}$$

同样，令 $C_i = \sum_{j=1}^{i}[i\alpha]$，得

$$\begin{aligned}\sum_{i=1}^{n} z_i[i\alpha] &= \sum_{i=1}^{n-1}(z_i - z_{i+1})C_i + z_n C_n \\ &= \sum_{i=1}^{n-1}(z_i - z_{i+1})B_i \cdot \frac{C_i}{B_i} + z_n C_n. \end{aligned}\tag{5}$$

若$\frac{C_i}{B_i} \leqslant \frac{C_n}{B_n}$，则由(5)得

$$\begin{aligned}\sum_{i=1}^{n} z_i[i\alpha] &\leqslant \sum_{i=1}^{n-1}(z_i - z_{i+1})B_i \cdot \frac{C_n}{B_n} + z_n C_n \\ &= \frac{C_n}{B_n}\left(\sum_{i=1}^{n-1}(z_i - z_{i+1})B_i + z_n B_n\right) = 0.\end{aligned}$$

因此，只需证明$\frac{C_i}{B_i} \leqslant \frac{C_{i+1}}{B_{i+1}}$，即

$$(i+1)([\alpha] + [2\alpha] + \cdots + [i\alpha]) \leqslant (1 + 2 + \cdots + i)[(i+1)\alpha],$$

亦即

$$2([\alpha] + [2\alpha] + \cdots + [i\alpha]) \leqslant i[(i+1)\alpha]. \tag{6}$$

由

$$\begin{aligned}&[\alpha] + [i\alpha] \leqslant [(i+1)\alpha], \\ &[2\alpha] + [(i-1)\alpha] \leqslant [(i+1)\alpha], \\ &\cdots, \\ &[i\alpha] + [\alpha] \leqslant [(i+1)\alpha],\end{aligned}$$

相加得(6).因此结论成立.

80. 设 $1 + \frac{1}{2} + \frac{1}{3} + \cdots + \frac{1}{n} = \frac{a_n}{b_n}$，其中 a_n, b_n 是互质的正整数.证明：有无穷多个

n，满足

$$b_n > b_{n+1}. \tag{1}$$

证明　由

$$1+\frac{1}{2}=\frac{3}{2},$$

$$1+\frac{1}{2}+\frac{1}{3}=\frac{11}{6},$$

$$\frac{11}{6}+\frac{1}{4}=\frac{25}{12},$$

$$\frac{25}{12}+\frac{1}{5}=\frac{137}{60},$$

$$\frac{137}{60}+\frac{1}{6}=\frac{147}{60}=\frac{49}{20},$$

即可得到第一个使(1)成立的 n，$n=5$，$n+1=6=2\times3$.

进而可以猜想 $n+1=2\times3^k$，$n=2\times3^k-1(k=1,2,\cdots)$能使(1)成立.

事实上，对于 $n=2\times3^k-1$，$1,2,\cdots,n$ 中 3 的指数最高为 k，而且只有 3^k 这一项 3 的指数为 k，所以

$$1+\frac{1}{2}+\cdots+\frac{1}{3^k}+\cdots+\frac{1}{n}=\frac{c_n}{d_n}+\frac{1}{3^k}=\frac{3^kc_n+d_n}{3^kd_n},$$

其中 $v_3(d_n)<k$. 所以 $v_3(3^kc_n+d_n)=v_3(d_n)$，约分后，分母 b_n 中 3 的幂指数为 k.

又设 $1,2,\cdots,n$ 中 2 的幂指数最高为 h，则只有 2^h 这一项 2 的指数为 h，同样可得分母 b_n 中 2 的指数为 h. 因此

$$n+1=2\times3^k \mid b_n,$$

$$\frac{a_n}{b_n}+\frac{1}{n+1}=\frac{a'_n}{b_n},$$

从而 $b_{n+1}\mid b_n$. 又由于

$$\begin{aligned}1+\frac{1}{2}+\cdots+\frac{1}{n+1}&=1+\frac{1}{2}+\cdots+\frac{1}{3^k-1}+\frac{1}{3^k+1}+\cdots+\frac{1}{n}+\left(\frac{1}{3^k}+\frac{1}{2\times3^k}\right)\\&=1+\frac{1}{2}+\cdots+\frac{1}{3^k-1}+\frac{1}{3^k+1}+\cdots+\frac{1}{n}+\frac{1}{3^{k-1}},\end{aligned}$$

分母中 3 的最高次幂至多为 3^{k-1}，所以 b_{n+1} 中 3 的指数最高为 $k-1$，从而 $b_{n+1}<b_n$.

又证　$n=p^2-p-1$(p 为任一奇质数)满足要求.

首先，$\frac{1}{2},\frac{1}{3},\cdots,\frac{1}{n+1}$中分母被 p 整除的项有

$$\frac{1}{p},\frac{1}{2p},\cdots,\frac{1}{(p-1)p},$$

而

$$\frac{1}{ip}+\frac{1}{(p-i)p}=\frac{1}{i(p-i)}\quad\left(1\leqslant i\leqslant\frac{p-1}{2}\right),$$

因此两两相加，和的分母也不被 p 整除，从而

$$p\nmid b_{n+1}.$$

又

$$\frac{a_n}{b_n}=\frac{a_{n+1}}{b_{n+1}}-\frac{1}{p(p-1)}=\frac{p(p-1)a_{n+1}-b_{n+1}}{p(p-1)b_{n+1}},$$

设 $d=(p(p-1)a_{n+1}-b_{n+1},p(p-1)b_{n+1})$，则

$$d\mid(p(p-1)(p(p-1)a_{n+1}-b_{n+1})+p(p-1)b_{n+1}=p^2(p-1)^2a_{n+1}),$$

$$d\mid p(p-1)b_{n+1},$$

所以 $d\mid p^2(p-1)^2$.

但 $p\nmid b_{n+1}$，所以 $p\nmid(p(p-1)a_{n+1}-b_{n+1})$，$p\nmid d$，从而 $d\mid(p-1)^2$. 因此

$$b_n\geqslant\frac{p(p-1)b_{n+1}}{(p-1)^2}>b_{n+1}.$$

81. p 为质数. 任给 $p+1$ 个不同的正整数. 求证：可从中取出两个数 $a,b(a>b)$，使得

$$\frac{a}{(a,b)}\geqslant p+1.$$

证明　$p+1$ 个数中必有两个数在 mod p 的同一个剩余类中.

设这两个数为 $a,b(a>b)$. 若 a,b 都不在零类中，则 $p\mid(a-b)$，$p\nmid(a,b)$，所以 $p\left|\frac{a-b}{(a,b)}\right.$. 从而

$$\frac{a}{(a,b)}=\frac{a-b}{(a,b)}+\frac{b}{(a,b)}\geqslant p+1.$$

如果 $p+1$ 个数全在零类，将每个数都除以 p，由于 $\frac{a}{(a,b)}=\frac{a/p}{(a/p,b/p)}$，所以这样处理后并不影响结果. 因此可以假定并非所有数都在零类.

因此，假定在零类之外有给定的数，在零类中也有给定的数(否则由开始的证明，结论已经成立).

设 c 不在零类，kp 在零类.

若 $c>kp$，则与开始的证明相同，有

$$\frac{c}{(c,kp)}=\frac{c}{(c,k)}=\frac{c-kp}{(c,k)}+\frac{kp}{(c,k)}\geqslant 1+p.$$

若 $c<kp$,则

$$\frac{kp}{(c,kp)}=\frac{k}{(c,k)}\cdot p\geqslant p,$$

等号仅在 $k\mid c$ 时成立.因此 $k\nmid c$ 时,结论也成立.最后剩下的情况是零类中有数

$$k_1p<k_2p<\cdots<k_rp,$$

非零类中的数是 $c_1<c_2<\cdots<c_s$,$r+s=p+1$,并且每个 c_j 是每个 k_i 的倍数($1\leqslant j\leqslant s$,$1\leqslant i\leqslant r$).因而

$$c_j=lh_j\quad(1\leqslant j\leqslant s),$$

其中 $l=[k_1,k_2,\cdots,k_r]$,$h_1<h_2<\cdots<h_s$ 为正整数.

由于 $l=[k_1,k_2,\cdots,k_r]$,$k_1<k_2<\cdots<k_r$,所以

$$\frac{l}{k_1}>\frac{l}{k_2}>\cdots>\frac{l}{k_r}.$$

这 r 个正整数中,当然最大的$\frac{l}{k_1}\geqslant r$.因此

$$c_s=lh_s\geqslant rk_1h_s\geqslant k_1rs\geqslant k_1\cdot 1\cdot p=kp.$$

根据上面所说,结论成立.

82. 正整数 a,b,c 满足 $a^2+b^3=c^4$,求 c 的最小值.

解 已知的不定方程不太好解,即使移项,化为

$$(c^2+a)(c^2-a)=b^3,$$

讨论起来也还是挺麻烦.

但题目只要求 c 的最小值,不如直接由 c 入手.

显然 $c>1$.$c=2$ 时,$c^4=16$,小于 16 的 b^3 只能为 1,8.但 $16-1=15$,$16-8=7$ 都不是平方数.

$c=3$ 时,$c^4=81$,$b^3=1,8,27,64$.c^4-b^3 仍不是平方数.

$c=4$ 时,$c^4=256$,$b^3=1,8,27,64,125,216$.c^4-b^3 仍不是平方数.

$c=5$ 时,$c^4=625$,$b^3=1,8,27,64,125,216,343,512$.$c^4-b^3$ 仍不是平方数.

$c=6$ 时,$c^4=1296$,$b^3=8^3=512$ 时,

$$c^4-b^3=1296-512=784=28^2,$$

所以 c 的最小值为 6.

83. 任给 $4k+2$ 个连续的正整数

$$a+1,a+2,\cdots,a+4k+2,$$

最前 $2k$ 个数的积记为 A,最后 $2k$ 个数的积记为 B.求证:$A+B$ 可表示为中间两个数的积(即$(a+2k+1)(a+2k+2)$)的 k 次整系数多项式.

证明 首先，将符号变更一下，即改为更适当的符号.

令 $b=a+2k+1, c=b+1$，则前 $2k$ 个数的积为

$$A=A_k=(b-2k)(c-2k)\cdots(b-4)(c-4)(b-2)(c-2),$$

后 $2k$ 个数的积为

$$B=B_k=(b+2)(c+2)(b+4)(c+4)\cdots(b+2k)(c+2k).$$

这样做可收到“对称”的效果.

采用归纳法.

$k=1$ 时，

$$A+B=(b-2)(c-2)+(b+2)(c+2)=2bc+8$$

是 bc 的 1 次整系数多项式.

假设命题对 $k-1$ 成立. 考虑 k 的情况.

$$\begin{aligned} A_k+B_k&=(b-2k)(c-2k)A_{k-1}+(b+2k)(c+2k)B_{k-1}\\ &=(A_{k-1}+B_{k-1})(bc+4k^2)+2k(b+c)(B_{k-1}-A_{k-1}), \end{aligned} \tag{1}$$

其中 $A_{k-1}+B_{k-1}$ 是 bc 的 $k-1$ 次整系数多项式，所以 $(A_{k-1}+B_{k-1})(bc+4k^2)$ 是 bc 的 k 次整系数多项式.

现在我们证明

$$B_k-A_k=Q_k(bc)(b+c), \tag{2}$$

其中 $Q_k(bc)$ 是 bc 的 $k-1$ 次整系数多项式.

奠基显然((2)即由奠基而产生)：

$$B_1-A_1=(c+2)(b+2)-(c-2)(b-2)=4(b+c).$$

假设(2)对 $k-1$ 成立，则

$$\begin{aligned} B_k-A_k&=(b+2k)(c+2k)B_{k-1}-(b-2k)(c-2k)A_{k-1}\\ &=(bc+4k^2)(B_{k-1}-A_{k-1})+2k(b+c)(B_{k-1}+A_{k-1})\\ &=Q_{k-1}(b+c)(bc+4k^2)+2k(b+c)P_{k-1}\\ &=(b+c)Q_k, \end{aligned}$$

其中 Q_{k-1} 是 bc 的 $k-2$ 次多项式，P_{k-1}，Q_k 是 bc 的 $k-1$ 次多项式.

于是(2)成立.

回到(1)，得

$$\begin{aligned} 2k(b+c)(B_{k-1}-A_{k-1})&=2k(b+c)(b+c)Q_{k-1}(bc)\\ &=2k(2b+1)^2Q_{k-1}(bc)\\ &=2k(4b^2+4b+1)Q_{k-1}(bc)\\ &=2k(4bc+1)Q_{k-1}(bc)\\ &=P_{k-1}(bc). \end{aligned}$$

于是命题成立.

84. 上题中,中间两个数的和记为 S.证明:$B-A$ 被 S 整除,并且所得的商被 $2^k k(k-1)$整除.

证明　设最前 $2k$ 个数为 $a_1,a_2,\cdots,a_{2k}$,则最后 $2k$ 个数为 $S-a_{2k},S-a_{2k-1},\cdots,S-a_1$.

$$\text{差 } D=B-A=\prod_{i=1}^{2k}(S-a_i)-a_1a_2\cdots a_{2k}$$
$$=S^{2k}-\sigma_1 S^{2k-1}+\sigma_2 S^{2k-2}-\cdots+\sigma_{2k-2}S^2-\sigma_{2k-1}S,$$

其中

$$\sigma_{2k-j}=a_1a_2\cdots a_{2k}\sum\frac{1}{a_{i_1}a_{i_2}\cdots a_{i_j}},$$

j 元集$\{i_1,i_2,\cdots,i_j\}\subseteq\{1,2,\cdots,2k\}$.

所以 $B-A=SQ$,$Q=S^{2k-1}-\sigma_1S^{2k-2}+\cdots+\sigma_{2k-2}S-\sigma_{2k-1}$是整数.

设奇质数 $p\mid k$,且 $p^\alpha\parallel k$,$p^\beta\parallel S$.有两种情况:

(ⅰ) $\alpha>\beta$.

因为$(k!)^2\mid a_1a_2\cdots a_{2k}$,$(k!)^2\mid(S-a_1)(S-a_2)\cdots(S-a_{2k})$,所以 $k^2\mid D$,$p^{2\alpha}\mid D$,$p^\alpha S\mid D$,$p^\alpha\mid Q$.

(ⅱ) $\alpha\leqslant\beta$.

这时 $p^\alpha\mid S$,$k\mid\sigma_{2k-1}$,所以 $p^\alpha\mid Q$.

关于 $k-1$,情况类似.

再考察 2 的次数.

注意 S 是奇数.

因为$(2k)!\mid a_1a_2\cdots a_{2k}$,所以 $a_1a_2\cdots a_{2k}$中 2 的次数$\geqslant\left[\frac{2k}{2}\right]+\left[\frac{2k}{4}\right]=k+\left[\frac{k}{2}\right]$.

若 k 为奇数,显然$\left[\frac{k}{2}\right]\geqslant v_2(k)=0$.

若 k 为偶数,则$\frac{k}{2}\geqslant 2^{v_2(k)-1}\geqslant 1+(v_2(k)-1)=v_2(k)$.

所以 D 中 2 的次数$\geqslant k+v_2(k)$.从而

$$2^k k(k-1)\mid Q.$$

85. 已知正整数数列$\{x_n\}$满足

$$x_{n+1}^2=x_1^2+x_2^2+\cdots+x_n^2\quad(n\geqslant1),\tag{1}$$

求 x_1 的最小值,使得

$$2006 \mid x_{2006}. \tag{2}$$

解　$2006=2\times17\times59$，所以(2)即

$$2 \mid x_{2006},\quad 17 \mid x_{2006},\quad 59 \mid x_{2006}. \tag{3}$$

问 x_1 为何值时才能使(1)成立？需要由 x_{2006} 倒推出 x_1，但(1)却是由 x_1 推向 x_{2006}，因此需将(1)改一改.注意到

$$x_n = x_1^2 + x_2^2 + \cdots + x_{n-1}^2 \quad (n \geqslant 2), \tag{4}$$

所以由(1)、(4)得

$$x_{n+1} = x_n + x_n^2 = x_n(x_n+1). \tag{5}$$

但(1)、(4)的 n 还是有一点限制的，所以(5)也应限制

$$n \geqslant 2, \tag{6}$$

即由(1)得

$$x_2 = x_1^2, \tag{7}$$

而不是 $x_2=x_1(x_1+1)$.这里若不注意，答案就不对了.

我们有

$$x_{2006} = x_{2005}(x_{2005}+1), \tag{8}$$

x_{2005} 与 $x_{2005}+1$ 一奇一偶，它们的积一定被 2 整除.所以必有 $2 \mid x_{2006}$.

再看 $17 \mid x_{2006}$，它导致

$$x_{2005}(x_{2005}+1) \equiv 0 \pmod{17},$$

所以

$$x_{2005} \equiv 0 \pmod{17} \tag{9}$$

或

$$x_{2005} \equiv -1 \pmod{17}. \tag{10}$$

当然可以继续再向前推，但是如果每次有两个结果，那么将越来越麻烦，我们应及时地证明(10)是不可能出现的.因为若有(10)，则有

$$x_{2004}(x_{2004}+1) \equiv -1 \pmod{17}, \tag{11}$$

即

$$x_{2004}^2 + x_{2004} + 1 \equiv 0 \pmod{17},$$

两边同时乘以 $x_{2004}-1$ 得

$$x_{2004}^3 \equiv 1 \pmod{17}. \tag{12}$$

由 Fermat 小定理得((11)表明 x_{2004} 与 17 互质)

$$x_{2004}^{17-1} \equiv 1 \pmod{17}, \tag{13}$$

结合(12)，由(13)得

$$x_{2004} \equiv x_{2004}^{3\times5+1} \equiv 1 \pmod{17},$$

但这与(11)矛盾.

所以只有(9),没有(10).由(9)同样得出

$$x_{2004} \equiv 0, x_{2003} \equiv 0, \cdots, x_3 \equiv 0 \pmod{17},$$

但不能肯定 $x_2 \equiv 0 \pmod{17}$,而只能得出

$$x_2 \equiv 0 \pmod{17} \tag{14}$$

或

$$x_2 \equiv -1 \pmod{17}. \tag{15}$$

再由(14)与(7)得

$$x_1 \equiv 0 \pmod{17}, \tag{16}$$

由(15)与(7)得

$$x_1 \equiv 4 \text{ 或 } 13 \pmod{17}. \tag{17}$$

同样

$$x_1^2 = x_2 \equiv 0 \pmod{59} \tag{18}$$

或

$$x_1^2 = x_2 \equiv -1 \pmod{59}. \tag{19}$$

但与17的情况有一点不同,x_1 与59互质导出

$$1 \equiv x_1^{58} = (x_1^2)^{29} \equiv (-1)^{29} = -1 \pmod{59},$$

矛盾.所以(19)不成立(这里17与59的差异在于 $17 \equiv 1 \pmod 4$,$59 \equiv 3 \pmod 4$,所以 -1是 mod 17 的平方剩余,而不是 mod 59 的平方剩余).

于是只有 $x_1 \equiv 0 \pmod{59}$.

设 $x_1 = 59k$(k 为正整数).

$59, 59\times2, 59\times3, 59\times4, \cdots, 59\times8, 59\times9, \cdots$ 中第一个满足(16)或(17)的是 59×8(第二个是 59×9,第三个是 59×17),即 x_1 的最小值为

$$59\times8 = 472.$$

不难验证,这时 $x_2 \equiv x_3 \equiv \cdots \equiv x_{2006} \equiv 0 \pmod{59}$,而且 $x_3 \equiv x_4 \equiv \cdots \equiv x_{2006} \equiv 0 \pmod{17}$.

注　有些书上忽视了本题一开始对 n 的限制(6),因而答案错了.我还看到不少书上的题干漏去"正整数数列"中的"正"字.如没有这个字,$x_1 = -17\times59k$($k \in \mathbb{N}$)也能使 $2006 \mid x_{2006}$,最小的 x_1 并不存在!

86. 已知整数 $n \geqslant 2$.黑板上写有 n 个1,进行如下操作:每一次任取两个数 a, b,将它们擦去,改为 $a+b$ 或 $\min\{a^2, b^2\}$.经过 $n-1$ 次操作后,黑板上只剩一个数,设这个数的最大值为 $f(n)$.求证:

$$2^{\frac{n}{3}} < f(n) \leqslant 3^{\frac{n}{3}}. \tag{1}$$

证明 用归纳法.

显然 $f(2)=2, f(3)=3$，即(1)在 $n=2,3$ 时均成立.

先证(1)的右边，假设

$$f(n) \leqslant 3^{\frac{n}{3}} \tag{2}$$

对小于 $n(\geqslant 4)$ 的数均成立. 考虑 n 个数，最后一步应由两个数 a, b 变成一个数 c，而 a，b 分别由开始的 n_1 个数与 n_2 个数变成，n_1, n_2 都是自然数，且 $n_1+n_2=n$.

在 $n_1 \geqslant 2, n_2 \geqslant 2$ 时，

$$2 \leqslant a = f(n_1) \leqslant 3^{\frac{n_1}{3}},$$

$$2 \leqslant b = f(n_2) \leqslant 3^{\frac{n_2}{3}},$$

而 $c=\max\{a+b, \min\{a^2, b^2\}\}$.

因为 $a+b \leqslant ab, ab \geqslant \min\{a^2, b^2\}$，所以

$$c \leqslant ab \leqslant 3^{\frac{n_1+n_2}{3}} = 3^{\frac{n}{3}}.$$

在 $n_1=1$（或 $n_2=1$）时，$n_2 \geqslant 3$，

$$c = 1+b \leqslant 1+3^{\frac{n_2}{3}} < 3^{\frac{n}{3}},$$

因此(2)成立.

将(1)的左边结论加强为

$$2^{\frac{n+1}{3}} \leqslant f(n), \tag{3}$$

奠基仍成立. 假设对小于 n 的数结论成立. 考虑 $n(\geqslant 4)$ 个数.

将 n 个数分为两组，一组 $\left[\frac{n}{2}\right]$ 个数，一组 $\left[\frac{n+1}{2}\right]$ 个数.

由归纳假设知这两组产生的数分别大于或等于 $2^{\frac{\left[\frac{n}{2}\right]+1}{3}}$ 与 $2^{\frac{\left[\frac{n+1}{2}\right]+1}{3}}$. 因此

$$f(n) \geqslant \left(2^{\frac{\left[\frac{n}{2}\right]+1}{3}}\right)^2 \geqslant 2^{\frac{n+1}{3}}.$$

87. n 为正整数. 若正整数 A 的十进制表示不含数字 2,0,1,8，并且 A 的任何相邻的两个数字依原顺序所成两位数都是素数，则称这样的正整数 A 为“丰收数”. 例如 6，47，379 都是“丰收数”. 用 a_n 表示不超过 n 位的丰收数的个数，易得 $a_1=6, a_2=15$.

（i）求证：数列 $\{a_n\}$ 的通项公式为

$$(P+(-1)^n Q) \cdot 2^{\frac{n-4}{2}} - 16 \quad (n = 1,2,3,\cdots),$$

其中 $P=31+22\sqrt{2}, Q=31-22\sqrt{2}$.

（ⅱ）十进制中不含数字4,5,6,且被11整除的“丰收数”,称为“中秋丰收数”.设全体 n 位“中秋丰收数”的个数为 c_n,它们的和为 $S_n(n=1,2,\cdots)$.求证:

$$\frac{S_{924}}{c_{924}}=\frac{13(10^{924}-1)}{18}.$$

证明　（ⅰ）$a_1=6$,这6个丰收数即3,4,5,6,7,9.

令 $b_n=a_n-a_{n-1}(n\geqslant 2)$,则 b_n 表示 n 位的丰收数的个数.

$b_2=9$,即2位的丰收数有9个:37,43,47,53,59,67,73,79,97.

$b_3=13$,即3位的丰收数有13个,它们可由上面的9个2位的丰收数加上“尾巴”得到:

$$37<\begin{matrix}373\\379\end{matrix}\qquad 43\diagup 437\qquad 47<\begin{matrix}473\\479\end{matrix}$$

$$53\diagup 537\qquad 59\diagup 597\qquad 67<\begin{matrix}673\\679\end{matrix}$$

$$73\diagup 737\qquad 79\diagup 797\qquad 97<\begin{matrix}973\\979\end{matrix}$$

b_3 比 b_2 大4,但两者的关系似不易推广.

$b_2=18$.4位的丰收数可由2位的丰收数加上2位的“尾巴”得到.2位的丰收数的个位为3,7,9.每一种情况都可以产生两个4位的丰收数,即

$$3<\begin{matrix}7—3\\7—9\end{matrix}\qquad 7<\begin{matrix}3—7\\9—7\end{matrix}\qquad 9<\begin{matrix}7—3\\7—9\end{matrix}$$

反之,每一个4位的丰收数均可这样得到.所以

$$b_4=2b_2.$$

一般地,$b_{n+2}=2b_n$.理由同上(n 位的丰收数的个位为3,7,9.每一种情况都有两种可能添上2位的“尾巴”).

于是$\{b_n\}(n\geqslant 2)$由两个公比为2的等比数列组成,一个是 $b_2,b_4,b_6,\cdots$,另一个是 $b_3,b_5,b_7,\cdots$.

由等比数列的通项公式得

$$b_{2k}=2^{k-1}b_2=2^{k-1}\times 9,$$
$$b_{2k+1}=2^{k-1}b_3=2^{k-1}\times 13.$$

从而

$$\begin{aligned}a_{2k+1}&=b_{2k+1}+a_{2k}=b_{2k+1}+b_{2k}+a_{2k-1}\\&=\cdots\\&=b_{2k+1}+b_{2k}+b_{2k-1}+b_{2k-2}+\cdots+b_3+b_2+a_1\\&=2^{k-1}\times 22+2^{k-2}\times 22+\cdots+22+6\\&=(2^k-1)\times 22+6=2^k\times 22-16,\end{aligned}$$

$$a_{2k} = a_{2k+1} - b_{2k+1} = 2^{k-1} \times 31 - 16.$$

这里的结果与题中给出的通项公式是一致的，不难验证.

（ⅱ）中秋丰收数的数字只有3，7，9，而且每相邻两个数字中恰有一个为7（即37，97，73，79四种情况）.

924位的中秋丰收数，如果首位数字为7，那么形如

$$7*7*\cdots 7* \quad (\text{共 } 924 \text{ 位}),$$

其中$*$为3或9.

设其中3有x个，则9有$(462-x)$个.

$$3x + 9(462 - x) \equiv 7 \times 462 (\text{mod } 11),$$

即$x \equiv 0(\text{mod } 11)$，从而$462 - x \equiv 0(\text{mod } 11)$.

首位不是7的，形如

$$*7*7\cdots *7 \quad (\text{共 } 924 \text{ 位}),$$

其中3的个数仍然被11整除，9的个数也被11整除.

于是每个中秋丰收数m有一个共轭数m'，m'是由m将数字3换成9，9换成3而得到的. m还有一个伙伴n，n是由m将第一位移到最后一位而得到的.

$$\frac{1}{4}(m + m' + n + n') = \frac{1}{2}(7676\cdots 76 + 6767\cdots 67)$$

$$= \frac{13}{2} \times 11\cdots 1 = \frac{13}{2} \times \frac{10^{942} - 1}{9} = \frac{13(10^{942} - 1)}{18},$$

因此中秋丰收数的平均值为

$$\frac{S_{942}}{c_{942}} = \frac{13(10^{942} - 1)}{18}.$$

88. 若$n = 2^t p_1 p_2 \cdots p_s$，其中$p_1, p_2, \cdots, p_s$为不同的奇素数，证明：同余方程

$$x^2 \equiv 1(\text{mod } n) \tag{1}$$

有2^{s+b}个解，其中

$$b = \begin{cases} 0, & \text{若 } t = 0 \text{ 或 } 1, \\ 1, & \text{若 } t = 2, \\ 2, & \text{若 } t \geqslant 3. \end{cases}$$

证明　(1)即方程组

$$x^2 \equiv 1(\text{mod } 2^t), \tag{2}$$

$$x^2 \equiv 1(\text{mod } p_i) \quad (i = 1, 2, \cdots, s). \tag{3}$$

根据中国剩余定理，上述方程组的各个方程的解 $x_0,x_1,x_2,\cdots,x_s$ 产生 mod n 的一个解.

而 $x^2\equiv 1(\bmod\ p_i)$恰有两个解 $x\equiv\pm 1(\bmod\ p_i)$.

在 $t=0$ 或 1 时，$x^2\equiv 1(\bmod\ 2^t)$恰有一个解，即 $x\equiv 1(\bmod\ 2^t)$.

在 $t=2$ 时，$x^2\equiv 1(\bmod\ 4)$恰有 2 个解，即 $x\equiv\pm 1(\bmod\ 4)$.

在 $t=3$ 时，$x^2\equiv 1(\bmod\ 8)$恰有 4 个解，即 $x\equiv\pm 1,\pm 3(\bmod\ 8)$.

一般地，设 $t\geqslant 3$ 时，$x^2\equiv 1(\bmod\ 2^t)$恰有 4 个解，则 $\pm 1,2^t\pm 1$ 是

$$x^2\equiv 1(\bmod\ 2^{t+1})\tag{4}$$

的 4 个解.而且设 x 为(4)的解，则

$$x^2\equiv 1(\bmod\ 2^t),$$

所以 $x=\pm 1$ 或 $2^t\pm 1$.

因此 $t\geqslant 3$ 时，(2)有 2^b 个解.

于是(1)有$\underbrace{2\times 2\times\cdots\times 2}_{s个}\times 2^b=2^{s+b}$个解.

89. 设 $a_1,a_2,\cdots,a_n$ 为 n 个互不相同的正奇数，而且两两的差互不相同.求证：

$$\sum_{i=1}^{n}a_i\geqslant\frac{1}{2}(n^3-3n^2+10n-8).\tag{1}$$

证明　令 $S_i=\sum_{k=1}^{i}a_k(i=1,2,\cdots)$，则有严文兰恒等式

$$\sum_{1\leqslant i<j\leqslant n}(a_j-a_i)=(n-1)S_n-2\sum_{i=1}^{n-1}S_i.\tag{2}$$

(2)的证明不难.

在 $\sum_{1\leqslant i<j\leqslant n}(a_j-a_i)$ 中，某一固定的项 a_j 作为被减数出现$j-1$次($a_j-a_1,a_j-a_2,\cdots,a_j-a_{j-1}$)，作为减数出现 $n-j$ 次($a_n-a_j,a_{n-1}-a_j,\cdots,a_{j+1}-a_j$)，因此 a_j 的系数是

$$(j-1)-(n-j)=2j-n-1.$$

在$(n-1)S_n-2\sum_{i=1}^{n-1}S_i$ 中，a_j 在$(n-1)S_n$ 中作为“正面人物”(正的)出现 $n-1$次，在 $-2\sum_{i=1}^{n-1}S_i$ 中作为“负面人物”(负的)出现 $2(n-1-j+1)$ 次(a_j 出现在$S_j,S_{j+1},\cdots,S_{n-1}$ 中)，即 a_j 的系数是

$$n-1-2(n-1-j+1)=2j-n-1.$$

对每个 a_j，它在(2)两边的系数相同，因此(2)成立.

另一方面，不妨设$\{a_j\}$递增.差 $a_j-a_i(1\leqslant i<j\leqslant n)$共有 $t=\frac{1}{2}n(n-1)$个，它们是互不相同的正偶数.因此

$$\sum_{1\leqslant i<j\leqslant n}(a_j-a_i)\geqslant 2(1+2+\cdots+t)=t(t+1). \tag{3}$$

由(2)、(3)得

$$(n-1)S_n\geqslant t(t+1)+2\sum_{i=1}^{n-1}S_i \tag{4}$$

再用归纳法证明(1).

奠基 $n=2,3$ 均显然.设 $n\geqslant 4$，并且在 n 换成比 n 小的数时(1)成立，则由(4)得

$$\begin{aligned}(n-1)S_n&\geqslant t(t+1)+2\sum_{i=1}^{n-1}\frac{1}{2}(i^3-3i^2+10i-8)\\&=\frac{1}{4}n(n-1)(n^2-n+2)+\left(\frac{(n-1)n}{2}\right)^2\\&\quad-\frac{1}{2}(n-1)n(2n-1)+5(n-1)n-8(n-1).\end{aligned}$$

所以

$$\begin{aligned}S_n&\geqslant\frac{1}{4}(n^3-n^2+2n+n^3-n^2)-\frac{1}{2}(2n^2-n)+5n-8\\&=\frac{1}{2}(n^3-3n^2+10n-8)+(n-4)\geqslant\frac{1}{2}(n^3-3n^2+10n-8),\end{aligned}$$

即(1)对一切 $n>1$ 都成立.

90. 设 n,k,m 是正整数，满足 $k\geqslant 2$，且

$$n<m<\frac{2k-1}{k}n. \tag{1}$$

设 A 是$\{1,2,\cdots,m\}$的 n 元子集.证明：区间$\left(0,\frac{n}{k-1}\right)$中的每个整数均可表示成 $a-a'$，其中 $a,a'\in A$.

证明 先看一道很老的题.

设 x 为正整数.问：在$\{1,2,\cdots,m\}$中至多可以取出多少个数，使得取出的数中，每两个的差不为 x？

做带余除法 $m\div x$ 得

$$m=qx+r,\quad 0\leqslant r<x, \tag{2}$$

其中 q,r 都是非负整数.

亦即$\{1,2,\cdots,m\}$可按 mod x 的余数写成 x 行，每行是公差为 x 的等差数列：

$$1,1+x,1+2x,\cdots,1+qx,$$

$2, 2+x, 2+2x, \cdots, 2+qx,$

$\cdots,$

$r, r+x, r+2x, \cdots, r+qx,$

$r+1, r+1+x, r+1+2x, \cdots, r+1+(q-1)x,$

$\cdots,$

$x, 2x, 3x, \cdots, qx.$

在 q 为奇数时,每行可取$\dfrac{q+1}{2}$个,共取$\dfrac{q+1}{2}x$ 个数.

在 q 为偶数时,前 r 行每行可取$\dfrac{q}{2}+1$ 个,后 $x-r$ 行每行可取$\dfrac{q}{2}$个,共取$\dfrac{q}{2}x+r$ 个数.

因此至多可取 N 个数,每两个的差不为 x,这里

$$N=\begin{cases}\dfrac{q+1}{2}x, & \text{若 } q \text{ 为奇数},\\ \dfrac{q}{2}x+r, & \text{若 } q \text{ 为偶数}.\end{cases}$$

换句话说,即当取出的数的个数 $n>N$ 时,其中就有两个数是上述每行中相邻的数,它们的差为 x.

现在的问题即设(1)、(2)成立,并且

$$x<\frac{n}{k-1}, \tag{3}$$

要证明

$$n>N. \tag{4}$$

这题标准答案用反证法,我们不用.

在 q 为奇数时,我们有

$$n>(k-1)x, \tag{3$'$}$$

$$(2k-1)n>km\geqslant kqx, \tag{2$'$}$$

要证

$$n>\frac{q+1}{2}x. \tag{4$'$}$$

如果 $k-1\geqslant\dfrac{q+1}{2}$,(4′)显然成立.

如果 $k-1<\dfrac{q+1}{2}$,那么

$$q+1>2(k-1).$$

因为 q,k 都是整数,而且 q 为奇数,所以

$$q\geqslant 2k-1. \tag{5}$$

代入(2′)得

$$(2k-1)n>k(2k-1)x,$$

$$n>kx. \tag{6}$$

(2′)+(6),得

$$2kn>k(q+1)x,$$

从而(4′)成立.

在 q 为偶数时,要证

$$n>\frac{q}{2}x+r. \tag{4''}$$

如果 $k-1\geqslant\frac{q}{2}+1$,(4″)显然成立.

如果 $k-1<\frac{q}{2}+1$,那么因为 q 是偶数,所以

$$q\geqslant 2(k-1). \tag{5'}$$

代入

$$(2k-1)n>km\geqslant k(qx+r) \tag{2''}$$

中,得

$$(2k-1)n\geqslant k(2(k-1)x+r)>k(2k-1)r,$$

所以

$$n>kr. \tag{6'}$$

与(2″)相加得

$$2kn>k(qx+2r),$$

所以

$$n>\frac{q}{2}x+r,$$

从而(4″)成立.

(在 q 为偶数时,只需比(6)弱的(6′)成立即可导出结果.)

91. 已知素数 $p\equiv 3\pmod 4$. 对于一个由 $\pm 1,\pm 2,\cdots,\pm\frac{p-1}{2}$ 组成的长度不大于 $p-1$ 的整数数列,若其中正项与负项各占一半,则称为"平衡的". 令 M_p 表示平衡数列

的个数.证明:M_p 不是平方数.

证明　长度为 $2k\left(1\leqslant k\leqslant\frac{p-1}{2}\right)$的平衡数列中,应有 k 项为正,这有 C_{2k}^{k} 种选法,每个正项可为 $1,2,\cdots,\frac{p-1}{2}$中的一个;每个负项可为 $-1,-2,\cdots,-\frac{p-1}{2}$中的一个.因此

$$M_p=\sum_{k=1}^{\frac{p-1}{2}}C_{2k}^{k}\left(\frac{2p-1}{2}\right)^{2k}.$$

因为 p 与 2 互素,所以

$$\begin{aligned}M_p&\equiv\sum C_{2k}^{k}\left(\frac{-1}{2}\right)^{2k}\pmod p\\&=\sum C_{2k}^{k}\cdot\frac{1}{2^{2k}}\\&=\sum\frac{(2k)!}{k!k!}\cdot\frac{1}{2^{2k}}\\&=\sum_{k=1}^{\frac{p-1}{2}}\frac{(2k-1)!!}{(2k)!!}\\&=\sum_{k=1}^{\frac{p-1}{2}}\left(\frac{(2k+1)!!}{(2k)!!}-\frac{(2k-1)!!}{(2k-2)!!}\right)\\&=\frac{p!!}{(p-1)!!}-1\equiv-1\pmod p.\end{aligned}$$

而对于形如 $4n+3$ 的素数 p,-1 不是平方剩余,所以 M_p 不是平方数.

92. 求所有的整数 $n\geqslant3$,使得存在实数 $a_1,a_2,\cdots,a_{n+2}$,满足 $a_{n+1}=a_1,a_{n+2}=a_2$,并且

$$a_ia_{i+1}+1=a_{i+2}\quad(i=1,2,\cdots,n).$$

解　设 $a_{n+i}=a_i(i=1,2,\cdots)$,则$\{a_i\}$成一无穷数列(以 n 为周期),满足原递推关系.它不可能严格递增,也不可能严格递减.

由递推关系 $a_{i+2}=a_ia_{i+1}+1$ 知每三项中至少有一项为正.

如果有连续两项 a_i,a_{i+1}为正,那么 $a_{i+2}>1$.从而每项皆为正,均大于 1.而且 $a_{i+2}>a_{i+1}+1$,这与数列不严格递增矛盾.因此连续两项中至少有一项不是正的.

设 a,b,c,d,e 为连续五项,并且 $b>0$,则 $a\leqslant0,c\leqslant0$.

若 $d>0$,则 $e\leqslant0$.我们有

$$d=bc+1,\tag{1}$$

$$e=cd+1.\tag{2}$$

(1) × d − (2) × b，得

$$d - b = d^2 - be \geqslant d^2 > 0.$$

所以

$$b < d = bc + 1,$$

从而

$$1 > b(1 - c) \geqslant b.$$

这时 a 前面的那一项 t 满足

$$at = b - 1 < 0,$$

所以 $t>0$，并且由上面关于 b，d 的讨论，得 $t<b<1$.

于是在 $\{a_i\}$ 中正项与负项交错出现，而且正项严格递增，这也与 $\{a_i\}$ 的周期性矛盾.

因此必有 $d\leqslant 0$，即每个正项后面恰有两项不是正的. 从而 $3\mid n$.

$n=3k$ 时，满足条件的数列存在，如

$$-1, -1, 2, -1, -1, 2, \cdots, -1, -1, 2.$$

注 上面解法用到的知识极少，似乎初中同学也可以做.

93. 设 $a_1, a_2, \cdots$ 是一个正整数的无穷序列. 已知存在正整数 $N>1$，使得对每个整数 $n\geqslant N$，

$$\frac{a_1}{a_2} + \frac{a_2}{a_3} + \cdots + \frac{a_{n-1}}{a_n} + \frac{a_n}{a_1}$$

都是整数. 证明：存在正整数 M，使得 $a_m = a_{m+1}$ 对所有 $m\geqslant M$ 都成立.

证明 设 $n\geqslant N$，则

$$\frac{a_1}{a_2} + \frac{a_2}{a_3} + \cdots + \frac{a_n}{a_1}$$

与

$$\frac{a_1}{a_2} + \frac{a_2}{a_3} + \cdots + \frac{a_n}{a_{n+1}} + \frac{a_{n+1}}{a_1}$$

均为正整数，相减得

$$\frac{a_n}{a_{n+1}} + \frac{a_{n+1}}{a_1} - \frac{a_n}{a_1}$$

为正整数. 所以

$$a_1 a_{n+1} \mid (a_1 a_n + a_{n+1}(a_{n+1} - a_n)). \tag{1}$$

由(1)得出 $a_{n+1} \mid a_1 a_n$ 即 a_{n+1} 的质因数一定是 a_1 或 a_n 的质因数. 同样，a_n 的质因数一定是 a_1 或 a_{n-1} 的质因数(若 $n-1\geqslant N$)……从而 $n\geqslant N$ 时，一切 a_n 的质因数都是 a_1 或 a_N 的质因数.

若质数 $p|a_N$ 而 $p\nmid a_1$，则由 $a_{n+1}|a_1a_n$ 得

$$v_p(a_n)=v_p(a_1a_n)\geqslant v_p(a_{n+1}).$$

于是 $v_p(a_n)$递减，从而存在 M_p，当 $n>M_p$ 时，所有 $v_p(a_n)$相同.

若 $p|a_1$，设 $v_p(a_1)=h$，$v_p(a_n)=t$，$v_p(a_{n+1})=k$，分情况讨论：

（ⅰ）$k\neq h$.

若 $t<k$，则

$$v_p(a_{n+1}(a_{n+1}-a_n))=v_p(a_{n+1}a_n)=k+t,$$
$$v_p(a_1a_n)=h+t,\quad v_p(a_1a_{n+1})=h+k.$$

但

$$h+k>h+t\geqslant \min\{h+t,k+t\},$$

与(1)矛盾.所以 $t\geqslant k$.

（ⅱ）$k=h$.

设 $v_p(a_{n+2})=x$.

若 $x>h$，则由(1)得(将 n 换成 $n+1$，$n+1$ 换成 $n+2$)

$$h+x\leqslant \min\{2h,x+h\}=2h,$$

矛盾.

若 $x<h$，上式变成

$$h+x\leqslant \min\{2h,2x\}=2x,$$

仍然矛盾.

所以 $v_p(a_{n+2})=h$.

因此，或者从某个 M_p 起，$v_p(a_n)=v_p(a_1)=h$，即 $n>M_p$ 时，$v_p(a_n)$为常数；或者 $v_p(a_n)$递减，但由最小数原理知不能无限地严格递减下去，一定有 M_p，使得在 $n>M_p$时，$v_p(a_n)$为常数.

a_1，a_N 的质因数 p 的个数有限，因此上述的 M_p 个数有限.取 $M>\max\limits_p M_p$，则在 $n>M$时，a_n 为常数.

94. $a_1,a_2,\cdots,a_{100}$为非负整数，且同时满足以下条件：

（ⅰ）存在正整数 $k\leqslant 100$，使得 $a_1\leqslant a_2\leqslant\cdots\leqslant a_k$，而 $i>k$ 时，$a_i=0$.

（ⅱ）$a_1+a_2+\cdots+a_{100}=100$.

（ⅲ）$a_1+2a_2+\cdots+100a_{100}=2022$.

求 $a_1+2^2a_2+3^2a_3+\cdots+100^2a_{100}$的最小值.

解　若 $k\leqslant 20$，则

$$2022=a_1+2a_2+\cdots+ka_k$$

$$\leqslant k(a_1 + a_2 + \cdots + a_k)$$
$$= 100k \leqslant 2000,$$

矛盾.所以 $k \geqslant 21$.

如果仅一项非零,则 $a_k = 100, ka_k \neq 2022$.

如果仅两项非零,则 $a_{k-1} + a_k = 100$.从而 $(k-1)a_{k-1} + ka_k = 100(k-1) + a_k = 2022, k = 22$ 太大,所以 $k = 21$.但 $a_k \geqslant \frac{1}{2}(a_k + a_{k-1}) = 50$,所以 $100 \times 20 + a_k \neq 2022$.

因此至少有三项非零,若 $a_{k-2} + a_{k-1} + a_k = 100$,而

$$(k-2)a_{k-2} + (k-1)a_{k-1} + ka_k = 2022,$$

即

$$100(k-1) + a_k - a_{k-2} = 2022,$$

则 $k = 21, a_k - a_{k-2} = 22$.

取 $a_{19} = 19, a_{20} = 40, a_{21} = 41$,其余各项为 0,则它们满足(ⅰ)、(ⅱ)、(ⅲ),而

$$\begin{aligned} 19^2 \times 19 + 20^2 \times 40 + 21^2 \times 41 &= (20-1)^2 \times 19 + 20^2 \times 40 + (20+1)^2 \times 41 \\ &= 20^2 \times (19 + 40 + 41) + 40 \times (41 - 19) + 41 + 19 \\ &= 40000 + 880 + 60 = 40940. \end{aligned}$$

下面我们证明 40940 是最小值.

$$\begin{aligned} \sum_{i=1}^{k} i^2 a_i &= \sum (20 - (20 - i))^2 a_i \\ &= 400 \sum a_i - 40 \sum (20 - i) a_i + \sum (20 - i)^2 a_i \\ &= 40000 - 80000 + 40 \times 2022 + \sum (20 - i)^2 a_i \\ &= 40880 + \sum_{i=1}^{k} (20 - i)^2 a_i. \end{aligned}$$

若 $a_{20} \leqslant 40$,则

$$\sum_{i=1}^{k} (20 - i)^2 a_i \geqslant \sum_{\substack{1 \leqslant i \leqslant k \\ i \neq 20}} a_i = 100 - a_{20} \geqslant 60.$$

从而

$$\sum_{i=1}^{k} i^2 a_i \geqslant 40880 + 60 = 40940.$$

若 $a_{20} \geqslant 41$,则

$$\begin{aligned} \sum_{i=1}^{k} i^2 a_i &= \sum (19 - (19 - i))^2 a_i \\ &= 36100 - 2 \times 19 \sum (19 - i) a_i + \sum (19 - i)^2 a_i \end{aligned}$$

$$=36100-2\times 36100+2\times 19\times 2022+\sum(19-i)^2 a_i$$
$$=40736+\sum(19-i)^2 a_i$$
$$\geqslant 40736+(21-19)^2\times a_{21}+(20-19)^2\times a_{20}$$
$$\geqslant 40736+5\times 41=40941.$$

于是所求最小值为 40940.

95. 给定正整数 $m>1$.求正整数 n 的最小值,使得对任意整数 $a_1,a_2,\cdots,a_n,b_1,b_2,\cdots,b_n$,存在整数 $x_1,x_2,\cdots,x_n$,满足以下两个条件:

(ⅰ) 存在 $i\in\{1,2,\cdots,n\}$,使得 x_i 与 m 互质.

(ⅱ) $\sum_{i=1}^{n} a_i x_i=\sum_{i=1}^{n} b_i x_i\equiv 0 \pmod m$.

解　先考虑简单的情况 $m=p^\alpha$,p 为质数,α 为自然数.

$n=1$ 不行.因为取 $a_1=1$,则

$$a_1x_1\equiv 0 \pmod m,$$

导出 x_1 与 m 不互质.

$n=2$ 也不行.因为取 $a_1=b_2=1$,$a_2=b_1=0$,则

$$\begin{cases}a_1x_1+a_2x_2\equiv 0 \pmod m,\\ b_1x_1+b_2x_2\equiv 0 \pmod m,\end{cases}$$

导出 x_1,x_2 均不与 m 互质.

$n=3$ 可以.证明如下:

如果 $a_1\equiv a_2\equiv a_3\equiv b_1\equiv b_2\equiv b_3\equiv 0 \pmod{p^\alpha}$,那么结论显然成立.

如果 $a_1\equiv a_2\equiv a_3\equiv 0$,而 $b_1\not\equiv 0 \pmod{p^\alpha}$,不妨设$(b_1,b_2,b_3)=1$(否则将最大公因数约去再讨论),取 $x_2=x_3=1$,$x_1=-\dfrac{b_2x_2+b_3x_3}{b_1}$$\Big($这里$\dfrac{1}{b_1}$即是满足 $b_1y\equiv 1 \pmod{p^\alpha}$ 的整数 $y\Big)$.

于是可设 a_1,a_2,a_3 与 b_1,b_2,b_3 均不全为 p^α 的倍数,$(a_1,a_2,a_3)=(b_1,b_2,b_3)=1$(否则将最大公因数约去再讨论).不妨设 $p\nmid a_1$,又不妨设

$$a_1\equiv 1 \pmod{p^\alpha}$$

(否则将 a_i 全乘以$a_1y\equiv 1 \pmod{p^\alpha}$的解 y).

可设 $b_1=0$(否则将 b_i 改为$b_i-a_ib_1$).

同样,不妨设 $b_2=1$,取

$$x_3=1,\quad x_2=-b_3,\quad x_1=-a_2x_2-a_3,$$

则 x_1,x_2,x_3 满足条件.

对于一般的 $m=p_1^{\alpha_1}p_2^{\alpha_2}\cdots p_t^{\alpha_t}$，$p_1<p_2<\cdots<p_t$ 为质数，$\alpha_1,\alpha_2,\cdots,\alpha_t$ 为自然数，我们证明 $n=2t+1$.

首先对于 $n=2t$，我们取

$$a_{2i-1}\equiv 0(\bmod p_j^{\alpha_j})\quad (j\neq i),$$
$$a_{2i-1}\equiv 1(\bmod p_i^{\alpha_i}),$$
$$a_{2i}=0,$$
$$b_{2i}\equiv 1(\bmod p_i^{\alpha_i}),$$
$$b_{2i}\equiv 0(\bmod p_j^{\alpha_j})\quad (j\neq i),$$
$$b_{2i-1}=0$$

$(i=1,2,\cdots,t)$.

若(ⅱ)成立，则

$$x_i\equiv 0(\bmod p_i^{\alpha_i})\quad (i=1,2,\cdots,n).$$

从而(ⅰ)不成立.

因此，$n=2t$ 不符合要求(这时 $n-1$ 更不符合要求.否则，设 $n-1$ 符合要求，则对 a_i 与 b_i，$x_1,x_2,\cdots,x_{n-1}$，0 符合要求(ⅰ)、(ⅱ)).

我们用归纳法证明 $n=2t+1$ 符合要求.假设对于有 $t-1$ 个不同质数的 m，$n=2t-1$ 符合要求.

记 $p=p_t$，$\alpha=\alpha_t$.取 $n=2t+1$.

可设 $a_1\equiv 1(\bmod p^\alpha)$，$b_1\equiv 0(\bmod p^\alpha)$，$b_2\equiv 1(\bmod p^\alpha)$.

由归纳假设知存在 $x_3,x_4,\cdots,x_n$ 满足

$$\sum_{i=3}^{n}a_ix_i\equiv\sum_{i=3}^{n}b_ix_i\equiv 0\left(\bmod \frac{m}{p^\alpha}\right),\tag{1}$$

且

$$\left(x_3,\frac{m}{p^\alpha}\right)=1.$$

不妨设也有 $(x_3,p^\alpha)=1$，否则用 $x_3+\frac{m}{p^\alpha}$ 代替 x_3.

(1)即 $\sum_{i=3}^{n}a_ix_i=\frac{m}{p^\alpha}a$，$\sum_{i=3}^{n}b_ix_i=\frac{m}{p^\alpha}b$.从而

$$y_1+a_2y_2+a\equiv 0(\bmod p^\alpha),$$
$$y_2+b\equiv 0(\bmod p^\alpha)$$

有解 $y_2\equiv -b$，$y_1\equiv -(a+a_2y_2)$.

$x_1=\frac{m}{p^{\alpha}}y_1, x_2=\frac{m}{p^{\alpha}}y_2, x_3, x_4, \cdots, x_n$ 满足

$$\sum_{i=1}^{n} a_i x_i \equiv \sum_{i=1}^{n} b_i x_i \equiv 0 \pmod m$$

及$(x_3, m)=1$.

96. 设 $a, b(a>b>1)$是两个互质的整数.对于整数 c,称满足 $ax+by=c$ 的整数解(x, y)为 c 的解,其中$|x|+|y|$最小的解记为 $w(c)$.

若 $w(c)\geqslant w(c\pm a), w(c)\geqslant w(c\pm b)$,则称 c 为“冠军”.求出所有的“冠军”与它的个数.

解　首先,我们写出一些数,证明它们是“冠军”.

对于满足 $-b<x<0$ 的每个 x,定义

$$y=x+e, \quad e=\left[\frac{a+b}{2}\right],$$

则 $c=ax+by$ 都是“冠军”(称为第一类“冠军”).

证明:$(x-kb, y+ka)$(k 为整数)是 c 的全部解.

在 $k\neq 0$ 时,

$$\begin{aligned} |x-kb|+|y+ka| &\geqslant |y-x+k(a+b)| \\ &\geqslant |a+b-e| \geqslant e=|y|+|x|, \end{aligned}$$

所以 $w(c)=|x|+|y|$.

因为$(x+1, y)$是 $c+a$ 的解,所以

$$w(c+a)\leqslant |x+1|+|y| \leqslant |x|+|y|=w(c).$$

同样

$$\begin{aligned} w(c-a) &\leqslant |x-1+b|+|y-a|=x-1+b+a-y \\ &=a+b-1-e\leqslant e=|x|+|y|=w(c), \\ w(c+b) &\leqslant |x+b|+|y+1-a|=x+b+a-y-1 \\ &=a+b-1-e\leqslant w(c), \\ w(c-b) &\leqslant |x|+|y-1| \leqslant |x|+|y|=w(c). \end{aligned}$$

因此 c 是冠军.

同样,对于满足 $0<x<b$ 的每个 x,定义

$$y=x-e,$$

则 $c=ax+by$ 都是“冠军”(称为第二类“冠军”).

第一类“冠军”构成 $b-1$ 项、公差为 $a+b$ 的等差数列,其中没有相同的.同样,$b-1$

个第二类“冠军”中也没有相同的.

设 c 既是第一类的 $ax+by(-b<x<0)$，又是第二类的 $ax'+by'(0<x'<b)$，则

$$ax+by=ax'+by',$$
$$a(x'-x)=b(y-y').$$

从而

$$x'-x=b,$$
$$y-y'=a,$$

相加得

$$x'-y'+y-x=b+a,$$

即

$$2e=b+a.$$

这在 a,b 奇偶性不同时不成立，因此这时第一类“冠军”与第二类“冠军”不同. 而在 a,b 同为奇数时，上式可以成立，即每个第一类“冠军”(x,y)恰与某个第二类“冠军”$(x',y')=(b+x,y-a)$相同，反之亦然. 因此，在 a,b 奇偶性不同时，有 $2(b-1)$ 个“冠军”. 在 a,b 同为奇数时，只有 $b-1$ 个“冠军”.

其次，我们证明所有“冠军”都在上面所说的两类中.

设 $w(c)=|x|+|y|$. 我们证明对所有 c，均有 $y<a$. 若 $y\geqslant a$，则$(x+b,y-a)$是 c 的解，并且

$$\begin{aligned}|x+b|+|y-a|&=|x+b|+y-a\\&\leqslant|x|+b+y-a\\&<|x|+y=w(c),\end{aligned}$$

矛盾.

同样，对所有 c，$y>-a$.

下面证明对于“冠军”c，它的最小解 $w(c)=|x|+|y|$，则 x,y 一定异号.

如果 x,y 均$\geqslant 0$，那么 $w(c+a)=|x+b+1|+|y-a|$或$|x+1|+|y|$$(y+a>a$，$y-2a<-a$ 均与上一段所说不符). 但$|x+1|+|y|=x+1+|y|>|x|+|y|$，$|x+b+1|+|y-a|>|x+b|+|y-a|\geqslant|x|+|y|$，这与 $w(c)\geqslant w(c+a)$矛盾.

如果 x,y 均$\leqslant 0$，那么 $w(c-a)=|x-1|+|y|$或$|x-b-1|+|y+a|$. 但$|x-1|+|y|>|x|+|y|$，$|x-b-1|+|y+a|>|x-b|+|y+a|\geqslant|x|+|y|$，这与 $w(c)\geqslant w(c-a)$矛盾.

所以 x,y 一定异号.

在 $y>0,x<0$ 时，$w(c-a)=|x+b-1|+|y-a|(|x-1|+|y|>|x|+|y|)$，所以

$$|x+b|+|y-a|\geqslant|x|+|y|\geqslant|x+b-1|+|y-a|.$$

从而 $x+b-1\geqslant0,x\geqslant1-b$，并且上式成为

$$x+b+a-y\geqslant y-x\geqslant x+b-1+a-y,$$

即

$$y-x=e,\quad e=\left[\frac{a+b}{2}\right].$$

在 $y<0,x>0$ 时，$w(c+a)=|x-b+1|+|y+a|(|x+1|+|y|>|x|+|y|)$，所以

$$|x-b|+|y+a|\geqslant|x|+|y|\geqslant|x-b+1|+|y+a|.$$

从而 $x<b$，并且

$$b-x+y+a\geqslant x-y\geqslant b-x-1+y+a,$$

即

$$x-y=e.$$

综上所述，只有开始说的那些 c 是“冠军”.

97. 已知恰有 36 个不同的质数整除正整数 n. 对于 $k=1,2,3,4,5$，记区间 $\left[\frac{(k-1)n}{5},\frac{kn}{5}\right]$中与 n 互质的整数个数为 c_k. 已知 c_1,c_2,c_3,c_4,c_5 不全相同. 求证：

$$\sum_{1\leqslant i<j\leqslant5}(c_i-c_j)^2\geqslant2^{36}.$$

证明　不妨设 $n=p_1p_2\cdots p_{36}$，$p_1,p_2,\cdots,p_{36}$ 为不同质数.

我们利用 Möbius 函数(见第 8 章第 5 节)得出 c_k 的表达式.

在区间$\left[0,\frac{kn}{5}\right]$$(k=1,2,3,4,5)$中，与 n 互质的整数个数

$$\begin{aligned}
a_k&=\sum_{\substack{m\leqslant\frac{kn}{5}\\(m,n)=1}}1=\sum_{m\leqslant\frac{kn}{5}}\sum_{\substack{\delta|n\\\delta|m}}\mu(\delta)\\
&=\sum_{\delta|n}\sum_{\substack{m\leqslant\frac{kn}{5}\\\delta|m}}1=\sum_{\delta|n}\mu(\delta)\left[\frac{kn}{5\delta}\right]\\
&=\sum_{\delta|n}\mu(\delta)\left(\frac{kn}{5\delta}-\left\{\frac{kn}{5\delta}\right\}\right)\\
&=\frac{k}{5}\varphi(n)-b_k,
\end{aligned}$$

其中 $b_k = \sum_{\delta|n}\mu(\delta)\left\{\frac{kn}{5\delta}\right\}$，$[x]$，$\{x\}$分别为 x 的整数部分与小数部分.

用容斥原理也能得到类似的表达式.

所以

$$c_k = a_k - a_{k-1} = \frac{1}{5}\varphi(n) - b_k + b_{k-1}.$$

我们有

$$\begin{aligned} b_k &= \sum_{\delta|n}\mu\left(\frac{n}{\delta}\right)\left\{\frac{k\delta}{5}\right\} \\ &= (-1)^{36}\sum_{\delta|n}\mu(\delta)\left\{\frac{k\delta}{5}\right\} = \sum_{\delta|n}\mu(\delta)\left\{\frac{k\delta}{5}\right\} \\ &= \frac{1}{5}\sum_{\delta|n}\mu(\delta)(k\delta)' + \sum_{\substack{\delta|n \\ k\delta\equiv-1,-2 \\ (\mathrm{mod}\ 5)}}\mu(\delta), \end{aligned}$$

其中$(k\delta)'\in\{\pm1,\pm2\}$为 $k\delta$ 除以 5 的最小剩余.

我们需要两个引理.

引理 1 设 $p_1, p_2, \cdots, p_{2t}$ 为不同质数，均不为 5，k 为与 5 互质的自然数，则

$$\sum_{\delta|p_1p_2\cdots p_{2t}}\mu(\delta)(k\delta)' \equiv 0(\mathrm{mod}\ 2^{t-1}). \tag{1}$$

证明 用归纳法. $t=1$ 时，显然成立. 设 $t=2$.

如果 $p_1, p_2, p_3, p_4 \bmod 5$ 互不同余，不妨设 $p_3\equiv1$，$p_4\equiv-1(\mathrm{mod}\ 5)$，这时

$$\begin{aligned} \sum_{\delta|p_1p_2p_3p_4}\mu(\delta)(k\delta)' &= \sum_{\delta|p_1p_2}(\mu(\delta)(k\delta)' + \mu(p_3\delta)(kp_3\delta)' \\ &\quad + \mu(p_4\delta)(kp_4\delta)' + \mu(p_3p_4\delta)(kp_3p_4\delta)') \\ &= \sum_{\delta|p_1p_2}(\mu(\delta)(k\delta)' - \mu(\delta)(k\delta)' - \mu(\delta)(-k\delta)' + \mu(\delta)(-k\delta)') \\ &= 0. \end{aligned}$$

如果 p_1, p_2, p_3, p_4 中有 $p_3\equiv p_4(\mathrm{mod}\ 5)$，那么 $p_3p_4\equiv\pm1(\mathrm{mod}\ 5)$.

$p_3p_4\equiv1(\mathrm{mod}\ 5)$时，有

$$\begin{aligned} \sum_{\delta|p_1p_2p_3p_4}\mu(\delta)(k\delta)' &= \sum_{\delta|p_1p_2}(\mu(\delta)(k\delta)' + 2\mu(\delta p_3)(kp_3\delta)' \\ &\quad + \mu(\delta p_3p_4)(k\delta)') \\ &= 2\sum_{\delta|p_1p_2}(\mu(\delta)(k\delta)' - \mu(\delta)(kp_3\delta)'). \end{aligned}$$

$p_3p_4\equiv-1(\mathrm{mod}\ 5)$时，有

$$\sum_{\delta\mid p_1p_2p_3p_4}\mu(\delta)(k\delta)'=\sum_{\delta\mid p_1p_2}\mu(\delta)((k\delta)'-2\mu(\delta)(kp_3\delta)'-(-k\delta)')$$

$$=2\sum_{\delta\mid p_1p_2}\mu(\delta)(kp_3\delta)'.$$

因此 $t=2$ 时,(1)成立.

假设 $t\geqslant2$ 时,引理1成立.考虑 $t+1$ 的情况.

这时 $2(t+1)>4$,所以可设 $p_{2t+1}\equiv p_{2t+2}\pmod 5$.与上面类似,有

$$\sum_{\delta\mid p_1p_2\cdots p_{2t+2}}\mu(\delta)(k\delta)'=\sum_{\delta\mid p_1p_2\cdots p_{2t}}\mu(\delta)((k\delta)'-2(kp_{2t+1}\delta)'+(\pm k\delta)')$$

$$\equiv0\pmod{2^t}.$$

引理1证毕.

引理2　条件同引理1,则

$$\sum_{\substack{\delta\mid p_1p_2\cdots p_{2t}\\ k\delta\equiv-1,-2\\ (\mathrm{mod}\ 5)}}\mu(\delta)\equiv0\pmod{2^{t-1}}.\tag{2}$$

证明　$t=1$ 时,显然成立.设 $t=2$.

如果 p_1,p_2,p_3,p_4 mod 5 互不同余,不妨设 $p_3\equiv1,p_4\equiv-1\pmod 5$,这时

$$\sum_{\substack{\delta\mid p_1p_2p_3p_4\\ k\delta\equiv-1,-2\\ (\mathrm{mod}\ 5)}}\mu(\delta)=\sum_{\substack{\delta\mid p_1p_2\\ k\delta\equiv-1,-2\\ (\mathrm{mod}\ 5)}}\mu(\delta)-\sum_{\substack{\delta\mid p_1p_2\\ kp_3\delta\equiv-1,-2\\ (\mathrm{mod}\ 5)}}\mu(\delta)-\sum_{\substack{\delta\mid p_1p_2\\ kp_4\delta\equiv-1,-2\\ (\mathrm{mod}\ 5)}}\mu(\delta)+\sum_{\substack{\delta\mid p_1p_2\\ kp_3p_4\delta\equiv-1,-2\\ (\mathrm{mod}\ 5)}}\mu(\delta)$$

$$=\sum_{\substack{\delta\mid p_1p_2\\ k\delta\equiv-1,-2\\ (\mathrm{mod}\ 5)}}\mu(\delta)-\sum_{\substack{\delta\mid p_1p_2\\ k\delta\equiv-1,-2\\ (\mathrm{mod}\ 5)}}\mu(\delta)-\sum_{\substack{\delta\mid p_1p_2\\ k\delta\equiv1,2\\ (\mathrm{mod}\ 5)}}\mu(\delta)+\sum_{\substack{\delta\mid p_1p_2\\ k\delta\equiv1,2\\ (\mathrm{mod}\ 5)}}\mu(\delta)$$

$$=0.$$

如果 $p_3\equiv p_4\pmod 5$,那么 $p_3p_4\equiv\pm1\pmod 5$,这时

$$\sum_{\substack{\delta\mid p_1p_2p_3p_4\\ k\delta\equiv-1,-2\\ (\mathrm{mod}\ 5)}}\mu(\delta)=\sum_{\substack{\delta\mid p_1p_2\\ k\delta\equiv-1,-2\\ (\mathrm{mod}\ 5)}}\mu(\delta)-2\sum_{\substack{\delta\mid p_1p_2\\ kp_3\delta\equiv-1,-2\\ (\mathrm{mod}\ 5)}}\mu(\delta)+\sum_{\substack{\delta\mid p_1p_2\\ k\delta\equiv\pm1,\pm2\\ (\mathrm{mod}\ 5)}}\mu(\delta)$$

由第8章第5节例2知

$$\sum_{\substack{\delta\mid p_1p_2\\ k\delta\equiv-1,-2\\ (\mathrm{mod}\ 5)}}\mu(\delta)+\sum_{\substack{\delta\mid p_1p_2\\ k\delta\equiv1,2\\ (\mathrm{mod}\ 5)}}\mu(\delta)=\sum_{\delta\mid p_1p_2}\mu(\delta)=0.$$

所以 $t=2$ 时,(2)成立.

假设 $t\geqslant2$ 时,引理2成立.与引理1同样可得 $t+1$ 时,引理2成立.

由引理1、引理2,在 $5\nmid n$ 时,

$$b_k\equiv0\pmod{2^{17}},\quad k=1,2,3,4.\tag{3}$$

上式在 $k=0$ 或5时,亦显然成立($b_0=b_5=0$).

c_1,c_2,c_3,c_4,c_5 不全相同，其中必有两个不同，其余 3 个数至少与这两个数中的一个不同. 因此 $c_i-c_j(1\leqslant i<j\leqslant 5)$ 中至少有 4 个不为 0. 由上面所说，

$$(c_i-c_j)^2=(-b_i+b_{i-1}+b_j-b_{j-1})^2\equiv 0(\bmod 2^{34}),$$

所以

$$\sum_{1\leqslant i<j\leqslant 5}(c_i-c_j)^2\geqslant 4\times 2^{34}=2^{36}. \tag{4}$$

如果 $5\parallel n$，那么可设 $p_{36}=5$，用同样方法不难证明将引理中的 $2t$ 改为 $2t-1$，其他不变，则(1)、(2)仍然成立. 从而仍有(4)成立.

如果 $5^2\mid n$，那么由 $\mu(5^2)=0$ 可设 $\sum_{\delta\mid n}\mu(\delta)\left\{\frac{kn}{5\delta}\right\}$ 中的 δ 不被 5^2 整除. 从而 $\left\{\frac{kn}{5\delta}\right\}=0$，$b_k=0$. 这时 $c_1=c_2=c_3=c_4=c_5=\frac{1}{5}\varphi(n)$，与已知不符.

98. 求出所有的自然数 n，n 恰有一种方法表示成两个互质自然数的平方和.

解 答案是 $n=2,p^l,2p^l$，其中 p 为 $4k+1$ 形的质数，l 为自然数. 分 7 步证明.

(ⅰ) 若 n 有 $4k+3$ 形的质因数 p，则 n 不能写成两个互质自然数的平方和.

这时若 $a^2+b^2=n$，则

$$a^2\equiv -b^2(\bmod p).$$

在 $p\nmid b$ 时，

$$a^2b^{-2}\equiv -1(\bmod p).$$

但 -1 不是 mod p 的平方剩余，所以上式不能成立.

在 $p\mid b$ 时，$p\mid a$. 这与 a,b 互质矛盾.

(ⅱ) 若 p 为 $4k+1$ 形的质数，则 p 可以写成两个互质自然数的平方和.

这时由 Wilson 定理知 -1 为平方剩余，即存在自然数 k，使得

$$k^2\equiv -1(\bmod p). \tag{1}$$

考虑 $kx-y$，$x=0,1,\cdots,[\sqrt{p}]$，$y=0,1,\cdots,[\sqrt{p}]$.

因为 $([\sqrt{p}]+1)([\sqrt{p}]+1)>p$，所以有

$$kx_1-y_1\equiv kx_2-y_2(\bmod p).$$

记 $x=|x_2-x_1|$，$y=|y_2-y_1|$，则 $kx\equiv y(\bmod p)$，在(1)两边同时乘以 x^2 得

$$y^2+x^2\equiv 0(\bmod p).$$

但 $|y_2-y_1|<\sqrt{p}$，$|x_2-x_1|<\sqrt{p}$，从而

$$x^2+y^2=(x_2-x_1)^2+(y_2-y_1)^2<2p.$$

所以

$$x^2+y^2=p.$$

(ⅲ) 在 p 为 $4k+1$ 形的质数,l 为自然数时,p^l 可表示成两个互质自然数的平方和.

由(ⅱ)知 p 可以表示成两个互质自然数的平方和.假设 $l>1$ 时,p^{l-1} 可表示成两个互质自然数的平方和,则由

$$p=a^2+b^2,\quad (a,b)=1,$$
$$p^{l-1}=c^2+d^2,\quad (c,d)=1,$$

相乘得

$$\begin{aligned}p^l&=(a^2+b^2)(c^2+d^2)\\&=(ac+bd)^2+(ad-bc)^2\\&=(ac-bd)^2+(ad+bc)^2.\end{aligned}$$

对于这两种表示,如果加数不互质,那么 p 一定是公因数,从而 $ac+bd\equiv 0$,$ad-bc\equiv 0$,$ac-bd\equiv 0$,$ad+bc\equiv 0 \pmod p$.这就导致 $a\equiv b\equiv 0$ 或 $c\equiv d\equiv 0 \pmod p$,与 $(a,b)=(c,d)=1$ 矛盾.

所以 p^l 一定可以表示成两个互质自然数的平方和.

(ⅳ) 在 p 为 $4k+1$ 形的质数,l 为自然数时,p^l 仅有一种方式表示成两个互质自然数的平方和.

假设不然,p^l 有两种合乎要求的表示,即

$$p^l=a^2+b^2=c^2+d^2,\quad (a,b)=(c,d)=1,$$

则

$$\begin{aligned}p^{2l}&=(a^2+b^2)(c^2+d^2)\\&=(ac+bd)^2+(bc-ad)^2\\&=(ad+bc)^2+(ac-bd)^2.\end{aligned}$$

从而

$$\begin{aligned}(ac+bd)(ad+bc)&=a^2cd+abc^2+abd^2+b^2cd\\&=cd(a^2+b^2)+ab(c^2+d^2)=p^l(cd+ab),\end{aligned}$$

$p^l\mid(ac+bd)(ad+bc)$.而 $(ac+bd)^2<p^{2l}$($bc-ad=0$ 导致 $b=d$,$c=a$,矛盾),所以 $ac+bd<p^l$.同样,$ad+bc<p^l$,所以 $ac+bd$,$ad+bc$ 均被 p 整除.而

$$ac+bd\equiv 0,\quad ad+bc\equiv 0 \pmod p$$

又导致

$$bc-ad\equiv 0,\quad ac-bd\equiv 0 \pmod p,$$

与(ⅲ)中情况一样产生矛盾.

所以 p^l 仅有一种上述的表示方式.

(ⅴ) 显然 $2=1^2+1^2$,而且 2 只有这种表示法. 对于 2^α,α 为大于 1 的自然数,若有互质的自然数 a,b,使

$$a^2+b^2=2^\alpha, \tag{2}$$

则 a,b 均为奇数. 但这时

$$a^2+b^2\equiv 1+1=2 \pmod 4,$$

与(2)不符. 所以 2^α 不能有所述的表示. 从而在 $2^\alpha \mid n$ 时,n 也不能有所述的表示.

(ⅵ) 设 n 为奇数,恰有一种方法表示成两个互质自然数的平方和,则 $n=p^l$,p 为 $4k+1$ 形的质数,l 为自然数.

这时若 $n=n_1n_2$,n_1,n_2 互质且均不为 1,则由(ⅰ),n_1,n_2 的质因数也均为$4k+1$ 形的,因而有

$$n_1=a^2+b^2,\quad n_2=c^2+d^2,\quad (a,b)=(c,d)=1.$$

从而

$$\begin{aligned} n=n_1n_2&=(a^2+b^2)(c^2+d^2)\\ &=(ac+bd)^2+(ad-bc)^2\\ &=(ac-bd)^2+(ad+bc)^2. \end{aligned}$$

这是 n 的两种表示成两个自然数的平方和的方法(若 $ac+bd=ad+bc$,则 $a=b$ 或 $c=d$,矛盾).

下面我们要证明$(ac+bd,ad-bc)=(ac-bd,ad+bc)=1$.

设$(ac+bd,ad-bc)$有质因数 q,则 $q^2 \mid n_1n_2$. 因为$(n_1,n_2)=1$,所以可设 $q^2 \mid n_1$,$q^2 \nmid n_2$.

由 $ac+bd\equiv 0 \pmod q$,$ad-bc\equiv 0 \pmod q$,得

$$ac^2+ad^2\equiv 0 \pmod q.$$

但

$$c^2+d^2=n^2\not\equiv 0 \pmod q,$$

所以

$$a\equiv 0 \pmod q.$$

同理可得

$$b\equiv 0 \pmod q,$$

这与$(a,b)=1$矛盾. 所以

$$(ac+bd,ad-bc)=1.$$

同理可得

$$(ac-bd,ad+bc)=1.$$

于是 $n=n_1n_2$ 至少有两种方法表示成两个互质自然数的平方和,矛盾.

从而 n 只能是 p^l,其中 p 为 $4k+1$ 形的质数,l 为自然数.

(ⅶ) 设 n 为奇数,则当且仅当 n 有唯一方式表示成两个互质自然数的平方和时,$2n$ 有唯一方式表示成两个互质自然数的平方和.

设 $n=a^2+b^2$,$(a,b)=1$,则 a,b 一奇一偶.从而

$$2n=2(a^2+b^2)=(a+b)^2+(a-b)^2,$$

$$(a+b,a-b)=(a+b,2b)=(a+b,b)=1.$$

反之,若 $2n=u^2+v^2$,$(u,v)=1$,则 u,v 均为奇数.从而

$$n=\frac{u^2+v^2}{2}=\left(\frac{u+v}{2}\right)^2+\left(\frac{u-v}{2}\right)^2,$$

$$\left(\frac{u+v}{2},\frac{u-v}{2}\right)=\frac{1}{2}(u+v,u-v)=\frac{1}{2}(2u,u-v)$$
$$=(u,u-v)=(u,v)=1.$$

综合(ⅰ)~(ⅶ),当且仅当 $n=2,p^l,2p^l$(p 为 $4k+1$ 形的质数,l 为自然数)时,n 可以唯一地表示成两个互质自然数的平方和.

99. n 为合数,若对所有与 n 互质的正整数 b 均有 $b^{n-1}\equiv1\pmod n$,则称 n 为 Carmichael 数,简称 C 数.证明:C 数至少有 3 个不同的奇质因数.

证明 因为 $3^3\equiv3\pmod 4$,所以 4 不是 C 数.

因为 3 mod 2^α($\alpha\geqslant3$)的阶为 $2^{\alpha-2}$,是偶数,$2^{\alpha-2}\nmid(2^\alpha-1)$,所以 2^α 不是 C 数.

因此 C 数 n 必有奇质因数 p.而 mod p 有原根 g,g 的阶为 $p-1$.另一方面

$$g^{n-1}\equiv1\pmod p,$$

所以 $(p-1)\mid(n-1)$.从而 $n-1$ 为偶数,n 为奇数.

若 p^t($t>1$)为 C 数 n 的因数,则对于 mod p^t 的原根 g,g 的阶为 $\varphi(p^t)=p^{t-1}(p-1)$.但

$$g^{n-1}\equiv1\pmod{p^t},$$

所以 $p^{t-1}(p-1)\mid(n-1)$,$p\mid(n-1)$.但 $p\mid n$,矛盾.所以 n 的质因数分解式为

$$n=q_1q_2\cdots q_k,\quad q_1<q_2<\cdots<q_k\text{ 为奇质数}.$$

同样 mod q_i 有原根 g_i 导致 $(q_i-1)\mid(n-1)$.

若 $n=q_1q_2$,$q_1<q_2$,则

$$n-1=q_1q_2-1=(q_2-1)q_1+(q_1-1)\equiv 0(\bmod q_2-1),$$

即 $q_1-1\equiv 0(\bmod q_2-1)$. 这与 $q_1-1<q_2-1$ 矛盾.

所以 n 至少有 3 个不同的奇质因数.

100. 如果 A 是一个非负整数的无穷集，并且每个自然数 n 均可写成 A 中 h 个数(可以相同)的和，那么就说 A 是一个基，阶为 h.

证明：对任一正实数 α，

$$[\alpha\cdot 1^2],[\alpha\cdot 2^2],\cdots,[\alpha\cdot k^2],\cdots \tag{1}$$

不是二阶基.

证明 形如 $4k+3$ 的质数有无限多个，它们都不能表示成两个整数的平方和. 设 $q_1,q_2,\cdots,q_m$ 是这样的质数.

由中国剩余定理知方程组

$$n\equiv q_i-i(\bmod q_i^2)\quad (i=1,2,\cdots,m)$$

有解. 从而 $n+i$ 被 q_i 整除，而不被 q_i^2 整除. 因此 $n+i$ 不能表示成两个整数的平方和($i=1,2,\cdots,m$).

设 $y>n+1,x=y+\frac{1}{\alpha}$. 如果(1)是二阶基，那么有整数 n_1,n_2，使得

$$[\alpha x]=[\alpha n_1^2]+[\alpha n_2^2],$$

从而

$$\alpha x=\alpha n_1^2+\alpha n_2^2-(\{\alpha n_1^2\}+\{\alpha n_2^2\}-\{\alpha x\}).$$

因为 $-1<\{\alpha n_1^2\}+\{\alpha n_2^2\}-\{\alpha x\}<2$，所以

$$\alpha n_1^2+\alpha n_2^2-2<\alpha x<\alpha n_1^2+\alpha n_2^2+1,$$

$$n_1^2+n_2^2-\frac{2}{\alpha}<x<n_1^2+n_2^2+\frac{1}{\alpha},$$

$$y<n_1^2+n_2^2<x+\frac{2}{\alpha}=y+\frac{3}{\alpha}.$$

于是在区间 $\left(y,y+\frac{3}{\alpha}\right)$ 中有一个数是两个整数的平方和.

由于前面的 m 可任意选择，故可取 m 满足

$$y+\frac{3}{\alpha}<n+m.$$

于是 $n+1(<y),n+2,\cdots,\left(y+\frac{3}{\alpha}<\right)n+m$ 这 m 个连续整数中应当有一个是 $n_1^2+n_2^2$. 这与它们不能表示成这种形式矛盾.